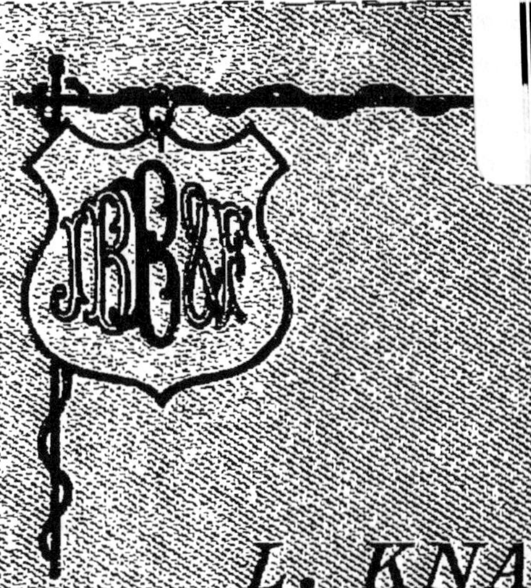

L. KNAB

LES
MINÉRAUX UTILES
ET
L'EXPLOITATION DES MINES

Encyclopédie Industrielle

J. B. BAILLIÈRE & FILS

LIBRAIRIE J.-B. BAILLIÈRE et FILS

Rue Hautefeuille, 19, près du Boulevard Saint-Germain, PARIS

Encyclopédie Industrielle

à 5 francs le volume cartonné

Collection de volumes in-16 de 400 pages environ, avec figures

Auscher (E.-S.). La céramique.
— Grès, faïences, porcelaines.
Bailly (A.). L'industrie du blanchissage.
Barni (E.) et Montpellier. Le monteur électricien.
Bouant (E.). La galvanoplastie.
— Le tabac.
Boutroux (L.). Le pain et la panification.
Busquet (R.). Traité d'électricité industrielle.
Charabot (E.). Les parfums artificiels.
Coffignal (L.). Verres et émaux.
Convert (F.). L'industrie agricole.
Coreil (F.). L'eau potable.
Gain (E.). Précis de chimie agricole.
Girard. Cours de marchandises.
Guichard (P.). Chimie du distillateur.
— Précis de chimie industrielle.
— L'industrie de la distillation.
— L'eau dans l'industrie.
— Microbiologie du distillateur.
Guinochet (E.). Les eaux d'alimentation.

Haller. L'industrie chimique.
Halphen (G.). Couleurs et vernis.
— L'industrie de la soude.
Horsin-Déon (P.). Le sucre et l'industrie sucrière.
Joulin (G.). L'industrie et le commerce des tissus.
Knab. Les minéraux utiles.
Launay (L. de). L'argent.
Lefèvre (J.). L'acétylène.
— Savons et bougies.
Lejeal (A.). L'aluminium.
Leroux (G.) et Revel. La traction mécanique.
Pécheux (H.). Précis de physique industrielle.
Petit (P.). La bière et l'industrie de la brasserie.
Riche (A.). Le pétrole.
Trillat (A.). L'industrie chimique en Allemagne.
— Les produits chimiques employés en médecine.
Vivier (A.). Analyse et essais des matières agricoles.
Voinesson de Lavelines (H.). Cuirs et peaux.
Weil (L.). L'or.
Weiss (P.). Le cuivre.

ENVOI FRANCO CONTRE UN MANDAT POSTAL

LIBRAIRIE J.-B. BAILLIÈRE et FILS

Rue Hautefeuille, 19, près du Boulevard Saint-Germain, PARIS

Bibliothèque des Connaissances Utiles

à 4 francs le volume cartonné

Collection de volumes in-16 illustrés d'environ 400 pages

Auscher. *L'art de découvrir les sources.*
Aygalliers (P. d'). *L'olivier et l'huile d'olive.*
Barré. *Manuel de génie sanitaire,* 2 vol.
Baudoin (A.). *Les eaux-de-vie et le cognac.*
Bachelet. *Conseils aux mères,*
Beauvisage. *Les matières grasses.*
Bel (J.). *Les maladies de la vigne.*
Bellair (G.). *Les arbres fruitiers.*
Berger (E.). *Les plantes potagères.*
Blanchon. *Canards, oies, cygnes.*
— *L'art de détruire les animaux nuisibles.*
— *L'industrie des fleurs artificielles.*
Bois. (D.). *Les orchidées.*
— *Les plantes d'appartements et de fenêtres.*
— *Le petit jardin.*
Bourrier. *Les industries des abattoirs.*
Brévans (de). *La fabrication des liqueurs.*
— *Les conserves alimentaires.*
— *Les légumes et les fruits,*
— *Le pain et la viande,*
Brunel. *Les nouveautés photographiques.*
— *Carnet-Agenda du Photographe.*
Buchard (J.). *Le matériel agricole.*
— *Les constructions agricoles.*
Cambon (V.). *Le vin et l'art de la vinification.*
Champetier. *Les maladies du jeune cheval.*
Coupin (H.). *L'aquarium d'eau douce.*
— *L'amateur de coléoptères.*
— *L'amateur de papillons.*
Cuyer. *Le dessin et la peinture.*
Dalton. *Physiologie et hygiène des écoles.*
Denaiffe. *La culture fourragère.*
Donné. *Conseils aux mères.*
Dujardin. *L'essai commercial des vins.*
Durand (E.). *Manuel de Viticulture.*
Dussuc (E.). *Les ennemis de la vigne.*
Espanet (A.). *La pratique de l'homœopathie.*
Ferrand (E.). *Premiers secours en cas d'accidents.*
Ferville (E.). *L'industrie laitière.*
Fontan. *La santé des animaux.*
Fitz-James. *La pratique de la viticulture.*
Gallier. *Le cheval Anglo-Normand.*
Girard. *Manuel d'apiculture.*
Gobin (A.). *La pisciculture en eaux douces.*
— *La pisciculture en eaux salées.*
Gourret. *Les pêcheries de la Méditerranée.*

Graffigny (H de). *Les industries d'amateurs.*
Gunther. *Médecine vétérinaire homœopathique.*
Guyot (E.). *Les animaux de la ferme.*
Halphen (G.). *La pratique des essais commerciaux,* 2 vol.
Héraud. *Les secrets de la science et de l'industrie.*
— *Les secrets de l'alimentation.*
— *Les secrets de l'économie domestique.*
— *Jeux et récréations scientifiques.*
Lacroix-Danliard., *La plume des oiseaux.*
— *Le poil des animaux et fourrures.*
Larbalétrier (A.). *Les engrais.*
Leblond et Bouvier. *La gymnastique.*
Lefèvre (J.). *Les nouveautés électriques.*
— *Le chauffage.*
— *Les moteurs.*
Locard. *Manuel d'ostréiculture.*
— *La pêche et les poissons d'eau douce.*
Londe (A.). *Aide-mémoire de Photographie.*
Montillot (L.). *L'éclairage électrique.*
— *L'amateur d'insectes.*
— *Les insectes nuisibles.*
Montserrat et Brissac. *Le gaz.*
Moreau (H.). *Les oiseaux de volière.*
Moquin-Tandon. *Botanique médicale.*
Piesse (L.). *Histoire des parfums.*
— *Chimie des parfums et essences.*
Pertus (J.). *Le chien.*
Poutiers. *La menuiserie.*
Relier (L.). *Guide pratique de l'élevage du cheval.*
Riche (A.). *L'art de l'essayeur.*
— *Monnaies, médailles et bijoux,*
Rémy Saint-Loup. *Les oiseaux de parcs.*
— *Les oiseaux de basse-cour.*
Schribaux et Nanot. *Botanique agricole.*
Sauvaigo (E.). *Les cultures Méditerranéennes.*
Saint-Vincent (Drde). *Médecine des familles.*
Tassart. *L'industrie de la teinture.*
— *Les matières colorantes.*
Thierry. *Les vaches laitières.*
Vignon (L.). *La soie.*
Vilmorin (Ph. de). *Manuel de floriculture.*
Witz (A.). *La machine à vapeur.*

ENVOI FRANCO CONTRE UN MANDAT POSTAL

LIBRAIRIE J.-B. BAILLIÈRE et FILS

Rue Hautefeuille, 19, près du Boulevard Saint-Germain, PARIS

Bibliothèque Scientifique Contemporaine

Collection de volumes in-16 de 350 pages environ, avec figures

à 3 fr. 50 le volume

Acloque (A.). Les champignons.
— Les Lichens.
Battandier et Trabut. L'Algérie.
Baye (J. de). L'archéologie préhistorique.
Bernard (Claude). La science expérimentale.
Blanc. Les anomalies chez l'homme.
Blæcher (G.). Les Vosges.
Cazeneuve. La coloration des vins.
Charpentier (A). La lumière et les couleurs.
Chatin (J.). La cellule animale.
Comte (Aug.). Principes de philophie positive.
Cotteau (G.). Le préhistorique en Europe.
Dallet (G.). Les merveilles du ciel.
— La prévision du temps.
Debierre (Ch.). L'homme avant l'histoire.
Dollo (L.). La vie au sein des mers.
Falsan (A.). Les Alpes françaises.
Ferry de la Bellonne. La truffe.
Folin (de). Bateaux et navires.
— Pêches et chasses géologiques.
— Sous les mers.
Fouqué. Les tremblements de terre.
Foveau. Les facultés mentales des animaux.
Fraipont. Les cavernes.
Frédéricq. La lutte pour l'existence.
Gadeau de Kerville (H.). Les animaux lumineux.
Gallois (E.). La poste, le télégraphe, le téléphone.
Gaudry (A.). Les ancêtres de nos animaux.
Girod (P.). Les sociétés chez les animaux.
Graffigny (A. de). La navigation aérienne.
Gun (colonel). L'artillerie actuelle.
— L'électricité appliq. à l'art milit.

Hamonville (d'). La vie des oiseaux.
Herpin. La vigne et le raisin.
Houssay (F.) Les industries des animaux.
Huxley (Th.). L'origine des espèces et l'évolution.
— La place de l'homme dans la nature.
— Les problèmes de la biologie.
— Les problèmes de la géologie.
— Science et religion.
— Les sciences naturelles et l'éducation.
Jourdan. Les sens chez les animaux inférieurs.
Lefèvre (J.). La photographie et ses applications.
Le Verrier (M.). La métallurgie en France.
Liebig. Les sciences d'observation au moyen âge.
Loret. L'Egypte au temps des pharaons.
Loverdo. Les maladies des céréales.
Montillot. La télégraphie actuelle.
Perrier (Ed.). Le transformisme.
Planté. Phénomènes électriques de l'atmosphère.
Plytoff (G.). La magie.
— Les sciences occultes.
Priem (F.). L'évolution des formes animales.
Quatrefages (A. de). Les Pygmées.
Renault (B.). Les plantes fossiles.
Saporta (A. de.) Théories et notations de la chimie.
Saporta (G. de). Origine paléontologique des arbres.
Schœller (H.). Les chemins de fer.
Trouessart. Au bord de la mer.
— La géographie zoologique.
Trutat (P.). Les Pyrénées.
Vuillemin (P.). La biologie végétale.

ENVOI FRANCO CONTRE UN MANDAT POSTAL

ENCYCLOPÉDIE DE CHIMIE INDUSTRIELLE
ET DE MÉTALLURGIE

LES MINÉRAUX UTILES

ET

L'EXPLOITATION DES MINES

8° S

10023

LIBRAIRIE J.-B. BAILLIÈRE et FILS

BERNARD (F.). — **Eléments de paléontologie**, par Félix BERNARD, assistant au Muséum d'histoire naturelle, 1894. 1 vol. in-8, avec 600 figures. Cartonné..... .... 25 fr.

BLEICHER (M.-G.). — **Les Vosges**, le sol et les habitants, par G. BLEICHER, professeur à l'Ecole de Nancy. 1 vol. in-16 de 326 pages, avec 28 figures.. 3 fr. 50

BREHM. — **La terre et les mers**, par Fernand PRIEM, agrégé des Sciences naturelles, 1893, 1 vol. gr. in-8 de 800 pages, avec 500 figures (*Merveilles de la nature*).. .... ,........... 12 fr.

— **La terre avant l'apparition de l'homme.** Périodes géologiques, faunes et flores fossiles, géologie régionale de la France, par Fernand PRIEM, 1894. 1 vol. grand in-8 de 800 pages, avec 500 figures (*Merveilles de la Nature*)................................... .... 12 fr.

CONTEJEAN. — **Éléments de géologie.** 1 vol. in-8 de 859 pages, avec 467 figures. Cartonné...................................... 16 fr.

COQUAND. — **Traité des roches.** 1 vol. in-8 de 433 pages, avec 72 figures......... .... 7 fr.

FALSAN (A.). — **Les Alpes françaises.** I. Les montagnes, les eaux, les glaciers. 1 vol. in-16 de 289 pages, avec 52 figures.............. . 3 fr. 50

    II. Flore et Faune. 1 vol. in-16 de 350 pages, avec figures (*Bibliothèque scientifique contemporaine*)..................... .... 3 fr. 50

HUXLEY. — **Les problèmes de la géologie et de la paléontologie**, 1891. 1 vol. in-16 de 350 pages, avec figures (*Bibliothèque scientifique contemporaine*)... 3 fr. 50

JAMMES. — **Aide-mémoire d'hydrologie, de minéralogie et de géologie**, 1892. 1 vol. in-16 de 300 pages, avec figures. Cartonné.... 3 fr.

LÉJEAL. — **L'aluminium, le magnésium, etc.** Introduction par U. LE VERRIER, 1894. 1 vol. in-16 de 357 pages, avec 37 figures. Cartonné. (*Encyclopédie de chimie industrielle*).. 5 fr.

LECANU. — **Eléments de géologie.** 2ᵉ *édition*. 1 vol. in-18....... 2 fr.

LEVERRIER. — **La Métallurgie en France**, par M. LEVERRIER, professeur au Conservatoire des Arts et Métiers et à l'École des Mines. 1894. 1 vol. in-18 jésus de 400 pages, avec fig........................ 5 fr.

MONT-SERRAT et BRISAC. — **Le gaz et ses applications**, éclairage, chauffage, force motrice, 1892. 1 vol. in-16 de 368 pages, avec 86 figures. Cartonné (*Bibliothèque des Connaissances utiles*)...................... 4 fr.

PICTET (F.-J.).— **Traité de paléontologie**, 2ᵉ *édition*, 4 vol. in-8, avec 1 atlas de 110 planches gr. in-4. Cartonné.......................... 80 fr.

RENAULT (B.). — **Les plantes fossiles**, par B. RENAULT, assistant au Muséum d'histoire naturelle de Paris. 1 vol. in-16 de 350 pages, avec 50 figures....... ... . 3 fr. 50

SCHIMPER. — **Traité de paléontologie végétale.** 3 vol. gr. in-8 avec 1 atlas de 110 pl. in-folio.... . ... 150 fr.

TRUTAT. -- **Les Pyrénées**, le sol et les habitants, 1894. 1 vol. in-16 de 350 pages, avec figures... .... 5 fr.

WEISS. — **Le cuivre**, par WEISS, ingénieur des mines, 1894. 1 vol. in-16 de 400 p., avec 96 figures. Cartonné (*Encyclop. de chimie industrielle*). 5 fr.

WITZ (A.). — **La machine à vapeur**, par A. WITZ, ingénieur des arts et manufactures, 1891. 1 vol. in-16 de 324 pages, avec 80 figures. Cartonné (*Bibliothèque des Connaissances utiles*).... .... 4 fr.

Louis KNAB

INGÉNIEUR, RÉPÉTITEUR A L'ÉCOLE CENTRALE DES ARTS ET MANUFACTURES

———

LES MINÉRAUX UTILES

ET

L'EXPLOITATION DES MINES

Avec 74 figures intercalées dans le texte

GISEMENTS DES MINÉRAUX UTILES

Gîtes minéraux. — Combustibles minéraux. — Sel gemme. — Gisements des minerais. — Minerais de la France et des colonies.

EXPLOITATION DES MINES

Recherche. — Abatage. — Voies de communication. — Transport. — Extraction des produits. Aménagement des lieux — Aérage, éclairage. Préparation mécanique des minerais.

PARIS

LIBRAIRIE J.-B. BAILLIÈRE ET FILS

19, rue Hautefeuille, près du boulevard Saint-Germain

———

1894

Tous droits réservés.

PRÉFACE

Le but que se propose le mineur consiste à pénétrer dans l'intérieur de la terre pour en détacher les matières utiles et les rapporter à la surface. Les progrès réalisés dans cet ordre d'idées ont été considérables depuis les trente dernières années, et si l'on compare ce qu'était par exemple une mine de houille en 1850, à ce que sont les grandes installations nouvellement créées dans divers pays, on peut presque dire qu'elles n'ont de commun que le but qui est la production de la houille, car elles diffèrent essentiellement soit par l'échelle sur laquelle cette production est réalisée, soit par la puissance et même par la nature des moyens employés.

Ainsi la force des engins d'épuisement et d'extraction a été considérablement accrue ; des moyens mécaniques et variés ont été créés pour la ventilation ; les méthodes d'exploitation ont été perfectionnées ; la préparation mécanique des minerais a été entièrement renouvelée ; de nouveaux procédés ont été imaginés pour aller attaquer des minerais à travers des terrains regardés jusqu'ici comme inabordables. Enfin il n'est pas jusqu'aux détails, tels que l'introduction et la sortie des ouvriers, les transports intérieurs, qui ne soient en voie d'être renouvelés d'une manière plus ou moins complète.

Le but de ces diverses modifications a été dans l'art des

mines d'arriver à des économies de frais généraux et de main-d'œuvre par le développement des moyens de production et par l'emploi des engins mécaniques de plus en plus puissants.

Nous nous proposons de décrire les divers moyens propres à maintenir l'équilibre entre les besoins de la consommation tous les jours plus grands et la puissance de production. Mais la géologie appliquée doit être considérée comme la première partie d'un traité d'exploitation : c'est une introduction nécessaire à l'étude des questions techniques de l'art des mines ; aussi ferons-nous précéder les chapitres relatifs à l'exploitation proprement dite, d'une PREMIÈRE PARTIE qui, sous le titre de « GITES DES MINÉRAUX UTILES », présentera tous les faits géologiques qui mènent à la connaissance du gisement des minéraux. Les conditions géognostiques de forme et d'allure ont en effet une influence tellement directe sur les conditions économiques de l'exploitation qu'il est impossible de faire un pas dans une mine sans s'appuyer sur les données de la science. Cette première partie contiendra la *description des gîtes minéraux, des combustibles minéraux, du sel gemme, des minerais ;* une *revue des mines de la France et de ses colonies ;* un aperçu de la *recherche des mines.*

La SECONDE PARTIE, sous le titre d'EXPLOITATION DES MINÉRAUX UTILES, présente deux ordres principaux de questions, les unes concernant l'attaque de la masse terrestre et les autres les transports de toute nature à effectuer dans son sein. La description des moyens d'attaque comprend trois points de vue successifs. Tout d'abord *l'abatage,* c'est-à-dire les ressources dont dispose l'ouvrier pour effectuer le dépècement du massif limité qui lui est proposé comme objet de ses efforts. En second lieu la réunion des opérations partielles, dotant la mine de ses organes essentiels : puits, galeries, etc., c'est-à-dire de ses *voies de communication*. Enfin la coordination de l'ensemble des travaux en vue de réaliser l'enlèvement le plus économique et le plus rapide en même temps que le plus sûr de la masse minérale ; c'est la méthode d'*exploitation*.

En ce qui concerne les *transports*, il y a lieu d'envisager séparément les matières solides, liquides et gazeuses. Les secondes donnent lieu au problème de l'*épuisement* ; les dernières à celui de l'*aérage* ; enfin le transport des matières solides constitue l'*extraction* quand il s'effectue verticalement et le *roulage*, quand au contraire il a lieu suivant une composante horizontale.

Un certain nombre de problèmes moins étendus tels que l'*éclairage*, la *descente des hommes*, les *accidents de mines* forment sous le titre de *services divers* un groupe à part. Enfin sous le titre de *préparation mécanique des minerais*, nous poursuivons les minerais au delà de l'instant où ils ont été amenés au jour en vue de les livrer aux usines dans un état mieux approprié aux opérations à subir.

Nous avons confiance que ce livre pourra être consulté avec intérêt par les personnes qui suivent les progrès de la science aussi bien que la solution de problèmes économiques de la plus haute importance pour l'industrie.

L. KNAB.

5 avril 1888.

LES MINÉRAUX UTILES

ET L'EXPLOITATION DES MINES

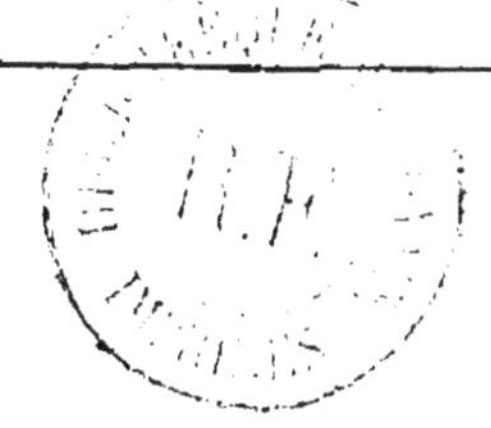
Library stamp

PREMIÈRE PARTIE

Gisements des Minéraux utiles

CHAPITRE PREMIER

GITES GÉNÉRAUX

L'exploitation des mines pratiquée depuis tant de siècles a donné naissance à la géologie et à la minéralogie ; les richesses minérales d'une contrée sont, en effet, trop intimement liées à sa constitution géologique, pour qu'en étudiant les lois qui régissent les minéraux utiles, on n'ait pas été conduit à observer celles qui ont présidé à la formation du globe ; et si la géologie et la minéralogie se sont écartées de la pratique qui les avait vues naître, pour être constituées comme sciences, c'est dans le but de guider la recherche et l'exploitation des minéraux utiles dont elles n'avaient été, dans le principe, que les conséquences. Notre but est d'exposer les documents qui peuvent faire connaître les gisements de toutes les matières utiles que produit l'industrie minérale et qui doivent guider dans leur exploitation ; nous avons donc divisé notre travail en deux parties : la *première*, consacrée à l'étude du GISEMENT, c'est-à-dire de la nature et des formes des gites, de leur position géologique, de leur origine ; la *seconde*, présentant les méthodes et les procédés qui sont appliqués à l'EXPLOITATION et

qui, depuis quelques années surtout, ont fait de si remarquables progrès.

Les travaux de Werner, quoique modifiés profondément par
les découvertes postérieures, sont souvent encore un bon guide
à consulter pour l'étude des gîtes des minéraux, c'est-à-dire des
espaces souterrains dans lesquels ces minéraux ont été formés ;
il les divisait en *gîtes généraux*, qui ne sont autres que les
roches constituantes des divers terrains, et en *gîtes particuliers*, qui occupent des espaces beaucoup plus circonscrits et
sont compris dans les premiers. Les gîtes généraux forment
donc des masses puissantes et étendues dont la composition
est peu variée ; ainsi la silice y est l'élément le plus fréquent,
soit seule à l'état de quartz compact, de grès, de poudingue ;
soit à l'état d'association dans les granites, dans les roches
ignées, dans les roches schisteuses, etc., etc. Les contrées
calcaires exceptées, la silice forme les quatre cinquièmes des
roches ; l'alumine ne vient que bien après la silice pour la proportion, mais elle est aussi très fréquente ; les schistes argileux,
les marnes, les argiles, les feldspaths, en contiennent de 15 à
30 pour 100. Vient ensuite la chaux, base des roches calcaires
et gypseuses ; après ces éléments, les autres n'ont plus qu'une
importance très secondaire comme proportion, et ce sont leurs
applications industrielles qui la leur ont donnée. En vertu de
leur développement, les gîtes généraux peuvent seuls fournir à
l'industrie les pierres quartzeuses, calcaires ou feldspathiques ;
les pierres à chaux, les pierres à plâtre, les argiles plastiques
et les kaolins ; une partie des roches d'ornement, telles que
les porphyres, les marbres, les combustibles fossiles ; une partie
des minerais de fer et du sel exploité ; enfin les matériaux
employés dans une multitude d'industries, tels que les sables
de verrerie, les pierres lithographiques, les meules à moudre
et à aiguiser, tous matériaux qui doivent être à bas prix et qui
par suite ne peuvent supporter de grands frais d'extraction.

Les gîtes particuliers comprennent tous les minerais métallifères, sauf une partie de minerais de fer et les substances
assez coûteuses pour être aussi recherchées que les métaux
par l'exploitation ; telles sont, par exemple, toutes les gemmes,
depuis le diamant jusqu'au quartz hyalin ou cristal de roche·

Les études géologiques se bornèrent longtemps à l'examen direct des roches; plus tard on reconnut que ces roches composaient deux séries de terrains qui se sont développés pendant la série des temps géologiques: l'une, entièrement due à l'action des eaux et à leurs migrations successives, est celle des terrains sédimentaires; la seconde, la série des roches ignées, a été produite par une action analogue à celle qui amène encore à la surface des laves et des déjections volcaniques. Les *terrains sédimentaires* comprennent les roches engendrées soit par érosion, transport et agrégation, telles que les conglomérats, les poudingues, les grès, les sables, ainsi que les dépôts argileux et limoneux; ils comprennent en outre celles qui résultent de précipitations chimiques, telles que les roches calcaires et certaines roches siliceuses. Ces divers dépôts sont stratifiés, c'est-à-dire disposés en couches superposées les unes aux autres; ils sont caractérisés par la nature lithoïde des roches, suivant leur âge, par des fossiles particuliers et des substances accidentelles de nature diverse.

Les *terrains ignés* sont au contraire composés de roches cristallines dont un grand nombre offrent des analogies avec les laves volcaniques; les formes de ces roches sont massives, sauf les cas où elles ont été injectées dans les fissures des roches préexistantes et où elles se sont épanchées en nappes à la surface du sol.

Dans l'état actuel de la science, ils sont divisés en terrains et les terrains en formations. Ainsi les terrains sédimentaires les plus anciens, dont la stratification est généralement accidentée, ont été nommés *terrains de transition*, parce qu'ils établissent bien le passage de l'action exclusivement ignée sur la surface du globe à l'action sédimentaire des eaux. Ces terrains constituent les parties les plus élevées du globe, car c'est en vertu de cette surélévation qu'ils ont échappé aux influences qui ont successivement déposé les terrains de sédiment mieux caractérisés.

Après ces terrains furent déposés dans de vastes bassins les *terrains secondaires*, dont les couches mieux stratifiées, les éléments argileux et calcaires plus éloignés par leur nature terreuse et lithoïde des caractères cristallins des roches ignées, enfin dont les débris organiques fossiles généralement conservés, rendent l'origine sédimentaire des plus évidentes. A ces terrains succèdent enfin les *terrains tertiaires* ; puis les terrains d'alluvions en bassins plus circonscrits, plus réguliers dans leur structure et composés de roches moins compactes et moins denses. Pendant toute cette série de dépôts, l'influence ignée n'avait cessé d'envoyer à la surface des roches éruptives ; ces roches, confondues vers la base avec les premiers produits sédimentaires, devinrent de plus en plus distinctes. Les roches sédimentaires constituent de préférence les contrées peu accidentées, tandis que les roches ignées ont une grande part dans la composition des contrées saillantes, accidentées, où domine le terrain de transition.

Les deux classes de roches sédimentaires et ignées seraient constamment d'une distinction facile, si une troisième classe, participant à la fois des deux autres, ne venait établir entre elles cette transition qui existe dans toutes les distinctions de l'histoire naturelle ; cette classe est celle des *roches métamorphiques*, qui résultent des phénomènes d'altération qui ont eu lieu dans les roches de sédiment, suivant leurs plans de contact avec les roches éruptives et jusqu'à des distances considérables de ces plans. Quand les laves coulent dans le voisinage des argiles, elles leur font subir une sorte de cuisson ; les calcaires passent en marbre, témoin la craie du comté d'Autrem, en Irlande, qui, traversée par des filons de basalte, a été convertie au marbre jusqu'à une distance de 8 et 10 mètres de filons. Dans les roches en contact avec le granite, on n'observe jamais ces modifications dues à une température très élevée, mais plutôt des phénomènes que l'on pourrait appeler d'imbibition ; il y a eu cession de la part du granite d'une partie de sa silice et même de quelques-uns de ses minéraux accidentels à la roche environnante. Les phénomènes d'apport des minéraux dans une roche sont nécessairement accompagnés d'un changement de texture dans cette roche. Ces modifications de composition et de structure amenées dans les roches sédimentaires par le contact des roches éruptives constituent ce que l'on appelle le métamorphisme.

Au contact de la roche éruptive, la roche sédimentaire se

trouve souvent dans des conditions qui ont permis à des éléments accidentels et même étrangers à la substance de cristal-
liser dans son tissu. Ainsi auprès des filons pierreux, on voit
souvent du grenat, du mica, du pyroxène se développer dans
des calcaires aux dépens de petites quantités de silicates alumineux, terreux et alcalins qu'ils renfermaient. Mais bien
souvent la roche naissante est silicifiée à grande distance du
contact; les quartzites ont cette origine. Ce sont des schistes
argileux qui ont été tellement pénétrés de silice dans le voisinage des filons de quartz que le schiste a été à peu près éliminé
au profit de la silice. Enfin toute cristallisation dans une masse
amorphe implique un nouveau groupement des éléments chimiques; or, ces groupements pourront toujours s'effectuer
sous l'influence de la voie humide ou sous l'influence d'une
grande pression. Or, à mesure que les couches sédimentaires
ont été recouvertes de terrains postérieurs, elles ont eu à subir
des charges de plus en plus considérables; les cataclysmes qui
ont donné naissance aux chaines de montagnes ont amené
aussi des pressions plus grandes encore; d'autre part, l'eau
circule sans cesse à toute profondeur dans l'écorce terrestre.
On voit donc que les conditions exigées pour la cristallisation
n'ont pas manqué aux couches profondément situées; ajoutons
que les terrains stratifiés, à mesure qu'ils se recouvrent d'autres
sédiments, sont soumis à des températures de plus en plus
élevées et ce calorique devient un nouvel auxiliaire à la cristallisation. Aussi dans les montagnes voit-on partout des traces
de cristallisation.

Nous jetterons un coup d'œil rapide sur les divers minéraux
dont on a pu tirer parti, provenant des trois genres de roches
quartzeuses, argileuses et calcaires, ainsi que des roches
ignées qui s'y sont intercalées ou qui s'y sont amoncelées,
épanchées à leur surface.

Les divers terrains ou gîtes généraux fournissent toutes les
pierres employées dans la construction, le pavage, ainsi qu'une
grande partie des roches utilisées dans l'industrie ou dans
l'ornement; peu de ces matériaux ont assez de valeur pour
supporter des frais de transport considérables, et chaque pays
a dû chercher dans son propre sol les éléments principaux de

ces constructions. Les terrains de *transition* sont presque toujours accompagnés de granits; mais ces roches difficiles à extraire, coûteuses à tailler, n'ont ordinairement servi qu'aux édifices publics et aux constructions de luxe et de défense. Les constructions particulières ont dû rechercher des matériaux moins chers et le terrain de transition n'a pu leur fournir que des roches quartzeuses ou des schistes employés comme moellons; les granits ont été réservés pour faire seulement les chaînes en pierres taillées, les encadrements des baies, les escaliers. Les couches schisteuses de ces terrains renferment par compensation les schistes ardoisiers qui fournissent la couverture la plus élégante. Les parties supérieures du terrain de transition contiennent encore des couches de calcaire dur, compact, quelquefois même saccharoïde, de couleurs foncées, qui peuvent fournir d'excellentes pierres d'appareil. Les terrains *secondaires* renferment en abondance la pierre de construction par excellence, le calcaire. Les calcaires secondaires sont assez généralement compacts, et par conséquent assez coûteux à tailler, mais leur solidité donne aux édifices une durée précieuse. A la base de ces terrains se trouve le calcaire carbonifère fournissant une belle pierre d'appareil et la plus grande partie des marbres noirs et tachetés. La formation houillère présente les grès houillers et les formations arénacées supérieures, les grès rouge, bigarré et des Vosges. Au-dessus de ces terrains arénacés, les calcaires jurassiques constituent la pierre la plus essentielle aux constructions; la craie y présente des caractères très différents, la craie-tuffeau est susceptible d'un bon emploi comme pierre de construction et la craie du Midi est dure et fournit de très beaux matériaux.

Bien que chaque terrain de l'époque secondaire offre des matériaux mis en œuvre sur beaucoup de points, cependant les assises calcaires sont habituellement si fendillées ou si peu homogènes que bien des contrées ne peuvent se les procurer qu'à grands frais et préfèrent l'usage de la brique. Mais dans ce cas les indications des cartes géologiques peuvent encore être mises à profit pour chercher les parties argileuses des terrains. Il en est de même pour la recherche des calcaires argileux propres à la fabrication de la chaux hydraulique; ces couches argileuses se trouvent, dans la plupart des cas, vers le plan de séparation des formations. C'est encore dans les terrains secondaires que l'on trouve des calcaires assez compacts pour servir de pierres lithographiques ; enfin ce sont les mêmes terrains qui, dans les contrées métamorphiques, peuvent fournir les marbres blancs et les marbres de couleur les plus homogènes et les plus propres à la sculpture et à l'ornement.

Les terrains *tertiaires* présentent généralement des caractères tout à fait spéciaux de forme et de composition qui paraissent avoir eu des influences remarquables sur les constructions ; on trouve dans la composition variée de ces terrains, les calcaires assez tendres pour que la taille en soit facile et assez résistants pour les constructions monumentales ; les argiles les plus pures pour les poteries et les faïences ; le gypse ou pierre à plâtre ; la meulière commune, la pierre meulière des moulins ; le grès pour le pavage ; le sable quartzeux pour les verreries.

Les plaines d'*alluvion* n'offrent guère pour ressources que quelques argiles limoneuses pour faire des briques et, dans certains cas exceptionnels, une pierre tendre, la grison qui appartient à des alluvions anciennes. Les alluvions renferment parfois des blocs erratiques qui fournissent des matériaux de bonne qualité.

La recherche et l'exploitation des pierres de construction peuvent rarement être l'objet de travaux assez dispendieux pour que les indications de la science sur la direction et la continuité des bassins et des couches puissent être mises à profit. Les explorations faites depuis des siècles ont, en quelque sorte, mis à découvert les ressources de chaque pays, du moins dans les limites de profondeur où le bas prix indispensable à ces matériaux doit nécessairement maintenir les exploitations. Dans un terrain, certaines assises, comme par exemple l'assise calcaire de la grande oolithe, peuvent présenter plus souvent que toute autre cette consistance et cette homogénéité de grain et de structure essentielles pour fournir des pierres d'appareil, mais il s'en faut que ces qualités soient habituelles. Le plus souvent, les granites, qui ont cependant plus de chances que toute autre roche de présenter de l'unité dans les caractères, seront ou trop fissurés ou d'un gain trop friable, ou trop faciles à décomposer pour être exploités, et les carriers auront à découvrir bien des masses avant d'en trouver une saine qui remplisse toutes les conditions désirables pour fournir de beaux blocs. Il ne suffit donc pas d'avoir déterminé le plan d'une couche que l'on croit devoir être bonne, il faut encore rechercher les parties de cette couche qui remplissent les conditions requises; et ce genre de recherches ne peut avoir lieu qu'à ciel ouvert et par tranchées. Les parties les plus difficiles des formations superficielles forment d'ailleurs généralement des saillies qui facilitent à un haut degré les explorations de ce genre.

La production des carrières est d'une appréciation difficile, parce qu'un grand nombre ne sont ouvertes seulement que pour certaines constructions et abandonnées aussitôt que ces constructions sont terminées. Nous passerons, dans ce chapitre, rapidement en revue les divers minéraux exploités en dehors des combustibles, des minerais, du sel et du gypse et qui présentent quelque intérêt au point de vue des constructions ou de leurs applications industrielles.

Quartz. — La silice est de toutes les substances solides de la nature la plus abondamment répandue; le mot de silice est un nom de genre et il faut distinguer le *quartz* et l'*opale*. Par opale, il faut entendre un état allotropique de la même substance où l'eau n'existe qu'à l'état de fluide d'imbibition; ces deux espèces se distinguent par trois caractères fondamentaux. Le quartz, dans toutes ses variétés, doit être considéré comme cristallisé, car deux d'entre elles agissent sur la lumière polarisée et, entre toutes, il y a des passages définis. Dans l'opale, au contraire, on ne trouve jamais aucun indice de cristallisation. La densité du quartz est dans toutes ses variétés de 2,6; la densité de l'opale est de 2,2. Les différentes variétés de quartz sont insolubles dans les dissolutions alcalines bouillantes; l'opale est soluble dans ces mêmes dissolutions. Le quartz admet lui-même bien des variétés fondées sur les degrés de transparence: le quartz transparent est le *quartz cristallisé*, même quand il est coloré; le quartz translucide en masse est le *quartz agate*;

le quartz translucide sur ses bords minces est le *silex* ; enfin le quartz opaque est le *jaspe*.

Dans la variété cristallisée, le rhomboèdre primitif est presque un cube ; les clivages sont difficiles. La forme dominante est celle du prisme hexagonal surmonté d'une pyramide hexagonale. Les couleurs sont très variables ; il y a du quartz complètement incolore, appelé quartz hyalin, *cristal de roche* ; l'on rencontre aussi fréquemment la couleur violette, c'est le quartz améthyste dont la teinte est due à la présence de l'oxyde de manganèse. L'on rencontre aussi du quartz rose dont la coloration est due à une petite quantité d'oxyde de titane ; on recueille du quartz rouge dans des argiles colorées par du peroxyde de fer. Quand les argiles colorées passent au jaune par suite de l'hydratation de l'oxyde métallique, le quartz devient jaunâtre, c'est la fausse topaze. Les cristaux de couleur sombre ou quartz *enfumé* doivent leur coloration à des matières organiques.

Le quartz coloré a son emploi dans l'ornement ; le quartz hyalin a été travaillé par les anciens et recherché par eux, aujourd'hui les lames de quartz sont journellement employées dans l'analyse optique des liqueurs sucrées. Cette substance se rencontre parfois sous forme de cristaux gigantesques ; à la montagne de Béfoura (Madagascar), on a trouvé des cristaux de quartz dont la section droite était de 8 m. 60 de tour ; au musée de Berne, on voit des cristaux de la plus grande taille, appartenant à la variété dite enfumée, dont le plus grand haut de 0 m. 87 pèse 255 kilogrammes. Le quartz renferme souvent des matières étrangères ; quand on l'agite, on voit se mouvoir à l'intérieur du cristal des gouttes d'un liquide. C'est d'ordinaire une huile minérale beaucoup plus expansible que l'eau. Le quartz renferme aussi souvent des cristaux d'autres substances, de la pyrite, du titane oxydé, de l'amianthe et de l'antimoine sulfuré.

AGATE. — Le caractère principal de cette variété, c'est la translucidité ; la cassure est esquilleuse, les couleurs sont très variables et très vives. Les agates sont susceptibles d'un très beau poli, on les distingue en agates unicolores et en agates rubannées. Les principales agates unicolores sont la *calcé-*

doine qui est d'un blanc un peu bleuâtre, la *saphirine* de couleur bleu foncé, la *sardoine* de teinte jaune orangé, la *cornaline* d'un rouge vif ou d'un rouge cerise, la *chrysoprase* d'un vert pâle, et l'*héliotrope* d'un vert très foncé.

Les agates rubannées sont celles qui ont été déposées par les eaux dans des cavités à peu près sphéroïdales, les couches les plus extérieures ayant été formées les premières. Les agates sont recherchées comme pierres à camées quand les couches qui se font suite sont d'une couleur vive et disposées parallèlement. Les agates se rencontrent à peu près exclusivement dans les roches éruptives ou volcaniques; ces roches ont été consolidées en présence d'une très grande quantité d'eau mêlée à leur pâte. Exceptionnellement, l'agate se trouve sous des formes organiques. Les agates agissent sur la lumière polarisée, ce qui indique que leur tissu est cristallin; on les trouve en Hongrie sous forme stalactite, suspendues à des cristaux d'antimoine sulfuré, fusibles à la flamme de la bougie, ce qui nous apprend que, comme le quartz cristallisé, son origine doit être attribuée à la voie humide.

SILEX. — Les silex sont des agates plus grossières, à teintes sales ou ternes, et que l'on ne cherche pas à polir. L'on ne trouve plus ici trace de cristallisation ; mais comme il existe des passages ménagés entre l'agate et le silex, et que la densité reste toujours invariable et égale à 2,6, cette variété doit incontestablement être regardée comme l'état amorphe de l'espèce quartz. Le silex est seulement translucide sur les bords amincis ; il affecte d'ordinaire des formes bizarres, dites en rognons. Ces rognons sont disposés en files, alignés dans les terrains sédimentaires; l'examen microscopique de plaques siliceuses polies laisse voir des traces d'organisme, ce sont probablement des spongiaires qui ont fixé ces sucs siliceux. La couleur du silex est d'ordinaire blonde ou noire et la coloration est due à une substance organique. Les rognons siliceux ont été longtemps exploités comme *pierre à feu ;* les hommes primitifs taillaient le silex sous des formes assez peu nombreuses, mais bien définies, pour en façonner des outils.

Le silex est susceptible de prendre un autre état, de se creuser d'un grand nombre de trous, d'affecter même une apparence scoriacée ; c'est la *pierre meulière*, qui, aux environs de Paris, forme deux étages bien distincts séparés par les sables et grès de Fontainebleau. Les meulières de la Brie occupent le sommet du terrain éocène ; celles de la Beauce constituent le terme moyen du miocène. La pierre meulière fournit des matériaux de premier choix pour la construction ; elle est très légère à raison des vides nombreux qu'elle présente, très résistante cependant à cause de la [ténacité exceptionnelle de ses parties pleines ; le mortier qui pénètre dans ses cavités forme comme autant de tenons qui assemblent deux assises successives. Les parements extérieurs des fortifications de Paris sont élevés en meulière, il en est de même des égouts.

JASPE. — Il a l'apparence du silex, mais la translucidité a disparu, même sur les bords les plus minces ; les couleurs sont très vives. Il y a des jaspes colorés en rouge brique par du peroxyde de fer ; à certaines places, la coloration s'accentue d'une manière plus nette, ce qui donne à la pierre un aspect marbré. Il y a des jaspes de couleur brun-marron, l'on en voit en très grand nombre dans le lit du Nil, que pour cette raison on appelle cailloux du Nil. Au Caire, ces cailloux reliés par une matière plastique y forment des masses rocheuses considérables. Il y a d'autres jaspes colorés en vert avec des taches rouges semées de place en place sur le fond, c'est le jaspe sanguin. La *pierre de touche* est un jaspe noir.

OPALE. — L'opale est un état allotropique de la silice, elle n'est jamais cristallisée, sa densité est seulement de 2,2, elle est soluble dans les liqueurs alcalines chaudes, et elle renferme toujours de l'eau qui y entre comme liquide d'imbibition. Dans son plus grand état de pureté, l'opale est caractérisée par ses feux irisés où dominent le vert, le rouge et le bleu ; mais pour que les teintes apparaissent, il faut que la pierre soit baignée d'eau. Le gîte qui fournit les opales avec le plus d'abondance est celui d'Eperjes dans le comitat de Presburg (Hongrie) ; on la rencontre dans les cavités du trachyte caverneux.

Ehrenberg a montré que certains sables siliceux et en particulier le *tripoli de Bohême*, exploité aux environs de Bilin, n'étaient autre chose que de l'opale moulée sous la forme de tests très déliés d'infusoires. On rencontre à Paris des opales impures auxquelles on a donné le nom de *ménilites;* leur cassure offre toujours un aspect résineux, caractéristique de cette espèce.

Le quartz forme des roches qui se présentent sous des aspects assez divers ; toutes ces roches ont cependant une même origine, et les différences que l'on peut y reconnaître ne consistent à vrai dire que dans la forme des éléments quartzeux. Les roches qui, sur une tranche à peu près plane, laissent voir des éléments à contours rectilignes polygonaux se dessinant sur une pâte homogène, sont des *brèches*. Si, au contraire, les roches laissent voir sur leurs tranches les contours rectilignes de débris [arrondis, se dessinant sur le fond uniforme de la pâte qui les réunit, on a les *poudingues*. Mais si ces mêmes débris quartzeux ont été roulés longtemps par les eaux, ils seront de plus en plus atténués et passeront à un véritable sable; ces grains déliés, cimentés par une matière plastique quelconque, donneront une roche qu'on désigne sous le nom de *grès*.

Kaolin. — Le kaolin est la variété la plus pure de l'argile, aussi est-elle d'une entière blancheur; c'est à cette grande pureté qu'est due l'infusibilité. Il existe à Saint-Yrieix un immense cristal d'orthose décomposé en kaolin qui depuis un demi-siècle est exploité sans être appauvri; trois autres gîtes importants sont exploités en France, près de Limoges, à Colettes (Allier), à Plémet (Côtes-du-Nord). C'est une très petite quantité de silicate alcalin répandu dans la masse, qui, se vitrifiant aux hautes températures, l'éclaire tout entière.

Argile plastique. — L'argile plastique offre de tout autres propriétés dont la plus saillante est la plasticité de sa pâte; quand elle est de couleur très pâle, grise ou très légèrement teintée de jaune, elle est d'ordinaire infusible et sert à la fabrication des briques réfractaires; les variétés entièrement blanches sont réservées à la fabrication des pipes et des objets de faïence. Les terres fusibles, colorées de toutes nuances, sont employées à la fabrication des briques ordinaires, des tuiles et des poteries. Le caractère principal de toutes ces argiles

est de faire pâte avec l'eau ; l'argile plastique est très onctueuse au toucher, elle se polit sous l'ongle et se fendille
beaucoup à l'air, en perdant une très grande partie de son eau
de capillarité, mais pour lui faire perdre son eau de combinaison, il faut la maintenir longtemps à la chaleur blanche.

TERRE A FOULON. — Dans la terre à foulon, ou argile smec-
tique, la plasticité a presque disparu, elle donne une pâte très
courte. Cette terre se reconnaît facilement à ce caractère, que
lorsqu'elle est un peu sèche, si on vient à la briser, les éclats
ont une arête tranchante que l'on ne fait disparaître qu'avec
une certaine difficulté par la pression de l'ongle, tandis que,
pour les autres argiles, les arêtes sont terminées par des lignes
mousses granuleuses. Les arêtes des échantillons fraîchement
extraits du sol sont légèrement translucides.

SCHISTES ARGILEUX. — L'argile est susceptible plus qu'aucune
autre roche de prendre l'état schisteux, c'est-à-dire cet état
qui admet des divisions toutes parallèles à un plan d'orientation
déterminée. Les schistes argileux, dont les *ardoises* sont un
type, ont même composition que les argiles, ils offrent une
structure feuilletée très prononcée ; les plans de stratification
des couches ne coïncident pas avec les plans de fissilité, tels
sont les bancs ardoisiers des Ardennes. Les couches sont
ondulées et la division en ardoises a lieu suivant des plans
verticaux. Les principales ardoisières de France sont celles
d'Angers, de Trélazé, des Ardennes ; il y a encore d'autres
gîtes de moindre importance près de Saint-Lô, de Cherbourg,
de Grenoble, de Brives, de Redon. Le commerce des ardoises
est devenu en France une branche de commerce considérable,
c'est un des pays les mieux partagés sous ce rapport.

BAUXITE. — La bauxite, du nom de la commune de Baux, près
d'Arles, où elle a été reconnue d'abord, est un minerai de fer
oxydé, sorte de fer pisolithique à gangue alumineuse dont la
proportion l'emporte de beaucoup sur celle du fer, et ne renfermant que peu de silice. Elle se trouve sous forme de gisements dans le département des Bouches-du-Rhône et remplit
des fentes ou des poches dans le calcaire crétacé de la commune de Baux ; on la rencontre aussi à Allauch et à Revest
(Var), ainsi que dans le Gard, la Lozère, la Calabre, en Styrie,

en Suède, et ailleurs encore dans les roches calcaires, crétacées et jurassiques. Berthier avait analysé la bauxite dès 1821 ;
il y avait trouvé des traces d'oxyde de chrome et de titane, mais
la composition du minerai varie d'un point à un autre. La
variété la plus réfractaire est blanche ; on peut cependant
employer pour les briques qui doivent subir de très hautes
températures, les bauxites ferrugineuses pauvres en silice. La
bauxite pure donne l'alumine calcinée ou hydratée qui sert à la
teinture, à la céramique, à la production de l'aluminium,
des sels d'alumine ; son emploi en métallurgie n'est pas très
répandu par suite du prix trop élevé de cette matière.

Magnésite. — La magnésite ne se rencontre pas cristallisée,
c'est une substance légère, très poreuse, quoique bien homogène, de couleur blanche, happant fortement à la langue et ne
faisant pas pâte avec l'eau, ce qui la distingue du kaolin ; elle
est très douce au toucher, surnage sur l'eau tant que ses pores
ne sont pas pleins de liquide. La magnésite provient de la
Grèce et de l'Asie mineure ; les vases de Samos dont les
Romains faisaient un si grand cas étaient probablement en
magnésite ; c'est que cette substance à haute température se
durcit comme le kaolin et peut servir à la fabrication
de vases analogues aux vases de porcelaine. Il existe près de
Turin et de Madrid des manufactures où la magnésite est
employée à cet usage. Mais elle a un autre emploi bien connu,
car ce n'est autre chose que l'*écume de mer* ; pour la fabrication des pipes, on moule la terre, on la fait légèrement cuire,
puis on la plonge dans du lait bouillant et dans une préparation de cire et d'huile de lin.

Talc. — C'est une matière cristalline dont on détache par le
clivage des lames très minces en aussi grand nombre qu'on le
veut ; ces lames sont clivables. La dureté est complètement
nulle et c'est son caractère distinctif, son toucher est des plus
onctueux, sa couleur est verte, mais comme si l'on apercevait
cette teinte verte à travers une membrane d'agent. Le talc
possède sur les faces de clivage un éclat nacré, il est flexible,
sa poussière est complètement blanche.

Il existe des variétés compactes, la *pierre ollaire*, par
exemple, qui contient de la chlorite et du mica. La *stéatite* est

un talc pur à l'état compact ; c'est une substance onctueuse au toucher, parfois un peu granulaire ou un peu lamellaire, de couleur blanche, jaunâtre ou brunâtre ; c'est la *craie de Briançon*, dont la capillarité est mise à profit pour enlever les taches sur les étoffes ; les tailleurs s'en servent pour dessiner sur les draps les contours de la coupe.

AMIANTE. — Il est probable que c'est à la trémolite, variété blanche de l'amphibole, qu'il faut rapporter ces substances fibreuses que l'on appelle *asbestes* ou *amiantes ;* quelquefois les fibres sont isolées et s'agitent comme le gazon sous le souffle du vent, d'autres fois elles sont accolées et soudées les unes aux autres de manière à former des masses à structure fibreuse que les montagnards appellent liège ou carton de montagne. Ce qui tend à faire prévaloir cette opinion, c'est que la structure de la trémolite cristallisée est elle-même fibreuse ; cependant nous devons dire que l'analyse semble indiquer pour l'asbeste une composition bien mal définie, car il se peut que ce soit de l'amphibole ou du pyroxène en cristaux capillaires. Les anciens tissaient les fibres d'amiante et en fabriquaient des étoffes incombustibles ; aujourd'hui on en fait des mèches de lampe, des garnitures de presse-étoupes, du carton pour joints, etc. On trouve ces longs filaments en Savoie, dans le Piémont, le Tyrol, la Haute-Hongrie, la Sibérie.

GRANITE. — Cette roche est le résultat de l'association de trois minéraux, feldspath cristallisé, mica et quartz. Souvent les minéraux constitutifs offrent à peu près les mêmes dimensions, c'est le cas des granites communs ; d'autres fois, certains cristaux de feldspath se développent beaucoup et alors l'ensemble de tous les autres grains cristallins, à la fois très petits et égaux, prend l'apparence d'une pâte plus ou moins homogène sur le fond de laquelle les gros cristaux se dessinent nettement. Il en résulte comme une masse compacte dans laquelle s'isolent des cristaux, c'est le granite porphyroïde. Il existe à Mursinsk (Oural) une exploitation de granite, où un cristal de feldspath s'est développé au point que toute une carrière est ouverte dans ce seul cristal.

Le granite est très abondant à la surface de la terre ; il existe des pays entiers tels que le Limousin, la Haute-

Auvergne, la Bretagne, qui en sont entièrement formés ; il n'y a guère de chaînes de montagnes un peu considérables qui n'en contiennent ; souvent d'énormes massifs en sont exclusivement composés, c'est ce que l'on observe dans les Alpes, dans les Vosges, dans les Pyrénées. Tous ces granites ne sont pas propres à la construction, les uns sont d'un grain trop grossier et par suite insuffisamment serré, ou d'une couleur trop terne pour mériter les frais du travail, les autres se désagrègent par l'action de l'air et de la gelée, et ne tardent pas à se décomposer. Le plus beau *granite rouge* est celui que l'on trouve en Egypte, dans la partie supérieure du cours du Nil, c'est le type de la véritable siénite ; il est composé de cristaux translucides et légèrement nacrés de feldspath rose, de quartz diaphane, et d'aiguilles clairsemées d'amphibole vert foncé. Il existe en France divers gisements d'un granite rouge analogue à celui d'Egypte ; on peut citer celui des Vosges. Il y en a aussi en Norvège, en Italie, dans les environs de Saint-Pétersbourg.

Le *granite noir*, que l'on trouve mis en œuvre dans quelques statues égyptiennes, est composé de parties tellement ténues de feldspath et de mica noir ou d'amphibole, que sa nuance paraît entièrement uniforme, il ressemble beaucoup au basalte. Dans quelques variétés, les éléments se séparent d'une manière plus distincte, et produisent alors une pierre tachetée par petites marques de blanc et de noir, c'est le granite noir et blanc ; il s'en trouve de très beaux de ce genre dans la chaîne des Vosges.

Le *granite gris* est le plus abondant, il se montre à peu près dans toutes les formations de granite. Malgré le peu d'éclat de sa couleur, il est quelquefois d'un grain assez délicat pour mériter le poli, mais la plupart du temps il est employé comme pierre de construction. Nous ferons encore mention, parmi les granites précieux, de certaines variétés qui présentent des nuances, à la vérité peu décidées, de violet, de bleuâtre et de verdâtre ; de la variété nommée *granite orbiculaire de Corse*, dans laquelle l'amphibole, groupé par circonférences concentriques, autour de noyaux feldspathiques, produit un effet singulier, et enfin du granite graphique ou hébraïque ainsi nommé

parce que le quartz y est disséminé par petits cristaux groupés
et brisés comme les caractères de l'alphabet hébraïque.

PORPHYRE. — Le porphyre est une roche qui se compose
de cristaux de feldspath et de quartz noyés dans une pâte
amorphe dont la composition chimique est très voisine de celle
du feldspath avec un petit excès de silice. Souvent l'on n'aperçoit que la pâte et alors la roche est appelée *eurite*, dénomination qui s'applique aux dégradations des roches porphyriques
chez lesquelles les éléments ont une tendance à se confondre
en une masse amorphe. On distingue les porphyres pauvres
en cristaux de quartz ou *feldspathiques* d'avec les porphyres
riches en cristaux de quartz ou *quartzifères*. La pâte amorphe
qui renferme les cristaux a une tendance à se kaoliniser et il se
détache des porphyres quartzifères de jolis cristaux de quartz
bipyramidé. Le quartz qui était amorphe dans le granite est
ici cristallisé. Il y a des porphyres amphiboliques qui dans
la série porphyrique correspondent aux syénites dans la série
granitique; ainsi le porphyre rouge antique, dont on trouve
dans nos maisons de fort beaux échantillons, sous des formes
très diverses, colonnes, baignoires, etc., est un exemple de
ce que nous venons de dire ; il se compose d'une pâte d'oligoclase avec un excès de silice et de petites lamelles d'hornblende.
Le porphyre de Belgique, que l'on importe à Paris pour le
pavage, est composé de feldspath oligoclase à l'état compact
avec cristaux d'amphibole.

On se sert des porphyres comme des granites pour la décoration des édifices, la construction des vases et des colonnes de
prix, pour les pavés et les incrustations ; mais on ne les trouve
pas si communément employés à la construction des grands
monuments, ce qui vient de ce qu'ils ne se laissent pas facilement tailler. Le porphyre rouge est une des plus belles variétés de porphyre ; il se trouve non seulement en Egypte, mais
en divers points du territoire de la France, notamment dans
les Vosges et dans le département de la Loire. Quelquefois la
teinte rouge passe à une couleur violette qui a encore plus de
richesse. Les porphyres verts se trouvent dans les Vosges, en
Corse, dans les Pyrénées. En Corse il existe une roche verte
qui est ce que les minéralogistes nomment *euphodite*, mais

qui est analogue au porphyre vert et d'un éclat surprenant ; le minéral nommé *diallage* qui lui donne sa couleur est d'un vert pré parfaitement pur, disséminé par taches irrégulières dans une pâte de feldspath entremêlée de veines bleuâtres. Les porphyres noirs ont été fort recherchés par les anciens ; leur pâte est noire et parsemée de petits cristaux blancs ou rosés ; on les trouve dans plusieurs monuments de Rome.

Marbres. — On peut partager les marbres en trois classes : le marbre statuaire, le marbre coloré, le marbre lumachelle. M. Quenstedt a eu un mot très heureux au sujet du *marbre statuaire* : « Il est, dit-il, à la chaux carbonatée cristallisée, ce que la neige est à la glace. » Il est blanc, ou du moins traversé par un très petit nombre de veinules grisâtres ou bigarré d'un très petit nombre de taches. Il est composé de très petits cristaux très déliés, enchevêtrés les uns dans les autres, sans laisser entre eux aucun vide ; c'est une structure qui rappelle celle du sucre. Le type de cette variété est le marbre de Carrare, il est sans tache et son grain est d'une qualité parfaite ; il apparaît sur les pentes occidentales des Apennins qui s'enfoncent assez vite dans le golfe de la Spezzia. C'est une roche métamorphique. Florence a le monopole du commerce de ce marbre, dont on voit des exemples dans toutes les villes d'Europe. Son défaut est de jaunir un peu, témoin les palais de Gênes et de Florence.

Les Grecs allaient chercher les marbres statuaires à Paros, leur couleur est moins blanche que celle des marbres de Carrare. On les voit affleurer sur une surface qui représente les deux tiers de l'île entière. Un autre marbre statuaire justement renommé est celui qui est appelé *pentélique*, du mont Pentèles, au nord d'Athènes ; c'est avec ce marbre qu'ont été bâtis le Parthénon et l'Acropole. Ces carrières, longtemps fermées, sont aujourd'hui ouvertes à nouveau.

Dans les *marbres colorés* il n'y a plus de cristallisation et il serait plus logique de réunir ces variétés de chaux carbonatée au calcaire compact ; si nous ne le faisons pas, c'est que les marbres statuaires et colorés sont employés aux mêmes usages. Le *marbre rouge* d'une teinte uniforme est très recherché, on en trouve un exemple au Louvre (louve nourrissant Romulus et Rémus) ; dans les Pyrénées on voit des marbres rayés de rouge, de gris et de blanc (colonnes de l'Arc de triomphe du Carrousel). Les marbres bruns avec taches d'une couleur rouge cerise sont appelés griotes ; on les exploite dans l'Hérault. Le marbre de Campan (Hautes-Pyrénées) est aussi un marbre rouge. Le marbre *jaune antique* venait de Macédoine, il offrait des teintes très uniformes ; celui que l'on tire aujourd'hui de Vienne est d'un fort bel aspect. Dans les Pyrénées, il existe aussi des marbres jaunes traversés par quelques lignes rouges.

Le *marbre bleu* est très rare ; on l'appelle ordinairement bleu turquin, il est à fond blanc rayé de bleu. La balustrade du chœur à Saint-Sulpice est faite de ce marbre. Le *marbre vert* antique est coloré par la serpentine, il passe parfois au noir ; les anciens le tirèrent de Laconie, on l'exploite aujourd'hui près de Gênes. Le *marbre noir* antique venait d'Egypte, il fut introduit par Lucullus ; il en existe une belle carrière près d'Aix-la-Chapelle. Le *portor* est un marbre à fond noir avec grandes veines jaunes ; il est exploité à Porto-Venère dans les Apennins et à Saint-Maximin (Var) ; il en a été fait grand usage dans la décoration du palais de Versailles. Ajoutons les *brèches* composées de pierres calcaires de couleurs variées, réunies par un ciment calcaire ; on donne le nom de *brocatelle* à une brèche calcaire à très petits éléments.

La dénomination de *marbre lumachelle* vient de l'italien lumaca (limaçon) ; la pierre est pétrie de coquilles qui rappellent de loin les limaçons ; quelques-unes de ces coquilles ont même conservé le nacré de leur test qui apparaît après le polissage de la pierre et lui prête des reflets irisés. Les anciens exploitaient à Mégare un marbre lumachelle, c'était le drap mortuaire qu'on ne trouve plus aujourd'hui nulle part. La Belgique fournit une très grande quantité de marbre lumachelle ; il est à fond noir, semé de taches blanches qui ne sont autre chose que des coquilles. On l'appelle petit granite, marbre de Flandre, etc. Près de Narbonne, l'on trouve également un marbre à fond noir à taches circulaires ovales, quelquefois triangulaires ; ce sont des débris de bélemnites. On apporte à Paris un marbre d'un rouge sale semé de débris madréporiques, qui provient des environs de Caen ; l'on en rencontre de semblable en Bourgogne.

CALCAIRES COMPACTS. — Les marbres veinés et les lumachelles dont nous venons de parler devraient plutôt, avons-nous dit, figurer sous ce titre. Le caractère de ces calcaires est d'offrir un grain uniforme très serré et une dureté supérieure à tous les autres ; en effet on ne peut les débiter à la scie à dents et pour opérer le sciage il faut agir avec une lame d'acier frottant sur du sable. C'est le sable mis en mouvement par la lame qui coupe la pierre. Le type de cette classe de roches est le *calcaire lithographique* ; je ne sache pas que l'on puisse en citer un gisement plus célèbre que celui du Solnhofen en Bavière ; une cassure oblique sur cette pierre en détache des lames à arêtes aiguës de la longueur de la main. On peut, dans cette carrière et dans d'autres qui l'avoisinent, trouver des pierres sans défaut, offrant des surfaces de trois quarts de mètre carré.

A la variété *lithographique*, on peut cependant rattacher des calcaires très homogènes, à grains très serrés, qui ont leur emploi dans la construction : le liais, le cliquart, les bancs de roche. Le *liais* a l'aspect d'une pierre lithographique, avec un grain un peu plus grossier ; il ne contient pas d'empreintes de fossiles. On l'a tellement exploité à la Bannière Saint-Jacques et au clos des Chartreux, que l'on n'en trouve plus aujourd'hui ; les carrières de Bagneux et d'Arcueil sont même singulièrement appauvries. On emploie cette pierre pour faire des marches d'escalier, des cimaises, des seuils, etc. Le liais rose se trouve à Créteil et à Maisons-Alfort. Les bancs de liais ne portent jamais plus de 0,30 d'assise.

Le *cliquart* est un liais renfermant des fossiles qui se détachent quand on dresse une surface, et laissent leur empreinte en creux. Les *bancs de roche* sont des pierres à grain fin, mais moins serré que celui du liais et du cliquart ; ils sont remplis de fossiles appelés cérithes. Ils portent de 0,45 à 0,75 d'assise et on en trouve d'excellentes carrières à Bagneux, Châtillon, la Butte aux Cailles. La *pierre de Tonnerre* est un calcaire compact, homogène, que l'on importe aujourd'hui à Paris pour satisfaire aux besoins de liais qui se font sentir tous les jours davantage ; elle est employée pour faire des marches d'escalier et même des filtres. Le *liais fin de Larrys*, près Ravières (Yonne), est encore de cette catégorie, ainsi que la pierre dure de *Saint-Ylie* (Jura), avec veines rougeâtres ; on en voit des exemples à la fontaine Saint-Michel et au Pont au Change (Paris).

Ajoutons la *roche blanche de Chassignelles* (Yonne), la pierre de *Tercé* (Poitou), importée à Paris depuis l'exposition-universelle de 1867, la pierre de *Souppes* (noire et brune), susceptible d'un beau poli (pont de Bercy, viaduc d'Auteuil, pont Louis-Philippe), la pierre de *Château-Landon* (ancien Château-d'Eau, Arc de Triomphe de l'Etoile).

CALCAIRES TENDRES. — Les pierres tendres se débitent à la scie à dents, caractère qui les distingue des précédentes. La *lambourde* est exploitée à Saint-Maur, Gentilly, Nanterre ; cette pierre résulte de l'agrégation de petits animaux sphériques appelés milliolites (façade des étages à Paris). Le *vergelet* est une pierre d'un grain plus ou moins fin, maigre, poreuse, résultant de l'agrégation d'un sable calcaire ; on en voit de nombreuses exploitations sur les bords de l'Oise.

On connait sous le nom de *bancs royals* des calcaires présentant une grande texture d'assises ; ce sont des pierres dures ou tendres, d'un grain et d'une teinte uniformes. Les angles du fronton du Panthéon ont été taillés dans des blocs de bancs royals cubant 14 mètres. Comme pierre étrangère à Paris, citons le *calcaire de Caen* dont la couleur est si uniforme et le grain si fin ; les Anglais en ont construit la cathédrale de Westminster. C'est certainement à la présence de cette pierre que nous sommes redevables de toutes les belles constructions gothiques que l'on rencontre en si grand nombre en Normandie.

Les *pierres lorraines* des maisons de Commercy (Eurville, Lérouville) se laissent débiter à la scie à dents et sont cependant assez dures ; on en fait venir à Paris en très grand nombre. Elles contiennent des débris spathiques de tiges d'encrines ; ce sont d'excellentes pierres à tous égards, qui prennent sous le ciseau des arêtes vives qu'elles conservent. Ajoutons enfin la *craie tuffau* et enfin la *craie* ordinaire.

MARNES. — On désigne sous le nom de marnes des roches qui résultent de l'association de l'argile et du calcaire ; on les reconnaît facilement à deux caractères, à l'effervescence qu'elles font avec les acides, à l'odeur argileuse qu'elles répandent sous l'influence de l'haleine. Les marnes fournissent les chaux hydrauliques et les ciments, dont les propriétés varient avec les proportions relatives de calcaire et d'argile. L'emploi des marnes dans l'agriculture pour l'amendement des terres remonte à la plus haute antiquité.

SPATH-FLUOR. — Cette substance est très fusible et son prix relativement élevé l'empêche d'être employée plus souvent comme fondant dans la métallurgie. Il se rencontre dans les filons où l'on exploite les métaux à l'état de chlorures ou plus souvent même de sulfures ou arséniures. Les couleurs très variées, très nombreuses, lui ont fait donner par les mineurs le nom de fleur de filons. Les variétés incolores ou foncées sont rares ; entre ces deux extrêmes se placent toutes les teintes du spectre et on ne sait vraiment à quoi il faut les attribuer, car l'analyse ne peut y saisir de substances colorantes. Le spath-fluor cristallise dans le système cubique et son clivage est multiple ; réduit en poudre et placé sur une poêle un peu chaude, il luit dans l'obscurité. C'est donc un minéral phosphorescent ; la variété violette de Sibérie donne dans l'obscurité des lueurs vertes. Il y a une variété concrétionnée ; ce sont des masses formées de couches successives finement colorées, que l'on prendrait pour des agates. On en façonne des vases très fragiles, on croit que c'était là la matière des vases Murrhins si célèbres dans l'antiquité ; beaucoup d'archéologues les rapportent au spath-fluor ; d'autres à la sardoine. Une variété difficile à reconnaître est la variété compacte, elle ressemble beaucoup à la baryte sulfatée compacte. Le fluor et le chlore se sont dégagés à diverses époques des profondeurs ; sur l'emplacement de l'ancien marché aux chevaux de Paris, on a trouvé dans du calcaire grossier des petits cristaux cubiques de spath-fluor, on ne peut les attribuer qu'à des émanations de fluor d'origine profonde. Ce gaz continue encore à se dégager, car dans les Vosges il y a des sources thermales qui laissent déposer du spath-fluor.

PHOSPHATE DE CHAUX. — La chaux phosphatée ou apatite est le plus dur des minéraux à base de chaux ; à l'état cristallisé, l'apatite a l'éclat vitreux ; elle provient de Ehrenfriedersdorf (Saxe), Arendal (Norvège), du Tyrol, etc. Suivant la provenance, les couleurs sont le vert, le violet, le jaune ; les cristaux se rencontrent dans les roches cristallines et même dans les roches volcaniques modernes. Il y a des variétés amorphes, des variétés mamelonnées à cassure fibreuse à Amberg (Bavière). La variété compacte appartient aux terrains sédimentaires, sa poussière est très phosphorescente ; dans l'Estramadure, près de Truxillo on en rencontre un amas de 7 à 8 pieds de large qui se poursuit sur plusieurs lieues de longueur.

La variété terreuse abonde dans les terrains crétacés, en particulier dans l'étage du gault ; les couches où on la rencontre témoignent d'une mer peu profonde traversée par des courants ; ce sont souvent des rognons de phosphate de chaux et agglutinés par cette matière ; on y reconnaît des coprolites de grands reptiles aquatiques et de grands poissons cartilagineux ; il y en a beaucoup en Angleterre et dans les Ardennes, où l'on exploite très activement ces phosphates pour la culture des céréales. Aussi recherche-t-on partout le niveau du gault que l'on exploite même dans le sud-est de la France où il est très mince. Les rognons renferment 60 à 70 % de phosphate de chaux de la composition des os, c'est-à-dire tribasique; les nouveaux gisements de Bonneval (Somme) paraissent très riches. Les Anglais sont allés chercher ce produit jusqu'à Krageroë où il en existe un gîte, qu'ils ont exploité avec succès pendant nombre d'années et dont ils ont tiré plusieurs milliers de tonnes.

Les os des animaux sont composés, comme nous l'avons dit, de phosphate tribasique ; mais ils contiennent si peu de fluor qu'ils s'éloignent par ce côté de l'apatite;dans les dents il y en a davantage, mais pas encore assez pour constituer de véritables apatites. Les dents fossiles renferment au contraire beaucoup de fluor. Le phosphore que l'on rencontre dans l'apatite a dans un très grand nombre de cas une origine profonde ; ce qui le prouve, c'est qu'on trouve du phosphate de chaux dans des gîtes où il ne peut avoir existé d'animaux. En

Laponie on le trouve à côté d'amas d'oxydules de fer, au
Canada au milieu du gneiss, au cap de Gâtes dans des roches
éruptives. Les filons d'étain sont riches en apatites ; le phosphore existe dans les météorites. C'est un phosphate triple de
fer, de nickel et de magnésium qui forme des saillies linéaires
sur le fer météorite ; or comme il est démontré, aujourd'hui,
que c'est de l'intérieur du globe que proviennent tous les
éléments des météorites, on peut encore en conclure que le
phosphore a une origine profonde.

Dolomie. — C'est un carbonate double de chaux et de
magnésie que l'on emploie beaucoup depuis quelques années
pour le revêtement des appareils métallurgiques qui traitent
les fontes phosphoreuses. Sa dureté est supérieure à celle du
carbonate de chaux et la couleur est claire. Dans les Alpes on
trouve des dolomies celluleuses, ce sont des rochers qui de
loin simulent des ruines et qu'on désigne sous le nom de
Argneule des Alpes. La dolomie prend parfois l'état terreux ;
on l'appelle alors asche, mot qui dans les langues du Nord
signifie cendres. La dolomie cristallisée est un minéral de filon,
la dolomie saccharoïde se rencontre dans les terrains métamorphiques ; les variétés celluleuses, compactes, terreuses, etc.,
forment des couches stratifiées. La magnésie peut être souvent remplacée par ses isomorphes, les oxydes de fer et de
manganèse ; c'est le minéral que les mineurs désignent sous
le nom de spath brunissant, très abondant dans les filons. Les
eaux de Lamalou (Aveyron) laissent précipiter de la dolomie,
ce qui nous apprend que ces eaux sont en relation avec des
sources qui ont leur siège situé dans les profondeurs. On voit
la dolomie dans un grand nombre de filons et de gîtes métallifères, à Traverselle, par exemple ; ces gîtes ayant une origine
profonde, il en est de même de la dolomie. En Silésie, près de
Tornawitz, dans un bassin de calcaire coquiller, on trouve
des masses calaminaires associées à des minerais de fer et à
la dolomie. En Belgique, la dolomie est toujours associée à la
calamine et à la galène. En France et en Angleterre, on trouve
aussi fréquemment ces associations de minerai de filon avec
la dolomie. La dolomie se trouve dans plusieurs contrées ; on
l'exploite en France à Varigny, Santenay, Diou (Saône-et-

Loire), etc., à Vitry-le-Château (Belgique), à Gérolstein (Allemagne), à Chrzanow (Galicie), à Dombrowa, (Pologne), etc.

CARBONATE DE MAGNÉSIE. — La magnésie est employée aujourd'hui en métallurgie pour la déphosphoration sur sole magnésienne, et les recherches ont abouti à la découverte de plusieurs mines ; malheureusement le nombre en est encore très restreint. Cependant la magnésie, qui était autrefois un produit rare et d'un usage industriel à peu près impossible à cause de son prix élevé, est aujourd'hui consommée en assez grande quantité, grâce à la découverte de ces onuveaux gisements. Le plus ancien et le plus connu de ces gisements est celui de l'île d'Eubée, où l'on trouve un carbonate de magnésie à peu près pur, complètement blanc ; un deuxième gisement peu connu fournit un carbonate de magnésie de composition analogue au précédent ; c'est la mine de Frankenstein qui se trouve au sud de la Saxe. L'aspect de celui-ci est tout à fait différent du carbonate d'Eubée ; il est blanc, mais par calcination il se transforme en aiguilles et présente l'aspect de la magnésie des pharmaciens. Plus récemment on a découvert une mine dans les Alpes Styriennes, aux environs de Brück ; à l'état naturel ce minéral est cristallisé, de couleur blonde, verte, violette ; il ressemble aux minerais de fer spathique si abondants dans les Alpes Styriennes, il contient 2 à 3 % d'oxyde de fer qui par calcination lui communique une couleur noire. Il y a en Suède des gisements peu connus. Dans la vallée de Suse (Italie), on trouve un silico-carbonate de magnésie, peu propre aux usages métallurgiques. En France, malgré les nombreuses recherches faites, on n'a pas encore abouti à trouver du carbonate de magnésie pur ; on ne doit pas désespérer pourtant de trouver des gisements dans les Alpes, car le gisement de Brück présente beaucoup d'analogie avec ce que nous connaissons aux environs d'Allevard au voisinage des minerais spathiques.

ÉMERI. — C'est une variété de corindon à texture grenue, offrant des teintes sombres qui résultent d'un mélange d'alumine avec des grains métalliques de peroxyde de fer. Cette variété est très recherchée dans l'industrie et sa dureté est mise à profit pour polir les substances les plus dures ; on l'agglutine avec différentes substances pour en former des meules. L'émeri provient de l'île de Naxos ; il y en a aussi des gîtes importants dans l'Asie Mineure, à Smyrne et à Mula. Depuis 1866, l'Amérique en fournit de grandes quantités ; enfin on en rencontre en France sur les côtes de Bretagne et de l'île de Houat.

CRYOLITE. — Ce nom signifie pierre de glace, c'est un minerai d'aluminium. Un marin danois apporta en 1795 à Copenhague le premier échantillon de cette substance. La cryolite fond à la lueur d'une bougie et coule alors comme ferait un morceau de glace. On ne la trouve que dans le fond des golfes très profonds du Groënland. M. Deville a eu l'idée d'employer ce minerai pour remplacer le chlorure double d'aluminium et de sodium, qu'il avait appris à composer de toutes pièces, pour la préparation de l'aluminium. On trouve dans l'Oural un minérai qui ne diffère de celui-ci que par les proportions de fluorure d'aluminium, aussi fusible que lui ; c'est la pierre de neige, *chiolite*.

ALUNITES. — On donne ce nom à toutes les roches qui fournissent directement de l'alun ; l'alunite est donc la mine d'alun. D'ordinaire c'est une substance sans composition fixe, d'aspect pierreux ou à structure un peu fibreuse, de couleur grise ou rougeâtre. A cet état, l'alunite ressemble à la pierre meulière ; elle s'en distingue pourtant par sa dureté ; l'alunite est rayée par l'acier. Les plus belles carrières sont celles de la Tofna près de Civitta-Vecchia. On exploite aussi cette roche dans la Haute-Hongrie près de Musaï et de Boregszasz où l'on en fabrique des meules de moulins, en Algérie, au Mont-Dore, au pic du Sancy. Nous citerions ainsi tous les anciens sols volcaniques ; autrefois il fallait aller puiser à ces sources pour se procurer de l'alun assez pur ; mais aujourd'hui, l'on est parvenu en France à fabriquer de toutes pièces des aluns qui ne laissent rien à désirer. Certains schistes alumineux renfermant de la pyrite de fer se prêtent aussi à la fabrication de l'alun par la transformation du soufre de la pyrite en acide sulfhydrique ; on les désigne sous le nom de *schistes alunifères*.

GYPSE. — Le gypse cristallisé ou sulfate de chaux hydratée offre une transparence complète, sa couleur est le blanc ou le blond ; il est insoluble dans les acides, un peu soluble dans l'eau. La présence d'une petite quantité de sel marin aide à la dissolution ; si, au contraire, il y en a beaucoup, elle lui nuit ; c'est ce qui nous explique la présence de ces gros cristaux de gypse que l'on recueille dans les salines. A la chaleur, il blanchit en perdant de son eau et s'exfolie ; les lames de clivage se séparent et se disposent comme les feuillets d'un livre entr'ouvert. Les anciens connaissaient parfaitement le gypse ; ils avaient mis à profit la variété cristallisée pour construire des ruches au moyen des lames de clivage et étudier les mœurs des abeilles. Les variétés fibreuses ont été parfois utilisées par eux dans l'ornementation. On les trouve dans des fentes traversant les argiles des salines, les fibres sont toujours normales aux parois de la fente.

La variété saccharoïde est composée de cristaux incohérents ; c'est la *pierre à plâtre*. La variété compacte est l'*albâtre ;* c'est une pierre à grains fins, se laissant très facilement travailler, en raison de son peu de dureté. A Volterre et à Florence, on en façonne une foule de petits objets artistiques. Quand on cuit le gypse à la température convenable, il perd la plus grande partie de son eau et si, à cet état, on le réduit en poudre et qu'on le mélange d'eau, il reprend l'eau de combinaison que le calorique avait expulsée, il se gonfle et récupère de la chaleur. Mais si, dans l'opération qui a ainsi pour but de le déshydrater, on dépasse la température voulue, il est brûlé et perd la propriété de reprendre son eau de constitution. Pline connaissait ces phénomènes et ce fut le statuaire Lysistrate qui proposa le premier de mettre le plâtre à profit pour le moulage des objets d'art.

CHAPITRE II

COMBUSTIBLES MINÉRAUX

ANTHRACITE, HOUILLE, LIGNITE ET TOURBE. — On entend par charbons fossiles ou minéraux les divers combustibles qui se trouvent dans l'écorce terrestre. Quoiqu'il présentent une multitude de variétés passant graduellement de l'une à l'autre, on y distingue trois types principaux, ce sont : le *lignite*, la *houille* et l'*anthracite*. Tous proviennent de plantes tantôt charriées à distance, tantôt ayant vécu sur place, comme nous l'expliquerons plus loin, dont les détritus accumulés par les eaux dans les bassins de lacs ou de mers, ou au fond des vallées, et enfouis sous des matières terreuses, soustraits par conséquent à l'action de l'air, ont éprouvé une sorte de pourriture humide qui, aidée par la chaleur intense du globe et modifiée par la pression des dépôts sédimentaires supérieurs, les a amenés, à la suite du travail lent des siècles, à un état d'altération plus ou moins avancée qui fait aujourd'hui leur seule différence. Ils se relient aux végétaux vivants par la *tourbe* qui n'est très souvent qu'un simple entrelacement de plantes ayant subi une décomposition partielle. Il y a, en effet, des lignites qui ne paraissent être que des tourbes rendues compactes par une forte compression. Les lignites passent eux-mêmes à la houille qui en diffère surtout par une proportion de carbone plus grande et une moindre proportion de matières volatiles. Une différence de composition élémentaire, du même ordre que cette dernière, distingue l'anthracite de la houille et plus encore du lignite. Il est généralement admis que l'anthracite est plus ancienne que la houille, que celle-ci s'est formée après le lignite qui a été, à son tour, précédé par la tourbe. Quant aux différences qu'offrent les charbons fossiles et que présentent également leurs nombreuses sortes, relativement à leurs caractères physiques aussi bien qu'à leurs propriétés chimiques, elles doivent probablement être attribuées, d'une part à des variations dans les circonstances de température, de pression, de milieu ambiant, qui ont accompagné l'altération des végétaux ; d'autre part à des dissemblances que ces mêmes végétaux présentaient dans leur composition élémentaire.

L'*anthracite* est noire avec des reflets gris ou bronzés ; sa cassure est conchoïdale. Elle ne brûle qu'en grande masse, sur de grandes grilles, sous l'influence d'un tirage violent ; les morceaux en se consumant conservent leur forme et restent géométriquement semblables à eux-mêmes. Elle ne donne pas de coke ; la couleur de sa poussière est d'un noir de plombagine. La *houille* est d'un noir luisant ; sa cassure est fibreuse ou feuilletée ; elle s'enflamme facilement et se comporte au feu d'une manière très variable suivant qu'elle est maigre ou grasse, donnant selon les cas un coke pulvérulent ou caverneux. La couleur de sa poussière est d'un noir de fumée. Le *lignite* est d'une couleur plus ou moins brune, il conserve la texture plus ou moins fibreuse des végétaux dont il dérive. Il brûle avec une flamme longue, qui répand une odeur désagréable d'acide pyroligneux et laisse dégager beaucoup de substances volatiles. La couleur de sa poussière est brune. Dans son plus grand état de pureté il constitue le *jayet*, substance susceptible d'être travaillée au tour et mise à profit pour la fabrication des bijoux de deuil. Un petit essai au chalumeau permet de reconnaître en un instant à quel type : anthracite, houille ou lignite se rattache un combustible donné ; en effet si l'on détache de l'échantillon un menu fragment que l'on expose un instant à la flamme du chalumeau, si l'on a affaire à l'anthracite, l'échantillon d'essai rougira sans donner aucune flamme, comme le ferait une matière non combustible. Si l'essai porte au contraire sur un échantillon de houille, il s'enflammera, mais s'éteindra aussitôt qu'on le retirera de la flamme ; dans les mêmes circonstances le lignite retiré de la flamme continuerait à brûler.

Les charbons fossiles n'existent pas dans toutes les parties de l'écorce terrestre ; rares dans les terrains dits secondaires, ils abondent au contraire dans les terrains qu'on appelle primaires ou de transition. Leur présence est même si fréquente dans les étages supérieurs de ces derniers qu'on a donné à l'ensemble de ces étages le nom de terrain houiller ou, d'une manière plus générale, celui de terrain carbonifère. Régulièrement, le lignite devrait occuper l'étage immédiatement supérieur à celui de la houille, et l'anthracite se rencontrer au-dessous de la houille ; mais par suite d'actions spéciales qui se sont produites dans les diverses parties des mêmes dépôts, il y a des bassins houillers dans lesquels se trouve au même niveau, soit de la houille et de l'anthracite, soit de la houille et du lignite.

Dans chaque pays, on a cherché à déterminer l'étendue des terrains carbonifères que le sol renferme ; la surface houillère de la France dépasse l'évaluation faite autrefois par Elie de Beaumont et Dufrenoy ; en 1858, Burat la portait à 350.000 et en 1868 M. Daubrée pensait qu'elle atteignait 400.000 hectares.

Un des traits caractéristiques de la houille, c'est qu'elle renferme une quantité très variable de matière bitumineuse qu'on appelle *goudron minéral* et qui, suivant son plus ou moins d'abondance, lui vaut la qualification de grasse ou de maigre. Elle présente comme deux combustions qui se succèdent sans se confondre : la première, qui est due au goudron et à d'autres composés volatils, a lieu avec flamme, fumée et odeur et donne pour résidu ce charbon poreux et mamelonné qu'on appelle coke ; la seconde, qui est due au coke lui-même, s'effectue sans fumée ni odeur, presque sans flamme, et ne laisse pour résidu que des cendres scoriacées plus ou moins. Ajoutons que pendant la première combustion, certaines houilles deviennent collantes, en d'autres termes éprouvent un commencement de fusion, se gonflent et se ramollissent à tel point que les morceaux se collent entre eux, tandis que les autres ne se déforment pas, ou se fendillent ou bien s'exfolient, mais sans jamais subir de ramollissement.

La distinction qui vient d'être faite des houilles en grasses et maigres nous amène à dire quelques mots de la classification

de ces combustibles. On les divise généralement en cinq catégories principales, chacune contenant plusieurs variétés,
savoir : les houilles *maigres anthraciteuses* qui conviennent
surtout pour les fours à chaux, la cuisson du verre et des briques et en général pour toutes les opérations qui permettent
de les employer en grandes masses ; les houilles *demi-grasses*
appelées aussi houilles dures à courte flamme, qui sont du
charbon de grille par excellence ; les houilles *grasses maréchales* qui trouvent leur application usuelle dans les travaux
de forge ; les houilles *grasses à longue flamme* qui sont surtout utilisées pour la fabrication du coke et dont le *candle coal*,
ou charbon-chandelle des Anglais, est une variété ; les houilles
sèches flambantes, dites encore houilles maigres à longue
flamme, qui ont leur principal emploi dans les circonstances
où l'on a besoin d'une longue flamme, sans une température
très élevée, comme par exemple le chauffage des chaudières à
vapeur et des autres appareils évaporatoires. Cette division
est uniquement fondée sur des considérations techniques. De
bonne heure, en effet, on a remarqué que par suite des différences, souvent insensibles, dans leur composition et dans les
conditions' d'agrégation de leurs molécules, les couches de
houille d'un même bassin, ou de bassins différents, acquièrent
des propriétés particulières qui, pouvant faciliter les opérations
industrielles, rendent les unes plus propres que les autres à
tel ou tel usage. De là l'origine de la classification dont nous
venons de donner une idée. Toutes les variétés de houille qui
précèdent existent et sont exploitées en France, et là où
manque la qualité réclamée par le consommateur, on peut y
suppléer par des mélanges bien étudiés de diverses sortes.

Le tableau suivant renferme à un autre point de vue les
dénominations des combustibles mis à profit dans l'industrie,
ainsi que leur composition chimique. On jugera facilement de
la richesse plus ou moins grande de carbure d'hydrogène de
telle ou telle variété, par la proportion d'hydrogène inscrite au
tableau.

De l'anthracite au lignite la proportion de carbone diminue
ainsi que la densité ; de l'anthracite au lignite la proportion
des gaz, à savoir, les carbures d'hydrogène et l'oxygène pris

ensemble, va en augmentant ; il en est même ainsi de l'oxygène pris isolément, mais l'hydrogène passe par une valeur maximum qui correspond à la houille à gaz ; une très petite variation dans la proportion d'hydrogène, 3,45 °/₀ suffit à réaliser les types de combustibles les plus éloignés.

NATURE DES COMBUSTIBLES	DENSITÉ	CARBONE	HYDROGÈNE	OXYGÈNE ET AZOTE
Anthracite	1.46	95.00	2.55	2.45
Houille maigre anthraciteuse	1.34	92.00	4.28	3.72
Houille grasse	1.28	85.00	5.35	9.65
Candle-coal	1.30	85.00	5.70	9.30
Houille maigre à longue flamme.	1.25	78.00	5.30	16.70
Lignite parfait	1.20	74.00	5.10	21.60
Lignite ligneux	1.00	62.00	5.00	33.00

Le terrain carbonifère se partage naturellement en deux étages : un étage marin, d'origine chimique, le *calcaire carbonifère*, et un étage dont les sédiments ont été déposés dans des lagunes d'eau saumâtre ou des lacs continentaux d'origine mécanique, l'*étage houiller* proprement dit. Le calcaire carbonifère est un calcaire bleuâtre ou grisâtre, en général en couches très plissées formant des escarpements, un véritable calcaire de montagne, comme disent les Anglais ; il est traversé sur beaucoup de points par des filons métallifères. Son nom semblerait indiquer qu'on y trouve des combustibles, il n'en est cependant pas ainsi, généralement du moins ; cette dénomination sert simplement à rappeler qu'on le rencontre dans le voisinage des couches exploitables. L'Ecosse fait cependant exception, on y trouve dans le calcaire carbonifère de véritables couches de houille anthraciteuse. Au-dessus de ce système apparaît le système houiller proprement dit, mais les principales exploitations de combustibles sont dans l'étage carbonifère. Il n'en est pas au contraire ainsi dans le Boulonnais où la houille est placée au-dessous du calcaire carbonifère ; mais cette position anormale est due à un renversement de couches ; dans la Sarthe on retrouve pincés dans des plis du terrain dévonien des calcaires carbonifères avec des schistes présentant des empreintes de végétaux appartenant à la flore carbonifère et non à la flore houillère, ce qui prouve que ces combustibles sont de l'étage carbonifère. Ajoutons, pour compléter la série des combustibles de cet étage, les charbons très maigres exploités dans la vallée de Thann dans les Vosges.

En Belgique, le calcaire carbonifère forme un étage très puissant ; en Russie et presque partout, il repose en stratification concordante sur le terrain dévonien. La période du calcaire carbonifère représente une ère de relèvement dans les continents, ou du moins une ère pendant laquelle les relèvements tendent à l'emporter sur les affaissements ; cet étage a été observé dans l'Amérique du Nord entre les Alleghanys et les Montagnes Rocheuses, en Bolivie, dans l'Australie, dans les îles de la Sonde et jusqu'au Spitzberg avec les mêmes espèces qu'en Europe.

Dans l'*étage houiller*, les dépôts ont été effectués, avons-nous dit, dans d'autres conditions ; quelquefois dans des anses marines, des lagunes séparées de la haute mer par des cordons littoraux ; d'autres fois dans des lacs continentaux. La composition de ces terrains est des plus simples et ne comprend que deux termes : le *grès houiller* et l'*argile schisteuse* ; les lits de combustible intercalés ne forment jamais qu'une fraction très limitée de l'épaisseur des couches. Les bassins houillers de l'Angleterre, de la Belgique et du nord de la France peuvent être cités comme des dépôts effectués dans les lagunes ; les couches de houille sont nombreuses, leur épaisseur est toujours très régulière ; elles reposent constamment sur le terrain carbonifère. C'est là l'allure de cette longue bande charbonneuse située au nord des Ardennes, jalonnée par les exploitations de Mons, de Namur, de Liège, dont se trouve le prolongement dans les bassins de la Ruhr. La direction des couches est Est-Ouest ; à la frontière française elles sont très plissées et disparaissent sous les morts terrains. Dans le bassin de Saarbruck et celui de la Moselle qui n'en est que le prolongement, le calcaire carbonifère fait défaut ; il en est de même de nos bassins de la France centrale échelonnés sur le bord des massifs anciens ou placés dans des dépressions de ces massifs. Ce sont des dépôts d'eau douce sans aucun mélange de sédiments marins. Or on n'y trouve que des plantes terrestres et coquilles d'eau douce.

Nous étudierons d'abord les plantes si nombreuses dont on trouve les impressions sur les grès et schistes qui accompagnent la houille et dont l'accumulation a donné naissance au combustible. C'est ainsi que les feuillets des schistes sont réellement les pages sur lesquelles est inscrite l'histoire de la végétation de cette époque. Les cryptogames dominent pendant la période houillère ; ils se divisent en *vasculaires* et en *cellulaires*. Les cryptogames vasculaires comprennent les *lycopodiacés*, les *équisétacés*, les *fougères*, les *characés;* les cryptogames cellulaires se divisent en *mousses, lichens, champignons, algues.* Les cryptogames cellulaires existaient certainement à l'époque de la houille, mais l'extrême mollesse de leur tissu a empêché que leurs empreintes ne parviennent jusqu'à nous. Parmi les vasculaires nous ne trouvons pas non plus les characés, mais les fougères, les équisétacés et les lycopodiacés prennent un immense développement. Plus de 300 espèces de fougères ont été décrites dans nos bassins houillers d'Europe qui actuellement ne présentent pas plus de 60 espèces vivantes.

Fig. 1. — Calamite

Les fougères fossiles se distinguent les unes des autres par la nervation des feuilles, le seul caractère que l'on puisse invoquer en l'absence de celui des organes de la reproduction.

Dans les *sphœnoptères*, les pinnules sont rétrécies à la base et découpées en lobes bien tranchés, les nervures correspondent à ces lobes. Les *névroptères* n'ont pas de nervure médiane, ou du moins elle se prolonge très peu et dès la base on voit les nervures prendre la disposition palmée. Cette disposition est plus marquée encore dans les *cycloptères* où toutes les ner-

Fig. 2. — Astérophyllites

vures sortent d'un point unique. Les *pécoptères*, qui sont des fougères très communes, ont une nervure qui va jusqu'à l'extrémité de la pinnule ; les pinnules ne sont pas séparées, mais confluantes, et leur ensemble forme une même feuille. Les feuilles des *dictyoptères* ont la forme en cœur et la nervation qui est toute particulière diffère de toutes celles que nous venons de passer en revue, elle est réticulée.

La feuille des équisétacés ne comprend qu'un seul genre vulgairement appelé prèle ; ce sont des végétaux qui croissent dans les lieux humides, ils ont une tige cylindrique, articulée et striée. On trouve fréquemment des *calamites* (fig. 1), mauvaise dénomination qui rappelle à tort les roseaux avec lesquels ces plantes n'offrent aucune analogie; leur tige est traversée dans le sens de l'axe par un canal cylindrique coupé de distance en distance par des cloisons correspondant sur la surface extérieure à des articulations. Les feuilles des calamites sont longues, minces et portent une nervure longitudinale. Ce qu'on appelle *astérophyllites* (fig. 2) et *annularia*, sont un des appendices folliacés de calamites.

Les lycopodiacés sont des plantes aujourd'hui très humbles et qui pendant la période houillère étaient des arbres majestueux. Le *Lépidodendron* (fig. 3) était un arbre de grande taille dont la surface, couverte de cicatrices provenant de la chute des feuilles, est caractéristique. Citons aussi le

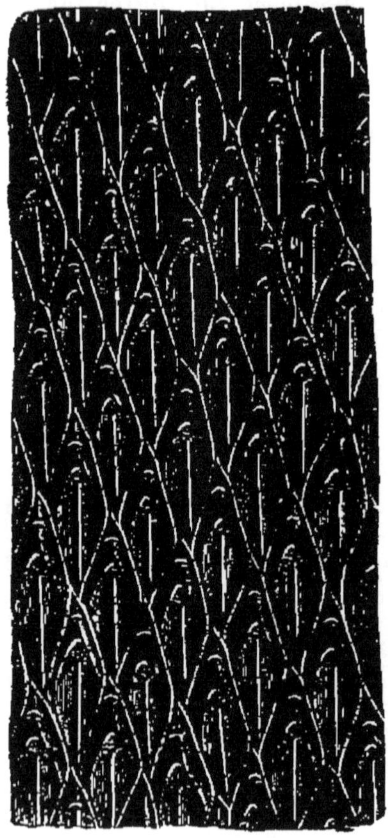

Fig. 3. — Lépidodendron

genre *sigillaria* dont le tronc porte des cannelures verticales continues, rangées en quinconce et présentant des restes d'écailles ayant appartenu à des feuilles courtes et n'offrant qu'une nervure (1).

Le terrain carbonifère, profondément fouillé par les exploitations houillères, présente des fossiles beaucoup plus abondants dans le règne végétal que dans le règne animal. Ils ont

(1) Voy. Renault, *les Plantes fossiles*, 1888, 1 vol. in-16 (Bibliothèque scientifique contemporaine).

été étudiés en Allemagne par M. Geinitz, en France par M. Grand'Eury. Le carbonifère d'Allemagne est classé comme suit par M. Geinitz :

Etage houiller.
Etage des Fougères.
— — Astérophyllites.
— — Calamites.
— — Sigillaria.

Voici la classification de M. Grand'Eury, caractérisée également par les fossiles végétaux :

Houiller supérieur, type du centre de la France, de Bohême, etc..

Prédominance des calamodendrons.
— cordaïtes.
— pecopteris.
— odontopteris.

Houiller moyen, type nord de la France, Angleterre, Allemagne

Prédominance des sigillaria.
— sphenopteris.
— nevropteris.

Culm, type du Roannais, Ecosse, Oural

Prédominance des lépidodendrons.
— bornia.
— palœopteris.

M. Grand'Eury, qui a traité de la flore riche et peu connue du plateau central de la France (1), montre que le terrain houiller supérieur y est plus développé qu'en aucun autre pays ; il y forme de nombreux bassins dont les végétaux fossiles sont analogues et rentrent en général dans la flore du bassin houiller de Saint-Etienne. Il constate les changements lents, mais importants et plusieurs fois renouvelés que la flore carbonifère a éprouvés. Ces changements et retours peuvent avoir été produits par des changements et retours correspon-

(1) Grand'Eury, *Flore carbonifère du département de la Loire et du centre de la France,* Paris, 1877, imprimerie nationale.

dants, dans leur milieu atmosphérique et dans les couches successives de terrain qui les ont produits. Leurs caractères généraux lui ont permis de fixer l'âge relatif des différentes formations carbonifères du monde en général et de la France en particulier ; d'établir le parallélisme et l'ordre de succession par étages des bassins houillers du centre et du midi de la France et de raccorder les systèmes de gisements et les couches de houille du bassin de la Loire.

Les végétaux de la flore houillère sont remarquables par leurs grandes dimensions ; leur organisation nous paraît anormale, conformément à cette loi que : les êtres organisés qui se sont succédé à la surface du globe s'éloignent d'autant plus des êtres vivants que l'on remonte davantage le cours des âges géologiques. La végétation carbonifère montre par la quantité des individus, non moins que par leur vigoureuse croissance, une exubérance de force sans pareille ; aussi a-t-on surnommé avec raison âge des plantes, l'époque de la terre où elle florissait. C'est elle qui ayant fourni, comme nous le verrons, les matières dont la houille est formée, a donné naissance à une masse considérable de combustibles. Burat a calculé que la proportion des combustibles renfermés dans les terrains secondaires et tertiaires est sans importance, à côté de la masse prodigieuse de charbon accumulée dans le terrain houiller. L'étude des plantes de cette formation offre souvent de grandes difficultés à cause de leur mauvaise conservation. Pour les plantes dévoniennes, Unger, de Vienne, avait observé que leur structure est si étrange que l'imagination la plus vive n'aurait pu se les figurer. Des types du monde ancien réunissent des particularités de plusieurs types vivants ; ainsi des fougères anciennes, semblables aux fougères actuelles sous certains rapports, s'en éloignent beaucoup sous d'autres. Le bois des cordaïtes, semblable à celui des araucaria, est combiné à des feuilles, fleurs et fruits, n'existant pas dans ces plantes vivantes. Par leur feuillage simple, a dit Unger, les premières plantes terrestres ne ressemblent en rien à celles d'aujourd'hui. Et pourtant dans leurs genres, les palœoptéris, les lépidodendrons, les cordaïtes, les gymnospermes sont très élevés en organisation ; les cryptogames, les gymnospermes, dans

cette végétation uniforme, se distinguent pourtant par leur
haute et élégante structure. Une période de végétation aussi
importante, aussi puissante, a dû réunir à la fois une haute
température, une grande humidité et l'influence d'une lumière
exceptionnelle.

M. Delaire observe qu'en Russie on rencontre, dans l'immense étendue occupée par le carbonifère, des alternances
constantes de dépôts marins et de dépôts terrestres ; dans
l'Europe occidentale au contraire et dans l'Amérique du Nord,
une longue période de submersion de ces terrains par la mer
a été suivie d'une période où le niveau de la mer leur a été
inférieur. Ces constatations, importantes pour la géologie et
l'industrie minérale, sont naturellement dues aux indications
fournies par la paléontologie. Les fossiles du règne animal
dans le carbonifère ont de grandes analogies avec ceux des
terrains cambriens, siluriens et dévoniens ; on y rencontre, dans
l'ancien et le nouveau monde, beaucoup d'insectes : des
orthoptères, des sauterelles, des mœntes, des névroptères. Aux
mines de Commentry (Allier), M. Fayol a fait de nombreuses
découvertes en insectes fossiles ; un de ces insectes, le titano-
phasma, atteignait une longueur de 0^{m}25, sans compter la
longueur des antennes. M. Ch. Brongniart constate une grande
ressemblance entre les insectes du carbonifère et ceux de notre
époque ; d'après cela il faudrait croire qu'à l'époque houillère,
les continents ont vu le règne des articulés, de même qu'ils ont
vu à l'époque secondaire le règne des reptiles, à l'époque
tertiaire le règne des mammifères. Dans le carbonifère les trilo-
bites deviennent plus rares, les formes des poissons sont
moins bizarres, elles se rapprochent de celles des poissons de
notre époque, mais ce sont des poissons ganoïdes, à fortes
écailles émaillées et encore sans vertèbres.

Origine de la houille. — D'abord toutes les plantes que nous
venons de citer, et dont l'accumulation a formé la houille, sont
des plantes terrestres ou si l'on veut marécageuses ; les
insectes nous prouvent encore que la houille a été formée
généralement dans des lacs d'eau douce. Un autre point à
noter, c'est la grande instabilité du sol houiller ; en Pensylvanie
on voit sur des plaques de grès houiller profondément situées

des empreintes de pas de reptiles qui paraissent appartenir à plusieurs espèces. Ces empreintes ou creux sur la plaque du dessous sont en relief sur celle du dessus, ce qui prouve qu'après sa formation la couche inférieure s'est affaissée et a été recouverte d'autres sédiments qui se sont moulés dans la cavité déjà formée ; ces affaissements n'avaient pas lieu sur de grandes surfaces, mais seulement par compartiments. Que quelque couches de la houille soient dues à des bois flottés, transportés dans des lacs ou des lagunes abritées de la haute mer par des cordons littoraux, lesquels bois ont subi dans ces bassins une décomposition complète, ce n'est point chose absolument impossible. Sur le continent américain, loin de toute culture, de tout abri artificiel, les ouragans parcourent avec impétuosité et ravagent les forêts vierges ; ils brisent alors et entraînent avec eux, surtout au moment des grandes pluies, des masses d'arbres dont les racines s'arrachent du sol.

Ainsi ce sont ces branches et ces arbres qui sur le Mississipi, par exemple, rendent la navigation si dangereuse ; en séjournant dans l'eau, ces matières deviennent peu à peu plus lourdes et celles que le courant n'a pas entraînées restent à l'embouchure des fleuves, où, recouvertes de sable et de limon, elle ne tardent pas à subir une décomposition lente qui les transforme en une masse analogue, sinon identique, au lignite. Mais s'il existe des couches de houille qui aient cette origine, nous ne savons en vérité où les trouver. D'abord des radeaux de troncs d'arbre et de branches n'ont pu donner naissance à ces couches si régulières que nous rencontrons dans le nord de la France, la Belgique et l'Angleterre. Comment d'ailleurs, dans ces transports violents, les tissus si délicats des lépido-dendrons, des calamites, seraient-ils demeurés intacts ? Les houilles les plus impures renferment tout au plus 15 pour 100 de cendres ; mais si telle était l'origine de ces combustibles minéraux, les bois dont ils dériveraient, transportés dans des lagunes sableuses et enfouis dans la vase, eussent abouti à des produits beaucoup plus riches en cendres et mélangés de cailloux. Le bois renferme assez peu de carbone pur et si on tient compte des vides qui existent dans un amas de bois, c'est peut-être aller trop loin que d'avancer que cet amas fournira une couche de houille offrant les 35 millièmes de son épaisseur ; une couche de 20 mètres de charbon (Saint-Etienne) aurait exigé un radeau de 560 mètres de hauteur ; on arrive à des résultats inadmissibles. L'on s'explique au contraire très facilement l'origine de la houille en admettant le développement sur place de la végétation qui lui a donné naissance en faisant de la houille une tourbe des temps géologiques.

Dans les vallées dont le terrain est peu perméable, il se forme souvent des amas de *tourbe* d'une épaisseur considérable. Dans le nord de la France, la tourbe est exploitée depuis des siècles et l'on peut parfaitement se rendre compte de l'accroissement séculaire des dépôts, car on y trouve à plusieurs niveaux des médailles et des débris d'industrie humaine dont la date est connue. Il en est dont le fond est assis sur des voies romaines, ce qui donne une limite inférieure de l'origine. Dans les couches profondes des tourbières de l'Islande on trouve même le squelette d'un cerf au bois gigantesque *(cervus megaceros)* qui est de l'époque quaternaire. Les contrées où l'on exploite la tourbe sont d'ordinaire des pays plats, couverts d'une mince nappe d'eau ; à fleur d'eau se développe une flore qui comprend plusieurs centaines d'espèces parmi lesquelles dominent les mousses. Ces plantes sont annuelles ; au bout de l'année elles meurent et tombent au fond de la tourbière où elles se décomposent ; une partie du carbone est brûlée, une partie subsiste. Une autre génération de plantes vient prendre la place de la première à la surface, meurt et, tombant à son tour, recouvre la première couche charbonneuse. Ces générations successives s'empilent les unes sur les autres à partir du fond ; on peut mettre les marécages tourbeux en coupe réglée. La tourbe enlevée, il s'en produit de nouvelle qui s'accumule d'année en année et finit par fournir une couche qui remplace celle que l'on a prise. La rapidité de cette production est variable ; elle dépend de la vigueur de la végétation aquatique, de la nature des plantes et des circonstances de la production ; dans certaines tourbières de France on compte cent ans pour terme moyen de cette crue ; en Hollande on n'en compte que trente, et même, d'après des observations faites à Harlem, une couche de tourbe de 1^{m}33 d'épaisseur, mais à la vérité très spongieuse, s'est formée en six ans au fond d'un bassin, dans le jardin du directeur du Muséum.

On peut observer entre les couches de tourbe tous les degrés d'enchevêtrement ; les plus superficielles sont juxtaposées, les moyennes déjà pressées, les plus inférieures sont collées, adhérentes et forment un véritable feutrage. Cette tourbe soumise à une compression de plus en plus considérable, amenée par le dépôt de nouvelles couches, marche de plus en plus vers la composition de la houille. La tourbe soumise à une pression énergique et à une chaleur modérée, placée par exemple dans certaines conditions de température entre les plateaux de la presse hydraulique, prend entièrement l'aspect et les propriétés de la houille. Il est donc tout naturel d'admettre que la houille a été formée à l'état de tourbe et qu'elle a été modifiée dans son aspect et ses propriétés à la suite des pressions qu'elle a reçues des sédiments qui l'ont postérieurement recouverte et de la chaleur qu'elle a eu à subir en raison de son approfondissement.

Une circonstance qui vient singulièrement confirmer cette hypothèse de la houille sur place, est celle des bois debout qu'on rencontre fréquemment dans les exploitations houillères ; on voit à la mine de Treuil, près Saint-Etienne, des tiges de lépidodendron placées verticalement dans les couches de grès qui accompagnent la houille. Sur les falaises de la baie de Fundy (Nouvelle-Ecosse), on a compté dix-sept niveaux de forêts houillères ; les arbres sont renversés sur les plans des couches de grès, leur pied a été envahi par les sables qui ont formé les grès et ceux-ci se sont élevés autour du tronc jusqu'à ce que la partie supérieure ait été pourrie et renversée. Tous ces arbres ont crû sur place, car leur axe est toujours normal au plan des couches ; leur tissu ligneux a coopéré à la formation houillère. Tout cela témoigne évidemment d'une végétation qui a cru sur place et n'a pas été transportée.

Dans cette formation houillère de la baie de Fundy, nous voyons une preuve bien manifeste de la mobilité du sol houiller ; en effet, les sols placés à la suite de surfaces accidentées par des déclivités peuvent seuls être recouverts de couches de grès et d'argile, car ce sont là des roches de transport, ce qui implique des pentes un peu rapides. La formation de la houille, au contraire, assimilée ainsi que nous l'avons fait à une tourbe des temps passés, implique un pays plat couvert d'une mince couche d'eau. Après le dépôt des grès et des argiles, le sol a donc dû être soulevé et le sol tourbeux a dû lui-même parfois émerger complètement, puisque nous y voyons croître une végétation terrestre ; s'il y a eu alternances répétées de couches de transport et de houille, il faut admettre que le sol a subi un nombre égal de soulèvements et d'affaissements. Or, le bassin houiller de la Nouvelle-Ecosse n'a pas moins de 4,444 mètres d'épaisseur et l'on y compte plus de soixante-dix alternances de couches de grès et de houille ; il a fallu que dans cette région le sol ait exécuté un égal nombre d'oscillations et que la différence d'altitude entre les positions extrêmes de ce même sol au commencement et à la fin du dépôt ait atteint 4,444 mètres. En ne tenant compte que des périodes d'affaissement et admettant qu'ils se soient produits aussi lentement que ceux que l'on observe aujourd'hui dans la péninsule scandinave, on est conduit à conclure que les dépôts houillers de la Nouvelle-Ecosse ont exigé pour se former plus de quatre mille siècles ; or, ces affaissements ont été souvent interrompus et même des surexhaussements ont eu lieu, donc la période de formation de ce bassin a dû être beaucoup plus longue encore. Von Dechen estime à dix mille quarante siècles la période de temps nécessaire à la formation de la houille qui existe entre la Sarre et la Bliess ; cent années de végétation de nos forêts produiraient 16 millimètres d'épaisseur de houille. Certaine couche de houille aurait exigé plus de cinq cent mille ans pour sa formation.

L'examen de la flore houillère nous permet de nous rendre un compte exact des conditions climatériques qui ont dominé à cette époque si éloignée de la nôtre. D'abord, le terrain houiller se trouve à toute latitude et partout on y rencontre les mêmes espèces végétales. La Russie possède plusieurs bassins houillers : on retrouve la houille dans l'Amérique septentrionale, au Canada, dans l'Australie, en Chine, etc. ; dans le voisinage de la Nouvelle-Zemble, il existe une île à laquelle on a donné le nom d'*île aux Ours* ; cette île est entourée par la banquise de glaces et ces glaciers baignent dans la mer dont les mouvements détachent des *icebergs* dont la hauteur atteint 500 et 600 mètres. Dans cette île des climats polaires, on a retrouvé le terrain houiller avec une flore analogue à celle de Saint-Étienne. Sur d'autres points de cet archipel glacé, les navigateurs ont encore signalé la présence du terrain houiller. Il est vrai que les fougères qui entrent pour une part si importante dans la flore houillère se reproduisent par des spores microscopiques que les vents peuvent transporter à toute distance et à ce titre ces plantes se prêtent à une grande diffusion ; mais pour se développer elles exigent un climat tout particulier, un climat humide. Il existe encore aujourd'hui des fougères à presque toutes les latitudes, on voit même à la Nouvelle-Zélande des fougères arborescentes qui croissent à côté des glaciers. Mais puisque nous voyons à l'époque houillère les mêmes espèces de fougères croître à des latitudes si diverses, il faut en conclure que les climats étaient partout très humides et beaucoup plus uniformes qu'aujourd'hui. D'ailleurs, ces deux conditions sont nécessairement liées entre elles, car l'air humide est très difficilement perméable au rayonnement nocturne et quand un léger nuage de vapeur couvre le sol, celui-ci peut difficilement s'abaisser jusqu'à la température de la glace. Ce caractère de diffusion, qui est un des traits caractéristiques de l'époque houillère, se remarque encore dans les espèces animales qui deviennent singulièrement cosmopolites. Le *productus semireticulatus* se trouve dans l'Amérique du Nord et dans la terre de Van Diemen ; il y a là évidemment une uniformité dans les conditions d'existence des plantes et des animaux que l'on ne rencontrera plus à d'autres époques. La raison est qu'il n'existait pas encore de grandes montagnes, que les continents étaient moins étendus qu'ils ne le sont aujourd'hui ou même qu'ils ne l'ont été depuis cette date de l'histoire du monde. Ajoutons que la chaleur propre du globe était plus intense, surtout vers les pôles.

Cette origine de la houille doit évidemment s'étendre à toute la série des combustibles fossiles qui représentent ainsi les accumulations végétales des diverses périodes géognostiques. Les anthracites du terrain de transition ne doivent leur nature sèche et maigre qu'à la différence du mode de décomposition déterminé par les conditions spéciales de la surface du globe à cette première époque. Si nos idées théoriques sur la formation du globe nous portent à attribuer cette différence aux phénomènes de température et de pression qui paraissent avoir affecté les roches de l'époque anthracifère, cette opinion se trouve confirmée d'une manière complète par l'état anthraciteux des combustibles postérieurs à la période houillère qui se rencontrent dans les terrains métamorphiques. On ne peut, en effet, douter que, dans ce second cas, des phénomènes de chaleur et de pression ne soient les causes modificatrices de couches primitivement houillères ou ligniteuses.

Les *lignites* tertiaires ont généralement conservé le tissu ligneux à un degré tel qu'on peut reconnaître, sur beaucoup de fragments, la nature des bois constituants. Le sapin, l'aune, le hêtre, le chêne forment les débris les plus ordinaires des lignites des Alpes, et dénotent ainsi un changement complet dans la végétation depuis la période houillère; ce sont de véritables forêts fossiles qui diffèrent des gîtes houillers par une accumulation plus circonscrite et moins bien stratifiée.

GISEMENT ET ALLURE DE LA HOUILLE. — La houille, quelle que soit la formation dans laquelle elle se trouve, affecte la forme de *couches* d'épaisseur et de continuité très variables, mais dont le caractère constant est de se conformer à toutes les allures des couches de schistes et de grès houiller entre lesquelles elles sont comprises. Cette stratification est indiquée non seulement par les limites du toit et du mur; par des filets de schistes intercalés, mais aussi par des barres continues qui divisent les couches en plusieurs assises. Enfin, les houilles elles-mêmes présentent souvent un grand nombre de délits, de veines qui rendent sa structure plateuse, rayée, suivant le sens de la stratification. La stratification de la houille ne doit pourtant pas être considérée comme absolue, et être comparée à celle des couches calcaires ou argileuses des terrains sédimentaires, et même à celle des grès et des schistes qui alternent avec elle. Certains gîtes présentent des formes massives, ondulées, sans que ces ondulations soient motivées par l'allure du terrain, ce qui démontre que l'origine de la houille comporte à la fois des couches minces continues et de la plus grande régularité, et des couches puissantes, tellement limitées et irrégulières qu'elles peuvent être assimilées à des amas.

Le nombre des couches de houille dans un même terrain paraît, ainsi que leur puissance et leur continuité, sujet à de très grandes variations ; cependant, il y a une certaine liaison entre ces diverses conditions : les couches minces et régulières sont ordinairement continues et multipliées, tandis que les couches puissantes et inégales sont, au contraire, limitées dans leur étendue, et rarement il y en a plus de deux ou trois superposées dans le terrain qui les renferme. Cependant, on ne doit pas, même dans le cas d'une très grande régularité, supposer aux couches une continuité égale à celle du terrain houiller ; on peut, dans un bassin de quelque étendue, considérer la houille comme formant, dans les couches de grès et de schistes, des districts spéciaux, souvent isolés les uns des autres par des parties stériles et dont les couches, différentes de nombre et de puissance, n'ont entre elles aucun rapport de continuité. Lors donc que dans un pays on aura trouvé les grès et les schistes houillers, on n'aura pas pour cela trouvé la houille, fût-on sur le prolongement en direction ou en inclinaison de couches connues. Pour former une hypothèse probable à ce sujet, il faudra d'abord étudier les conditions spéciales du terrain sur lequel on opère, et calculer, d'après les parties connues, les chances que l'on peut avoir.

Il existe une différence très prononcée entre le bassin du Nord et la plupart des bassins méridionaux, quant aux conditions suivant lesquelles la houille s'y trouve distribuée ; dans le Nord, les couches sont minces et multipliées, une puissance d'un mètre y est déjà assez rare et la continuité des couches en fait le prix. Dans les bassins méridionaux, au contraire, les couches sont généralement peu nombreuses, mais souvent très puissantes ; une épaisseur de 2 mètres est ordinaire, et celle de 5 mètres et au delà est un fait assez commun, mais les couches semblent alors perdre en développement dans le sens de continuité ce qu'elles gagnent en puissance. Ainsi les gîtes du bassin de Saône-et-Loire paraissent former des bassins subordonnés au bassin principal qui est rempli par les grès et les schistes houillers. Ces bassins subordonnés sont orientés comme le bassin qui les contient et ont en outre des proportions à peu près semblables entre les axes. De plus, la houille y paraît d'autant moins continue qu'elle est plus puissante; dans le vallon du Creuzot, la grande couche exploitée a 12 mètres de puissance moyenne; dans les renflements, elle a jusqu'à 40 mètres du toit au mur. En direction, elle ne se continue que sur 1,800 mètres et, à ces limites, ses extrémités divisées, appauvries, présentent les symptômes d'une suppression totale. La couche de Monchanin, fortement inclinée, dont la puissance atteint jusqu'à 70 mètres, est également une des plus limitées en direction. Le bassin de la Loire ne contient dans la partie de Rive-de-Gier que trois couches, dont les épaisseurs réunies ne dépassent pas 10 mètres; mais dans la partie de Saint-Etienne, la somme des couches réglées s'élève jusqu'à 35 mètres en quinze à dix-huit couches. On trouve 14 mètres à Commentry, 20 mètres dans le bassin d'Aubin. Ce qu'il y a de remarquable dans tous ces bassins, c'est que la houille en couches de 5 à 10 mètres, se réduisant par des étranglements à 2 ou à 3 et d'autres fois se renflant à des épaisseurs de 20 à 30, est un fait ordinaire et normal. Dans le Nord, au contraire, 10 mètres de puissance totale sont divisés en quatorze couches exploitées à Fresne et Vieux-Condé; les douze couches d'Aniche ne forment que 7 mètres. Mais ces couches sont régulières, continues et on n'y rencontre pas de ces renflements et de ces étranglements si fréquents dans les couches des bassins méridionaux.

Cette différence de puissance et d'allure dans les couches de houille concorde d'ailleurs avec des différences assez importantes indiquées par les études géologiques. Les bassins méridionaux paraissent avoir été déposés pendant la période houillère dans des lacs d'eau douce isolés, circonscrits et fortement dominés par des sommités voisines d'où les matériaux ont été souvent charriés avec violence en formant des brèches et des conglomérats. En étudiant ces débris, surtout dans les parties inférieures du dépôt, on peut souvent y reconnaître les roches de transition des contrées environnantes. Le bassin septentrional de France et de Belgique contenant les calcaires carbonifères à sa base, n'est au contraire composé que de grès et de schistes fins et il paraît, d'après la nature des fossiles, avoir été formé dans des eaux marines ; représentant ainsi, pour les bassins houillers de l'Angleterre, les accumulations pélagiques d'une époque dont les bassins du Midi ne sont que les termes lacustres. Il est donc naturel de trouver dans ces dépôts septentrionaux une allure régulière et continue que ne comportent pas les dépôts du Midi. En résumé, on ne peut poser aucune règle absolue pour le nombre et la puissance des *couches de houille, non plus que pour leur continuité.* Les indices qui résultent de la direction de la stratification ont cependant une valeur réelle, même dans les contrées où la continuité présente le plus d'exceptions, en ce qu'ils conduisent toujours à la possibilité de trouver, si ce n'est le prolongement des couches, du moins des gîtes analogues à ceux qui ont déjà été découverts.

Les couches de houille sont rarement dans la position où elles ont été produites, car cette position devait se rapprocher sensiblement de l'horizontale, condition nécessitée, sinon par *le mode de génération de la houille elle-même,* du moins par celui des couches de grès et schistes entre lesquelles elle est enclavée. Le plus souvent, l'ensemble du terrain présente des *accidents,* non seulement par des inclinaisons plus ou moins fortes, mais par des plis qui changent ces inclinaisons, contournent les couches de manière qu'un puits vertical peut les couper plusieurs fois. Souvent même il existe un ou plusieurs systèmes de failles qui changent les niveaux et isolent les unes des autres les diverses parties d'une couche. Ces accidents, postérieurs à la production des couches et qui résultent de perturbations dynamiques ordinairement régies par des conditions déterminables de direction, doivent être distingués des accidents inhérents à la production même de la houille, tels que les ondulations du toit et du mur qui renflent ou rétrécissent une couche et les intercalations de bancs ou parties rocheuses qui interrompent le régime régulier de la stratification. Néanmoins, il y a une liaison évidente entre deux **origines** d'irrégularités, en ce que les perturbations dynamiques semblent avoir agi quelquefois sur des couches de houille non solidifiées; ou du moins dans un état tel qu'elles ont pu être comprimées, étranglées et même complètement supprimées par une compression entre les roches du toit et du mur, et par suite renflées en d'autres points. La structure contournée, souvent lisse et polie des schistes qui accompagnent la houille ainsi troublée, l'état de la houille elle-même qui est non seulement plus brisée que partout ailleurs, mais quelquefois contournée et pour ainsi dire pétrie, semblent confirmer l'existence de ces perturbations presque contemporaines. On peut, par des observations de cette nature, distinguer les perturbations dynamiques et violentes, de celles qui résultent des circonstances mêmes du dépôt. Les nerfs réguliers de schistes et les couches ou bancs d'argiles, presque toujours interposées dans les couches de houille suivant le sens de la stratification, peuvent fournir beaucoup d'indices à cet égard. Ainsi, dans un renflement naturel, non seulement les nerfs et barres qui existent n'éprouvent pas de perturbations, mais il s'en ajoute d'autres parallèles dans l'épaisseur croissante de la houille. Un étranglement naturel est souvent déterminé par la dilatation des barres et, d'autres fois, les barres subissent graduellement, comme la houille elle-même, les influences de diminution. Dans les accidents dynamiques, les nerfs et les barres sont, au contraire, brisés subitement et leurs fragments brouillés avec la houille annoncent d'avance au mineur l'accident qui va modifier l'allure de la couche. Les accidents auxquels sont sujettes les couches de houille sont : *l'inclinaison*, les *plis*, les *crains*, les *brouillages* et les *failles;* accidents que nous allons passer en revue.

L'inclinaison est l'accident le plus général; il est rare en effet que les couches se présentent dans une position horizontale; presque toujours, dans un bassin houiller, elles ont des pendages déterminés et par suite une direction fixe. Cette inclinaison des couches n'est soumise à aucune règle; il y a des couches presque verticales, il y en a d'inclinées au-dessus et au-dessous de 45°, et ces inclinaisons résultent évidemment de perturbations, de soulèvements ou d'affaissements du sol postérieurs au dépôt du terrain. La direction des couches est ordinairement la même dans un bassin houiller, mais les inclinaisons varient; ainsi l'on a remarqué que le plus souvent, sur les lisières opposées d'un bassin, les pendages étaient en sens opposé, et l'on a constaté qu'il y avait quelquefois réunion de ces deux pendages dans le milieu du bassin par une partie plane ou courbe qu'on a appelée fond de bateau, parce qu'en effet la coupe des deux pendages ainsi réunis rappelait assez bien la coupe d'un bateau. Cette disposition qui a été trop généralisée pour le terrain, en ce sens qu'elle a été très fréquemment dérangée par des accidents d'une autre nature, et pour les couches de houille, en ce que la continuité n'est pas toujours établie entre les gîtes dont les pendages tendent aussi théoriquement l'un vers l'autre, est cependant, sauf ces restrictions, un fait ordinaire, qui indique que les bassins houillers ont été généralement comprimés par des soulèvements latéraux.

Le changement des inclinaisons entraîne souvent l'existence des courbes de raccordement qui ne sont autres que les *plis* des couches. Dans la plupart des bassins circonscrits, les plis sont à grands rayons ; mais dans les couches du grand bassin septentrional, les plis sont quelquefois tellement subits et prononcés qu'ils changent l'inclinaison de 10 à 80° dans le même sens. Le plus souvent, il y a renflement de la puissance dans l'angle ou *crochon* d'un pli et l'épaisseur d'une couche d'un mètre peut y être portée à 1 m. 50 ou même 2 mètres. Les couches dont l'inclinaison au-dessous de 20° permet l'établissement de galeries d'exploitation suivant ce sens portent le nom de *plats*, et l'on appelle *droits* celles qui affectent une forte inclinaison. Les plis ont à la fois une direction et une inclinaison, et forment une sorte de gouttière plongeante qu'on appelle *ennoyage ;* les plis du terrain sont évidemment l'effet des causes dynamiques qui ont produit les inclinaisons ; ils résultent de soulèvements qui ont ondulé la superficie du terrain et de pressions latérales qui ont forcé les faisceaux ainsi ondulés à occuper un espace beaucoup moindre. Les plis des couches du Nord ont un caractère net et régulier, mais dans les couches puissantes des bassins méridionaux, ces ploiements sont accompagnés tantôt de renflements, tantôt d'étranglements et même de suppression de la couche.

Les *étranglements* et les *renflements* sont des accidents fréquents dans nos couches de houille; ils sont le plus souvent solidaires et un étranglement graduel et prolongé constitue un appauvrissement du gîte, précurseur ordinaire d'une suppression totale. Lorsque le toit et le mur, se rapprochant, viennent enfin à se toucher et à supprimer momentanément la couche, l'accident prend le nom de *crain* ou *coufflée* (fig. 4). Les crains sont des accidents plus fréquents dans les couches puissantes que dans les couches qui ne dépassent pas un mètre; ils sont quelquefois tellement multipliés, qu'ils modifient l'allure des

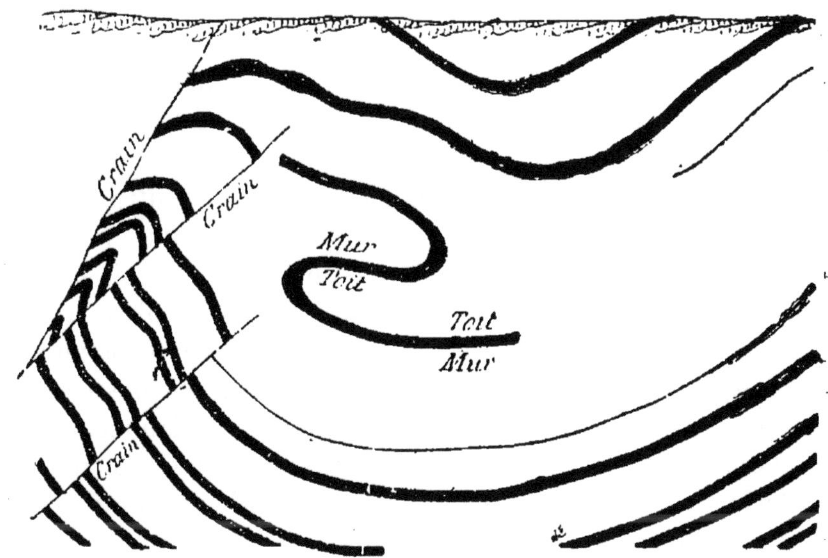

Fig. 4. — Cassures et plissements

couches de houille d'une manière qui en complique beaucoup l'exploitation. On a remarqué, en comparant la position des amas dans les divers plans de stratification, que le maximum de puissance d'un renflement correspondait assez sensiblement à une interruption dans un autre plan, et réciproquement. Or les crains ayant souvent 40 mètres de continuité et au delà, tandis que les plans de stratification ne sont pas séparés par plus de 10 à 15 mètres de roches, on trouve plus avantageux, lorsqu'on est arrivé à l'extrémité d'un renflement, de pousser des galeries de traverse, c'est-à-dire des galeries perpendiculaires au plan des couches, afin d'aller trouver un autre amas dans un des autres plans de stratification.

Les *failles* sont des accidents très communs dans le plus grand nombre des bassins; ce sont des cassures qui affectent tout l'ensemble du terrain et y causent des dénivellations plus ou moins considérables. Ces failles ont une direction déterminée et le plus souvent un bassin est affecté par un système de failles parallèles entre elles; d'autres fois par plusieurs systèmes suivant des directions différentes, mais composés chacun de failles liées entre elles par ce parallélisme de direction. Les couches peuvent être aussi rejetées par de simples plissements. L'intensité des failles est très variable; tantôt elles interrompent à peine le terrain et apparaissent comme des fissures qui ont changé le niveau des deux parties rompues, mais pas assez pour qu'il y ait interruption totale de la houille qui est toujours facile à suivre lorsque le rejet n'est pas de l'épaisseur de la couche. D'autres fois, au contraire, il y a isolement complet des deux parties rompues, non seulement par un rejet ou dénivellation très considérable, mais par l'interposition de la fente, laquelle est remplie le plus souvent par les roches écroulées et brouillées qui en formaient les parois et quelquefois aussi par des infiltrations postérieures ou même par des roches ignées. La couche de Monceau fournit l'exemple d'un étranglement causé par les mouvements postérieurs à la formation du terrain houiller et d'un *brouillage* qui interrompt totalement la houille. Les brouillages ne sont autre chose que des intervalles compris entre des plans de fracture; dans ces intervalles toutes les couches sont brisées et réduites en blocs anguleux mélangés ensemble. Le caractère essentiel qui résulte de cette explication des failles et des brouillages, c'est que ce sont des plans qui, dans les bassins, ont une direction et une inclinaison fixes, et peuvent, par conséquent, être déterminés de même que les plans des couches de houille. Ces plans de dislocation sont de plus assujettis entre eux à des lois de parallélisme; il peut y avoir plusieurs systèmes ayant des directions et des inclinaisons différentes, mais toutes les failles d'un bassin sont coordonnées relativement à ces divers systèmes; de telle sorte qu'après en avoir rencontré une, il suffit de déterminer sa direction et son inclinaison pour savoir, d'après l'étude de l'ensemble du terrain, quelle peut être son importance relativement au rejet de la couche et dans quel sens ce rejet a pu avoir lieu. Quelques lois communes aux failles et aux filons sont d'ailleurs d'un puissant secours pour cette étude; nous les exposerons au traitement des filons métallifères.

L'étude des phénomènes qui ont présidé à la formation des combustibles fossiles peut fournir des indices précieux pour l'appréciation de l'allure des couches dans les bassins.

GRAPHITE. — Le carbone est une substance dimorphe, c'est-à-dire que les atomes qui constituent la molécule charbonneuse la plus élémentaire sont susceptibles de se grouper de différentes façons et en différents nombres. Six atomes au moins sont nécessaires pour constituer une molécule de diamant ; ces six atomes seront placés aux sommets d'un octaèdre. Mais il peut y avoir un autre groupement de douze atomes occupant les sommets d'un prisme hexagonal régulier ; c'est alors la molécule de graphite. Cette substance cristallise dans le système rhomboédrique, sa cassure est finement grenue, sa couleur d'un gris noir, son éclat presque métallique ; sa dureté est à peu près égale à celle du talc. Lorsqu'elle se présente en masses bien homogènes, bien cohérentes, on la taille sous la forme de longs prismes que l'on enchâsse dans le bois pour la fabrication des crayons. Si au contraire elle se présente en masse incohérente, elle est mise à profit pour le nettoyage des fontes et même parfois mélangée à la graisse pour lubréfier les pièces frottantes des machines. Les principaux gîtes sont : Borowdale (Cumberland), la Bohême et surtout l'Oural. Bien souvent le graphite doit être considéré comme un combustible minéral presque complètement dépouillé de gaz ; il y a dans les Alpes des anthracites qui, à la suite des bouleversements subis par le sol, ont été soumises à des pressions très considérables. L'on remarque en ces points qu'il y a passage de l'anthracite au graphite. Près des grands massifs des Alpes constitués par des terrains anciens, on voit des amas de combustibles renfermés dans des couches très bouleversées de l'âge tertiaire (terrain nummulitique) arriver à l'état de graphite.

BITUMES, ASPHALTES, HUILES MINÉRALES. — Le tableau qui résume la composition chimique des combustibles minéraux nous apprend qu'il y entre à la fois du carbone, un ou plusieurs carbures d'hydrogène, de l'oxygène. Si de ces trois termes on élimine les deux derniers, l'on obtient, nous l'avons dit, le graphite. Si l'on élimine le carbone fin, pour ne conserver que les carbures et l'oxygène, l'on obtient les bitumes ; si l'on ne conserve que les carbures d'hydrogène, on obtient des substances que la nature nous offre le plus souvent à l'état liquide : les huiles minérales. Le *bitume* se rencontre bien rarement en masse un peu continue et le plus souvent il imprègne des sables. En Alsace on exploite depuis des siècles des sables ainsi pénétrés de bitume, et, pour séparer le bitume de l'élément crétacé, il suffit de jeter le sable dans l'eau bouillante, la pierre tombe au fond de la chaudière, tandis que le bitume vient surnager à la surface de l'eau.

On désigne sous le nom d'*asphalte*, des calcaires pénétrés de bitume. L'eau bouillante serait impuissante ici à produire le départ du bitume et, si l'on voulait l'extraire, il faudrait recourir à des dissolvants, mais la roche est mise à profit en nature. Sous l'action solaire ou en la soumettant à une douce chaleur, elle tombe d'elle-même en poussière. Cette poudre est étendue sur les surfaces que l'on veut étancher, on la bat au moyen de pilons à surface plane portés à une température élevée. Le bitume fond, puis se refroidissant fixe les grains calcaires et il en résulte une masse complètement imperméable à l'eau. Une proportion de 7 à 10 % de bitume dans une roche calcaire la rend propre à cet usage ; d'ailleurs, si elle n'est pas assez riche en bitume, on peut lui ajouter ce qui lui manque.

Le bitume doit présenter une couleur noire avec reflets rougeâtres, être très brillant à froid ; au-dessous de 10 degrés il casse avec une cassure conchoïde, est un peu élastique jusqu'à 20 degrés, pâteux vers 30 et devient liquide vers 40 degrés. Le véritable bitume est loin d'avoir la vilaine odeur qu'on lui reproche, c'est la présence de matières étrangères qu'on retrouve dans les goudrons qui cause l'âcreté de l'odeur du bitume, qui, pur, a quelque chose d'aromatique. On trouve à

Amèche (Nord) une espèce de bitume très noir et très fusible, brûlant avec flamme ; à Murindo (Colombie), le bitume présente une odeur de vanille en brûlant et, par la distillation, il fournit de l'acide benzoïque ; on attribue cette particularité à ce que les arbres de cette contrée contiennent du benjoin. La mer Morte fournit le fameux bitume de Judée que l'on emploie dans la peinture. L'île de la Trinité présente le gisement le plus remarquable de bitume ; c'est un lac presque circulaire d'environ 5 kilomètres de tour, surnommé le *lac de Poix ;* sur les bords du lac, le bitume est dur et froid ; quand on avance vers le centre il devient de plus en plus chaud et dans la région centrale il est fondu. Cependant la contrée ne laisse apercevoir aucun indice de volcanicité. Nous citerons les molasses bitumineuses, couches de grès imprégnées de bitume que l'on trouve dans l'Ain, au-dessus du banc des asphaltes, ou qui forment comme en Auvergne des amas particuliers et qui sont plus ou moins calcaires ou siliceux.

Les mines d'asphaltes sont assez nombreuses ; la plus importante est celle de Seyssel (Ain), sur les bords du Rhône : son exploitation remonte à 1800 ; elle se compose d'une colline de 400 mètres de longueur sur 100 de profondeur, entièrement composée d'asphalte, en partie recouverte de molasse verte imprégnée de bitume. La mine du Val-de-Travers, sur la rive droite de la Reuse (Suisse), se compose d'un gros amas dont la richesse en bitume atteint 12 %. On trouve l'asphalte à Volant-Ferrette en face de Seyssel de l'autre côté du Rhône, à Chavaroche près d'Annecy, à Lobsann en Alsace, enfin l'Auvergne et l'Espagne renferment aussi beaucoup d'asphalte.

Les huiles minérales sont le *naphte* et le *pétrole.*

Pétrole. — Le pétrole n'est, il est vrai, lui-même qu'une huile de naphte qui retient en dissolution une petite quantité de bitume. La composition normale de l'huile de naphte est : carbone 88, hydrogène 12. C'est près de Bakou, sur les bords de la mer Caspienne, que sont placées les exploitations les plus importantes d'Europe. On rencontre encore ces substances minérales en Auvergne, à Pechelbronn (Alsace), en Toscane, mais nulle part l'exploitation du pétrole ne présente un développement comparable à celui que l'on rencontre en Pennsylvanie, dans le pays de l'huile. Pour exploiter ces liquides carburés, il suffit d'ouvrir des puits et galeries dans les couches qui en sont imprégnées ou simplement, comme en Pennsylvanie et en Caucase, de pratiquer des trous de sonde garnis de tubages d'où l'huile jaillit. Des sources de gaz hydrogène carboné accompagnent ordinairement celles du pétrole liquide ; le gaz s'échappe par des trous de sonde au sommet desquels il brûle parfois depuis l'antiquité la plus reculée comme au pays des Guèbres. En Pennsylvanie on voit des tubes concentriques introduits dans un trou de sonde fournir à la fois par des travées distinctes, de l'huile et du gaz.

Les huiles minérales pénètrent encore des roches feuilletées qui deviennent alors de véritables combustibles, très riches en cendres il est vrai, mais qui brûlent bien sur les grilles. Le *boghead* d'Écosse en est un exemple ; il ressemble presque complètement à la houille à gaz, cependant une pointe d'acier le raye en donnant une poussière brune. L'on peut en extraire aussi bien du gaz d'éclairage que de l'huile de naphte. Le terrain pénéen d'Autun est constitué par des couches feuilletées, ou *schistes*, imprégnées de carbure d'hydrogène. L'origine de toutes ces substances, bitumes et huiles minérales, a donné lieu à bien des controverses ; que dans certaines circonstances elles aient eu une origine organique, on n'en saurait douter. On trouve parfois de petites quantités de bitume associé à des lignites, et il est évident que le bitume est résulté d'une altération de la matière organique ; mais les gîtes si puissants de l'île Trinité, de Cuba, de Bakou, etc., ne peuvent avoir cette origine. Ces substances sont des produits de distillation venus de l'intérieur ; la position des gîtes est dans la plupart des cas coordonnée aux axes de volcanicité et, quand il en est autrement, on constate aisément, par l'observation détaillée du relief, que ces gisements sont en relation avec des fractures du sol qui nous représentent comme les cheminées où s'est opérée la distillation. Sachant d'ailleurs que les volcans dégagent des carbures d'hydrogène, l'origine profonde de ces substances est comme démontrée.

Succin. — C'est la résine fossile d'un pin des temps géologiques, le frottement l'électrise positivement. Sa couleur jaune, sa densité précisément égale à celle de l'eau, son éclat résineux, sa transparence et par dessus tout ses propriétés électriques, la font aisément reconnaître. On trouve des échantillons de succin de la grosseur du poing près de Lemberg (Galicie), dans des couches tertiaires ; ils sont plus gros et plus beaux que ceux de Prusse ; cependant c'est la côte de la mer Baltique qui fournit l'ambre au monde entier. Le flot en battant la côte détache des nodules de succin qui sont en partie rejetés sur le littoral à cause de leur grande légèreté ; on exploite aussi les couches elles-mêmes. Le plus grand échantillon connu se trouve au Musée minéralogique de Berlin, il a 14 pouces de long, sur plus de 8 de large et près de 6 d'épaisseur ; son poids est de 13 livres.

Les annelés qui habitent aujourd'hui nos forêts de pins sont souvent retenus par la résine qui s'en écoule ; une fois prisonniers ils sont recouverts de nouvelles coulées et se conservent indéfiniment, parce que la résine les met à l'abri du contact de l'air. Il en a été de même dans les temps géologiques et le succin renferme très fréquemment des insectes et des pucerons de l'époque tertiaire. L'on a trouvé des coléoptères, des vers luisants. A Radobog en Croatie, on a recueilli quarante espèces de fourmis, des lépidoptères, des papillons de jour et de nuit, des araignées (1) ; l'on a pu même établir cent vingt-trois espèces d'arachnides ; cette circonstance a été d'autant plus favorable aux études paléontologiques que ces animaux délicats sont tous parfaitement conservés.

SOUFRE. — Le soufre est une substance très répandue dans la nature, tant à l'état libre qu'à l'état de combinaison. Il cristallise sous des formes qui dérivent d'un prisme droit à base rhomboïdale ; sa couleur jaune et la propriété qu'il possède de brûler avec une flamme bleue en dégageant l'odeur pénétrante de l'acide sulfureux le caractérisent si nettement qu'on ne saurait le confondre avec aucun autre minéral. Les gîtes les plus importants de soufre sont en Sicile (Caltanisetta

(1) O. Heer, *Die Insectenfauna von Oeningen und von Radoboj, in Croatien*, 1847-1853.

et Girgenti) et en Espagne (Conilla, près de Trafalgar) ; on pourrait l'exploiter encore en Pologne, en Hongrie et même en Islande où il apparait à la surface sous forme de grains de poussière. Si le gaz acide sulfhydrique qui se dégage des volcans traverse des fissures ouvertes dans des calcaires et offrant des accès à l'air extérieur, ce gaz subit une combustion complète ou incomplète suivant son état de température. Si la température est basse, l'hydrogène seul est brûlé et il se dépose du soufre ; mais si la température est élevée, il y a combustion complète du soufre et de l'hydrogène. Il se forme de l'acide sulfurique et de l'eau : et par conséquent en présence des calcaires il y aura formation de gypse ; c'est ce qui explique pourquoi ces deux substances, soufre et gypse, sont toujours associées.

Le soufre provient encore de la décomposition des sulfates ; en effet les sulfates, en présence de l'eau et des matières organiques, donnent des sulfures qui, probablement sous l'influence de l'acide carbonique dissous dans l'eau, abandonnent leur soufre. C'est là l'origine du sulfure de calcium et de l'acide sulfhydrique qui existent dans les eaux d'Enghien ; en effet le fond du lac est tourbeux, et cette couche d'origine organique repose sur le gypse. On peut observer un phénomène tout semblable sur les bords de la mer ; les sulfates dissous, en présence des matières végétales et animales que la mer renferme en si grande abondance, se transforment en sulfures et l'on s'en aperçoit aisément en remarquant que les clous des bateaux se recouvrent de pyrite de fer. La nature nous offre du soufre qui a cette origine, sous forme d'une poudre d'un jaune presque blanc emprisonnée dans des cailloux siliceux cariés à l'intérieur ; ces silex sont des fossiles de spongiaires. Quand on a transféré dans les catacombes les anciens cimetières de Paris, l'on a trouvé dans les ossements des cimetières placés sur les plateaux gypseux du soufre très nettement cristallisé. Tout autant de preuves de cette même origine.

La pyrite de fer, distillée en vase clos, nous fournirait au besoin le soufre ; c'est à cette source que puisent la Silésie, la **Bohême et la Saxe.**

CHAPITRE III

SEL GEMME, MINERAIS STRATIFIÉS

Les gîtes souterrains de sel gemme sont toujours signalés à l'extérieur, par des sources salées, dont l'existence doit remonter à la plus haute antiquité ; les eaux qui ont circulé dans les terrains salifères se chargent en effet de sel, non seulement au contact des surfaces supérieures des couches de sel gemme, mais aussi en parcourant les marnes fissurées qui surmontent ces couches. Ces marnes sont généralement mélangées sur une assez grande hauteur de sel qui s'est isolé dans les fissures de retrait, en efflorescence, en rognons, en petites veines et en plaquettes fibreuses. Ces sources rendent saumâtre l'eau des puits, autour de leur point d'émergence, elles stérilisent les prairies qui se recouvrent d'efflorescences salines dans les temps secs et où l'on voit croître spontanément les plantes particulières au bord de la mer.

Cette propriété salifère appartient en Lorraine, par exemple, à presque tout le massif de marnes irisées qui s'étend entre Rosières-aux-Salines, Saralbe et Rémilly ; elle se traduit sur les cartes elles-mêmes par des noms typiques : Salonne, Salival, Salzbronn, La Seille, etc. L'exploitation de plusieurs de ces sources remonte au delà de l'ère chrétienne ; dès le viie siècle, Vic, Moyenvic et Marsal possédaient des salines. Depuis, d'autres salines importantes s'élevèrent en France. De l'existence des sources salées conclure à la probabilité de celle des masses souterraines de sel gemme, nous semble aujourd'hui une idée bien naturelle pour tout homme qui sait qu'en divers pays le sel forme de tels amas ; il n'en a pas toujours été ainsi, car Héron de Villefosse imprimait encore en

1810 (1) : « La France ne possède pas de mines de sel gemme. »
Depuis que de pareilles mines ont été découvertes en Lorraine,
l'on s'est empressé de rechercher si l'existence de ces mines
n'était pas connue ; Jean Poiret en 1299, Guettard en 1762
avaient signalé un amas de sel gemme, mais ce n'est qu'en
1819 qu'un trou de sonde, entrepris près du centre de ce pays
salé, y a effectivement découvert un gisement de sel gemme.

Outre la présence presque constante du gypse qui accompagne le sel dans presque tous ces gisements, deux conditions
semblent essentielles à tout grand développement du sel
gemme ; d'abord la présence et même l'abondance du calcaire
et la nature dolomitique d'une partie des couches, et en second
lieu la présence de certaines couches d'argiles ou marnes
dont la couleur grise ou bleuâtre est bariolée de rouge. Tels
sont les gîtes crétacés et tertiaires des Pyrénées et les gîtes
keupriques de la Lorraine. Les gîtes de sel gemme se rattachent à deux formes distinctes, les couches et les amas couchés dans le sens de la stratification ; les *couches* n'ont pas
une constance et une continuité telles qu'on puisse les
rechercher dans toute une formation et suivant la direction
des couches sédimentaires, mais elles en ont assez pour que,
sur des distances de 10 kilomètres, on ait trouvé peu de variations dans leur allure, leur puissance, leur nombre, leur ordre
de superposition et les intervalles qui les séparent. Le gisement en *amas*, bien que, dans tous les cas, ces amas soient
couchés dans le sens de la stratification et même divisés par
des lignes qui semblent quelquefois concorder avec elle, éveille
parfois des idées d'origine toute différente de la sédimentation
qui paraît convenir au premier cas ; en effet, à l'approche de
ces amas, la stratification s'incline en tous sens, et le gîte
semble dû à une dilatation postérieure survenue en un point
du dépôt, dilatation dont le résultat aurait ainsi été l'intercalation d'une puissante masse amygdaline de gypse et de sel
gemme.

En Lorraine, dans la vallée de la Seille, le sel affecte une
position constante au-dessus des grès qui séparent les marnes

---

(1) Héron de Villefosse, *Richesse minérale*, Paris, 1810-1819, 3 vol. et atlas.

irisées supérieures, des marnes rouges et grises inférieures ;
le terrain salifère ainsi déterminé s'annonce à la partie supérieure par la présence du gypse qui se trouve soit en petits
lits stratifiés, soit en séries de nodules mamelonnés, soit en
veines déliées qui pénètrent les marnes en tous sens.

Ces gypses sont fibreux, compacts et cristallisés, souvent
ils sont mélangés de nodules d'anhydrite ; un indice plus rap-
proché est l'argile grise ou bleuâtre, salée, souvent pénétrée de
sel rouge fibreux et de polyalithe qu'on appelle *salzthon*. Le
sel gemme le plus ordinaire est d'un gris sale ou verdâtre ;
vient ensuite le sel rouge, puis le sel blanc qui ne réprésente
guère qu'un sixième de la masse totale. Les marnes irisées de
la vallée de la Seille forment une espèce de golfe dans le
muschelkalk ; c'est dans l'intérieur de ce golfe que le sel
gemme a acquis ce développement considérable dont on ne
connaît pas encore la limite inférieure. La propriété salifère
des marnes irisées ne se borne pas à la vallée de la Seille ;
partout où cette formation affleure dans les régions de l'Est,
entre les Vosges et le Jura, des sources salées et l'abondance
du gypse annoncent que cette propriété est conservée, sinon
au même degré, du moins d'une manière suffisante pour être
souvent productive. On a remarqué que la partie salifère de la
formation était inférieure à la couche de combustible située
dans les marnes irisées de Gemonval, Gouhenans, Cor-
celles, etc.

Dans la région des Pyrénées, le sel gemme présente des différences notables de gisement ; il existe à la fois dans les terrains crétacés et tertiaires ; le sel, au lieu de se trouver en
couches régulières et continues, ne paraît exister qu'en amas.
Les sources salées sont fréquentes dans les Pyrénées et leur
salure ne peut être attribuée qu'à leur circulation souterraine
au contact des masses de sel gemme. Ce fait est si réel, que
dans les environs d'Orthez, l'observation ayant démontré que
certaines sources marquaient un degré de salure considérable,
tandis qu'en s'éloignant le degré de salure diminuait, un sondage fut pratiqué en ce point central et à une profondeur peu
considérable on trouva une masse de sel gemme de 10 mètres
de puissance. Dans la vallée de Cardonne, deux puissantes

masses de sel gemme, réunies par leur base, affleurent sur un des versants de la colline du même nom ; ces masses de sel sont enclavées dans des grès rougeâtres à pâte argileuse, schisteuse, appartenant à la période crétacée et dont les couches se relèvent à leur approche dans toutes les directions avec des inclinaisons de 15 à 20°.

Le sel gemme est non seulement répandu avec profusion dans les couches superficielles de l'écorce terrestre, aux points les plus divers du globe, mais encore réparti, non sans un certain ordre, dans les diverses formations géologiques ; nous indiquerons ces formations avec les pays où l'on y a constaté l'existence du sel gemme : terrain silurien (États-Unis) ; zechstein (Saxe, Russie, Angleterre) ; grès bigarré (Brunswick, Hanovre, Wurtemberg, etc.) ; muschalkalk (Lorraine, Thuringe, Autriche) ; marnes irisées (France) ; lias (Suisse) ; terrain crétacé (Algérie) ; formation nummulitique (Espagne) ; terrain tertiaire moyen (Galicie, Hongrie, Espagne, Egypte, Sicile, etc.). Le sel gemme existe en efflorescence à la surface des steppes qui s'étendent entre la mer Caspienne et la mer d'Aral ; dans la province d'Astrakan il existe cent petits lacs qui se dessèchent en été et fournissent beaucoup de sel ; on en recueille aussi sur les bords de quelques lacs du Texas.

Le sel gemme se présente généralement dans tous ces gisements avec la même allure et le même cortège de marnes bariolées, de gypses et de dolomies, à moins que les terrains qui le renferment n'aient subi une action métamorphique qui ait altéré ces caractères. Il n'est accompagné de soufre en masses un peu importantes, que lorsque les terrains avoisinants renferment du bitume ou du lignite, ce qui paraît prouver que ce soufre provient uniquement de la combustion incomplète, par l'oxygène de l'air, de l'hydrogène sulfuré produit par l'action réductrice qu'exercent les matières carbonées sur le sulfate de chaux en dissolution dans l'eau. La théorie la plus probable sera donc celle qui fera intervenir les phénomènes les plus simples, ceux qui ont pu se reproduire naturellement pendant toute la série des temps géologiques. Il semble qu'on peut avancer que la formation des gisements de sel gemme exige des conditions spéciales de température et de climat ;

on remarque, en effet, que plus l'âge des formations qui renferment le sel gemme est récent, plus ces gisements s'éloignent du pôle pour se rapprocher des zones torrides.

Mais le nombre des partisans de la théorie de la formation du sel gemme par l'évaporation de l'eau des mers augmente tous les jours, principalement depuis la découverte des amas de sels de potasse au milieu des gisements de sel gemme de Stassfurt (Saxe), Maman (Perse), Kalusz (Galicie), etc. M. Daubrée déclare qu'on peut considérer ces gisements comme des résidus d'anciennes mers géologiques. Certains géologues ont calculé, en supposant fermé le détroit de Bab-el-Mandeb, que, sous l'action incessante des vents alizés, trente à quarante siècles suffiraient pour dessécher complètement la mer Rouge, en ne laissant à sa place qu'un immense banc de sel gemme. En admettant qu'à une époque quelconque une évaporation de ce genre ait été plusieurs fois reprise puis interrompue par les irruptions de la mer accumulant alors des détritus au-dessus des dépôts de sel déjà formés, ils obtiennent des alternances de sel et de marnes analogues à celles que l'on observe dans le bassin de la Lorraine. Si l'on ne trouve pas dans ce bassin de sel de potasse, c'est que l'évaporation des eaux marines n'a jamais été complète. Cette théorie doit être un peu modifiée pour être mise à l'abri de toutes les objections ; il n'est pas nécessaire, en effet, que le bassin où se dépose le sel soit privé de toute communication avec l'Océan ; il est tout aussi inutile d'obliger l'Océan à faire, dans le bassin, autant d'irruptions qu'il y a de couches de sel gemme. Il suffit, pour tout expliquer, de combiner le phénomène de l'évaporation continue produite par la chaleur solaire et les vents avec les mouvements lents d'oscillation du sol, dont l'histoire des temps géologiques nous offre tant d'exemples.

Imaginons que, par suite du mouvement ascensionnel du sol, un golfe n'ait plus avec l'Océan qu'une communication très étroite et peu profonde, suffisante pour maintenir l'égalité du niveau, insuffisante pour permettre la formation de deux courants superposés et de sens contraires : le bassin hydrographique de ce golfe pourra très bien être peu étendu et ne fournir au golfe qu'une faible quantité annuelle d'eaux pluviales. Dans ces conditions, une évaporation active pourra avoir lieu sur toute la surface de ce golfe, pendant que la mer fournira constamment de l'eau salée, pour remplacer celle qui s'est évaporée. L'eau du golfe deviendra bientôt assez concentrée pour que les matières qu'elle contient en dissolution commencent à se déposer. Supposons, à partir de ce moment, que le sol s'abaisse au fur et à mesure que le fond du golfe s'élève par le fait des dépôts, la communication avec la mer restant toujours dans les mêmes conditions, conformément aux phénomènes que l'on observe dans les marais salants de la Méditerranée. Après un temps plus ou moins long, suivant les dimensions du golfe, l'étendue de son bassin hydrographique, et les conditions climatériques, l'eau du golfe, qui marquait primitivement 3°5 à l'aréomètre Beaumé, marquera 7°. A ce moment, commencera une précipitation d'oxyde de fer et de calcaire magnésien, ce dernier étant, dès l'abord, vingt fois plus abondant que l'oxyde. Le dépôt d'oxyde de fer cessera bientôt, celui du calcaire continuera un peu plus longtemps. Lorsque l'eau marquera 11°5, elle ne précipitera plus que des traces de calcaire ; à 16°, l'eau commencera à précipiter du gypse, et le dépôt de ce minéral sera à son maximum d'intensité vers 20° de l'aréomètre ; il diminuera ensuite rapidement à mesure que l'eau se concentrera davantage. Vers 25°, commencera le dépôt de sel marin, qui atteindra son maximum d'intensité à 27° ; le sel qui se déposera à ce moment contiendra 0,025 de son poids de gypse, 0,001 de sulfate de magnésie et de 0,004 de chlorure de magnésium. Au delà de 27° le dépôt de sel diminuera, il sera moins chargé de gypse, mais se chargera de plus en plus de sels déliquescents. Suivre au delà cette concentration, ce serait expliquer la formation des amas de sels potassiques.

Supposons maintenant que, par suite d'un mouvement d'affaissement plus rapide du sol, la communication du golfe avec la mer devienne plus profonde, et permette la formation en profondeur d'un contre-courant ramenant à l'Océan les eaux les plus concentrées ; alors peu à peu le degré de concentration moyenne des eaux du golfe ira en diminuant et les dépôts se formeront en sens inverse ; à la fin, toute précipitation physique cessera et le golfe ne recevra plus que des détritus rejetés par l'Océan sur ses bords. Autant de fois cette phase sera répétée dans une époque géologique, autant le terrain correspondant à cette époque renfermera de couches de sel gemme superposées. Cette théorie conduit à certaines conséquences importantes dans la pratique. Le gypse, le calcaire et les marnes ayant comblé d'abord le fond du golfe, les couches de sel gemme seront très sensiblement horizontales ; les couches, pour peu qu'elles atteignent une certaine épaisseur, doivent s'étendre assez régulièrement sur tout le fond du golfe ; leur étendue est naturellement limitée par celle même du golfe. On voit, d'après ce qui vient d'être dit ci-dessus, que la théorie par évaporation rend compte très simplement non seulement de la formation et de l'allure des diverses couches, mais encore des détails mêmes de la structure des bancs de sel. La présence des matières bitumineuses, du soufre, de l'hydrogène sulfuré, de l'hydrogène carboné et la coloration même de certaines variétés de sel peuvent être attribuées aux organismes nombreux que la mer contient, et que l'évaporation a dû concentrer dans les eaux du golfe.

La théorie par évaporation paraît être vérifiée par ce qu'on observe de nos jours dans le golfe de Kara-Bogas, sur le bord oriental de la mer Caspienne ; dans ce golfe, dont les dimensions sont comparables à celles du bassin de Varangéville-Dieuze, un puissant dépôt de sel gemme serait en voie de formation. Il existe certainement un nombre très considérable de sources salées et thermales, sortant de terrains granitiques ou porphyriques aussi bien que de terrains sédimentaires ; par conséquent la salure de toutes les sources ne peut être attribuée à des bancs de sel gemme dans le voisinage desquels elles seraient passées ; cela est parfaitement exact ; mais il est certain que, de toutes les sources salées non en relation avec des bancs souterrains, il n'en est pas une seule qui soit saturée. Nous pensons même que toutes ces sources contiennent, au plus, la même quantité de sel que les eaux de la mer ; aussi est-il probable que de pareilles sources ne sont formées que par les infiltrations de la mer qui, après avoir pénétré à des profondeurs plus ou moins grandes, s'échauffent et remontent à la surface, plus ou moins thermales, et s'y mélangent avec

des infiltrations d'eau douce. Nous sommes loin de prétendre
que tous les gisements de sel gemme aient été formés de la
même manière que celui de la Lorraine par exemple ; ce qui
se passe en Algérie, sur les bords du Sahara, suffit pour nous
prouver que des dépôts puissants de sel gemme peuvent se
former sans qu'il se produise de mouvements d'oscillation dans
le sol. Supposons en effet qu'une source salée thermale ait son
point d'émergence dans le désert, sur les bords d'une grande
dépression, les eaux de la source iront former au centre de
cette dépression un petit lac qui s'évaporera d'une façon continue ; au fond de ce lac se formera un dépôt de sel gemme
dont la surface supérieure s'élèvera de plus en plus, en même
temps que la surface même du lac. Au lieu d'une source salée
thermale, on peut supposer des eaux pluviales, qui arrivent
en contact avec des bancs de sel gemme primitivement déposés
dans des formations géologiques plus anciennes et disloquées
par des soulèvements ; dans les deux cas on comprend que les
nouveaux bancs de sel gemme peuvent présenter des caractères
différents de ceux qu'on observe en Lorraine. Ils ne proviennent
pas moins, pour cela, de l'évaporation des eaux de la mer.

MINERAIS DE FER STRATIFIÉS. — Les minerais de fer appartiennent à trois positions géologiques bien distinctes, que
l'industrie a depuis longtemps désignées par les dénominations
de *minerai de montagne, mine en roche* et *minerai d'alluvion ;*
le premier n'est pas stratifié et fait partie des gîtes métallifères
dont il partage toutes les conditions de gisement. Nous décrirons cette catégorie dans les gîtes particuliers. Les minerais
en roches sont lithoïdes et ne renferment qu'accidentellement
quelques concrétions cristallines ; ils sont stratifiés et contemporains des diverses formations dans lesquelles ils se trouvent
en couches réglées et dont ils contiennent même les fossiles
dans un grand nombre de cas. Le caractère industriel de ces
minerais est d'être employés directement dans les forges, sans
autre préparation qu'un triage plus ou moins complet ; leur
caractère de position est d'être stratifiés avec les terrains sédi-
mendaires et d'être exploités soit à ciel ouvert, sur les versants
où ils affleurent, soit par puits et galeries qui traversent les terrains encaissants.

Les minerais d'alluvion sont au contraire des minerais superficiels, à peine recouverts par quelques dépôts limoneux, et le plus souvent disséminés dans des couches marneuses dont ils sont extraits par lavage. Cette position superficielle leur a fait donner le nom d'alluvions, quoiqu'une partie d'entre eux paraisse remonter à la période tertiaire, souvent même au delà; mais elle les caractérise d'une manière si générale que la distinction de leur âge véritable est le plus souvent sans importance. Ainsi les minerais stratifiés formant partie constituante des terrains sédimentaires sont : 1° les *minerais alluviens*, qui consistent en hydroxydes pisolithiques ou oolithiques, soit en rognons, en géodes, plaquettes, fragments irréguliers, disséminés ordinairement dans des couches marneuses ou sableuses et constituant des gîtes superficiels ; 2° les *minerais en roche*, comprenant les fers carbonatés lithoïdes, les oxydes rouges, les hydroxydes compacts, terreux, oolithiques, déposés en couches et disséminés dans la série géognostique, depuis les strates de transition jusqu'au terrain tertiaire. Nous décrirons plus tard ces diverses sortes de minerais, mais, en raison de l'importance qu'ils ont acquise en France et particulièrement dans l'Est depuis vingt ans, nous nous attacherons ici à donner des renseignements plus complets sur les hydroxydes pisolithiques et oolithiques qui donnent actuellement plus de la moitié de la fonte que nos hauts-fourneaux produisent.

Le *fer hydroxydé en grains* remplit dans nombre de localités, non seulement des fentes ou poches verticales à travers les bancs calcaires qui couronnent les côtes, mais encore des boyaux ou sortes de couloirs qui s'étendent sous ces bancs. Les grains sont tantôt aussi fins que des têtes d'épingles, tantôt aussi gros que de noisettes ; leur surface antérieure est lisse et d'une couleur brun-noirâtre tirant quelquefois sur le gris d'acier ; leur poussière est d'un brun tantôt jaunâtre, tantôt chocolat. Les grains sont ordinairement disséminés dans des argiles sableuses dont ils se détachent assez facilement ; quelquefois ils sont fortement agrégés par un ciment de calcaire cristallin ; le quartz y est peu abondant. Les minerais fortement agrégés peuvent être fondus directement, sans subir aucune opération préalable ; les autres sont débarrassés de leur gangue argilo-sableuse par un simple lavage. Les géologues s'accordent pour rattacher la *formation* de ces dépôts à deux sortes de phénomènes bien distincts et successifs. Le premier est la formation de fissures rectilignes, contemporaines de la production des failles et des grands accidents de la contrée ; le second, de beaucoup postérieur, est attribué à des sources minérales, lesquelles, au moyen de l'acide carbonique dont elles étaient chargées, tenaient en dissolution de l'oxyde de fer et de la silice. Ces eaux sont arrivées au jour par le fond des fissures linéaires, au centre et au point culminant du gîte. Elles ont élargi ces fissures en dissolvant et corrodant leurs parois ; puis, le trop-plein s'est déversé dans les fissures latérales et a creusé dans les roches voisines ces galeries que l'on observe fréquemment à l'extrémité des veines. Le carbonate de fer et la silice ont dû se déposer à mesure que l'acide carbonique se dégageait, le premier corps à l'état de peroxyde hydraté ; or, au contact de l'atmosphère, il n'a aucune stabilité. Lors de la précipitation, les particules similaires se sont réunies sous l'influence de l'attraction moléculaire, et ont formé ces composés si divers qui comprennent tous les degrés, depuis le minerai presque pur jusqu'au quartz-jaspe qui ne contient que des traces d'oxyde de fer. Quant à l'argile, elle a été apportée, soit par les sources elles-mêmes, soit par les eaux qui se trouvaient à la surface et qui remplissaient les cavités par le haut. Ce remplissage se serait effectué à l'époque tertiaire moyenne. Cette théorie rend compte de toutes les particularités observées dans les gisements ; elle permet, notamment, d'expliquer le peroxyde hydraté et le peroxyde anhydre.

La *formation ferrugineuse oolithique* si importante dans l'Est comprend un nombre de couches plus ou moins puissantes et nombreuses d'argile sableuse et calcaire surnommée marne, et de minerai oolithique alternant ensemble. Elle repose sur le grès argileux appelé grès supraliasique ; elle est couronnée par des marnes grises ou bleues qu'il est difficile de différencier du reste des marnes supraliasiques. Ces marnes qui surmontent la formation ferrugineuse oolithique sont elles-mêmes recouvertes par la série des assises calcaires de l'oolithe inférieure. Les marnes supraliasiques deviennent rapidement sableuses et micacées dans le voisinage du grès supraliasique ; ce grès lui-même est le plus souvent à grains très fins réunis par un ciment argileux jaunâtre qui devient bleuâtre à la partie inférieure. Dans cette partie, les deux teintes sont souvent irrégulièrement mélangées. Le grès est ordinairement légèrement micacé et se distingue facilement des marnes qui séparent les différentes couches de minerai oolithique. La connaissance de ces caractères est très importante, car lorsqu'en un point déterminé on cherche, à l'aide d'un puits, à établir la composition de la formation ferrugineuse oolithique, on ne sera certain d'avoir entièrement recoupé cette formation que lorsque le puits aura atteint le grès supraliasique. La séparation de ce grès et de la formation ferrugineuse oolithique est quelquefois très nette ; quelquefois elle est assez confuse, les oolithes pénétrant dans les assises gréseuses et le sable dans les couches de minerai.

Le minerai de fer oolithique se compose de petits grains qui sont ordinairement de la grosseur d'une tête d'épingle et qui sont agrégés par un ciment plus ou moins abondant. Ces grains sont appelés des *oolithes*, vu leur ressemblance avec des œufs de poisson ; ils deviennent parfois tellement ténus qu'ils sont à peine perceptibles à l'œil nu. Ils sont quelquefois sphériques, surtout lorsque le ciment est marneux et abondant ; plus le ciment ou la gangue est calcaire, plus la forme des grains est irrégulière ; on en trouve alors de lenticulaires, d'ellipsoïdaux, de prismatiques et de cylindriques. On en trouve enfin un nombre plus ou moins grand suivant les localités, qui n'ont aucune figure régulière et présentent l'apparence de fragments amorphes dont les angles sont plus ou moins émoussés. La couleur des grains est extrêmement variable ; tantôt ils sont d'un jaune-brunâtre plus ou moins foncé et offrent souvent une surface brillante, tantôt ils sont noirs, quelquefois ils sont rougeâtres et plus rarement bleuâtres ; cette couleur paraît être tout à fait indépendante de celle du ciment. Examinés au microscope, un grand nombre de grains, et surtout ceux qui ont des formes régulières, apparaissent composés de couches concentriques entourant un petit noyau amorphe.

La gangue qui entoure et agrège les grains oolithiques est sableuse, argileuse ou calcaire, et toujours plus ou moins ferrugineuse ; elle renferme le sable, l'argile et le calcaire en proportions très variables, suivant les couches et les localités. Quelquefois elle ne consiste qu'en un sable peu abondant, formé de grains quartzeux jaunâtres et translucides, le minerai tombe alors en poussière sous la moindre pression. La couleur de la gangue est ordinairement rouge ou jaune rougeâtre ; elle est quelquefois grise, jaune-verdâtre, jaune ou bleue. On a remarqué, en général, que la couleur jaunâtre et rougeâtre du minerai ne persiste que jusqu'à une certaine distance des affleurements, et qu'alors elle est progressivement remplacée par le vert plus ou moins bleuâtre. Quelques géologues en ont conclu que la couleur normale, ou plutôt primitive du minerai, est due à des combinaisons du protoxyde de fer avec la silice ou l'alumine, et que la couleur jaunâtre ou rougeâtre a été produite postérieurement par une peroxydation du fer sous l'influence des agents atmosphériques. A l'appui de cette conclusion, ils ont fait remarquer que sur les parois des fissures qui recoupent les couches de minerai à gangue verdâtre ou bleuâtre, et qui sont parcourues par de l'eau chargée d'air, la couleur rougeâtre ou jaunâtre reparaît et s'étend jusqu'à une certaine distance ; nous verrons plus loin que nous n'adoptons pas cette manière de voir.

La gangue est tantôt répartie d'une manière uniforme ; tantôt elle forme des couches aplaties ou même des bandes parallèles à la stratification ; assez souvent aussi elle constitue des nodules grisâtres ou bleuâtres, d'un diamètre qui peut atteindre plusieurs décimètres, ordinairement entourés d'une croûte d'un hydroxyde brun. Certaines couches de minerai, et surtout celles qui sont à la partie inférieure de la formation, sont, comme le grès supraliasique, traversées par des veinules d'hydroxyde brun.

Les fissures qui abondent dans le voisinage des affleurements sont très souvent remplies d'oolithes désagrégées ; elles proviennent, sans doute, des parois mêmes des fissures, dont le calcaire a été dissous par les eaux d'infiltration chargées d'acide carbonique et dont l'argile a été délavée et entraînée

par les mêmes eaux. Dans certaines fissures, la direction des
courants d'eau est encore nettement imprimée sur les parois.
Les oolithes ont été décrites comme composées en général de
peroxyde de fer uni à l'alumine, à la chaux et à la magnésie. La
variété bleuâtre paraît formée de silicate de protoxyde de fer,
elle est attirable au barreau aimanté. On trouve accidentellement dans le minerai oolithique divers minéraux métalliques,
la pyrite de fer, la galène, l'oxyde de manganèse qui s'y présente assez souvent sous la forme de taches noires.

Ce qui frappe le plus dans le minerai oolithique, c'est la
présence d'abondants débris fossiles ; la plupart sont des
coquilles ou des fragments de coquilles qui ont appartenu à
des mollusques marins ; entre ces coquilles , on rencontre des
fragments de bois, des vertèbres, des ossements et des dents
de grands sauriens. Dans les couches marneuses, les coquilles
sont pour ainsi dire intactes, elles ne paraissent avoir subi
qu'un changement dans leur composition chimique, le carbonate de chaux ayant plus ou moins complètement disparu,
pour être remplacé par l'oxyde de fer. Dans les couches calcaires résistantes, les coquilles sont brisées en menus fragments ou même réduites en poussière ; ces débris y sont
tantôt uniformément répartis, tantôt ils sont accumulés les
uns sur les autres, et composent des veines de calcaire cristallin.
Ces veines, de quelques décimètres au plus de longueur, sont
rarement parallèles à la stratification générale ; le plus souvent
et surtout lorsqu'elles sont superposées en grand nombre, elles
affectent des surfaces courbes analogues à celles des vagues
de la mer. La texture intime du tissu coquillier y a même
souvent complètement disparu, absolument comme dans les
calcaires compacts et oolithiques qui se forment de nos jours
dans les mers de corail par l'action des vagues agitées aux
dépens des coquilles et des polypiers. La nature des débris
fossiles et l'état dans lequel on les retrouve sont, pour le
minerai oolithique, des données de la plus haute importance ;
ce sont en effet les seules qui jettent quelque jour sur le mode
de formation de ce minerai.

Le minerai oolithique a été déposé au fond de la mer ; c'est
ce que prouve surabondamment la grande quantité de fossiles

marins qu'il renferme. La forme des couches ne permet guère
d'admettre que ce dépôt se soit effectué au fond d'une mer
profonde ; s'il en était ainsi, les couches formées par précipitation de fines particules dans un élément peu agité présen-
teraient la même épaisseur et la même composition sur une
étendue bien plus considérable. On est donc conduit à penser
que le dépôt du minerai a eu lieu sur le rivage de la mer ; dans
cette hypothèse, la forme lenticulaire allongée que présentent
ordinairement les couches s'explique comme celle des bancs
de sable et de vase qui s'accumulent actuellement sur certaines
côtes. On s'explique aussi par là pourquoi la formation ferrugineuse, considérée dans son ensemble, constitue seulement
la ceinture d'un grand golfe et diminue généralement de puissance de la circonférence vers l'intérieur dans le sens même
de la ligne de plus grande pente. La nature même des fossiles
marins, la présence dans le minerai de nombreux fragments de
bois, sont aussi favorables à l'hypothèse du dépôt littoral. Une
des meilleures preuves de sa véracité est l'existence de ces
lamelles obliques de calcaire formé de coquilles brisées et
agglutinées, qui paraissent représenter ces cordons de coquil-
lages que la mer rejette sur les rivages. Certaines couches
paraissent entièrement composées d'oxyde de fer et de menus
fragments de coquilles rejetés ensemble par la mer sur ses
bords.

La forme oolithique ne s'explique guère que par un mouvement des grains ferrugineux au moment du dépôt, mouvement
qui a permis à ces grains de rester plus longtemps en suspension dans le liquide et de s'accroître par zones concentriques
aux dépens du précipité ferrugineux sans cesse rejeté par la
mer. Les minerais marneux ont été, sans doute, formés dans
les parties les plus profondes et les moins agitées, aussi les
oolithes ferrugineuses y présentent-elles la forme sphérique ;
dans les minerais calcaires, formés sans doute à la surface des
eaux, dans les parties les plus agitées, les oolithes présentent
les formes les plus irrégulières. Les variations de composition
d'une même couche sont aussi favorables à l'idée du dépôt
littoral que celles dans la forme des oolithes. Si l'on ne tient
pas compte des exceptions de détail, on remarque en effet

d'une manière générale qu'à mesure qu'on s'avance de la circonférence du bassin ferrifère vers son centre, la proportion de gangue calcaire diminue ; les minerais deviennent marneux en même temps que leur couleur de rouge ou rouge-jaunâtre tire de plus en plus sur le bleu ou le vert. Si la gangue calcaire est, comme on peut le présumer, en majeure partie formée par l'agglutination de débris de coquilles pulvérisées par les vagues, on comprend que les minerais à gangue calcaire doivent se trouver vers la circonférence du bassin, là où ils ont pu se former à fleur d'eau. La marne n'étant que de la vase marine solidifiée, l'on conçoit que les minerais marneux n'ont pu se former qu'en des points où les eaux étaient plus profondes et moins agitées.

L'oxyde de fer ayant été déposé dans la mer, et seulement dans un bassin restreint, y a été nécessairement amené par des sources émergeant au fond des eaux à une profondeur plus ou moins grande. Ces eaux versaient dans la mer du carbonate de fer dissous à la faveur d'un excès d'acide carbonique. Par suite du dégagement de cet excès d'acide carbonique et de l'action oxydante de l'air, le carbonate se transformait plus ou moins rapidement en précipité d'oxyde de fer que la mer rejetait sans cesse sur le rivage. De cette manière on peut se rendre compte des variations de couleur indiquées; c'est en effet dans les eaux les moins profondes et les moins agitées que l'oxyde de fer se transformait le plus facilement en peroxyde hydraté de couleur rouge ou jaune-rougeâtre, tandis que dans les eaux profondes l'oxyde pouvait rester en partie à l'état de protoxyde et conserver la couleur bleuâtre ou verdâtre propre aux sels de fer au minimum. Quant à l'origine du carbonate de fer des sources, il a été sans doute arraché à de grandes profondeurs à des roches riches en silicate de protoxyde de fer, par des eaux portées à une température élevée et chargées d'un excès d'acide carbonique.

D'après ce que nous venons de dire, les minerais oolithiques et les minerais en grains auraient exactement la même origine ; leur dépôt seul se serait opéré dans des conditions différentes. Les derniers, en effet, se sont disposés dans les fissures d'un terrain déjà exondé, autour des points d'émergence des

sources et ne sont point mélangés intimement à des substances
autres que celles déposées par les sources. Les premiers, au
contraire, ont été charriés par les eaux loin des points d'émergence des sources et, lors de leur dépôt, se sont mélangés
avec toutes les matières que la mer accumule sur son cordon
littoral. A cet égard on peut faire la remarque suivante : au
centre du bassin d'hydroxyde oolithique qui s'étend dans le
groupe de Longwy (Meurthe-et-Moselle), le grand-duché de
Luxembourg et la Lorraine, se trouvent les puissants dépôts
de minerais en grains d'Aumetz et de Saint-Pancré ; au centre
du bassin de Nancy se trouvent les dépôts de minerais en
grains de Chavigny, Malzéville, Lay-Saint-Christophe. C'est
pourquoi nous sommes portés à conclure que ces deux sortes
de minerais ont été formés par ces mêmes sources qui se
seraient ouvertes à deux époques différentes de la série des
temps géologiques. Ces mêmes sources ont probablement
produit aussi, à une époque antérieure, les minerais carbonatés de l'étage moyen du lias.

CHAPITRE IV

GITES PARTICULIERS

Les métaux ne se trouvent qu'exceptionnellement à l'état natif, sauf pourtant l'or et le platine ; la nature nous les présente engagés dans des combinaisons plus ou moins compliquées dont l'art métallurgique doit les extraire. Ces combinaisons ne se trouvent elles-mêmes que rarement sous un volume un peu considérable à l'état de pureté ; elles sont mélangées d'autres substances, de telle sorte que la dénomination de *minerais* est appliquée à des minéraux complexes dans lesquels une combinaison métallique est en quantité suffisante pour être extraite par les procédés métallurgiques ; en d'autres termes, un minerai est un composé métallifère susceptible d'exploitation. Il entre ainsi dans cette définition une considération industrielle relative à l'emploi des métaux et à leur prix commercial ; une roche contenant 15 °/₀ de fer ne sera pas un minerai de fer, tandis qu'on pourra donner le nom de minerai d'argent à des masses minérales qui ne contiennent que 2 millièmes d'argent, et celui de minerai d'or à des masses dont la teneur est en général au-dessous de un dix-millième.

On appelle *gangues* les substances qui accompagnent les combinaisons métallifères. Les gangues varient souvent de composition et de caractères, suivant les métaux qu'elles accompagnent ; tantôt elles sont tout à fait distinctes et faciles à séparer des parties métallifères, tantôt leur mélange est si intime qu'on fond le tout ensemble ; d'autres fois, enfin, les deux cas se présentent dans le même gite. On considère souvent les gangues dont on ne peut se débarrasser par un simple cassage et triage comme faisant partie des minerais ; quant à la dénomination de roches métallifères, elle est beaucoup plus étendue et s'applique ordinairement au terrain qui contient à la fois les gangues et les minerais. Les différences les plus prononcées distinguent les gîtes particuliers des gîtes généraux ; sous le rapport de la forme, ceux-ci sont toujours en couches ou en amas couchés qui doivent être regardés comme contemporains des terrains encaissants ; les gîtes particuliers affectent, au contraire, des formes spéciales indépendantes de la stratification, formes qui leur assignent une origine postérieure aux terrains dans lesquels ils se trouvent enclavés. Les gîtes particuliers se rapportent à deux types de formes : les *filons* ou gîtes réguliers et les *amas* et *stocwerks* ou gîtes irréguliers. Les filons sont des masses minérales aplaties, comprises sous deux plans à peu près parallèles et coupant la stratification des terrains dans lesquels elles se trouvent. On peut les considérer comme des cassures ou fentes plus ou moins considérables faites dans l'écorce du globe et postérieurement remplies par diverses substances minérales parmi lesquelles se trouvent souvent les minerais. La masse d'un filon est donc une plaque à parois plus ou moins ondulées, de la dimension de la fente préexistante et dont la position n'a aucun rapport avec la stratification du sol, de même que sa composition est généralement tout à fait distincte. La dénomination d'amas n'entraîne aucune forme déterminée, non plus que celle de stocwerk, qui s'applique aux amas dans lesquels le minerai est plutôt disséminé dans les fissures des roches que rassemblé en masse dont on puisse figurer les contours. L'origine des amas et des stocwerks doit être considérée comme se confondant avec celle des filons sous le rapport du mode de remplissage ; mais sous le rapport des phénomènes qui ont déterminé la forme des gîtes, il existe des différences essentielles. Les amas paraissent en effet liés d'une manière bien plus immédiate aux grandes perturbations géogéniques qui, à des intervalles différents, ont accidenté la surface du globe ; comme gisement, leur connexion avec celui des roches ignées est bien plus intime ; souvent même la sortie des amas métallifères paraît avoir été, comme celle des roches ignées elles-mêmes, le résultat direct d'une action expansive agissant éner-

giquement de bas en haut, soulevant et brisant les depôts sédimentaires superposés.

Avant de passer à la théorie de la formation des gîtes métallifères, nous indiquerons de suite quelques termes techniques
employés dans les mines pour désigner les diverses parties
des gîtes. On appelle *toit* le plan droit ou ondulé qui forme la
partie supérieure d'un gîte ; le plan inférieur est le *mur ;* la
distance de ces plans est la *puissance.* Souvent le toit et le
mur sont séparés du gîte par des roches détachées et d'une
autre nature que la masse; ces parties sont les *salbandes.* On
appelle *épontes,* les portions de roches encaissantes qui forment
le toit et le mur. Les points où le gîte perce à la surface du
sol sont les *affleurements.* Pour définir la situation d'un plan
dans l'espace, on envisage en premier lieu sa section par un
plan horizontal ; c'est ce qu'on appelle la ligne de direction ou
plus simplement la *direction* du plan. Le même mot est également employé pour désigner la valeur de l'angle que fait cette
orientation avec le nord ; on l'évalue en degrés à partir du
nord vrai, ou en heures de la boussole qui valent chacune
$15°$ et se comptent à partir du nord magnétique, dans le sens
du mouvement des aiguilles d'une montre. On distingue, en
second lieu, la perpendiculaire élevée dans le plan lui-même
sur son horizontale ; c'est la ligne de plus grande pente, ou la
ligne d'inclinaison, ou simplement l'*inclinaison* du plan. On
remplace cette expression par celles de *plongement* ou de *pendage ;* les deux moitiés d'un plan séparées par une ligne de
direction en forment l'*amont-pendage* et l'*aval-pendage,* suivant qu'elles se trouvent situées au-dessus ou au-dessous de
cette horizontale. Disons enfin que, selon que le plongement
rapproche sensiblement le plan de l'horizontale ou de la verticale, le gîte prend le nom de *plateure* ou bien au contraire de
dressant.

Les filons constituent la plus grande partie des gîtes métallifères autres que ceux du fer ; c'est en vertu de cette importance et parce que leurs formes sont assujetties à des lois de
continuité et de régularité plus faciles à saisir, qu'ils ont été
de tous temps l'objet d'études particulières. Pour expliquer la
théorie de la formation des gîtes métallifères, il est nécessaire

de rappeler le mécanisme fondamental des mouvements des
ruptures de l'écorce terrestre. Reportons-nous, par la pensée,
à l'époque où la masse liquide du globe, après s'être figée à la
surface, a continué à se refroidir, en se rétractant sur elle-
même au-dessous de cette première croûte solide. Celle-ci
devra évidemment suivre le noyau fluide pour continuer à
reposer sur lui ; mais la nouvelle sphère étant d'une superficie
moindre que la première, la pellicule superficielle, géométriquement trop grande, devra pour cela se plisser suivant certaines zones. Bien que l'ensemble du phénomène ne puisse
être, dans ces conditions, qu'un affaissement, on comprend
cependant que, dans ces contournements, certaines parties
pourront se trouver relevées par les réactions mutuelles au-
dessus de leur niveau primitif. Mais en dehors même de cette
considération, comme les cotes absolues de distance au centre
nous sont indifférentes, nous pouvons nous borner à l'appréciation des mouvements relatifs des parties ; pour cela, nous
attribuerons par la pensée l'immobilité à la position qui constitue la majeure partie de la sphère à une distance notable
de la ride produite, en considérant comme soulevés au-dessus
d'elle les éléments qui y font finalement saillie. Certaines parties molles ou élastiques pourront se prêter sans disjonction à
l'effet de la poussée du fluide intérieur et des réactions
mutuelles de l'écorce ; mais des couches déjà dures et cas-
santes ne sauraient obéir à ces flexions et surtout aux torsions
sans éprouver certains éclatements. Lorsqu'une durée suffisante aura éteint l'activité du phénomène, il arrivera que
d'autres affaissements généraux de l'écorce devront se produire pour marquer une nouvelle ère de refroidissement ; des
fractures différentes pourront s'ajouter aux anciennes dans la
même direction, et ces dernières, mal soudées, auront tendance à se rouvrir et d'autres, restées ouvertes, exécuteront
de nouveaux glissements. Si les efforts proviennent d'une
région éloignée avec une tendance oblique prononcée, un
phénomène semblable au premier se reproduira, mais dans
une direction différente, et son système de fracture sera un
croiseur du précédent. Une circonstance analogue pourra même
renaître et affecter le premier champ de fractures plusieurs

fois consécutivement, par des systèmes de croiseurs dont chacun exercera son influence sur tous les précédents.

Parmi les fissures auxquelles ces grands phénomènes mécaniques ont donné naissance, les unes sont stériles, on les appelle *failles* et elles ne présentent pour le mineur que des influences fâcheuses. D'autres, au contraire, ont reçu de l'intérieur un remplissage, souvent utilisable pour l'industrie, et qui portent le nom de *filons*. Cette *minéralisation* s'est effectuée d'après plusieurs modes distincts; principalement dans la région qui avoisine l'axe du soulèvement, certaines cassures, en relation profonde avec les liquides comprimés, ont été directement remplies par ces matières qui ont pu même s'épancher par-dessus l'affleurement. Ce sont les filons d'*injection* dont l'ensemble est constitué par une roche homogène. Ce genre de formation qui a pris une grande part dans la composition des masses pierreuses de l'écorce terrestre n'a joué qu'un rôle plus effacé en ce qui concerne les gites métalliques. Près des bords de la chaîne, au contraire, dans la région où le phénomène s'est trouvé atténué, des communications trop étroites pour permettre de tels épanchements, mais encore perméables aux gaz, ou le plus souvent à la vapeur d'eau charriant diverses substances volatiles, ont été remplies par *sublimation*. C'est souvent aussi le mode de minéralisation des fissures de retrait, opérées pendant la solidification des masses éruptives. Un troisième mécanisme a formé les filons d'*incrustation;* certaines fentes sont restées longtemps béantes, et se sont rouvertes successivement un certain nombre de fois, en raison des tassements et malgré la soudure imparfaite de leurs parois. Elles ont formé ainsi un réseau de circulation souterraine pour les eaux thermales qui, après s'être chargées de diverses substances dans les régions profondes, sont venues les déposer sur les parois en raison des changements de température, de pression, d'état électrique qu'elles subissaient en remontant à des niveaux supérieurs, ou des réactions chimiques opérées avec les matières encaissantes. Les variations de composition survenues dans ces eaux aux diverses époques du phénomène ont souvent donné lieu, avec la plus grande netteté, à une disposition rubannée symétrique des deux côtés des filons, avec un vide central et des cristallisations dont les pointements sont dirigés vers l'intérieur. Cet ensemble complexe d'actions exercées par les sources hydrothermales et les véhicules gazeux ont influencé la répartition de la *richesse* dans les filons et forment un guide nécessaire du mineur dans ses travaux de recherche intérieurs.

L'influence de la nature des *roches encaissantes* a pu s'exercer de deux manières distinctes, d'après leur nature chimique et ses rapports avec la composition des eaux minérales, ou d'après leurs qualités physiques propres à déterminer un mode de fracture présentant telles ou telles circonstances géométriques. L'influence *chimique* elle-même correspond à deux ordres d'idées différents ; d'une part, les épontes, en réagissant sur la solution qui les baigne, provoquent des doubles décompositions de nature à amener le dépôt des matières dissoutes. En second lieu, l'attaque plus ou moins facile des roches par cette action corrosive a préparé un emplacement plus ou moins large pour l'abondance de ces dépôts. L'influence des doubles décompositions est manifeste ; les eaux stannifères, en attaquant le granite, y ont trouvé les éléments nécessaires pour saturer les principes minéralisateurs, tels que le fluor qui servait à charrier l'étain. Dès lors, l'oxyde de ce métal s'est déposé et en même temps la roche, profondément altérée, s'est trouvée imprégnée de minéraux caractéristiques, tels que la tourmaline, laissés sur place comme des témoins de ces réactions. Quant à l'influence de la roche sur le volume final du gisement, elle est également évidente ; les filons du Cumberland sont riches dans le calcaire, pauvres dans les grès, stériles dans le schiste. Il est clair que de pareils échanges ne peuvent s'opérer sans altérer profondément la composition des eaux, et modifier par suite les réactions dont elles sont capables à des niveaux supérieurs ; aussi est-ce un fait extrêmement fréquent que la variation de la nature d'un filon avec la hauteur. En général, on doit craindre l'appauvrissement dans la profondeur ; les dépôts n'ayant commencé à s'effectuer que lorsqu'on approchait de la surface, ces véhicules voyaient se modifier leur température, leur pression, leur état électrique. Il arrive quelquefois, au contraire, quoique beaucoup plus rarement, que des filons s'enrichissent dans la profondeur, ce qui revient à dire que les eaux s'appauvrissaient en montant en raison des échanges opérés avec les parois et qu'elles épuisaient ainsi leur action.

Les propriétés *physiques* de la roche ont pu intervenir par une plus ou moins grande conductibilité pour la chaleur ou pour l'électricité ; mais l'influence la plus nette est celle de la ténacité. On peut la caractériser par l'énoncé suivant : les parties les plus avantageuses d'un filon sont celles qui sont encaissées dans les roches de dureté moyenne ; on les appelle *bonnes couches*. Celles qui sont ou trop dures ou trop friables sont désignées sous le nom de *mauvaises couches*. On comprend que des roches dures ou élastiques cèdent difficilement à l'effort de rupture et que la séparation y manque de netteté ; les terrains friables, au contraire, obéissent sans résistance, mais les épontes sont dépourvues de solidité, elles tendent à s'ébouler et à refermer la fente, en obstruant les canaux à l'aide desquels les eaux minérales auraient pu la transformer en un filon utile. Au contraire, quand ces qualités extrêmes sont remplacées par une moyenne convenable, le terrain se fend avec netteté et la fracture persiste ensuite assez longtemps pour pouvoir être avantageusement minéralisée.

La *composition* d'un filon métallifère est le caractère le plus saillant, celui qui le fait distinguer dans un terrain quelconque ; en effet, généralement les minéraux qui entrent dans la composition des filons métallifères n'ont d'autres relations avec les roches encaissantes que celles que nous avons indiquées, sauf les cas fréquents où ils contiennent des débris de ces roches de toute dimension et de toute forme, tels qu'ils paraissent provenir d'écroulements des épontes pendant le remplissage du filon. La masse des filons est dans la plupart des cas formée par les gangues qui sont : la silice, soit sous la forme de quartz en tout ou partie cristallin, ordinairement translucide et quelquefois en partie hyalin ; soit sous forme d'agates et de jaspes diversement nuancés, contenant comme dans le cas précédent des poches ou fours à cristaux ; la chaux carbonatée, toujours cristalline ou spathique, qu'elle soit pure ou mélangée et passant souvent à la dolomie cristalline, au spath calcaire ferrugineux, au fer spathique, au spath rose manganésifère ; le spath-fluor, soit pur et cristallin, avec ses nuances multiples, blanches, vertes, jaunes, roses, rouges, bleues, violacées et ses belles cristallisations cubiques ; soit mélangé avec le quartz et le spath calcaire ; la baryte sulfatée blanche, laminaire ou cristallisée avec ses formes de prismes, de tables biselées, de crêtes striées ; l'argile impure, souvent schisteuse, à laquelle il est difficile d'assigner une origine autre que la décomposition. A ces gangues, il faut ajouter les oxydes de fer, l'yénite et la plupart des silicates magnésiens qui entrent dans la composition des roches ignées, tels que le talc, la serpentine, et surtout l'amphibole ; enfin les roches empâtées du toit et du mur qui donnent souvent à l'ensemble un aspect bréchiforme.

Les diverses gangues remplissent donc les filons concurremment avec les minerais qui s'y trouvent disséminés soit en *veines* ou petits filons isolés, soit en veinules, paillettes, grains ou rognons cristallins et cristaux. Il est rare qu'un filon rempli par ces gangues ne soit pas métallifère, du moins en partie ; les filons tout à fait *stériles* ne sont remplis dans la plupart des cas que de poudingues, de brèches composées de roches analogues aux roches encaissantes, de grès et d'argile. Cependant, il faut distinguer, dans le cas des filons d'argile, ceux qui sont appelés filons terreux ou *pourris*, lesquels sont souvent très riches en minerais et qui se distinguent des filons stériles en ce que la matière argileuse qui les remplit est le résultat de la décomposition sur place des roches qui remplissaient les filons. Aussi arrive-t-il fréquemment que ces filons ne sont terreux que dans certaines parties et qu'en les suivant sur une assez grande longueur dans le sens de la direction et surtout de l'inclinaison, on arrive à trouver des parties tout à fait saines.

Toutes les matières qui remplissent les filons, gangues et minerais, sont à l'état cristallin ; c'est l'exploitation de ces gîtes qui fournit en grande partie les cristaux isolés ou groupés qui ont servi à l'étude de la minéralogie. Tous ces morceaux de choix appartiennent aux géodes ou cavités dans lesquelles la cristallisation a pu se développer d'une manière complète ; mais dans les minéraux qui remplissent la masse du filon, l'état cristallin est seulement indiqué par une texture fibreuse ou clivable. Cette texture, jointe à la nature particulière des substances, suffit d'ailleurs pour signaler l'existence d'un gîte particulier. Pour reconnaître ensuite si le gîte est en filon ou en amas, il faut en consulter les caractères de forme et de structure.

La *forme* est un des caractères distinctifs des filons ; on peut dire que c'est une plaque minérale à parois parallèles coupant la stratification des terrains. A la surface, un filon se manifeste par une série d'affleurements disposés suivant une direction constante ; et si l'on vient à encaver le sol, on ne tarde pas à reconnaître que le toit et le mur s'enfoncent suivant une inclinaison déterminée. La direction et l'inclinaison une fois constatées, on connaît le plan du filon, et l'expérience ayant démontré la continuité de ce plan sur des espaces considérables en moyenne, il est facile de déterminer où peut se rencontrer le filon en un point du district qu'il traverse. Si donc on vient à atteindre par des travaux souterrains le plan d'un filon, il se manifestera par un changement de composition, limité par les lignes du toit et du mur. Lorsque les filons s'enchevêtrent dans les roches du toit et du mur, ces appréciations ne peuvent s'obtenir que par des lignes moyennes ; la régularité de l'allure d'un filon est, en effet, souvent dérangée, non seulement par les ondulations du toit et du mur, mais par des bifurcations, des rameaux qui partent du plan principal et s'en écartent plus ou moins.

La *structure* des filons est intimement liée à leur forme, et par suite assujettie à des lois aussi intéressantes pour leur théorie que pour leur exploitation. Lorsque la décomposition n'éprouve pas de perturbations par le mélange des roches du toit et du mur, et que les gangues sont de plusieurs espèces, ces gangues ne sont pas mélangées confusément ; elles affectent une disposition parallèle aux salbandes, et sont symétriques relativement au toit et au mur. Un filon sera donc composé de plaques successives identiques deux à deux et disposées symétriquement à partir du toit et du mur; et comme les ondulations du toit et du mur ne se correspondent pas dans la plupart des cas, les deux dernières épaisseurs de gangues ne peuvent se réunir sans qu'il y ait altération de cette loi de symétrie ; le plus souvent il arrive qu'une nouvelle espèce minérale soit stérile, soit métallique, remplit ces vides intermédiaires ; d'autres fois, il y reste des espaces vides, et c'est dans ces espaces que se rencontrent les druses, les fours ou poches à cristaux qui forment encore un caractère distinctif de la structure des filons.

La structure symétrique se manifeste fréquemment par l'existence des salbandes interposées entre le toit et le mur. Ces salbandes, ordinairement argileuses, isolent le filon et facilitent beaucoup son exploitation ; les filons ainsi détachés étant évidemment d'un abatage plus facile que les filons adhérents au toit et au mur. Du reste, la disposition de la masse du filon par strates doubles et symétriques n'est pas générale et absolue, le mélange des roches provenant du toit et du mur a été un obstacle à ce qu'elle pût se développer et ce mélange est assez fréquent. Cette loi est applicable, non seulement aux variations de composition des gangues, mais à leurs variations de couleur et de structure ; elle est applicable à la présence de telle substance métallifère disséminée dans une même gangue. La structure symétrique des filons est d'ailleurs la conséquence de la nature cristalline des gangues et combinaisons métallifères qui les remplissent ; non seulement elle est perturbée toutes les fois qu'il y a remplissage par des matériaux tombés des parois ou de la surface, mais elle n'existe jamais pour des filons remplis mécaniquement par des argiles, grès, brèches ou conglomérats. Il est d'ailleurs évident qu'il ne faut pas donner à ces lois de structure une extension absolue. Les diverses parties d'un même filon ont pu être soumises à des influences différentes qui en ont fait varier la composition ; les ondulations des parois, la différence de leur position relativement aux éléments de remplissage, constituant encore des éléments nombreux d'irrégularité.

La *distribution des minerais* dans les filons métallifères, considérée relativement à l'ensemble des filons, n'est jamais régulière, soit qu'on l'étudie suivant le plan de direction et

d'inclinaison, soit qu'on la compare dans diverses sections
faites perpendiculairement à ce plan et sur des points éloignés. Lorsqu'une fracture tend à se propager à travers l'écorce
terrestre, elle prend naturellement la voie de moindre résistance ; si nous supposons d'abord la masse homogène, ce sera
la voie la plus courte, c'est-à-dire le plan vertical. Aussi les
filons métallifères présentent-ils en général un pendage accen-
tué, quand ils ne sont pas absolument verticaux. Si, au contraire, la masse du terrain n'est pas absolument homogène, la
surface de moindre résistance ne sera plus celle de moindre
étendue géométrique. Ce qu'il y a lieu alors de rendre minimum par la pensée, ce sera la somme des produits de chaque
élément superficiel par sa ténacité spécifique. On comprend
d'après cela que la surface d'ensemble, tout en restant plane
dans chaque strate homogène, pourra présenter une orientation
variable d'une couche à l'autre. Ce filon, si on le mettait à nu
par l'enlèvement de son toit, présenterait à la vue une série
de bandes comprises entre des droites parallèles, formant des
cannelures de directions et de plongements variables. Il s'attache par suite un grand intérêt à discerner l'influence que
pourra exercer sur la richesse la variation de la direction et
du plongement suivant qu'on se dirigera dans le filon par une
galerie de niveau ou par une fendure suivant la ligne de plus
grande pente.

En ce qui concerne d'abord la variation d'*inclinaison*, on
peut énoncer cette règle essentielle : les parties les plus raides
sont les plus riches. Il va sans dire que cette formule ne doit
pas être entendue d'une manière absolue ; mais au contraire
que dans un même filon, soumis à l'origine à la même circulation hydrothermale, les parties plus redressées ont été généralement plus enrichies par le mode de formation. Le fait
s'explique du reste ; en effet, dans le glissement du toit sur le
mur, les parties plates, servant de support, n'ont pas de motif
de varier sensiblement d'épaisseur, tandis que la largeur des
parties verticales ira toujours en augmentant par l'écartement
progressif de leurs épontes. De plus, les vides sont toujours
entretenus dans ces zones par les petits mouvements successifs, tandis que le poids supporté par la partie plate doit la

broyer dans ce glissement, en produisant des salbandes argileuses et gênant la circulation des sources hydrothermales. C'est donc dans les parties raides que ces dernières éprouvent à la fois le plus de facilité pour circuler et les plus grands emplacements pour effectuer les dépôts. On peut, d'après cela, penser que ce seront les plus productives, et l'expérience est en effet conforme à cette manière de voir.

M. Moissenet a dégagé le premier une importante règle, analogue à la précédente ; il l'énonce de la manière suivante : les parties riches des filons sont souvent orientées selon la *direction* du système stratigraphique auquel se rapporte la fracture initiale du filon, dans la région soumise à l'observation. De là un élément d'appréciation dans les recherches qui, tout en exigeant des connaissances étendues en géologie, des mesures attentives sur le terrain et des calculs assez délicats, fournira un guide précieux pour la conduite des explorations et des aménagements.

Voici la répartition vraisemblable de la richesse dans l'étendue de chacune d'elles en particulier : le minerai affecte en général la forme de bandes ou *colonnes de richesse*, plongeant dans le filon suivant le sens de ses lignes d'intersection par la stratification naissante. On comprend, en effet, que la nappe d'écoulement hydrothermale, engagée dans le lit indéfini formé par le plan de la fracture, s'y ramifie en courants plus prononcés, et par suite plus efficaces suivant les canaux naturels qui lui offriront moins d'obstacles et un passage plus facile. Or, les joints des couches forment les plans les moins résistants de la masse du terrain. Leurs traces sur celui de la fente auront donc plus de chances de s'égrener, de s'éclater, pour former de tels canaux. Le minerai présentera, d'après cela, une tendance à s'y disposer en colonnes allongées. Telle est en effet, dans les stratifications inclinées, la forme des coulées de minerai des mines de Cornouailles.

Les explorations ne doivent pas se restreindre au plan de la cassure principale ; on suivra attentivement les dérivations qui s'en détachent dans les épontes. Souvent elles y meurent à peu de distance, mais parfois aussi elles prennent de l'importance par elles-mêmes, et vont se rattacher à un autre filon de valeur comparable à celle du premier. Si, au lieu de quelques branches caractérisées, on rencontre un véritable éparpillement du filon en forme de stockwerk, on y doit voir en général un signe précurseur de sa terminaison en direction ; cependant il peut arriver que la somme des dérivations représente largement la valeur du corps du filon qui s'est ainsi ramifié. Cela arrive surtout pour les métaux qui sont venus de l'intérieur à l'état de produits volatils, comme l'or, l'antimoine, l'étain, le mercure. Quant à la disposition relative des richesses dans les faisceaux de filons parallèles, elle n'est pas abandonnée au hasard ; on sait que, dans leurs grandes lignes, les enrichissements se correspondent à peu près, en regard les uns des autres. Quand on connaît ainsi plusieurs filons parallèles, il peut y avoir dans l'aménagement général plus d'avantages, en quittant un quartier après un épuisement, à attaquer les parties riches des filons voisins qui se trouvent en regard, qu'à pousser sa direction dans le même plan, en s'exposant à traverser de longs espaces stériles.

Rien n'est plus variable que les *dimensions* des filons métallifères ; le filon argentifère de la Veta-Madre à Guanaxuato (Mexique), a une puissance variant de 30 à 40 mètres et il a été suivi sur plus de 15,000 mètres, tandis que d'autres fois les filons ont à peine quelques décimètres ; des filons de tellure d'or sont même exploités avec une puissance de quelques centimètres. Mais on peut dire que la puissance la plus ordinaire des filons est comprise entre 1 et 2 mètres et qu'ils peuvent être suivis sur des longueurs de 500 à 1,000 mètres. La forme ou *allure* plus ou moins régulière d'un filon dépend tout à fait des circonstances dans lesquelles, comme nous l'avons fait voir, la fracture a été formée et des terrains dans lesquels elle se trouve. Lorsque les filons ont été formés par une faille, c'est-à-dire par le soulèvement ou l'affaissement d'une portion du sol fracturé, de telle sorte que, sur chacun des côtés de l'écartement, les strates du terrain ne se correspondent plus et n'ont plus le même niveau, la fente ainsi formée sera probablement étendue et régulière. L'allure de ces *filons-failles* est moins accidentée par des bifurcations et ramifications que dans les autres cas, parce que les faces du toit et du mur ayant perdu leur position relative, la fracture a dû nécessairement être nette et continue. Il est même certains filons de cette classe dans lesquels on a cru remarquer des traces de frottement des deux parois l'une contre l'autre; il est naturel de penser que cet effet a pu se produire par suite de l'inégalité même de ces parois dans la dénivellation qui eut lieu. Les saillies qui accidentent une des faces, n'ayant aucune chance de se trouver vis-à-vis d'irrégularités en sens inverse, comme cela aurait lieu si les faces, tout en s'écartant, avaient conservé leur position relative, les filons-failles sont plus sujets que d'autres aux étranglements et aux renflements.

Les filons qui résultent des fractures sans dénivellation ne présentent pas la même continuité que les filons-failles, parce qu'ils sont liés moins directement avec les grands accidents de la surface du sol ; leur allure est moins régulière. En effet, l'écartement ainsi produit par cassure, disjonction ou arrachement, a pu se répartir en un grand nombre de fentes de petites dimensions et parallèles entre elles, ou en quelques fentes inégales ; les plus petites paraissent être les ramifications du filon principal. Il est donc arrivé que l'écartement s'étant réparti d'une manière égale entre plusieurs fentes voisines et parallèles, il y a eu formation simultanée de filons accolés qui, suivant l'expression du mineur, marchent ensemble ou se traînent et finissent ordinairement par se rejoindre et se confondre. Il n'est pas d'accidents que l'on puisse prévoir dans les fentes ainsi formées, dont on ne trouve que de rares exemples il est vrai.

Dans quelques contrées, des fentes ont été produites par le bouleversement du sol; de telle sorte que les terrains préexistants, forcés de recouvrir un espace plus considérable, se sont fracturés lorsque la limite de leur élasticité a été dépassée ; les fentes ainsi produites sont plus larges à leur partie supérieure que dans toute autre, et leur corps présente la forme d'un coin, d'où leur est venu le nom de *filons cunéiformes*. Il est probable qu'une assez grande partie des filons, qui ne sont pas des filons-failles, ont une origine analogue, mais cette forme ne peut devenir appréciable qu'en descendant à de grandes profondeurs.

Il arrive rarement qu'un filon soit seul et même qu'il n'y en ait que d'une seule et même composition dans un district. Lorsque l'on considère les filons d'un district métallifère, on reconnaît qu'ils se lient entre eux par certaines relations qui résultent à la fois de la direction et de la composition. Ces relations furent d'abord observées en Saxe et dans le Harz, où Werner reconnut que les filons de même composition étaient parallèles entre eux et que les filons de composition différente couraient généralement dans des directions différentes. Lorsque deux ou trois filons se coupent (fig. 5), il est facile de reconnaître celui dont la formation est la plus ancienne, puisque ce filon étant rempli, lorsque l'autre s'est produit. doit nécessairement présenter une solution de continuité qui

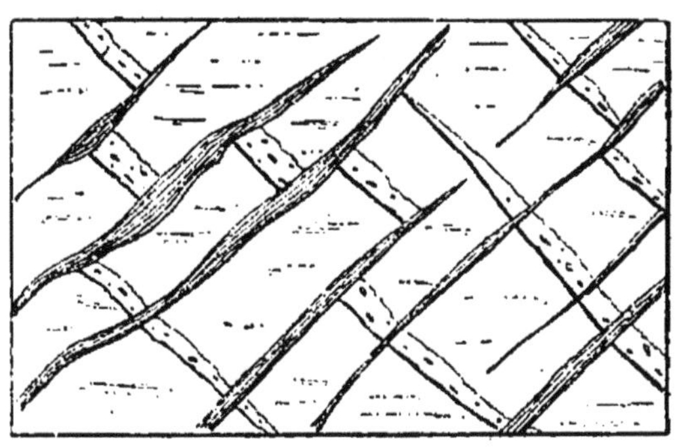

Fig. 5. — Filons croiseurs

n'existe pas dans le second ; le filon le plus récent est le *filon croiseur*. Lors donc qu'il y a faille, les deux parties du filon croisé ne se font plus suite ; on retrouvera facilement le filon croisé si le rejet n'a pas plus que l'épaisseur du filon, autrement on traversera le filon croiseur sans trouver la suite du filon exploité. Il sera donc d'un grand intérêt de savoir de quel côté on devra rechercher la partie rejetée et à ce sujet l'étude générale des filons ne fournit que des probabilités, mais l'étude locale du terrain fournira presque toujours des certitudes. Les intersections de filons, les rejets, les changements d'allure qui en résultent, sont d'ailleurs les phénomènes les plus compliqués de l'histoire des filons ; nous nous étendrons un peu sur ce sujet.

Dans le cas de *rejet*, le mineur qui arrive devant le plan de la faille, sans avoir jusque-là quitté le gîte, se trouve alors en présence de l'inconnu sans savoir par où rejoindre le prolongement de la veine. Cette circonstance a beaucoup contribué à exercer la sagacité des anciens mineurs qui étaient souvent d'une grande habileté pour *passer les rejets*. Aujourd'hui, la question s'éclaire de vues rationnelles, fondées sur les aperçus que nous possédons quant à la nature des causes des accidents. La cinématique enseigne que le mouvement le plus général d'une figure plane dans son plan peut toujours être réalisé au moyen d'une simple rotation autour d'un point du plan. On observe, en effet, assez fréquemment que le déplacement a été accompagné d'une désorientation dans le plan de la faille ; on dit alors que le rejet s'ouvre et l'on arrive assez facilement à en déterminer la charnière. Mais, dans la plupart des cas, en raison de l'immense étendue qu'affectent ces phénomènes, le centre de la rotation se trouve reporté assez loin de la région occupée par les travaux, pour que le mouvement puisse être assimilé à une translation. On sait, en second lieu, qu'une translation quelconque peut toujours être décomposée à l'aide d'un parallélogramme, en deux autres dirigées suivant deux droites arbitrairement choisies. Nous adopterons pour cette décomposition la direction et l'inclinaison de la faille, ou du *croiseur*. Dès lors, au lieu d'un accident unique, on se représente le phénomène comme la combinaison de deux dérangements distincts que l'on appelle : le *rejet horizontal* et le *rejet en profondeur*. Chacun de ces modes peut exister isolément, mais ils se trouvent en général associés, et leur réunion indique une translation oblique, souvent mise en évidence par les stries des surfaces de glissement. L'un et l'autre de ces deux rejets occasionnent un déplacement qu'il faut racheter par un raccordement convenable des travaux ; mais il existe entre eux à cet égard une très grande différence.

Le rejet horizontal, quand même il aurait reporté fort loin le prolongement du gîte, nécessiterait tout au plus pour le rejoindre des galeries de niveau plus ou moins longues ; tandis que le rejet en profondeur, en modifiant les niveaux, les étages, la profondeur des puits, présente plus de gravité. On rencontre à cet égard dans la nature tous les degrés d'importance, depuis des dérangements insignifiants jusqu'à des rejets de plusieurs centaines de mètres estimés suivant la verticale. Lorsque les travaux viennent buter dans un croiseur qui a rejeté le gîte suivant l'inclinaison, l'ingénieur est amené à se demander s'il doit monter ou descendre dans la faille, pour retrouver le prolongement ; nous pouvons indiquer dès à présent deux circonstances dans lesquelles un examen attentif permettra d'écarter immédiatement toute incertitude. Parfois l'accident a eu lieu à une époque où la formation présentait encore une certaine plasticité ; il s'en est suivi un étirage des couches dans le plan de la faille, dont l'observation indique nettement de quel côté a été entraînée la partie absente ; il n'y a pas besoin du reste que cette inflexion s'observe sur une grande étendue, la plus petite longueur de la partie courbe, pourvu qu'elle soit nettement accusée, suffit pour décider à cet égard.

Dans d'autres circonstances, c'est la composition minéralogique de la face opposée de la faille qui peut fournir des indices certains. En l'absence d'indices positifs, on doit se contenter de s'appuyer sur les prévisions les plus probables ; on remarquera d'abord que dans le cas où l'exploitation d'un district dure déjà depuis un certain temps, et qu'on y a reconnu dans tous les rejets une même manière d'être, cela crée pour le même accident rencontré une probabilité presque équivalente à une certitude. Mais supposons enfin qu'il s'agisse d'un accident sur lequel on ne possède *a priori* aucune espèce de données spéciales ; on en est alors réduit à invoquer le résultat fourni par l'expérience la plus générale des mineurs. Il est formulé dans un énoncé connu sous le nom de *règle de Schmidt* et qui consiste en ce que, dans la très grande majorité des cas, c'est le toit de la fente qui est descendu sur le mur. On a quelquefois appelé la formule de Schmidt, règle de l'angle obtus ; mais cette expression doit être écartée comme capable d'induire en erreur. On disait que c'est, dans la très grande majorité des cas, par l'angle obtus qu'il convient de se diriger dans la faille pour passer un rejet en inclinaison. Faisons remarquer avant tout que cette règle se rapporte exclusivement au rejet en profondeur et ne concerne en rien le rejet horizontal pour lequel il n'existe aucune relation nécessaire. Mais, même en le restreignant à son véritable domaine, cet énoncé n'en est pas moins incorrect. Supposons, en effet, pour plus de simplicité que le gîte et le croiseur, inclinés tous les deux sur l'horizon, aient la même direction perpendiculaire au plan du tableau ; si le toit est véritablement descendu sur le mur de la faille, il pourra arriver qu'il faille cheminer par les angles obtus, mais il sera de même possible que l'on ait au contraire à prendre les angles aigus.

Dans ce domaine de la probabilité, l'on a contre soi, en suivant aveuglément la règle de Schmidt, la chance que le dérangement ait eu lieu contrairement à cette règle ; mais il faut en outre signaler certaines circonstances exceptionnelles qui seront propres à faire illusion. On les appelle *faux rejets*, et ils ne présentent, d'un semblable cran, que l'apparence ; supposons, en effet, qu'une première cassure se soit produite sans que ses parois aient été ressoudées. Si une nouvelle tendance à la rupture vient à naître sous l'influence de forces peu différentes, il se produira encore une disposition suivant un plan faiblement incliné sur le précédent ; mais il pourra arriver que le massif de droite, se fendant suivant une direction, celui de gauche se brise suivant un plan un peu différent du premier, ce qui conduirait à supposer un rejet, tandis que véritablement il n'y en a pas eu dans l'ensemble du phénomène. Une erreur d'un autre genre peut se produire lorsque le filon est *intercepté ;* on entend par là qu'après une première fracture non ressoudée, il s'est produit une seconde fente qui a été minéralisée en donnant naissance à un filon. Seulement, les deux massifs n'ayant plus de solidarité et les forces se trouvant vers les limites de leur sphère d'efficacité relative à la ténacité de la roche, il est arrivé que l'une de ces masses s'étant laissé rompre, la seconde a pu résister et rester intacte. L'ingénieur que rien n'amène à soupçonner cette circonstance, ne trouvant plus en face de lui la suite de la fracture qu'il suit, croira encore à un rejet et fera de vains efforts pour retrouver un prolongement qui n'existe nulle part.

Les gîtes en *amas* ou *stockwerks* sont assez rarement isolés ;

le plus souvent ils sont groupés, rassemblés dans un même terrain, de telle sorte que la constitution de ce terrain encaissant, considérée à la fois sous le rapport de la composition et de la forme, est évidemment la condition principale de l'existence et du développement des minerais. Ces gîtes ne sont donc pas, comme les filons, indépendants du terrain encaissaut. Les terrains qui enferment des gîtes métallifères de cette classe satisfont à une condition dont la généralité est un fait important : c'est le voisinage des roches ignées et un état métamorphique très prononcé des roches stratifiées. Cette condition est sans doute trop vague pour fournir des indices directs dans la recherche des mines ; mais cependant elle élimine d'abord de cette recherche les trois quarts des surfaces terrestres et, si l'on pousse les investigations plus loin, elle restreint encore bien plus le nombre des surfaces qui peuvent être métallifères. En effet, l'observation démontre non seulement que les minerais ne peuvent se trouver que dans les contrées montagneuses où les roches stratifiées sont accidentées et altérées par des roches ignées ; mais elle nous apprend encore que les roches de la période porphyrique sont réellement les seules qui aient eu cette propriété de fécondation et que dans une contrée géologique déterminée, dans tel groupe ou telle chaîne de montagnes, il n'y a qu'une ou deux des roches de cette période auxquelles on puisse l'attribuer. Enfin, comme ces roches elles-mêmes sont sorties et se sont groupées suivant certaines lignes géologiques, les recherches doivent être encore concentrées à peu de distance de ces lignes.

La position ordinaire des gîtes métallifères irréguliers, dans les terrains métamorphiques et vers les plans de contact avec les roches soulevantes, a été signalée depuis longtemps dans presque tous les pays de mines. C'est par suite de ces observations que la dénomination de roche métallifère a été appliquée à des roches ignées, complètement stériles en métaux par elles-mêmes, mais dont le voisinage est le plus souvent un indice de l'existence des minerais. Les porphyres feldspathiques ou amphiboliques et les roches serpentineuses ou dialligiques sont à peu près les seuls de la période porphyrique qui se montrent dans cet état de connexion avec les minerais. Les roches magnésiennes semblent avoir eu des propriétés encore plus constamment métallifères que les roches alumineuses. Ainsi les serpentines du Val-d'Aoste, à la fois ferrifères et manganésifères, paraissent quelquefois contenir dans leur propre masse les amas de minerais. Cette disposition fréquente des minerais, suivant les plans de contact de certaines roches ignées du terrain porphyrique et des roches sédimentaires, parait être un fait général, en donnant toutefois la dénomination de *plans de contact* à une certaine épaisseur de roches sédimentaires comprenant celles où le relèvement et le métamorphisme ont été prononcés. Les roches ignées, par le fait de leur sortie, semblent avoir ouvert le passage aux émanations métallifères qui ont suivi ce mouvement du centre vers la circonférence, imprégnant les roches soulevées dans leurs cassures, dans leurs plans de stratification, s'y condensant et s'y accumulant en amas, d'autres fois pénétrant dans les fentes des roches à structure fragmentaire ou feuilletée et y produisant des stockwerks.

Les gîtes que l'on a souvent désignés sous le nom de *filons-couches*, pour indiquer, soit leur concordance apparente avec la stratification du terrain, soit leur intercalation entre les deux natures de roche et par conséquent une concordance réelle avec les formes des masses ignées dont ils suivent les contours, appartiennent presque tous à cette classe des gîtes irréguliers. Ils n'ont, en effet, ni l'allure déterminée, ni la continuité des véritables filons, vers lesquels ils forment cependant une transition réelle. Comme les filons, ils présentent une direction et une inclinaison déterminée ; mais les irrégularités constantes du toit et du mur, qui n'ont aucun parallélisme réel, la nature des gangues, enfin leur structure intérieure très rarement symétrique, les assimilent plutôt au gisement en amas. Les amas, les stockwerks, les filons-couches se présentent donc comme les résultats plus directs et plus concertés du principe générateur des filons. Si, d'une part, les combinaisons métalliques sont plus riches, plus puissantes dans cette classe de gîtes, d'autre part, leur étendue en inclinaison et en direction est souvent assez limitée pour qu'il en existe des exemples plus nombreux de gites épuisés par l'extraction. Ces gites exigent enfin, par suite des irrégularités de leur allure, une étude plus soutenue et plus approfondie des variations de composition et d'allure, pour arriver à une exploitation complète et bien aménagée.

CHAPITRE V

GISEMENT DES MINERAIS

Minerais de fer. — Tout le fer employé dans l'industrie provient des combinaisons de ce métal avec d'autres corps ; le fer pur est en effet d'une extrême rareté et n'existe à la surface de la terre qu'en échantillons, bons tout au plus à figurer dans les musées. Quatre seulement des combinaisons du fer ont pu jusqu'à présent être exploitées pour la fabrication en grand ; ce sont : la magnétite ou fer oxydulé, l'oligiste ou fer peroxydé, la limonite ou fer hydroxydé, le fer carbonaté. La *magnétite*, qu'on appelle aussi fer oxydé magnétique et mine noire en roche, n'est autre chose que la pierre d'aimant du langage vulgaire ; d'un noir brillant quand elle est en masse, elle se trouve presque exclusivement dans les terrains de cristallisation, où elle forme des dépôts d'une grande puissance, parfois même des montagnes entières. De tous les minerais naturels de fer oxydé, c'est celui qui contient le moins d'oxygène, ce qui lui avait fait donner par Haüer le nom de fer oxydulé. Ce minerai est en général fort pur ; de plus il se laisse traiter avec beaucoup plus de facilité. Enfin il renferme parfois une assez forte proportion de manganèse ou d'acide titanique, et le fer qu'on en retire passe pour le meilleur de tous ; c'est avec lui que se font les fers si renommés de la Suède et de la Norvège.

L'*oligiste*, le peroxyde de fer des chimistes, doit son nom vulgaire de fer oxydé rouge à sa couleur, qui varie du noir rougeâtre au rouge foncé quand il est en masses compactes ou fibreuses. Lorsqu'il est cristallisé, il est métalloïde et d'un gris d'acier, mais sa poussière est toujours rouge. C'est une des substances métallifères les plus répandues dans l'écorce terrestre et, de tous les minerais de fer, c'est celui qu'on rencontre le plus souvent. On en exploite trois variétés principales : une variété métalloïde qui est le fer oligiste proprement dit, appelé aussi *fer spéculaire* ou fer éclatant ; une variété concrétionnée fibreuse, qu'on appelle vulgairement *hématite rouge* ou simplement hématite ; une variété compacte lithoïde qui constitue la *mine rouge* ou roche des mineurs. Elles sont toutes très recherchées parce qu'elles fournissent des fontes et des fers d'excellentes qualités.

La *limonite* a été ainsi nommée parce qu'elle se rencontre dans le limon des terrains d'alluvion. Elle se distingue de l'oligiste sous le rapport de la composition, en ce qu'elle contient de l'eau en plus, circonstance qui l'a fait appeler par les chimistes, fer oxydé hydraté ou fer hydroxydé, tandis que, par opposition, ils donnent à la précédente le nom de fer peroxydé anhydre. C'est un minerai brun ou jaune de rouille, qui se présente sous un grand nombre d'aspects différents; les variétés qu'on exploite parce qu'elles forment des gisements d'une grande richesse, sont au nombre de six que nous allons passer en revue.

Le *fer oxydé hydraté* proprement dit se présente en couches composées d'espèces de petits cristaux à la surface de diverses gangues. L'*hématite brune* ou hématite noire, qui, en masses mamelonnées, est généralement manganésifère et possède la propriété de donner de l'acier de forge, comme le fer spathique qu'elle accompagne souvent. La mine brune en roche ou *fer oxydé brun* se rencontre en masses compactes ou lithoïdes.

Le *fer pisolithique* ou mine de fer en grains, qui est en globules de la grosseur d'un pois, tantôt libres et isolés, tantôt réunis en masse solide par un ciment argilo-calcaire. Les globules sont le plus souvent sphériques, mais ils prennent quelquefois une forme ellipsoïdale, augmentant en volume de manière à devenir de véritables nodules. Les minerais de cette sorte recouvrent superficiellement les plateaux jurassiques et de craie et pénètrent dans leurs anfractuosités, circonstance qui les fait parfois appeler minerais d'alluvion.

Le *fer oolithique*, que l'on confond souvent avec le précédent parce qu'il se présente également en globules, en diffère sous plusieurs rapports. D'une part, les globules, gros tout au plus comme des grains de millet, sont généralement agrégés entre eux ; d'autre part, les couches qu'ils forment sont intercalées presque toujours dans les calcaires ; enfin leur qualité comme minerais est bien inférieure.

Le *fer limoneux* est en masses terreuses, on l'appelle aussi limonite terreuse, limonite ocreuse ; il appartient aux terrains d'alluvion et forme dans les parties basses de nos continents, surtout dans les lacs et les lieux marécageux, des dépôts qu'on enlève à la pelle et qui s'y reproduisent à la longue. On lui donne encore les noms de minerai des marais, des lacs, mine de fer des prairies, coureurs de gazons.

Le *fer carbonaté* constitue deux variétés tout à fait distinctes, l'une cristallisée, l'autre terreuse ou lithoïde. La variété cristalline est le *fer carbonaté spathique* des minéralogistes : on l'appelle aussi mine d'acier à cause de son aptitude à produire des aciers naturels. C'est à elle que la Styrie, la Carinthie, le pays de Siegen, où il existe des gisements importants, doivent ou plutôt devaient, avant l'introduction de l'industrie des procédés Bessemer et Thomas-Gilchrist, la prospérité de leurs nombreuses aciéries. Le *fer carbonaté lithoïde* est généralement connu sous le nom de fer des *houillères*, parce qu'on le trouve disséminé en petits lits ou en rognons au milieu des argiles et des grès du terrain houiller. Ce minerai est beaucoup moins pur que le précédent, mais il a l'inappréciable avantage d'être très abondant et de se rencontrer dans le voisinage du combustible qui convient le mieux à son traitement. Parfois même on peut extraire par le même puits et le minerai et le charbon nécessaire pour le fondre ; pendant des siècles l'Angleterre, qui en possède des gîtes d'une étendue et d'une richesse exceptionnelles, n'en a presque pas travaillé d'autre. Tous les minerais qui précèdent se rencontrent en France, mais d'une manière fort inégale, et tantôt isolés ou à peu près, tantôt au contraire, ce qui est le cas le plus fréquent, mélangés plusieurs ensemble. De plus, les gîtes sont disséminés un peu partout et, dans leur dispersion, ils semblent n'obéir à aucune loi.

MINERAIS DE CUIVRE. — Le cuivre se rencontre dans le sein de la terre principalement uni au soufre ; cependant la crête des filons, le *chapeau de fer* contient ce composé plus ou moins détruit par l'action de l'air et des eaux ; il est transformé en cuivre métallique, cuivre oxydé, cuivre carbonaté, phosphaté, arséniaté, silicaté et même dans certains cas en chlorures et en oxychlorures. D'autre part, le sulfure de cuivre est rarement isolé ; il est habituellement combiné au sulfure de fer, plus rarement avec d'autres sulfures métalliques ; de plus, à côté de ces composés chimiques plus ou moins complexes, on rencontre aussi, mélangés ou combinés au cuivre sulfureux, des composés sulfurés de plomb et d'antimoine, des arsénio-sulfures de fer, des minerais d'argent, d'étain, de nickel, etc. On peut, d'après cela, distinguer les minerais de cuivre en *purs* et *impurs*; les minerais purs se subdivisent eux-mêmes en *minerais oxydés* et *natifs* et en minerais *sulfurés simples et ferrugineux*. Quant aux minerais impurs, on les classe en *minerais arséniés, antimonieux, plombeux, stannifères*, etc. Nous allons passer en revue ces différents minerais.

Cuivre natif.—Il est connu depuis quarante ans en grandes masses au lac Supérieur des Etats-Unis ; il s'y trouve soit en énormes blocs de plusieurs tonnes, soit sous forme de nodules et de grains de faibles dimensions. En 1869, à la mine du Phénix, on a trouvé une masse de cuivre natif de mille tonnes ; à Minnesota on avait exploité en 1854 un bloc de 500 tonnes. Les blocs constituent de véritables filons dans du grès et agglomérat permien ; les nodules et grains sont disséminés dans une sorte de tuf d'origine porphyrique d'où on les retire par cassage, triage et préparation mécanique, tandis que le cuivre des filons est découpé à l'aide de coins tranchants. Le métal du lac Supérieur est du cuivre presque absolument pur ; il contient cependant deux à trois dix millièmes d'argent et parfois des traces de nickel, de fer et de zinc. Le cuivre natif se rencontre accidentellement en plaques irrégulières dans d'autres mines; on peut citer, en France, les mines du Var et, sur les bords du Rhin, les mines de Friederichssegen. L'Amérique du Sud, le Chili principalement, fournit du cuivre natif en grains mêlés d'oxyde et de sable quartzo-ferrugineux; il est connu dans le commerce sous le nom de corocoro et contient de 60 à 80 % de cuivre ; c'est également un minerai pur.

Cuivre oxydé. Le *cuivre oxydulé* est assez fréquent dans le chapeau de fer des filons pyriteux ; il est parfois cristallin, plus souvent terreux et entremêlé de fer oxydé argileux. Il abonde au Chili et en Australie et fut aussi rencontré dans la partie haute du filon de Chessy. Dans le gouvernement de Peru en Russie, il a pour gangue du fer oxydé hydraté quartzeux. On rencontre plus rarement le cuivre *oxydé noir ;* il est en général à l'état terreux et entremêlé de grains quartzo-ferrugineux ; il accompagnait à Chessy le cuivre carbonaté bleu et se trouve à la mine de Friederichssegen à la base du chapeau de fer associé à des plaquettes de cuivre rouge. On le trouve au lac Supérieur.

L'oxyde de cuivre est plus souvent uni aux acides qu'isolé ; on le rencontre surtout à l'état de carbonate. Le *carbonate brun anhydre* est assez rare, on ne le connaît qu'aux Indes et plutôt comme curiosité minéralogique que comme minerai. A l'état hydraté, il est bleu ou vert ; le minerai *bleu* est formé de deux équivalents de carbonate pour un d'hydrate, il renferme à l'état de pureté 69 % d'oxyde de cuivre. Le minerai *vert* se compose d'un équivalent de carbonate pour un d'hydrate et contient pur 72 % d'oxyde. Le minerai bleu est assez rare, il ne s'est rencontré en masses importantes sous forme de beaux cristaux qu'à Chessy, là où le filon passe du schiste ancien dans le trias. Le minerai vert est plus répandu ; ce sont des masses fibreuses vertes, d'un bel éclat soyeux, aux affleurements des filons sulfurés et pyriteux du Chili, de la Sibérie et d'Australie ; sur divers points, il est associé à du salicate vert, plus rarement à des plaquettes de carbonate bleu. Outre le carbonate, les mines fournissent divers autres sels de cuivre ; les *phosphates* et les *arséniates* sont rares ; ils se rencontrent sous forme de cristaux isolés, dans le chapeau de fer des minerais sulfurés. Au Chili et au Pérou on connaît le *sous-sulfate* et l'*oxychlorure* ou atacamite ; tous deux sont verts et sableux, le premier d'apparence terreuse, le second à l'état de poudre cristalline ; ce sont des minerais purs, le chlorure surtout. Les eaux provenant des mines pyriteuses renferment des sulfates de cuivre en dissolution.

Au carbonate vert se trouve associé le *silicate hydraté vert* ou malachite ; ce sont des masses amorphes, mamelonnées et pures comme les carbonates, mais relativement rares. Un autre silicate est connu à Coquimbo sous le nom de *métal de carbone*; c'est un silicate hydraté, noir et brillant comme la houille ; il contient, outre l'oxyde de cuivre, de l'oxyde de manganèse et comme gangue du calcaire et du quartz.

Minerais sulfurés. Ce sont de beaucoup les minerais de cuivre les plus abondants ; cependant le sulfure simple, connu sous le nom de cuivre *vitreux* ou *sulfuré noir*, est relativement rare ; cependant on le rencontre au Chili, isolé ou mêlé à l'oxydule rouge. C'est en ce même état qu'il a été rencontré, il y a quelques années, à Isserpon (Allier). Mais le véritable minerai de cuivre est le sulfure double de fer ou de cuivre connu sous le nom de *cuivre pyriteux* et renfermant 35 de cuivre, 30 de fer, 35 de soufre ; il est en masses compactes ou cristallines, d'un jaune vif, bronzé, presque toujours associé à la pyrite de fer d'un jaune plus pâle. La gangue habituelle est le quartz et la roche encaissante du schiste argileux durci ; tels sont les gîtes de Sain-Bel (Rhône), Fahlun (Suède), Agordo (Vénétie), Rio-Tinto et Tharsis (Espagne), les mines de Cornouailles, le Rammelsberg (Harz), etc. La teneur de ces minerais dépend des proportions respectives des pyrites de fer, mêlées au cuivre, et des gangues terreuses qui l'accompagnent. La teneur maximum est celle du cuivre pyriteux pur, 35 % ; mais, en moyenne, elle est rarement supérieure à 10 ou 12 %, et souvent de 3 à 5 % à peine (Suède). Lorsque la pyrite de cuivre est simplement associée à de la pyrite de fer, ou mêlée de fer oxydulé magnétique ou spathique, on peut considérer le minerai comme pur. Il est classé dans les minerais impurs, dès que la pyrite est arsenicale, ou mêlée de galène, de cuivre gris, d'oxyde d'étain, etc. La pyrite de cuivre pure est rarement argentifère, plus souvent on y trouve des traces d'or.

Dans certaines mines de cuivre, le cuivre pyriteux fait place, en partie ou en totalité, à un sulfure plus riche, la *phillipsite*, appelée aussi *cuivre panaché*, à cause de ses teintes irisées. C'est une masse compacte, bronzée, non cristallisée, formée de proportions variées de sulfure de cuivre et de fer ; les limites

extrêmes sont : cuivre 56 à 70, fer 17 à 8, soufre 27 à 22 %.
Mais ces limites elles-mêmes peuvent être dépassées par suite
de mélanges plus ou moins intimes, de phillipsite, avec les
pyrites ordinaires de fer et de cuivre. A la mine de Monte-
Catini (Toscane), où le cuivre panaché abonde, il est surtout
mêlé de cuivre pyriteux. On trouve aussi le cuivre panaché au
Chili ; dans les deux localités, le minerai est pur et le cuivre
d'excellente qualité; il est très rarement argentifère.

Le type des minerais de cuivre *impurs* est le *cuivre gris* ou
fahlerz ; c'est un sulfo-arséniure, ou sulfo-antimoniure de
cuivre, de plomb, de zinc, etc.; ces minerais sont toujours
argentifères et souvent la valeur de l'argent dépasse celle du
cuivre, de sorte qu'on les considère alors plutôt comme minerais d'argent. On peut citer les mines du Colorado et de la
Nevada aux États-Unis ; Mouzaïa, en Algérie, dans une gangue
de fer spathique ; la haute vallée d'Anniviers, dans le Valais
(Suisse), et plusieurs mines en Hongrie. On a trouvé du cuivre
gris renfermant du mercure, en Hongrie, dans le Tyrol et la
Toscane.

Outre cette classe de minerais impurs, il faut signaler les
schistes cuivreux du Mansfeld, en couche mince dans le terrain
permien ; au fond, c'est du sulfure de cuivre, en veinules dans
le schiste bitumineux; seulement, au cuivre sulfuré sont associés des sulfures divers de plomb, antimoine, zinc, fer, nickel,
argent, molybdène, etc.; on les exploite activement depuis des
siècles dans le comté de Mansfeld. Un gisement analogue est
aussi connu auprès de Puget-Théniers (Alpes-Maritimes); le
minerai y est même plus riche en cuivre qu'au Mansfeld, mais
plus difficile à fondre, parce que le schiste contenant les sulfures est argilo-siliceux et non, comme au Mansfeld, marno-
bitumineux. Enfin, rappelons que tous les minerais sulfurés
ou oxydés passent dans la catégorie des minerais communs ou
impurs, dès qu'ils sont mêlés à des minerais étrangers, tels
que la blende, la galène, la pyrite arsenicale, etc., que l'on ne
peut complètement séparer par préparation mécanique. C'est
même la classe la plus abondante des minerais ordinaires qui
a fait la fortune des mineurs du Cornouailles. On peut fondre
avec avantage, même des minerais ne tenant que 3, 4 ou 5 %

de cuivre, pourvu toutefois que le lit de fusion rénferme assez
de soufre pour sulfurer tout le cuivre. On enrichit donc les
minerais de cuivre, par simple préparation mécanique, dans le
cas seulement où cette préparation est peu coûteuse, ou bien
lorsqu'elle est nécessitée par l'absence totale du soufre, comme
dans le cas des minerais oxydés ou natifs du lac Supérieur.

MINERAIS DE PLOMB. — Le *plomb natif* se rencontre exceptionnellement dans la nature ; on en trouve quelques petits
fragments dans les galènes des environs de Vera-Cruz (Zome-
lahuacan), dans l'Oural (Bogoslowsk), près de Carthagène et à
Madère. Les minerais dont on extrait le plomb sont au nombre
de deux, la galène ou plomb sulfuré, le plomb blanc ou plomb
carbonaté ; et encore le premier de ces minerais fournit-il la
plus grande partie du plomb du commerce. La *galène* cristallise dans le système cubique ; les faces naturelles des cristaux
sont d'un gris bleuâtre très foncé ; les faces de clivage sont
d'un beau blanc d'argent et douées d'un éclat métallique très
vif. Le plus souvent, on trouve la galène sous forme de masses
cristallines composées de cristaux imparfaitement développés,
ou même en masses spathiques associées à du quartz, du
spath-fluor, de la baryte sulfatée et de la blende. Ces masses
passent d'elles-mêmes à une structure finement grenue et
même compacte et prennent dans ce dernier cas une couleur
bleue intense. Il n'est pas de galène qui ne renferme des
traces de sulfure d'argent ; on peut juger à première vue de la
richesse d'une galène en argent. Les galènes à grands clivages
nettement cristallisées sont pauvres ; les galènes à cassure tout
à fait compacte sont aussi très pauvres ; les galènes grossière-
ment spathiques ou à grains fins et brillants sont plus souvent
argentifères. Le sélénium et l'antimoine entrent parfois dans la
galène. C'est un minerai de filon ; les filons qui la contiennent
sont d'ordinaire bien réglés, continus et présentent une structure rubanée. Les fentes sont ouvertes dans les terrains schisteux ; dans les terrains primaires, comme au Harz, Saxe, à
Sainte-Marie-aux-Mines (Vosges), à Pontgibaud (Auvergne), à
Poullaouen et à Huelgoat (Bretagne) ; dans l'étage du calcaire
carbonifère (Cornwall et Cumberland) ; dans les terrains secondaires (Bleyberg en Carinthie). On rencontre aussi la galène

dans des gîtes irréguliers dont l'origine se rattache à la venue au jour des roches éruptives (Allone et Confolens dans la Charente); enfin elle peut être disséminée à l'état de grains plus ou moins grossiers dans des couches sédimentaires (Prusse rhénane, Eiffel, Écosse).

Le *plomb carbonaté* est un minerai beaucoup plus rare que le précédent, bien que les gisements soient les mêmes ; c'est une substance transparente ou du moins translucide, de couleur blanc-jaunâtre. L'éclat est adamantin sur les faces naturelles. On rencontre le plomb carbonaté en masses cristallines saccharoïdes ou en masses amorphes ou terreuses.

MINERAIS DE ZINC. — On connaît quatre minerais de zinc, l'*oxyde de zinc*, le *silicate de zinc*, le *carbonate de zinc* et le *sulfure de zinc* ; les deux derniers seuls donnent lieu à des exploitations importantes. Les minerais de zinc n'ont pas l'aspect franchement métallique.

L'*oxyde de zinc* ou *minerai rouge* doit sa coloration à une petite quantité d'oxyde de manganèse ; ce minerai s'exploite dans l'État de New-Jersey (États-Unis). Exposé à l'air, il se charge à la surface de carbonate pulvérulent ; il contient des traces sensibles d'arsenic.

Le *carbonate de zinc* ou *calamine* contient pur 52,02 % de zinc ; la couleur est blanche à l'état de pureté, mais presque toujours assez variable et due à des mélanges de matières étrangères ; la couleur blonde, par exemple, est due à la présence du fer. Les cristaux sont assez petits et serrés en druses, ils sont ternes et comme couverts d'un enduit pulvérulent. Des calamines cristallisées, provenant de différentes localités, sont assez souvent mélangées de carbonate de chaux, de magnésie, de protoxyde de fer, de manganèse, de plomb, de cuivre et de cadmium. A l'état naturel, la pureté de la calamine est très variable ; elle est ordinairement mélangée avec du sesquioxyde de fer, du carbonate de chaux, du sulfate de baryte, de l'argile et du silicate de zinc hydraté. La calamine se rencontre dans les terrains dévoniens, carbonifères et oolithiques sous forme de couches, de filons, de vastes dépôts et de poches. On rencontre sur le continent des gisements nombreux et bien connus de calamine, parmi lesquels on peut particulièrement citer, en Belgique, ceux des environs de Liège dans la vallée de la Meuse, celui de Moresnet dans le Limbourg belge, ceux de la Silésie en Prusse, et de la Carinthie en Autriche. Des gisements de calamine sont exploités dans le nord-ouest de l'Espagne, dans les Asturies, aux environs de Santander et dans la Biscaye et de même dans les provinces méridionales d'Almeira, de Grenade, de Malaga et dans l'Andalousie, enfin en Grèce. Il y a un hydrocarbonate de zinc considéré autrefois comme un produit accidentel, mais qui, en Espagne, constitue un véritable minerai.

Le *silicate hydraté de zinc*, ou calamine électrique, se trouve généralement, sinon toujours, mélangé en plus ou moins grande quantité avec le carbonate de zinc. Dès l'année 1859, on a commencé, aux États-Unis, à employer ce minerai, et le métal qu'on en retirait était regardé comme très pur. Les cristaux sont miroitants et ne sauraient être confondus avec ceux de la calamine.

Le *sulfure de zinc* ou *blende* renferme pur 67,03 % de zinc; l'éclat est très variable, il est adamantin si la blende est pure ; si la blende renferme du cadmium, elle a l'éclat de la cire. L'éclat est pseudo-métallique si elle renferme du cadmium et du fer. La couleur varie suivant ces mélanges : la blende pure est jaune, brunâtre si elle contient du cadmium et noire si elle renferme du fer. La poussière est toujours de teinte plus claire que l'échantillon et terreuse. Les variétés jaunes sont phosphorescentes par frottement. Les blendes cadmifères offrent assez souvent une structure radiée. Une variété jaune chamois, d'aspect lithoïde avec éclat un peu résineux, nullement métallique, concrétionnée ou compacte, se rencontre dans la vallée de la Meuse. Souvent, il y a alternance avec des couches de pyrite, de fer ou de galène. La blende se rencontre abondamment en Europe, en Angleterre, en Suède, en Bohême, dans le Harz.

MINERAI D'ÉTAIN. — Il n'y a qu'un minerai d'étain, c'est l'*oxyde*. Cette substance est tantôt opaque et tantôt translucide et d'une couleur qui varie depuis le blanc-jaunâtre jusqu'au brun-noirâtre ; sa dureté est très grande, car elle étincelle sous le choc du briquet ; elle est très pesante et sa densité est à peu près la même que celle du fer. Elle est souvent cristallisée et ses cristaux dérivent de l'octaèdre; l'éclat est adamantin et très vif sur les faces, vitreux sur une cassure fraîche. On rencontre l'étain oxydé à l'état concrétionné, appelé étain de bois; ce sont des masses mamelonnées, couleur acajou, formées de couches concentriques diversement colorées, à texture fibreuse, rappelant sur une surface de cassure la disposition des couches ligneuses. On le trouve à l'état amorphe sous forme de cailloux ou de grains de sable. On distingue dans le commerce l'*étain d'alluvion* d'avec l'*étain de roche*; l'étain d'alluvion est celui qui provient du minerai qui a été recueilli dans le lit des rivières ou des torrents et qui, par conséquent, a subi un lavage qui l'a séparé des autres substances métalliques moins denses que lui, qui l'accompagnaient dans le filon. C'est le seul étain bien pur, le seul qui fasse entendre le cri quand on le ploie; c'est le minerai de Banca et de Malacca (Indes-Orientales). L'étain de roche est celui qui provient du minerai directement extrait du filon et qui, dès lors, demeure associé à des sulfures métalliques; il provient du Cornouailles, du Devonshire, de la Saxe, de l'Erzgebirge, du Zinnwald, de la Bohême. Les filons d'étain ont traversé les couches schisteuses, à peine les premières couches primaires, ce sont les filons les plus anciens.

Minerais d'argent. — Nous diviserons les minerais d'argent en deux grandes classes, les minerais courants et les minerais relativement rares; les espèces minérales qui composent la première classe sont au nombre de six, l'*argent natif*, le *sulfure d'argent*, le *chlorure d'argent*, la *galène riche*, la *blende riche*, les *pyrites cuivreuses argentifères*. Nous ne parlerons ici que des trois premiers minerais.

L'*argent natif* cristallise dans le système cubique, il vient sous forme de cubes, d'octaèdres, de dendrites, de fils, en lamelles, en écailles, en pépites et en plaquettes massives. Son aspect est brillant, mais avec le temps, surtout en présence d'antimoine dans la roche, le poli et le brillant se ternissent quelque peu. Les gangues sont excessivement variées : le quartz, le carbonate de chaux et les oxydes de fer sont les plus fréquentes. On considère dans beaucoup de districts miniers la présence de la strontiane sulfatée comme un signe précurseur d'enrichissement en argent du gîte. Konsberg, le Harz, la Saxe, Hiendelaencina, Herrerias (Espagne), jadis Huelgoat, telles sont en Europe les localités où l'on a trouvé les plus grandes quantités de minerais d'argent natif. On cite à Konsberg un morceau d'argent natif de 697 kilogr. (1830). Au lac Supérieur, les quantités d'argent natif, mêlées de cuivre natif, trouvées dans les mines de la province de Michigan sont fort importantes. Les mines de Nevada (Californie) devenues si célèbres par leur production d'argent, puisqu'elles ont fourni des masses tellement abondantes de ce métal que sa valeur intrinsèque a subi une baisse de près de 20 %, baisse, il est vrai, en voie de se corriger, se composent de nombreuses concessions, dont les principales sont : Eureka, Comstock, Savage, Richmond, Kentuck, etc. Au Mexique, à Batopilas, on a trouvé des masses d'argent natif dépassant 148 kilogr.

Le *sulfure d'argent*, à l'état cristallin, est composé de 87 % d'argent et de 13 % de soufre ; il cristallise en cube octaèdre et quelquefois en dodécaèdre ; il est brillant, de texture vitreuse et, à l'état amorphe, de couleur gris noirâtre ; il est assez flexible, à reflets assez nets, enfin d'une très faible dureté. En France, on appelle le sulfure d'argent, *argentile, argyrose, argent vitreux*. On le trouve surtout au Mexique, au Chili, en Hongrie, en Suède, en Bohême, en France. Il est associé au cuivre et forme, sous le nom de *stromerjerine*, ou argent aigre, un sulfure double de couleur gris de plomb, à reflet métallique. On trouve encore le sulfure d'argent associé à un grand nombre de métaux : au bismuth et au plomb, formant la *schirmerite* de couleur gris de plomb et d'un éclat métallique ; au fer, constituant la *sternbergite*, couleur gris-noirâtre, crayonnant le papier ; au cuivre, au plomb, au zinc et au fer, formant la *castillite* de couleur pourpre ; enfin, à l'antimoine et à l'arsenic ; dans le premier cas, on a la *pyrargyrite*, dans le second, la *pronotite*.

1. Le *chlorure d'argent* est facile à reconnaître puisqu'il est mou comme la cire et se raye à l'ongle ; il est incolore quand il est coupé fraîchement ; mais il prend rapidement sa couleur ordinaire, c'est-à-dire le gris-perle ou verdâtre, quelquefois le brun. Il a l'aspect de la cire et offre une certaine transparence

ou translucidité sur les bords, il est malléable et assez fragile. Le chlorure d'argent porte souvent le nom d'*argent corné*. On trouve abondamment ce minerai d'argent dans les exploitations suivantes : en France (Huelgoat jadis, Allemont); en Angleterre (Huel-Mexico, Huel-Saint-Vincent dans le pays de Galles); en Espagne (Herrerias, Horcajo, Hiendelaencina); en Allemagne (districts de Freiberg et du Harz); en Russie (Berezofsk ou Schlangenberg, près Kolywan en Sibérie); aux États-Unis (Nevada, Ydaho, Arizona); au Mexique et au Pérou (Zacateras, Catorre et en général dans toutes les exploitations d'argent); au Chili et en Bolivie (Tres Puntas, Chanareillo, Potosi). On a trouvé le chlorure d'argent associé au chlorure de sodium à Herantaya, d'où le nom de Herantajaïte.

Nous dirons quelques mots des minerais d'argent relativement rares. L'*amalgame d'argent* naturel contenant 26,5 d'argent pour 86 de mercure se trouve à Rosenau (Hongrie), Sala (Suède), Allemont (France), Argueros (Chili), Rosilla (Bolivie). Le minerai principal d'Argueros est l'*arguerite*, dans une gangue de barytine fréquemment associée à la cobaltine qui lui donne une belle couleur rose. L'*antimoniure d'argent* est rarement isolé, on l'a retrouvé à Guadegottes (Harz), Altwolfach (Baden), à Allemont (Isère), en Espagne, au Chili, en Bolivie. Les sulfo-antimoniures d'argent sont nombreux, le principal est la *miargyrite*. L'*arséniure d'argent* se trouve abondamment et forme la base des minerais de l'île d'argent (lac Supérieur) dans la chaux carbonatée. On trouve au Pérou un arséniure de fer argentifère, appelé *loelingite*. Nous ne citerons que pour mémoire les *tellurures* d'argent, *iodures* et *bromures* d'argent, qui entrent quelquefois dans les traitements métallurgiques.

Minerais d'or. — L'or cristallise dans le système cubique, sous forme d'octaèdre, de dodécaèdre rhomboïdal, de trapézoèdre; les cristaux sont très petits et poussés de manière à former de petites lamelles, des fibres et des filaments. On le rencontre aussi en masses amorphes appelées pépites. C'est un métal bien reconnaissable à sa grande densité, 19 à 19,6; sa couleur est le jaune, le jaune-verdâtre s'il renferme de l'argent ou du palladium; sa gangue ordinaire est le quartz, parfois la pyrite de fer. Il est toujours à l'état natif et souvent il est répandu dans sa gangue en grains si fins, qu'il faut la loupe pour l'apercevoir. En Europe, on trouve l'or répandu dans des pyrites en Hongrie et en Transylvanie (Chemnitz, Mazurka, Vorospatak, Vaggaz). Mais on va surtout le chercher dans les sables qui proviennent de la désagrégation de sa gangue. L'Ariège, le Rhin charrient de l'or; en Transylvanie, on le trouve dans le lit de l'Aramjos; il y a des laveries sur les bords du Danube et de la Theiss, en Espagne dans l'Andalousie. Dans l'Oural, près de Catharinenbourg, se trouvent de nombreuses laveries. Les gîtes de l'Oural ont été découverts en 1819, ceux de Sibérie en 1829. La Chine et le Japon sont très riches en or; on en trouve également à Sumatra et à Bornéo. Les exploitations de la Californie et de l'Australie ont pris une importance qui efface celle des exploitations du Mexique, du Chili et du Brésil.

L'or graphique ou *sylvanite* et le minerai folliacé ou *magyagite* contiennent l'or accidentellement associé au tellure; ces deux minerais appartiennent à la Transylvanie, on ne les a trouvés qu'à Zalathama, Naggaz et Offenbanga.

Minerais de platine. — Le platine est toujours à l'état natif, jamais cristallisé; sa densité est supérieure à celle de l'or; quand il est parfaitement martelé, elle s'élève à 21,4. En revanche, sa couleur est moins agréable que celle de l'or et de l'argent, elle est d'un gris d'acier. Les gisements de platine sont ceux de l'or; il se présente en petits grains, petites écailles, quelquefois en fragments isolés d'un poids considérable. Les principaux centres de l'exploitation sont ceux de l'Amérique du Sud et de l'Oural. Dans l'Oural, on a trouvé des pépites du poids de 5 et 10 kilogr. Il existe quelques gîtes de platine à Bornéo, et on en trouve des traces en France et en Espagne. Le platine renferme presque toujours d'autres métaux précieux, l'iridium et l'osmiure d'iridium, le palladium, le rhodium, le rhutenium; on ne parvient à séparer ces métaux les uns des autres que par un traitement assez compliqué.

Minerais de mercure. — Tandis que tous les autres métaux de la nature se présentent à nous à l'état solide, et que même leur point de fusion est très éloigné des températures normales de nos climats, le mercure, au contraire, rencontre dans notre atmosphère son calorique de fusion et il faut, pour le voir se solidifier, le transporter dans la zone boréale, dans la région où le thermomètre descend jusqu'à 40° au-dessous de zéro. Le mercure existe dans la nature à côté du sulfure ou cinabre; on le trouve sous forme de gouttelettes attachées aux parois des roches où on exploite le cinabre : les gouttes se réunissent parfois dans des poches des terrains schisteux et primaires. Le mercure que l'on extrait de ces gîtes ne coule pas facilement, cela tient à ce qu'il renferme un peu d'argent en dissolution. Le *cinabre*, qui est le vrai minerai de mercure, cristallise sous les formes qui dérivent d'un rhomboèdre aigu ; les cristaux assez petits sont serrés en druses. L'éclat est adamantin, la couleur rouge cochenille et la couleur de la poussière rouge vermillon. Le cinabre est transparent ou au moins translucide et il est doué, comme le quartz, du pouvoir rotatoire, sa densité est de 8. Les gîtes les plus célèbres de cinabre sont ceux d'Almaden (Espagne), d'Idria (Carniole) et de New-Almaden (Californie); il en existe également au Mexique, au Chili et en Chine.

MINERAIS D'ANTIMOINE. — L'antimoine se rencontre très rarement dans la nature à l'état natif; il forme alors des masses lamelleuses et grenues d'une couleur blanc d'étain et d'un éclat métallique très vif; il est très cassant, assez dur et brûle facilement à la flamme d'une bougie en émettant des fumées blanches. L'*antimoine sulfuré* cristallise sous les formes dérivées d'un prisme droit rhomboïdal; il représente un clivage d'une remarquable facilité, parallèle au plan diagonal comprenant les petites diagonales basiques. On en détache très facilement à l'ongle des lames parallèles à cette direction ; dans toute autre direction, la cassure est inégale. Sa densité est de 4,6 ; les faces du clivage sont rayables à l'ongle, les autres ne le sont pas. Sa couleur est le gris bleuâtre; celle de la poussière le gris noirâtre. La Hongrie possède plusieurs gîtes importants d'antimoine sulfuré à Schemnitz, Kremnitz, Mazurka; on le rencontre en France dans l'Ardèche et le Gard, en Bohême à Przibram, à Wolfach (Baden).

On trouve aussi l'antimoine à l'état d'*oxyde* ; à cet état il est dimorphe et revêt tantôt des formes prismatiques, tantôt des formes cubiques. On ne le rencontre en assez grande quantité pour constituer un véritable minerai qu'en Algérie ; c'est un sesquioxyde qui se présente sous forme de masses blanches ou jaunes dépourvues de l'éclat métallique, caractère qui distingue nettement ces espèces d'avec l'antimoine sulfuré, et cependant on y reconnaît la présence de l'antimoine.

Minerai de bismuth. — Le seul minerai important est le *bismuth natif* ; il cristallise en rhomboèdre et sa cassure est inégale. Il est de couleur blanc-rougeâtre avec teintes azurées ; sa densité est de 9,8. Sa dureté est entre celle du gypse et du calcaire. Le bismuth natif présente des cristaux rarement discernables, des masses grenues ; on le trouve plus rarement à l'état d'oxyde et de sulfure. On le tire principalement dans l'Erzgebirge saxon, à Wittichen dans la Forêt-Noire, à Bieber dans la Hesse.

Minerais de manganèse. — Le manganèse ne se présente pas dans la nature à l'état natif, l'espèce la plus importante est la *pyrolusite* ou peroxyde de manganèse. Il cristallise dans le système d'un prisme droit, donnant des cristaux rarement bien distincts, courts, implantés profondément dans leur gangue de manière à montrer à peine leurs sommets. Sa densité est de 4,85, la couleur gris sombre, noire ; la poussière noire. On rencontre la pyrolusite en masses concrétionnées, tuberculeuses, stalactiformes à cassures fibreuses, amorphes, enfin en dendrites ; on ne sait si la pyrolusite doit être considérée comme une véritable espèce ou le produit de l'altération de l'acerdèse ou bien encore le résultat de la désagrégation d'un minéral cohérent nettement cristallisé, de même composition, qu'on a appelé *polianite*. Nous possédons un gîte très puissant d'un minerai particulier de manganèse à Romanèche près Mâcon ; on y rencontre la baryte à côté de l'oxyde de manganèse ; il n'y a pas de cristaux, ce sont des concrétions à structures fibreuses, stalactiformes, ou complètement amorphes. La dureté considérable de ce minerai est due probablement à un mélange de silice ; c'est un produit de sources minérales appelé psilomélane. Aux environs du Luxeuil (Vosges), il y a une source thermale qui aujourd'hui même laisse déposer du psilomélane provenant du carbonate du manganèse que ces eaux tiennent en dissolution. On exploite la pyrolusite sur une vaste échelle dans l'Oural, en Grèce et en Turquie d'Asie.

Le sesquioxyde hydraté de manganèse ou *acerdèse*, mot qui signifie pas de gain, n'a pas, comme le précédent, la propriété de dégager de l'oxygène ; c'est une substance qui cristallise sous les formes de la gœthite, son isomorphe. Souvent des faces nombreuses donnent aux cristaux une apparence cylindroïde et amènent des cannelures profondes dans la zone des faces ; d'autres fois des cristaux déliés rayonnent autour d'un centre. Sa dureté est égale à celle du spath-fluor, l'éclat est imparfaitement métallique, la couleur brun noir, la poussière brune. On rencontre cette espèce avec des configurations concrétionnées, stalactiformes, oolithiques même, dans les Cévennes, les Vosges, à Vicdessos (Ariège), à la Voulte (Ardèche).

Le *manganèse carbonaté* est une substance rare, de couleur rose.

MINERAIS DE NICKEL. — Le mot nickel est un mot populaire d'une courtoisie plus que douteuse, emprunté à la vieille langue allemande, qui signifie entêté ; nous allons voir tout à l'heure pourquoi on a appliqué cette dénomination à un métal. Le minerai de nickel le plus important a été longtemps le *nickel arsenical* ; il est d'une couleur rougeâtre qui rappelle celle du cuivre. Les anciens mineurs saxons, trompés par cette coloration, étaient persuadés que ce minéral renfermait du cuivre et cependant on ne pouvait parvenir à en extraire ce métal, c'est pourquoi ils l'avaient appelé entêté. Le nickel arsenical n'est pas cristallisé ; il se trouve avec d'autres minerais de nickel en Saxe, à Riechelsdorf dans la Hesse, dans le duché de Bade, au Harz, en Portugal.

Le *nickel sulfureux* est un minéral très fibreux et rare. Le *nickel arséniaté* est d'une couleur vert pomme caractéristique, à l'état d'enduit ou de fine poussière répandue à la surface des autres minerais de nickel. Enfin le véritable minerai de nickel est la *garniérite* qui est un silicate de nickel exempt de cobalt, découvert en 1863 par J. Garnier, en Nouvelle-Calédonie. Il est quelquefois pur, mais plus souvent uni à une gangue ferrugineuse ou quartzeuse ; dans cet état il est d'une extrême abondance dans les roches serpentineuses de l'île qu'il recouvre sous forme d'enduit et dont il remplit les vides dus à leur retrait. Comme la garniérite ne contient aucun sulfure et que son traitement est le même que celui du fer, on admet que l'exploitation des silicates nickelifères néo-calédoniens deviendra une des principales sources de richesse de la colonie.

MINERAIS DE COBALT. — Le *cobalt arsenical* se rencontre sous forme de petits cristaux cubes ou octaèdres et aussi en masses compactes ; il est d'une couleur blanc d'étain, son éclat métallique est très vif, sa dureté est entre celle de l'apatite et celle du feldspath. C'est un minerai de filon exploité en Saxe, en Suède et dans la Hesse.

Le *cobalt gris* résulte de la combinaison d'un atome de cobalt avec un atome de soufre et un d'arsenic ; il est beaucoup plus rare que le précédent. On le trouve très bien cristallisé, présentant toutes les formes du cube, sauf le trapézoèdre et le cube pyramidé ; sa couleur est un blanc mélangé de teintes vineuses ; il fait feu au briquet, sa densité est de 6,2.

Le *cobalt arséniaté* se présente sous forme d'enduit à la surface des autres minerais de cobalt ; la couleur rose qui lui est tout à fait spéciale est donc un excellent indice pour signaler la présence de ces minerais. C'est la fleur de cobalt.

MINERAIS DE CHROME. — L'*oxyde de chrome* se rencontre à l'état naturel, mais il est fort rare ; celui dont on se sert dans les arts vient d'un minéral dans lequel l'oxyde de chrome se trouve dans un certain état de combinaison avec l'oxyde de fer. Ce minéral renferme jusqu'à moitié de son poids d'oxyde de chrome ; il est en masses informes et à cassure raboteuse, d'une couleur brun-noirâtre. La dureté du fer chromé est comprise entre celle de l'apatite et celle du feldspath, sa densité est de 4, 4. On le rencontre dans le département du Var, en Styrie, en Écosse, en Norvège, en Turquie d'Asie.

MINERAIS D'ARSENIC. — On trouve l'arsenic dans la nature à l'état natif ; il cristallise dans le système rhomboédrique. Sur une cassure fraîche il est d'une couleur blanc d'étain, mais il noircit bien vite à l'air ; il est assez rare et se présente sous forme de petites masses testacées laissant voir sur une tranche des zones courbes superposées dont la cassure est compacte ou finement grenue. On le rencontre dans des filons qui ont traversé l'assise schisteuse, en Alsace, en Styrie, dans l'Erzgebirge.

On distingue, parmi les arsenics sulfurés, l'*arsenic sulfuré rouge aurore* ou *réalgar* et l'*arsenic sulfuré jaune citron* ou *orpiment*. Ces deux substances rares chauffées au chalumeau dégagent l'odeur alliacée ; elles sont parfaitement caractérisées par leurs colorations qui les distinguent entre elles et de tous les autres minéraux.

Mais le véritable minerai d'arsenic est le *mispickel* ou fer arsenical, dont la cristallisation offre beaucoup d'analogie avec celle de la pyrite blanche de fer ; sa forme primitive est un prisme droit à base rhombe. Le mispickel fait feu au briquet en dégageant une odeur alliacée ; sa densité est de 5,8 à 6,2 ; il est très cassant et sa cassure est très inégale et granulaire, sa couleur est blanc d'étain. On le rencontre dans les filons d'étain et d'argent et dans les roches anciennes. Il est exploité comme minerai d'arsenic à Reichenstein en Silésie ; on le rencontre en amas dans la serpentine. Les masses de mispickel sont parfois semi-cristallines, fibreuses, compactes ; sa cassure est toujours grenue. Il est assez souvent argentifère (Andreasberg) et surtout cobaltifère, le cobalt prenant la place du fer (New-Hampshire, Norvège). On rencontre même au Chili et dans le Bannat, un mispickel d'où le fer a entièrement disparu au profit du cobalt.

MINERAIS DIVERS. — Le *molybdène* s'offre ordinairement à nous à l'état de sulfure ; le molybdène sulfuré affecte la forme de tables hexagonales très plates ou de masses feuilletées ou compactes, d'une couleur gris de plomb. C'est un minéral très mou et d'un toucher gras ; il est assez difficile de le distinguer d'avec le graphite, on peut le faire au moyen du chalumeau ; en effet, le graphite brûle sans résidu, tandis que le molybdène sulfuré brûle après avoir été chauffé longtemps en dégageant une odeur sulfureuse et il laisse un résidu blanc jaunâtre, infusible, d'acide molybdique.

L'*uranium* existe à l'état d'oxyde dans l'Erzgebirge saxon

et bohémien et dans le Cornwall ; c'est l'oxydule d'uranium, substance qui certainement cristallise dans le système octaédrique puisque c'est un spinelle, cependant on ne l'a jamais vu qu'à l'état amorphe. Il est noir de poix et sa poussière est d'un noir verdâtre. On rencontre aussi l'urane phosphatée cuivreuse vert d'émeraude, vert d'herbe et présentant des tables carrées d'un prisme droit à base carrée. L'uranite se trouve à Autun et à Chanteloube.

Le *titane* oxydé est dimorphe ; on distingue le *rutile*, l'*anatase* et la *brookite*. Le rutile est en prismes cannelés et geniculés, c'est-à-dire accouplés de manière à simuler le genou ployé ; sa couleur est rouge brunâtre, sa densité 4,27. L'anatase est en octaèdres aigus, sa couleur est brune ou brun bleuâtre, sa densité 3,80 seulement. La brookite cristallise sous forme de petites tables minces d'un brun rougeâtre, translucides ; sa densité est de 4,13. Le rutile se trouve à Somosierra (Espagne), à Rosemon (Hongrie), en Géorgie (Etats-Unis), à Saint-Yrieix (Haute-Vienne), au Saint-Gothard (Suisse). On trouve l'anatase et la brookite à Bourg d'Oisans (Haute-Vienne). On a signalé en Italie, en Suède, sur les côtes de l'île de la Réunion, dans le voisinage de volcans, des gîtes de sables ferrugineux titanés ; ces sables contiennent 80 à 85 $^{0}/_{0}$ d'oxyde de fer.

Le *tantale* se rencontre à l'état de tantalates de fer et de manganèse.

Le *cérium* forme avec la silice un silicate hydraté, où le cérium peut être remplacé partiellement par le lanthane et le didyme.

L'*yttrium* se présente aussi à l'état de silicate ; l'yttria est susceptible d'être remplacée par l'oxyde de cérium et le protoxyde de fer. Enfin l'on rencontre aussi un tantalate d'yttria et un silicate double d'alumine et de cérium. Ces divers minerais se rencontrent dans la syénite.

Le *wolfram* est le fidèle compagnon du minerai d'étain en Saxe, en Bohême, dans le Cornwall ; il est exploité en France près de Chanteloube. Sa forme primitive est celle d'un prisme à base rhombe légèrement oblique. Sa dureté est entre celle de l'apatite et celle du feldspath ; sa couleur est gris foncé, brun noirâtre et la poussière est d'un violet sombre.

CHAPITRE VI

MINES DE LA FRANCE ET DE SES COLONIES

Bassins houillers. — On distribue les bassins houillers de la France, y compris ceux d'anthracite, en sept groupes géographiques dont voici l'énumération : *houillères du Nord, de l'Ouest, de l'Est, du Centre, du Midi, du Sud-Est et du Sud-Ouest.* Mais, en prenant pour base cette distribution et le rôle commercial que les bassins de ces divers groupes sont destinés à remplir, on peut diviser nos bassins houillers en trois zones transversales : le groupe du *Nord*, le groupe du *Centre* et le groupe du *Midi.*

Groupe du Nord. — Il se compose de la zone comprise entre notre frontière septentrionale et une ligne droite qui passerait par la latitude du Mans et d'Orléans ; ses produits alimentent tous les départements renfermés dans ces limites, concurremment avec les charbons anglais qui dominent les marchés du littoral et les charbons belges qui sont surtout répandus dans la partie centrale et dans la partie orientale de la région. Son importance est entièrement constituée par les houillères du bassin de Valenciennes dont le centre est à Douai : les autres charbonnages sont peu nombreux et peu productifs. Le *bassin de Valenciennes* est le prolongement de la magnifique bande houillère qui du nord-est au sud-est traverse la Prusse rhénane et la Belgique en passant par Quiévrain, Mons, Charleroi, Namur et Liège. D'Aix-la-Chapelle à Mons les couches affleurent à la surface du sol ; mais en entrant en France, elles plongent sous des formations plus récentes qui la cachent complètement. Les travaux souterrains ont constaté sa présence depuis Quiévrain et Condé (Nord), jusque vers Euguinegatte (Pas-de-

Calais). Bien que ne formant géologiquement qu'un seul bassin, on divise souvent cette bande en deux bassins secondaires, le *bassin du Nord* et le *bassin du Pas-de-Calais*, chacun contenu dans le département dont il porte le nom.

Le *bassin du Nord* a une largeur moyenne de 13 kilomètres et une superficie de 61,000 hectares. Sa direction est vers l'ouest-nord-ouest, et il renferme un nombre considérable de couches minces, dont la puissance utile varie de 0m50 à 1m50 ; quelques-unes seulement atteignent 2m50 à 5 mètres. On y a établi vingt-quatre concessions fournissant des houilles grasses à longue flamme, demi-grasses et maigres. Le *bassin du Pas-de-Calais* est presque tout entier dans l'arrondissement de Béthune ; il a une longueur de 56 kilomètres et une largeur moyenne de 13 kilomètres ; sa direction générale et la puissance de ses couches sont les mêmes que celles du bassin du Nord et ses concessions sont au nombre de dix-neuf. Les houilles appartiennent aux variétés grasses et maigres. Dans la direction même du bassin du Pas-de-Calais dont il est séparé par une distance de 40 kilomètres, se trouve le *bassin du Boulonnais* ou d'Hardinghen qui ne renferme que trois concessions dont la superficie ne dépasse pas 5,000 hectares. Des recherches importantes ont été faites pour essayer de le rattacher à celui du Pas-de-Calais, mais les travaux sont restés sans résultats et ne permettent pas de conclure que, dans l'intervalle inconnu de 40 kilomètres, le terrain houiller existe à une profondeur utile. On n'en retire que des charbons maigres.

Le bassin de Valenciennes produit plus de neuf millions de tonnes ; il est à la tête de notre industrie houillère, malgré certaines difficultés spéciales que l'exploitation y rencontre. L'une de ces difficultés est due à la multiplicité, à l'irrégularité et au peu de puissance des couches ; une autre difficulté provient de ce que la bande carbonifère est recouverte par des terrains stériles dont l'épaisseur augmente à mesure qu'on s'avance vers l'ouest et qui renferment des niveaux d'eau qui circulent dans les couches perméables ou fendillées. Les autres dépôts houillers du groupe du Nord sont disséminés en Bretagne et en Normandie. Le plus étendu, le *bassin de Littry* (Calvados), a une superficie de 16,000 hectares ; il renferme une couche de 1m30 d'épaisseur de houille maréchale qu'on travaille depuis près d'un siècle et demi ; sa production est d'environ 12,000 tonnes. Le *bassin du Plessis* (Manche) n'en est peut-être qu'un prolongement ; il paraît devoir présenter une très grande extension au-dessous des morts-terrains, mais on s'est borné jusqu'à présent à y exécuter, à plusieurs reprises, de simples travaux de recherches. A la limite orientale du département de la Mayenne, se développe le *bassin de Saint-Pierre-la-Cour* qui se compose de deux parties distinctes, séparées par 1,500 mètres de terrains carbonifères et situées dans l'arrondissement de Laval ; la première section, d'une superficie de 10 kilomètres carrés, a été jusqu'à présent peu travaillée ; la seconde au contraire, dont la surface ne dépasse pas 230 hectares, contient seize couches dont la puissance varie de 0m40 à 0m70 et produit 13,000 tonnes de houille maigre à longue flamme. Enfin on a trouvé de la houille près de Quimper ; on a même établi deux concessions et fait des tentatives d'extraction qui n'ont eu aucun succès ; quelques ingénieurs regardent ce petit bassin comme le prolongement du terrain houiller du pays de Galles.

Groupe du Centre. — Limité au nord par le précédent, le groupe du Centre l'est au sud par une ligne passant par Aurillac et Valence. Ses bassins très nombreux sont disposés pour la plupart dans les vallées qui sillonnent le plateau central, ou dans celles qui rayonnent tout autour. Les plus importants appartiennent aux départements de la Loire, de Saône-et-Loire, de l'Allier, de la Nièvre, du Puy-de-Dôme, de la Creuse ; citons encore, dans la partie orientale de la région, le bassin de Ronchamp (Haute-Saône), et les dépôts encore peu connus du Dauphiné et de la Savoie, et dans la partie occidentale, le bassin de la Basse-Loire et de la Vendée. Les charbons du groupe alimentent les départements producteurs ; toutefois, vers l'est, ils ont à lutter avec les houilles de la Prusse rhénane, et vers l'ouest avec celles de l'Angleterre.

Le *bassin de la Loire* s'étend du nord-ouest au nord-est, depuis Fraisse et Firminy jusqu'à Tartaras, en passant par Saint-Étienne, Saint-Chamond et Rive-de-Gier. La surface dépasse 25,000 hectares, et la longueur est de 40 kilomètres ;

quant à la largeur, très peu considérable à son extrémité sud-ouest, elle atteint son maximum à Saint-Étienne, où elle est de 12 kilomètres, puis elle diminue d'une manière à peu près constante en se rapprochant du Rhône : à Tartaras elle est à peine de 300 mètres. Ce bassin renferme vingt-huit à trente couches de plus d'un mètre de puissance, présentant ensemble une épaisseur de 50 à 70 mètres de charbon, dont les variétés sont les houilles maréchales, les houilles grasses à longue flamme, et les houilles maigres à longue flamme. On divise assez généralement toutes les couches du bassin de la Loire en deux groupes ou formations qu'on appelle *bassin de Saint-Étienne* et *bassin de Rive-de-Gier* ; la production totale peut dépasser 3,500,000 tonnes. Le bassin houiller de la Loire se prolonge-t-il sous les plaines du Forez, de Roanne et du Dauphiné? Les uns le croient, les autres en doutent ; les sondages commencés en 1879 ont fait découvrir jusqu'à présent des eaux thermales.

Le département de Saône-et-Loire renferme les bassins dits du Centre, d'Autun et d'Epinac, de la Chapelle-sous-Dun et de Forges, dont les deux premiers seuls ont une importance réelle. Le *bassin du Centre*, plus connu sous le nom de *bassin du Creuzot et de Blanzy*, est le plus vaste de tous ; il constitue le remplissage d'une vallée profonde, mais il n'a pu encore être attaqué que sur les bords de cette vallée, le centre étant recouvert par des roches stériles d'une grande puissance. Les couches exploitées ont quelquefois plus de 20 mètres d'épaisseur ; elles fournissent un million de tonnes de houilles qui sont grasses, demi-grasses, ou anthraciteuses au Creuzot, et généralement maigres à longue flamme partout ailleurs. Le *bassin d'Autun et d'Epinac* a une surface d'environ 25,200 hectares, on en tire près de 150,000 tonnes de houilles grasses collantes.

Dans le département de l'Allier, il existe plusieurs dépôts houillers séparés les uns des autres par des mamelons granitiques plus ou moins volumineux, et dont les produits appartiennent généralement à la catégorie des houilles sèches à longue flamme. Ces dépôts sont ceux de Commentry, de Doyet et Bézenet, de Villefranche, de Buxière-la-Grue, de la Queune et de Bert. Le *bassin de Commentry*, le seul important, a une étendue d'environ 2,500 hectares; on y exploite depuis des siècles une couche principale de 10 à 25 mètres de puissance, généralement régulière et peu inclinée. Cette couche suffit à l'extraction annuelle de plus de 600,000 tonnes, et cependant on n'en connaît qu'une partie; le prolongement qui doit exister en profondeur constitue une importante réserve pour l'avenir. Le *bassin de Doyet et Bézenet* offre une masse houillère qui atteint jusqu'à 50 mètres de puissance et donne lieu à une extraction de plus de 300,000 tonnes. Les autres dépôts de l'Allier ont une très faible étendue; celui de la *Queune* est également désigné sous les noms de mines de Fins et Noyant, ou des Gabeliers et du Mortet.

Dans le département de la Creuse, le terrain houiller est représenté par cinq ou six bassins. Le plus étendu est celui d'*Ahun*, qui n'a que 2,200 hectares, et qui se compose de huit à neuf couches, dont une, la principale, a une puissance de 2 à 5 mètres, celle des autres varie de 0^{m}40 à 1 mètre: l'extraction est de 300,000 tonnes de houille généralement maigre, à longue flamme, sauf sur quelques points où elle est plus grasse, et sur d'autres où elle est anthraciteuse. Le bassin de *Bostmoreau*, dit aussi de Bourganeuf, compte à peine 430 hectares, et ne donne guère plus de 4,000 tonnes de charbon anthraciteux. Les bassins de *Cublac*, *Meymac* et *Argentat* sont peu importants.

Le *bassin de Brassac* appartient tout à la fois au département de la Haute-Loire et à celui du Puy-de-Dôme; il forme comme une ellipse allongée, dont la longueur est de 18 kilomètres, et la largeur de 5; on y connaît vingt-sept couches dont la puissance, qui est en général de 0^{m}80 à 3 mètres, s'élève exceptionnellement dans deux d'entre elles à 22 et 30 mètres. Jusqu'à présent, le bassin n'a été exploité régulièrement que dans la partie nord; les couches forment trois groupes. Le groupe inférieur renferme les mines de la Combelle et de Charbonnier. A la Combelle on a reconnu deux systèmes de couches sur un développement de 1,500 mètres et une profondeur de 325 mètres; la couche la plus puissante atteint 4 à 5 mètres. La houille est maigre. A Charbonnier, les travaux s'étendent sur 1,000 mètres en direction et descendent à 233 mètres ; la couche principale varie de 2 à 4 mètres, et le combustible est de l'anthracite. Le groupe moyen comprend les mines de Grosménil, de Frugère, de Fondary et de la Taupe ; la houille y est plus ou moins grasse. Le groupe supérieur est constitué par les mines de Mégecoste et de Barthes ; les couches, au nombre de quatorze, sont peu puissantes, et le charbon y est un peu plus gras que celui du groupe précédent.

Le *bassin de Saint-Eloy*, dans le Puy-de-Dôme, s'étend sur une longueur de 38 à 40 mètres et une largeur maximum de 1,600 mètres ; c'est un des plus riches du plateau central. On y connaît quatre couches d'une puissance de 3 à 4 mètres, et très rapprochées, l'épaisseur des autres varie de 1 à 3 mètres. Sa production dépasse 150,000 tonnes. Des traînées intermédiaires de terrain houiller le rattachent au *bassin de Bourg-Lastic*, également dans le Puy-de-Dôme, et à ceux de *Bort*, *Madic* et *Champagnac*, dans le Cantal, dont l'extraction, actuellement insignifiante, n'attend que des voies ferrées pour se développer.

Le *bassin de Decize* (Nièvre) a une étendue très considérable, qui n'a pu être encore déterminée ; la partie connue présente huit couches, dont la puissance varie de 1 mètre à 1^m50, et qui comprennent ensemble une épaisseur de 9 à 10 mètres de houille. L'exploitation donne 150,000 tonnes dont près de 120,000 de houilles maigres à longue flamme, et le reste de houilles grasses également à longue flamme.

Le *bassin de Ronchamp et Champagney* (Haute-Saône) occupe l'extrémité du groupe des bassins du Centre ; il se développe sur les derniers versants méridionaux de la chaîne des Vosges, mais on n'en connaît encore qu'une très faible partie ; on y exploite deux couches ayant, l'une 4 mètres et l'autre 5 mètres de puissance, et produisant ensemble 200,000 tonnes de charbons durs à courte flamme.

A l'extrémité opposée du groupe se trouvent les bassins de la Basse-Loire, de Vouvant et de Chantonnay. Le *bassin de la Basse-Loire* forme une zone de 500 à 1,200 mètres de largeur, et de plus de 100 kilomètres de longueur ; il renferme sur certains points jusqu'à seize couches de quelques centimètres à

10 mètres de puissance. On en retire environ 75,000 tonnes de houille plus ou moins anthraciteuse. Les bassins du *Vouvant et Faymoreau* dans la Vendée, et celui de *Chantonnay* dans les Deux-Sèvres, sont situés à la suite l'un de l'autre et dans la même direction; ils n'en forment réellement qu'un, d'au moins 50 kilomètres de longueur, dont la partie médiane se perd dans des terrains plus récents. Les charbons ont à peu près la même qualité que ceux de la Basse-Loire, l'extraction est de 170,000 tonnes

GROUPE DU MIDI. — Ce groupe comprend tout ce qui se trouve entre la latitude d'Aurillac et de Valence d'une part, la Méditerranée et les Pyrénées d'autre part. Ses bassins principaux sont ceux d'Alais, d'Aubin et Decazeville, de Graissessac et de Carmeaux; ils alimentent les départements de la région, mais en luttant avec les charbons anglais sur les marchés de Bordeaux et de Marseille Le *bassin d'Alais*, appelé aussi bassin du Gard, est en tête de la production dans la zone méridionale; il présente l'aspect d'une masse charbonneuse d'environ 28,000 hectares, qui se développe du nord au sud sur une longueur de 32 kilomètres avec un maximum de largeur de 14 kilomètres. Le terrain houiller divisé en trois étages renferme une épaisseur de 46 mètres de charbon, dont la moitié seulement peut être extraite. Suivant la nature des éléments qui le constituent, on le divise ordinairement en deux sections, dites *bassin du Gardon* ou *de Portes*, et *bassin de la Cèze* ou de *Gagnières*. Les mines exploitées sont très nombreuses et la production dépasse 1,930,000 tonnes, dont 77 % de houille grasse à longue flamme, 15 % de houille maigre à longue flamme, et le reste de houille dure à courte flamme.

Le *bassin d'Aubin et Decazeville* (Aveyron) a une forme ressemblant à celle d'un triangle irrégulier dont la base aurait environ 10 kilomètres de longueur et dont la hauteur nord-sud serait de 20 kilomètres. Le terrain houiller n'y est découvert que sur une surface de 12,000 hectares, mais son étendue est plus considérable. Les gisements, à la fois très accidentés et très puissants, constituent des amas plutôt que des couches, leur épaisseur s'élevant à 10 et même à 20 et 40 mètres. On a extrait 735,000 tonnes de charbon qui appartiennent tous à la catégorie des houilles grasses à longue flamme.

Le *bassin de Graissessac* (Hérault) forme une bande allongée qui s'étend de l'est à l'ouest sur une longueur d'un peu moins de 20 kilomètres ; quant à sa largeur, elle s'élève sur quelques points à 5 kilomètres, mais en moyenne elle ne dépasse pas 2 kilomètres. Les couches exploitables y sont au nombre de onze ayant une puissance de 1^m50 à 3 mètres ; quelques-unes seulement atteignent 4 mètres et même de 10 à 15 mètres dans certains renflements. Malheureusement, ces couches présentent des accidents et des dérangements si fréquents et le pays est d'un abord si difficile, qu'on n'évalue l'étendue de la partie réellement utilisable qu'à la moitié environ de la surface totale du terrain houiller. Les principales exploitations sont celles de Saint-Gervais, du Devois, de Boussagnes, du Bousquet, de Cassanet et de Saint-Geniès. Les quatre premières, situées dans ce qu'on appelle le bassin proprement dit de Graissessac, fournissent des houilles grasses et des houilles demi-grasses. Les deux autres appartiennent à la section occidentale du bassin et ne donnent que des houilles plus ou moins anthraciteuses. L'extraction totale dépasse 275,000 tonnes.

Le *bassin de Carmeaux* (Tarn) n'a pas une étendue suffisamment déterminée ; dans l'état des connaissances actuelles, il constitue une lisière d'environ 2 kilomètres de longueur sur 1,500 mètres de largeur ; l'unique concession est de 8,800 hectares et l'on suppose que le terrain houiller se développe dans la moitié de cette superficie. Ce bassin est remarquable par la richesse et la régularité des couches ; il en contient cinq de 1 à 3 mètres de puissance, donnant 235,000 tonnes de houille appartenant à la catégorie de houilles dures à courte flamme

Outre ces bassins, la zone du Midi en renferme quelques autres encore peu travaillés ; tels sont ceux de *Ségur* et de *Durban* (Aude), d'*Estavar* (Landes), de *Rougan* (Hérault), d'*Aubenas* et du *Banc-Rouge* (Ardèche), de *Rodez* et de *Milhau* (Aveyron), de *Trévezel* et de *Vigan* (Gard), de *Fréjus* et de la *Cadière* (Var), etc. Parmi ces bassins, il en est un surtout, celui de Fréjus, qui présente un intérêt considérable au point de vue de son avenir et de sa situation, sur le bord de la mer.

Sa partie apparente a une longueur de 13 kilomètres et une largeur moyenne de 2,000 mètres. On en retire trois sortes de combustibles : de l'anthracite ou de la houille anthraciteuse, de la houille dure à courte flamme et de la houille maigre à longue flamme. A l'extrémité opposée de la zone, on a découvert le terrain houiller à Orignac (Hautes-Pyrénées) et à *Iban-telly* (Basses-Pyrénées) ; ce sont les seuls points du versant français de la chaîne pyrénéenne où, jusqu'à présent, il ait été véritablement reconnu, mais on n'y a fait que des travaux sans importance.

MINES D'ANTHRACITE. — La France possède de nombreux gîtes d'anthracite. Dans le Nord, les charbons maigres de certaines mines du bassin de Valenciennes sont de véritables anthracites ; tels sont ceux de Fresnes, de Vicoignes et d'Hergnies. Dans l'ouest, la Sarthe et la Mayenne possèdent plusieurs dépôts anthraciteux disposés en zones étroites qu'on a suivies sur des longueurs considérables et qui se prolongent jusque dans l'Ille-et-Vilaine. A Maupertuis, près de Sablé, on en exploite un dont les couches ont une puissance de 0^m45 à 1^m20. A la Bazouge, il y en a un autre d'une richesse beaucoup plus considérable, l'épaisseur des couches y varie depuis quelques centimètres jusqu'à 12 et 15 mètres, ce qui leur donne l'apparence d'une succession de renflements. Dans le département de la Loire, l'anthracite se montre en couches d'une puissance variable de 0^m50 à 7 mètres ; elles existent surtout sur le plateau de Neulize et leur ensemble constitue ce qu'on appelle le *bassin de Roanne* ou le Roannais. Les principaux gîtes d'exploitation sont à Combres, Régny, Lay, Viremoulin, Neulize ; le rendement total ne dépasse pas 4,000 tonnes.

Les charbons du *bassin du Var* sont en partie de véritables anthracites ; il en est de même de ceux du *bassin du Drac* (Isère). Ce dernier, connu aussi sous le nom de *bassin de la Mure*, comprend entre Grenoble et la Mure un rectangle de 16 kilomètres sur 8 kilomètres, dont les grands côtés sont formés par le Drac d'une part, et par la partie de la grande route de Grenoble à Gap, comprise entre Laffrey et la Mure. Mais les roches anthracifères ne sont visibles que sur 21 kilomètres carrés ; là où il existe en entier, le terrain renferme cinq couches de combustible qui ont respectivement l'épaisseur suivante : 0ᵐ40 à 0ᵐ80 ; 12 mètres ; 0ᵐ90 ; 2 mètres ; 0ᵐ60. Dans cette région, c'est particulièrement en Savoie que les combustibles de ce genre se présentent en abondance. Le bassin anthracifère de la Savoie est connu sous le nom de *bassin de la Maurienne et de la Tarentaise* ; il s'étend sur une longueur de 80 kilomètres et une largeur de 15 et renferme de cent à cent vingt couches dont l'épaisseur, qui varie de 1ᵐ30 à 12 mètres, atteint quelquefois 25 mètres. Chaque couche paraît se prolonger sur une vaste étendue de bassin avec une épaisseur très variable ; le relief du pays en permet généralement l'exploitation sur des hauteurs de 1,000 à 2,000 mètres avant que le foncement des puits soit devenu nécessaire. On n'exploite guère que pour la consommation locale, mais de bonnes routes et les besoins toujours croissants de l'industrie ne pourront que provoquer le développement des ouvrages existants et en faire organiser de nouveaux ; la production annuelle ne dépasse pas 6,000 tonnes.

Dans les Basses-Pyrénées, un gisement d'anthracite a été découvert sur le flanc méridional de la Petite-Rhune, arrondissement de Bayonne ; en 1861, on y a fait des essais d'exploitation qui ont eu peu de durée.

Mines de lignite. — La France a des gisements de toutes les variétés de lignite et, comme ceux des autres combustibles fossiles, ils sont irrégulièrement distribués. Presque tous ceux que l'on connaît se trouvent disséminés dans vingt et un départements et leur nombre est de vingt-huit. On les divise en cinq groupes géographiques composés des bassins élémentaires suivants : *Provence* (Fuveau, Manosque, la Cadière) ; *Comtat* (Bagnols, Orange, Banc-Rouge, Barjac et Célas, Méthamis) ; *Vosges méridionales* (Gouhenans, Norroy) ; *Sud-Ouest* (Milhau et Trévézel, Estavar, la Cannette, Simeyrols, la Chapelle-Péchaud) ; *Haut-Rhône* (Douvres, la Tour-du-Pin, Hauterives, Entrevernes). Les bassins exploités ne dépassent pas vingt-six situés dans dix-neuf départements ; la production, qui s'élevait à 8,500 tonnes en 1835, a été de 574,455 en 1883 dont plus des quatre cinquièmes tirés du bassin de Fuveau ; cette production tend à baisser, par suite de la crise industrielle de ces dernières années.

Le bassin lignitifère des Bouches-du-Rhône occupe le premier rang sous tous les rapports ; le lignite s'y montre en couches plates séparées en étages par des bancs de roche dure et d'argile et dont huit exploitables ont une puissance totale de 5 à 6 mètres. L'ensemble de ces couches forme un bassin de 21,400 hectares que l'on appelle *bassin d'Aix* ou de *Fuveau*. Après les Bouches-du-Rhône, ce sont les Basses-Alpes qui donnent le plus de lignite ; dans le *bassin de Manosque*, on exploite plusieurs couches ayant ensemble une épaisseur de 1 à 8 mètres et produisant plus de 30,000 tonnes. Les gîtes du Gard ont une importance variable ; on les regarde généralement comme autant de bassins distincts, dont les couches ont parfois une épaisseur de 2 à 4 mètres ; la production est de 25,000 tonnes.

Tourbières. — M. Bosc, auteur d'un *traité sur la tourbe*, évalue à 1,200,000 hectares l'étendue tourbière de la France et à plus de 500,000, disséminés dans une cinquantaine de départements, le nombre de dépôts que renfermerait notre pays ; mais ces chiffres paraissent exagérés. Dans tous les cas, il est certain que, depuis plus de vingt ans, beaucoup de centres d'exploitation ont été abandonnés et que la production a diminué d'au moins un quart, soit par suite de l'appauvrissement et de l'épuisement des gîtes, soit à cause de la concurrence de combustibles d'une qualité supérieure. La production de la tourbe en France, qui était en 1876 de 333,000 tonnes, est tombée aujourd'hui à 240,000 tonnes. On compte huit cent soixante-sept tourbières réparties en cent trente-trois groupes naturels, outre des milliers de petites exploitations sans importance. Les départements dont la production dépasse 10,000 tonnes sont les suivants : Somme, 83 milliers de tonnes ; Loire-Inférieure, 28 ; Oise, 26 ; Pas-de-Calais, 25 ; Seine-et-Oise, 14 ; Isère, 14 ; Aisne, 14. On peut estimer à vingt-huit mille environ le nombre de personnes, hommes, femmes ou enfants, occupées à cette exploitation.

Mines de fer. — Les *minerais de fer hydroxydés* jouent le principal rôle dans notre métallurgie ; l'*hématite brune* est exploitée dans l'Ariège et le gîte de Rancié, près de Vicdessos constitue presque en entier une montagne haute de 1,600 mètres au-dessus de la mer et de 600 mètres au-dessus du village de Sens. Le minerai y est en amas ou en colonnes dont quelques-unes sont reconnues sur des hauteurs de 600 à 700 mètres dans le sens de l'inclinaison, avec une épaisseur variant de 3 à 25 mètres. Des dépôts de même nature existent à la base et autour du massif du Canigou (Pyrénées-Orientales); il y en a aussi dans l'Aude, l'Aveyron, l'Ille-et-Vilaine, le Tarn, l'Ardèche, les Basses-Pyrénées, l'Orne, l'Indre, le Lot-et-Garonne. Plusieurs sont exploités, d'autres le seront plus tard.

Dans le bassin de la Moselle et de la Meurthe, le *fer oolithique* forme un gisement très remarquable qui s'étend depuis le Luxembourg jusqu'au delà de Nancy, sur une longueur de plus de 100 kilomètres, et dont la puissance varie de 2 à 35 mètres. On exploite aussi du minerai oolithique dans d'autres départements, notamment dans les Vosges, la Haute-Saône, l'Ain, la Côte-d'Or, la Saône-et-Loire, l'Aube, le Jura, la Haute-Marne, l'Isère, la Vendée, l'Ardèche, la Savoie, l'Aveyron, les Ardennes et la Meuse.

Le *minerai pisolithique* ou minerai en grains proprement dit est plus connu encore que l'oolithique ; il constitue une multitude de gisements presque superficiels, en général d'une faible épaisseur, mais qui couvrent parfois des espaces énormes et où il remplit le plus souvent des fentes et des crevasses dans lesquelles il est ordinairement mélangé à de l'argile. Le minerai pisolithique est exploité dans le Cher, l'Indre, la Nièvre, le Doubs, la Haute-Saône, la Côte-d'Or, la Dordogne, le Lot-et-Garonne, etc. ; dans plusieurs de ces départements, il est accompagné de fer peroxydé et d'hématite brune.

Le *fer oxydé hydraté* est presque aussi abondant que les précédents ; on le rencontre surtout dans l'Aveyron, la Charente, les Côtes-du-Nord, l'Eure, le Gard, l'Ille-et-Vilaine, les Landes, le Lot, le Lot-et-Garonne, la Mayenne, le Morbihan, la Sarthe, le Nord et le Pas-de-Calais.

Des mines de *fer peroxydé* existent dans les Vosges et aux Pyrénées, mais les principaux gisements sont ceux de la Voulte et de Privas (Ardèche). Dans ces deux localités, le minerai appartient à la variété concrétionnée ou *hématite rouge*. Le gisement de la Voulte a une épaisseur totale de 12 mètres divisée en trois assises par des roches stériles ; il paraît former une lentille dont la longueur aux affleurements est de 1,600 mètres. Celui de Privas n'a que 8 mètres de puissance et ses affleurements s'étendent sur une longueur de 5 kilomètres, mais on suppose que les dimensions de la partie exploitable ne dépassent pas 2,000 mètres dans le sens de la direction, et 1,100 mètres dans celui de l'inclinaison. Ces deux gisements alimentent de nombreuses forges. On extrait aussi l'hématite rouge dans l'Ariège, l'Aveyron, l'Indre, le Calvados, le Nord, etc. Parmi les autres variétés de peroxyde de fer, une seule, la *mine rouge* en roche, présente des gisements exploitables dans l'Ain, la Côte-d'Or, la Nièvre et Saône-et-Loire.

Le *fer carbonaté* forme, comme nous l'avons dit, deux variétés : le fer spathique et le fer carbonaté lithoïde. Le *fer spathique* est assez répandu en France ; ses gîtes les plus puissants se trouvent dans les départements de l'Isère et de la Savoie. Dans l'Isère, ils sont concentrés sur les flancs de la chaîne de Belledonne, depuis la vallée de l'Arc jusqu'aux roches de la Romanche. Les principaux se montrent aux environs d'Allevard, de Vizille et d'Articol. Le fer spathique de la Savoie est généralement manganésifère ; on en connaît un grand nombre de gisements dont le plus important est celui de Saint-Georges d'Hurtières, près d'Aiguebelle. Le fer spathique se montre sur plusieurs points de la chaîne des Pyrénées, surtout dans le massif du Canigou où il accompagne l'hématite brune.

Le fer *carbonaté lithoïde* se présente en rognons ou en couches peu étendues, dans plusieurs de nos bassins houillers ; mais il n'est guère exploité que dans celui d'Aubin (Aveyron), et à Palmesalade, dans celui d'Alais (Gard).

Le *fer oxydé magnétique* est le plus rare de nos minerais de fer ; on en extrait dans la vallée de Carol, à l'extrémité sudouest des Pyrénées-Orientales. Dans le département du Var, la vallée de Colobrières renferme un filon de *fer oxydulé*, d'une grande pureté et d'une épaisseur de 1 à 4 mètres. Un minerai analogue se présente en amas assez puissants à Combenègre

(Aveyron). Un autre gisement, dont le minerai est composé de magnésite et d'oligiste, forme à Diélette, à 20 kilomètres de Cherbourg (Manche), plusieurs filons-couches ; on a reconnu les six affleurements du récif de Laroque, qui forme à l'est ce qu'on appelle la vallée de Guerfa, et de l'autre côté, à l'ouest de la vallée, on a exploré, sur les roches de Dion, quatre couches de plus en plus puissantes, et qui semblent n'être que la continuation de l'immense massif sous-marin, qui commence au vieux port. La puissance des couches varie entre 1m50 et 12 mètres ; le gisement a d'abord été exploité à ciel ouvert, ce qui ne permettait le travail qu'à marée basse, puisque les filons sont recouverts par toutes les marées ; un puits principal de 100 mètres de profondeur permettrait aujourd'hui d'exploiter sur une vaste échelle ; ce puits communique avec une galerie à double voie ferrée, s'avançant sous la mer jusqu'à 246 mètres environ. On a aussi constaté l'existence du fer oxydulé en Corse, en Savoie, et dans les Basses-Pyrénées ; enfin, il y a quelques années, de riches dépôts de ce même minerai ont été retrouvés dans l'arrondissement de Segré (Maine-et-Loire). Ces dépôts s'étendent sur une longueur de plusieurs kilomètres, et offrent des couches de 1 à 8 mètres de puissance.

Mines de plomb. — Le minerai, presque toujours argentifère, forme des filons ou des filons-couches d'une grande puissance, qui traversent de vastes espaces dans les Vosges, dans la pointe de Bretagne, dans le plateau central, dans les Alpes et dans les Pyrénées. Beaucoup de ces filons ont été travaillés dès les temps les plus anciens, surtout pour en extraire le métal précieux, malgré les difficultés que présente l'isolement de ce dernier. Tels sont, entre autres, ceux des environs de Villefranche et de Milhau (Aveyron) ; de l'Argentière (Ardèche et Hautes-Alpes) ; de Vialas (Lozère) ; de Confolens (Charente) ; de Mâcot (Savoie) ; de Pontgibaud (Puy-de-Dôme) ; de Huez (Isère). La présence de la galène argentifère a été reconnue dans plus de quatre cents localités disséminées un peu partout ; on l'exploite dans quatorze départements, et la production est de 13,000 tonnes de minerai, provenant de dix-huit mines dont les plus productives sont celles de

Pontpéan (Ille-et-Vilaine) ; de Pontgibaud (Puy-de-Dôme) ; de Villefranche (Aveyron) ; de Seintein (Ariège) ; et de Vialas (Lozère).

MINES DE CUIVRE. — On connaît plus de deux cents gîtes pouvant donner du cuivre ; le métal s'y trouve quelquefois seul, mais le plus souvent associé, soit à l'argent ou à la galène argentifère, soit aux deux métaux en même temps. Les principaux sont disséminés dans les Hautes et dans les Basses-Pyrénées, l'Ariège, l'Aude, l'Hérault, le Gard, le Tarn, l'Aveyron, le Rhône, la Lozère, la Loire, la Haute-Loire, le Puy-de-Dôme, l'Isère, le Var, l'Allier, la Savoie, la Vendée, le Haut-Rhin-Belfort, les Hautes-Alpes, la Corse, les Alpes-Maritimes, la Haute-Savoie. Plusieurs ont été exploités sérieusement pendant la période gauloise, et dans les siècles qui suivirent ; presque tous sont actuellement abandonnés. Les mines de Chessy, Sainbel et Sourcieux, dans le département du Rhône, si productives autrefois, ne renferment plus guère aujourd'hui que de la pyrite de fer, ce minerai s'étant substitué peu à peu à celui de cuivre. La production actuelle de quatre mines situées dans les départements du Var, des Alpes-Maritimes, de la Savoie et des Basses-Pyrénées, n'est que de 6,000 tonnes de minerai propre à la fusion, et de 25,000 tonnes de minerai très pauvre.

MINES D'ÉTAIN. — Les minerais de ce métal constituent des gisements d'une grande valeur dans plusieurs régions de la France. Aux environs de Vaulry (Haute-Vienne), où l'étain oxydé est disséminé dans de puissants filons quartzeux, en compagnie du wolfram, du mispickel, du fer arséniaté, du cuivre natif, du molybdène sulfuré, de l'urane phosphaté, etc., il existe de vastes excavations qui ont été évidemment ouvertes en vue d'une extraction minérale. Des fouilles semblables se voient toujours sur des filons d'étain quartzeux, près de Saint-Yrieix (Haute-Vienne), et de Montebras (Creuse). Les principaux gisements stannifères de la France sont ceux de Vaulry, Cieux, Ambazac (Haute-Vienne), Ceyroux, Montebras, Bénévent (Creuse) ; Piriac, Guérande et Pénestin (Loire-Inférieure) ; la Villeder (Morbihan) ; Pontgibaud (Puy-de-Dôme). Aucun de ces gîtes n'est exploité actuellement.

MINES DE ZINC. — La blende et la calamine forment en général des gîtes distincts ; quelquefois, cependant, elles sont associées l'une à l'autre. La *blende* est assez commune, mais encore peu exploitée ; on la rencontre surtout dans l'Ariège, dans l'Avey-ron, l'Isère, la Haute-Garonne, les Hautes-Pyrénées, le Var, la Charente, la Savoie et l'Ille-et-Vilaine, où elle est souvent accompagnée de plomb argentifère. Quant à la *calamine*, on en a reconnu plusieurs gisements importants dans l'Ariège, le Lot, le Gard, l'Ardèche, la Vienne et les Côtes-du-Nord. La calamine est actuellement fournie par la mine de Saint-Lau-rent-le-Minier (Gard), et les deux minerais zincifères sont exploités dans le Gard, l'Ariège, l'Ille-et-Vilaine, les Basses et les Hautes-Pyrénées. Le poids du minerai préparé s'élève à 3,000 tonnes, dont plus de la moitié est fournie par le Gard, qui à lui seul compte sept mines en activité.

MINES D'ARGENT. — A part quelques gisements peu nombreux, tels que ceux de Chalanches (Isère), et de Melles (Deux-Sèvres), qui, mis en exploitation à diverses reprises, sont aban-donnés aujourd'hui, l'argent est généralement associé aux minerais de plomb, de cuivre, quelquefois avec le zinc et l'antimoine. Celui que fournissent les mines françaises pro-vient donc de celles de ces divers métaux.

MINES D'OR. — L'ancienne Gaule était célèbre par la production de l'or, et le nom d'aurières que portent plusieurs localités rappelle le souvenir d'anciennes exploitations de ce métal. Le plus souvent l'or s'extrayait des sables de diverses rivières par le procédé de l'orpaillage. La Jordane, le Rhône, l'Arve, le Gier, l'Ariège, la Garonne étaient très renommées sous ce rapport ; actuellement, cette industrie ne donne que des pro-duits insignifiants. A diverses époques, on a aussi retiré de l'or de plusieurs minerais d'étain, de cuivre, d'arsenic, de zinc ou de plomb ; on a également travaillé de véritables mines d'or à Isturitz (Basses-Pyrénées), à Saint-Martin-la-Plaine (Loire), etc. Dans ces derniers temps, on a annoncé que deux filons d'or d'une certaine importance avaient été découverts, l'un vers la limite des communes de Tignes et de Sainte-Foy, l'autre dans les montagnes de Bourg-Saint-Maurice, sur les berges du torrent Arbonne (Savoie). L'or n'est pas rare dans les Alpes, le principal est de savoir si, là où l'on en signale la présence, il s'en trouve en quantité suffisante pour donner lieu à une exploitation utile.

MINES D'ANTIMOINE. — L'antimoine sulfuré a des gisements plus ou moins importants dans soixante-quinze localités ; les principaux se trouvent dans l'Allier, l'Ardèche, l'Aude, l'Aveyron, la Corse, la Creuse, le Cantal, le Gard, la Loire, la Haute-Loire, la Lozère et le Puy-de-Dôme. Depuis 1864, l'exploitation n'a été régulière que dans trois départements ; aujourd'hui, onze mines sont exploitées en Corse, dans la Corrèze, le Cantal, la Vendée et la Haute-Loire ; elles donnent 1,632 tonnes.

MINES DE MANGANÈSE. — On connaît une quarantaine de gisements où le manganèse se trouve à l'état de peroxyde, et qui sont situés dans les départements de l'Allier, de l'Ariège, des Alpes-Maritimes, de l'Aude, du Cher, de la Dordogne, de la Haute-Garonne, de la Haute-Saône, de la Haute-Savoie, des Hautes-Pyrénées, de l'Hérault, de la Mayenne, du Rhône, de Saône-et-Loire et du Tarn. L'exploitation a lieu dans Saône-et-Loire, l'Aude, les Hautes-Pyrénées et l'Allier ; huit mines produisent 13,700 tonnes, dont près des neuf dixièmes sont tirés de mines de Romanèche et de Grand-Filon (Saône-et-Loire).

MINES DE NICKEL ET DE COBALT. — Le nickel et le cobalt ne paraissent exister que sur une douzaine de points ; le cobalt abonde surtout dans les mines d'argent des Vosges et de l'Isère. On le trouve aussi dans la Dordogne et les Hautes-Pyrénées. Quant au nickel, c'est dans l'Isère qu'il est le plus répandu ; sa présence a été également signalée dans la Savoie, dans le Cantal et les Pyrénées. Les minerais de ces métaux ne figurent pas dans les statistiques officielles depuis 1869.

MINES DE MERCURE. — Il y a en France quelques gisements qui ont été exploités anciennement, celui de Ménildot (Manche), par exemple, qui a été définitivement abandonné en 1870 ; les autres gisements se trouvent à Faybillot (Haute-Marne), à Saint-Arey (Isère), dans des terrains aux environs de Montpellier ; enfin, le mercure a été découvert en 1877 dans les eaux minérales de Saint-Nectaire (Puy-de-Dôme).

MINES DE BISMUTH. — Jusqu'à présent, on n'a guère signalé le bismuth qu'aux environs d'Arles (Pyrénées-Orientales), à

Melles et dans la montagne de Raze (Haute-Garonne), et près de Meymac (Corrèze); il n'est l'objet d'aucune exploitation suivie.

MINES DE PYRITES. — La plupart des gisements pyriteux qui existent en France n'ont aucune valeur industrielle; deux seulement font exception et c'est à eux que s'adressent presque tous nos fabricants de produits chimiques. On les appelle, l'un groupe du Rhône, l'autre groupe du Gard et de l'Ardèche, du nom des départements où ils se trouvent. La surface du groupe du Rhône, qui a plus de 40 kilomètres carrés, ne présente que deux concessions d'une étendue à peu près égale; il ne se compose également que de deux gisements; celui de Sain-Bel, dit aussi du Sourcieux, sur la rive droite de la Brevenne, et celui de Chessy sur la rive gauche de la même rivière. Ces gisements se développent parallèlement à la Brevenne, en suivant une direction sud-ouest-nord-est; depuis quelque temps, l'exploitation est concentrée dans le groupe de Sain-Bel. Elle s'y divise en deux régions séparées par un étranglement stérile, et dans l'une desquelles le minerai est riche à 46 % de soufre, tandis que, dans l'autre, cette richesse s'élève jusqu'à 50 et même 53 %. Le second groupe se compose d'un assez grand nombre de gisements qui s'allongent, dans les départements du Gard et de l'Ardèche, suivant une ligne droite, dont l'orientation est la même que celle des gisements du Rhône; on y a établi douze concessions. Les gisements les plus importants du Gard sont ceux de Saint-Julien, de Valgalgnes et du Soulier, dans l'arrondissement d'Alais, qui fournissent un minerai riche à 40 ou 45 % de soufre. Dans l'Ardèche on cite celui de Soyons dont la pyrite renferme de 40 à 50 % de soufre. La production de la France en pyrites est de 180,000 tonnes.

ARSENIC. — Les gîtes arsenifères qui peuvent exister en France n'ont donné lieu jusqu'à présent qu'à deux concessions distinctes; la première appelée Baubertie, d'une contenance de 54 hectares, est comprise en entier dans la commune d'Auzat-le-Lugnet (Puy-de-Dôme); l'autre dite des Espeluches, d'une contenance de 499 hectares, s'étend sur la commune de Saint-Martin-d'Ollière (Puy-de-Dôme), et sur celle de Saint-Hilaire

(Haute-Loire). Toutes les deux fournissent du mispickel, dont le chiffre de production n'est pas connu.

Soufre. — Le soufre n'est pas inconnu en France, mais il y forme des dépôts sans importance ; jusqu'à présent une seule mine a été l'objet d'une concession, c'est celle des Tapets (Vaucluse) ; le soufre y imprègne une couche de calcaire marneux, ayant une épaisseur moyenne de 0^m50, et une teneur de 20 à 25 % de soufre. Des travaux y ont été exécutés d'assez bonne heure, mais les résultats ne figurent dans les statistiques officielles que depuis 1870. La production annuelle est de 4,000 à 5,000 tonnes. A Barjac (Gard), où le lignite est ordinairement accompagné de soufre, ce dernier se trouve quelquefois en quantité assez grande pour qu'on puisse le recueillir et l'employer au soufrage des vignes.

Salines. — Le nombre des *marais salants* exploités, leur importance, le chiffre de leur rendement, sont soumis, comme les autres branches de l'industrie minérale, à des fluctuations perpétuelles ; ils présentent une superficie de 18,000 hectares. On travaille dans douze départements, dont sept sur les côtes de la Méditerranée, et cinq sur celles de l'Atlantique ; le poids brut du sel récolté s'élève à quatre cent cinquante mille tonnes. Les *mines de sel* les plus importantes de notre pays se trouvent dans l'ancienne Lorraine, où elles font partie de cette magnifique zone de terrain salifère, qui se développant dans la vallée de la Seille, depuis les environs de Dieuze jusqu'au delà de Vic, présente sur certains points une épaisseur de sel de 65 mètres. Sur la portion de ce terrain qui est restée française, et qui fait partie du département de Meurthe-et-Moselle, on a établi onze concessions d'une superficie de 5,287 hectares, dont les sièges sont à Art-sur-Meurthe, Dombasles, Pont-Saint-Phlin, Portieux, Rosières-aux-Salines, Saint-Nicolas, Sainte-Valdrée, la Sablonnière, Saint-Laurent, Crevic et Sommerviller. D'autres dépôts, d'une valeur moindre, existent sur plusieurs points de notre territoire ; les principaux sont compris dans les concessions suivantes : Châtillon-le-Duc, Miserey (Doubs), Gouhenans, les Epoisses, Melecy-Fallou (Haute-Saône), Grozon, Salins, Montmorot (Jura), Dax, Lescourre (Landes), Larralde (Basses-Pyrénées), Gausseraing

(Ariège). La production dépasse 300,000 tonnes par an.

Les *sources salées* sont abondantes, mais, sauf celles qui accompagnent la presque totalité des mines de sel gemme, quelques-unes seulement ont été l'objet de travaux sérieux. Celles qui ont donné lieu à des concessions distinctes se trouvent dans les départements de l'Ariège et des Basses-Pyrénées. L'Ariège n'en a qu'une qui a son siège à Camarade; les Basses-Pyrénées en renferment douze; ce sont les concessions de Briscous, de Gartiague, d'Elichaque, de Larralde, de Lardenavy, de Lascalde, de Saltharix, de la Tuilerie, d'Urcuit, de Villefranque, d'Oraas et de Saliès.

BITUMES. — On connaît des gisements de matières bitumeuses dans une quinzaine de départements; sur quelques points, comme à Gabion (Hérault), au Puy-de-la-Poix (Puy-de-Dôme), ce bitume visqueux et liquide coule des fissures du sol, et forme des espèces de sources. Partout ailleurs, il imprègne des roches diverses, particulièrement des calcaires, des schistes argileux ou des grès. Les concessions établies atteignent quatre-vingts avec une superficie de plus de 227 kilomètres, mais la plupart n'ont pas été travaillées d'une manière sérieuse; les plus importantes ont leurs sièges à Pyrimont-Seyssel, Forens (Ain); Igornay, Poisot, le Ruet, Hauterive, Ravelon, Dracy, Surmoulin (Saône-et-Loire); Chavaroche (Haute-Savoie); Malintrat, Pont-du-Château, Lussac (Puy-de-Dôme); Bastennes, la Bourdette (Landes); Boson, la Madeleine, Auriasque (Var); Buxière-la-Grue, Saint-Hilaire, les Plamores (Allier); le Bois-d'Asson, la Chabanne, les Plaines (Basses-Alpes); Vagnas (Ardèche); Servas, Cauvas, Saint-Jean-de-Maruéjols (Gard). Il n'y a que vingt-sept mines qui travaillent, donnant 179,000 tonnes, consistant en 149,200 tonnes de schistes, 24,200 tonnes de calcaire, 2,200 tonnes de sable bitumeux, et 3,700 tonnes de boghead. Le département de Saône-et-Loire fournit la majeure partie des schistes et tout le boghead, tandis qui la Haute-Savoie donne le calcaire asphaltique.

PHOSPHATE DE CHAUX. — Le nombre des gîtes reconnus en France dépasse une centaine, disséminés dans plus de quarante départements, mais beaucoup ne sont pas exploités; il y en a soixante-quinze de nodules, dix-neuf de phosphorite et six seulement d'apatite. Leur richesse en acide phosphorique varie de 9 à 28 % dans les nodules, de 20 à 39 % dans la phosphorite, et est d'environ 41 % dans l'apatite. Les gîtes actuellement exploités d'une manière régulière se rattachent à quatre groupes ; celui de la Meuse et des Ardennes qui, outre les départements ainsi nommés, comprend celui de la Marne ; celui du Quercy, qui se compose des départements du Lot, de Tarn-et-Garonne et de l'Aveyron ; celui du Boulonnais, qui renferme divers cantons des départements du Nord, du Pas-de-Calais et de la Somme ; celui de la Côte-d'Or, qui est formé de ce département, et de lambeaux de plusieurs départements voisins. En 1867, époque à laquelle l'extraction n'existait que dans les Ardennes, la Meuse et la Marne, elle n'était que de 24,000 tonnes ; elle s'est bien développée depuis, et atteint aujourd'hui 150,000 tonnes, chiffre que les diverses exploitations ouvertes cette année à Beauval (Somme) tendront à faire augmenter d'une façon sensible.

BAUXITE. — A été trouvée en Provence et en Languedoc ; le dépôt le plus important forme en Provence des gîtes isolés, mais assez nombreux, qui sont alignés suivant une zone de plus de 150 kilomètres de largeur, dont l'une des extrémités est dans le voisinage de Tarascon, tandis que l'autre extrémité aboutit près d'Antibes. Elle est actuellement exploitée sur trois points (Var, Hérault, Bouches-du-Rhône), et produit environ 12,000 tonnes.

ALUNITE. — A donné lieu en France à cinq concessions dont deux sont dans le Puy-de-Dôme (Madriat et le Mont-Dore), deux dans l'Aveyron (Fontaynes et Saint-Georges de Luzençon), et une dans le Tarn (le Martinié). La plus importante et la seule exploitée est celle de Madriat, qui a une superficie de 1,433 hectares ; elle ne date que de 1876, et fournit environ 1,500 tonnes.

PLOMBAGINE. — Il en existe quelques gîtes en France, mais sans importance, formant cinq concessions, dont trois dans les Hautes-Alpes (le col du Chardonnet, la Côte-Péallas, Fréjus), une dans l'Indre (Erguzon) et une dans l'Aveyron (Trémouilles). Une mine est exploitée, mais d'une manière intermittente, c'est une de celles des Hautes-Alpes, qui donne quelques tonnes de graphite.

MINES DES COLONIES. ALGÉRIE. — Peu de pays renferment autant de gîtes minéraux que l'Algérie. Les *minerais de fer* sont des fers oxydulés magnétiques, des hématites rouges et plus rarement des oligistes. L'extraction a son siège principal dans le département de Constantine, à la mine d'Aïn-Makhra, plus connue sous le nom de Mokta-el-Hadid ; située à 29 kilomètres du port de Bône, auquel la relie un chemin de fer à voie étroite, cette mine fait partie d'un district métallifère qui, par son étendue et sa richesse, peut être comparé aux plus célèbres de l'Europe. Mise en travail de très bonne heure, elle n'a commencé à produire sérieusement qu'en 1865 ; elle fournit 62 °/₀ de fer magnétique aussi pur que celui de Suède et qu'on exporte dans le monde entier. La production dépasse 350,000 tonnes par année. Tout près d'Aïn-Mokhra, deux autres mines de fer oxydulé sont exploitées, mais sur une échelle encore faible, l'une, celle des Kharezas, par la compagnie de Mokta-el-Hadid, l'autre, celle d'El-Mekimer, par la compagnie des hauts-fourneaux de Chasse (Isère). Dans le département d'Alger, on exploite au Djebel-Zoccar, au Djebel-Temoulga, à l'Oued-Messelmoun, à l'Oued-Rouïna, à Soumah, aux Gouraïas, à Aïn-Sadouna, des minerais qui y sont le plus souvent de l'hématite ou de l'oligiste ; l'extraction ne dépasse pas 60,000 tonnes. Dans le département d'Oran, on extrait du minerai de fer sur quatre points seulement, tous situés aux environs d'Aïn-Temouchent, savoir : chez les Beni-Saf, à Teni-krent, au Djebel-Aouaria et à Lazout. La production est de 314,000 tonnes dont une grande partie vient des minières de Beni-Saf, sur la rive droite de la Tafna. Plusieurs gîtes peu ou point exploités sont ceux de la Meboudja, de Bou-Hamra, de Filfilah, du Djebel-Rascoul, du Djebel-Anini (Constantine), de l'Oued-Christiou, des Attafs (Alger), du Djebel-Orousse, du Djebel-Haouraria, de Sidi-Safi, de Bab-Mteurba, de Sidi-Jacoub (Oran).

Il existe des *minerais de cuivre* dans plus de quarante localités ; mais les gisements ne sont pas très importants. Le métal s'y trouve à l'état de cuivre pyriteux, de cuivre gris, de cuivre carbonaté, de cuivre oxydé ; il est souvent accompagné de plomb, de zinc ou d'argent. A diverses époques, plusieurs de ces gîtes ont été l'objet de travaux plus ou moins sérieux ; tels sont ceux d'Aïn-Barbar, de Mouzaïa, de l'Oued-el-Kébir, de l'Oued-Allelah, de l'Oued-Taffilès, des Beni-Aquil ; le premier à 20 kilomètres de Bône et tous les autres dans les montagnes du département d'Alger. Un seul gîte est actuellement exploité, c'est celui d'Aïn-Barbar, près de Bône. Les mines de cuivre de l'Algérie donnent 15,000 tonnes de minerai, y compris des minerais complexes.

Les *minerais de plomb* sont très abondants ; ils se présentent presque toujours à l'état de galène argentifère associée au cuivre ou au zinc. Quatre gîtes seulement sont exploités comme mines de plomb, ce sont ceux de Kef-oun-Teboul et du cap Cavallo (Constantine) et de Gar-Rouban et de Tazout (Oran). Les mines de Kef-oun-Teboul, appelées mines de la Calle, produisent annuellement 2,000 tonnes ; les autres produisent peu. Parmi les gisements non exploités, ceux de Taguelmont, près de Sétif, et de Forer, non loin de Batna, méritent une mention particulière.

Des *minerais de zinc* ont été reconnus dans une dizaine de localités ; le métal s'y présente à l'état de calamine ou de blende plus ou moins plombifère ; les gîtes exploités sont au nombre de six et se trouvent à Aïn-Arko, Hamman-Nibaïl (Constantine), Sakhamoudi, Guéronna (Alger), Oued-Maziz, Djebel-Filhaoucen (Oran). L'extraction annuelle n'est que de 500 tonnes.

Dans le département de Constantine, on trouve du *mercure* et de *l'antimoine;* ces deux métaux se trouvent souvent dans le même minerai où l'antimoine est parfois remplacé par le plomb. Les gîtes les plus importants sont ceux d'El-Hamimat à 48 kilomètres de Guelma, et celui de Ras-el-Ma à 24 kilomètres de Philippeville. Le premier fournit de l'oxyde d'antimoine et du cinabre ; le second, qui est une mine de mercure proprement dite, donne du cinabre dont la richesse s'élève jusqu'à 27 %. Ces deux gîtes ont été travaillés pendant plusieurs années, ainsi que ceux de l'Oued-Noukhal, du Djebel-Greïer, du Djebel-Saïefa, du Djebel-Taïa et de Taghit-ksar-el-Outani. La production est de 2,000 tonnes.

Outre le voisinage de la mer, dont l'exploitation est rendue des plus faciles par l'activité des rayons solaires, l'Algérie renferme vingt-six lacs salés ou salines naturelles, vingt-trois sources salées et sept mines de sel gemme. Les lacs salés ont une superficie de 645,944 hectares, mais quelques-uns seulement sont exploités; il en est de même de la plupart des sources et des mines. La production est de 1,600 tonnes de sel gemme et de 14,000 tonnes de sel marin.

Malheureusement, l'Algérie est dépourvue de combustibles minéraux: on connaît cependant deux gîtes d'*anthracite*, au cap Lindess et à la montagne des Lions (Oran); un gîte de houille maigre à Bou-Sâada. On a également découvert des dépôts de *lignite* dans les départements d'Alger et d'Oran; la présence de *matières bitumeuses* a été signalée sur quelques points, notamment dans le Ferdjiona, ainsi que des sources de *pétrole* peu abondantes dans le Dahra. Enfin, l'on connaît trois gîtes de *soufre* ou de *pyrites de fer* aux environs de Boghar, de Tènes et de Djidjelli, et un bel affleurement d'*alunite*, près de Fondouk. La mine de soufre d'El-Quebrita, à 20 kilomètres de Boghar, a été travaillée autrefois par l'émir Abd-el-Kader.

Nouvelle-Calédonie. — Si l'on en excepte le fer et la houille qui n'ont pas grand intérêt jusqu'à présent, les richesses minérales de cette île n'ont été fournies jusqu'à présent que par l'or, le cuivre et le nickel. Les dépôts de *houille* forment une bande de terrain qui, allant du nord au sud, part des environs d'Ourail, sur la côte ouest, et va s'arrêter au Mont-d'Or. On y a reconnu plusieurs étages de couches d'une assez grande étendue, mais les travaux, abandonnés après peu de temps, n'ont pu donner une idée un peu exacte de l'allure de ces couches, de leur continuité en profondeur et de la quantité de charbon qu'elles renferment. Le *fer* se présente presque exclusivement à l'état de fer chromé; ce minerai a ses principaux gisements dans le pays compris entre le Mont-d'Or et Yaté. En 1881, une compagnie anglaise, formée en Australie, a commencé l'exploitation de plusieurs des trente-quatre mines déclarées. La présence de l'*or* a été signalée, dès 1860, par le père Montrouzier; toutefois, le premier gîte susceptible d'être exploité ne fut découvert qu'en 1871, près de Manghine; le métal se présente à l'état natif, dans un filon de quartz carié ferrugineux, au milieu de schistes ardoisiers et l'épaisseur de la formation varie de un mètre à 1m50. Plusieurs exploitations furent ouvertes dans cette mine et abandonnées peu après et aujourd'hui la Nouvelle-Calédonie ne produit plus d'or ; cependant des explorations nombreuses et répétées ont appris que ce métal existe dans presque tous les cours d'eau, et il est probable que dans la vallée du Diahot de nouvelles tentatives aboutiraient à de meilleurs résultats.

Ce sont des chercheurs d'or qui, en 1872, ont découvert les premiers gîtes de *cuivre* ; plusieurs des filons que l'on connaît sont d'une grande étendue et constituent la mine de Balade et les mines situées dans le bassin du Diahot et dans celui du Koumac. A Balade, on travaille une masse de 15 mètres de puissance dont une longueur de 10 mètres est exclusivement composée de cuivre panaché ; le même minerai paraît dominer dans le bassin de Koumac, mais il est moins riche. Une autre mine, celle de Boinoumale, à Koumac, n'en est encore que dans la période des recherches. Toutes les autres, au nombre de plus de trente, ont été abandonnées après quelques travaux entrepris à l'origine de la découverte.

Le *nickel* a été découvert, en 1863, en Nouvelle-Calédonie, par M. J. Garnier ; il s'y rencontre à l'état de silicate ne contenant pas de cobalt et ce minerai, nouveau dans la série minéralogique, a reçu le nom de garniérite. Sauf un point où il est essentiellement pur, il est uni à une gangue ferrugineuse ou quartzeuse ; dans cet état, il est très abondant dans les roches serpentineuses de l'île, qu'il recouvre sous forme d'enduit ou dont il remplit les vides. Toutefois, dans plusieurs localités, notamment à Honaïlou, à Boa-Kaïné, à Claims-Kanala, à Border-Chief, des affleurements riches permettent d'affirmer l'existence d'autant de filons réguliers dont la puissance varie de 1 à 3 mètres. Quand le nickel sera plus employé qu'il ne l'est dans l'industrie, l'exploitation des silicates nickélifères néo-calédoniens deviendra une des principales sources de revenu de la colonie.

Guyane. — Le sol de la Guyane renferme dans une roche d'agrégation appelée roche à ravets, et sur laquelle repose la terre végétale, plusieurs minerais de fer, de cuivre, de platine et d'argent, mais l'*or* est le seul métal qu'on y exploite; il se trouve en grains plus ou moins volumineux, dans les terres d'alluvion qui, aux époques géologiques, ont été entraînées dans les ravins et en général dans les lieux bas où aboutissent des cours d'eau. C'est en 1853 et dans l'un des affluents de l'Appronague, que la présence de l'or fut signalée à la Guyane pour la première fois; les recherches s'étendirent peu à peu aux quartiers de Boura et de la Comté et aux bassins de Sinnamary, du Kourou et de la Mana. Le nombre des concessions dépasse cent soixante-douze et la production 2,000 kilogrammes déclarés en douane.

Saint-Pierre et Miquelon. — Il existe dans ces îles des dépôts de *pyrites de fer* abondants et environ 800 hectares de *tourbières*, dont les habitants ne tirent aucun parti et dont les produits pourtant sont de qualité exceptionnelle; la tourbe ne contient que 4 $^0/_0$ de cendres et donne par carbonisation 70 $^0/_0$ d'un charbon particulièrement propre aux machines qui réclament une haute température et une flamme très longue.

La Réunion. — On a signalé sur les côtes de cette île plusieurs gîtes de sable *ferrugineux titané;* les plus importants se trouvent sur la partie du littoral comprise entre Saint-Leu et l'Étang-Salé, où ils sont formés par les apports constants de la mer. Ces sables contiennent 80 à 85 $^0/_0$ d'oxyde de fer attirable à l'aimant, facile à extraire au moyen des trieurs mécaniques et donnant 50 à 55 $^0/_0$ de fer métallique.

Tonkin. — Cette partie de l'Indo-Chine peut être regardée comme une des contrées les plus favorisées du globe; l'or, l'argent, le fer, le cuivre, le zinc, le plomb, l'étain, le bismuth, les pierres précieuses, la houille y abondent ainsi que dans les contrées voisines, Cambodge, Annam, Cochinchine, Laos, etc. Toutefois, jusqu'à présent, les substances industriellement utilisables, parce qu'elles se trouvent près des ports d'embarquement, se réduisent à trois seulement : la houille, le fer et l'or; les autres, notamment le cuivre, le zinc et l'étain, n'existent qu'à de grandes distances dans l'intérieur des terres. La figure 6 représente la carte géologique du Tonkin. La *houille* y forme une bande presque continue qui s'étend sur une longueur de 111 kilomètres, presque parallèlement à la côte; le point le plus occidental connu se trouve à Lang-Son, d'où l'on peut suivre le bassin, soit par les affleurements du terrain houiller, soit par les bords inclinés de la cuvette de calcaire carbonifère jusqu'à Quang-Yen et de là jusqu'à la baie de Hon-Gâc. A l'est de cette baie, les puissantes couches de houille qui affleurent en de nouveaux points, ont conduit à explorer la rive nord de la baie de Faïtzi-Long, tout le long de laquelle se trouvent des affleurements du terrain houiller. Au nord-est de Cua-Pha, le bassin est coupé par un pli de calcaire carbonifère, dirigé N. 15° à 20° O. au delà duquel il reparaît dans sa direction primitive et forme un petit bassin secondaire, de dimensions moindres, qui contient les nombreux affleurements de Ké-Bao. Plus au nord-est encore, le terrain houiller est masqué par les lagunes de Cua-Shi-Mou qui paraissent le limiter dans cette direction. La surface de ce bassin houiller est occupée par des collines de faible hauteur, atteignant 200 à 300 mètres; d'après M. Fuchs, il serait imprudent de foncer des puits profonds qui seraient placés tout à la fois dans le voisinage immédiat de la mer et du thalweg des vallées. Les régions houillères les mieux connues sont les bassins de Hon-Gâc et de Ké-Bao; ceux de Nong-Son sur le fleuve de Tourape n'ont pas été l'objet d'une exploration aussi complète.

Le *bassin de Hon-Gâc* s'étend sur une longueur de 10 kilomètres environ de l'est à l'ouest et sur une largeur de 8 kilomètres du nord au sud; il paraît s'appuyer sur une faille ou sur un pli de calcaire marbré parallèle à la baie de Hâ-Lo. Cette muraille de rochers calcaires forme également la limite nord de la baie de Hon-Gâc, mais au delà on retrouve le bassin houiller affleurant au pied de la grande chaîne dont la crête sert de limite entre la Chine et le Tonkin. Dans toutes les autres directions, le bassin de Hon-Gâc est entouré par la mer. On rencontre dans ce bassin un grand nombre d'affleurements dont seize ont pu être rapportés à trois groupes de couches; les groupes Carabine, Massue et Hamelin. Le *groupe Carabine* est visible seulement après la grande Fosse, sur la rivière de Hon-Gâc; la coupe montre des épaisseurs de houille de 0ᵐ75

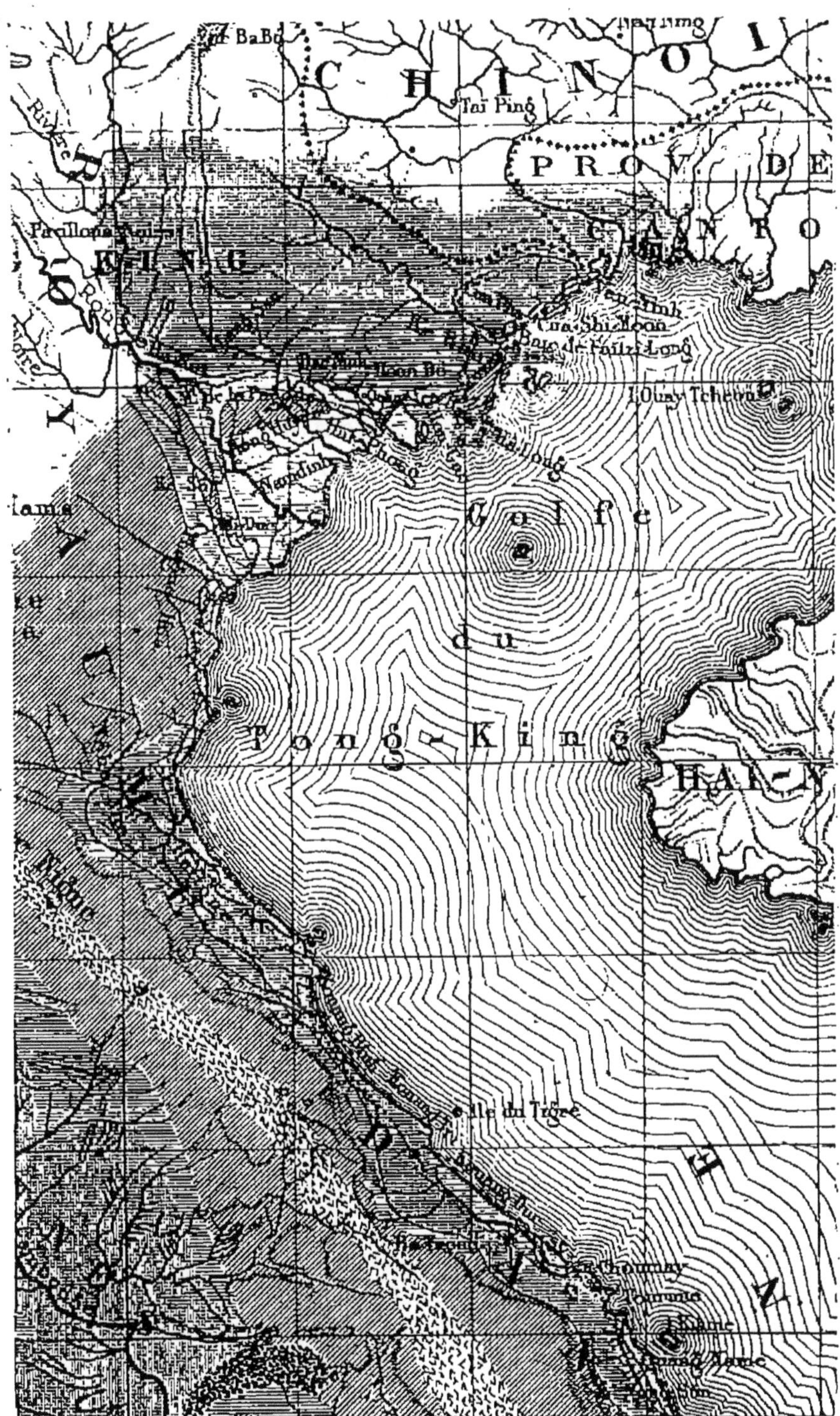

Fig. 6. — Carte des mines du Tonkin

1m65, 0m30 et 0m85 ; les trois dernières couches peuvent être exploitées simultanément. Le *groupe Massue* peut être suivi sur une longueur de 3 kilomètres ; il est séparé du précédent par une épaisseur de 150 à 200 mètres de grès schisteux et il présente des épaisseurs exploitables variant de 2 mètres à 2m50. Comme cubage, la partie exploitable au-dessus du niveau de la mer est évaluée à un minimum de 72,000 tonnes. Le *groupe Hamelin*, le plus important de tous, comprend la mine Henriette et la mine Jauréguiberry ; il s'étend entre ces deux mines sur une longueur de plus de 2 kilomètres et se compose d'un groupe de couches importantes dont les épaisseurs totales exploitables varient entre 6 et 12 mètres ; il fournirait 850,000 tonnes de houille dans la partie située au-dessus du niveau de la mer.

Le *bassin de Ké-Bao*, entouré par la mer et sur deux côtés par des roches de calcaire carbonifère, occupe une superficie d'environ 180 kilomètres carrés ; les affleurements connus sont situés sur les bords d'une rivière à environ 4 kilomètres du rivage, et forment cinq couches constituant une bande de 300 mètres de largeur. Ces gisements qui sont recouverts de forêts impénétrables n'ont pas pour le moment grand intérêt.

Le *bassin de Nong-Son* (Annam) est moins connu que les précédents ; l'accès n'en est d'ailleurs facile qu'à l'époque des hautes eaux. Une couche d'anthracite y est exploitée par un Chinois.

Les charbons du Tonkin appartiennent à quatre catégories : 1° une houille maigre ou faiblement demi-grasse, à courte flamme, provenant des mines Jauréguiberry et Henriette ; 2° une houille un peu moins maigre provenant de la mine Marguerite dans le même bassin ; elle pourra fournir un bon charbon de forge ; 3° une houille sèche à longue flamme, venant des couches de Ké-Bao. Ce charbon très gazeux contient une quantité notable d'eau et de cendres ; 4° une houille fournie par le gîte de Ha-Tou, très chargée en gaz. En résumé, les charbons du Tonkin, tant par leur composition chimique que pour les résultats qu'ils ont donnés à l'essai industriel, paraissent aptes à entrer pour une part très importante dans l'approvisionnement des marchés maritimes de l'extrême Orient.

La seconde des matières utilisables de l'Indo-Chine est le *fer* ; seul le gîte de Ph'nom-Deck, au Cambodge, semble susceptible d'une exploitation immédiate. Il se compose d'un mélange de fer oligiste, de fer spathique et d'hématites ayant une teneur moyenne de 50 à 55 % de fer avec des traces de soufre et de phosphore, en présentant une masse visible de plus de 3 millions de tonnes.

La troisième richesse minérale du sol de l'Indo-Chine est l'*or* ; le fleuve Rouge avec ses deux affluents, la rivière Noire et la rivière Claire, et surtout le Mé-Kong sont depuis des siècles connus par la richesse de leurs alluvions. Sur le Mé-Kong, les localités reconnues comme aurifères sont nombreuses et on a fait des recherches dans la région où le fleuve traverse la petite chaîne de Compong-Swai ; ces recherches ont donné des résultats très variables, accusant exceptionnellement des richesses de 15 et même de 20 grammes d'or par tonne. Les grès et les schistes forment dans la province de Mi-Duc une série de bombements constitués par des collines aux formes arrondies et surmontées par les gigantesques escarpements de calcaire-marbre. Ils sont recoupés par de nombreux filons de quartz translucide, tantôt compact, tantôt carié, et qui contient de l'or natif sous forme de couches généralement à peine perceptibles. Les fragments de ce quartz, qui est la roche la plus résistante de la contrée, s'accumulent dans le thalweg des cours d'eau et se retrouvent dans les alluvions de tout âge qui occupent le fond des vallées. L'imperméabilité de ces dernières fait que l'on y trouve même pendant la saison sèche de nombreux petits cours d'eau qui fournissent un auxiliaire précieux pour l'examen des alluvions, et qui permettraient sans doute d'en poursuivre l'exploitation pendant la plus grande partie de l'année.

M. Fuchs a parcouru trois des grandes dépressions situées aux environs de Mi-Duc ; il a fait faire dans chaque cours d'eau de nombreuses battées, en prenant indistinctement les sables alluviaux et les terres limoneuses de la surface. La presque totalité de ces battées a été productive et a donné une proportion plus ou moins considérable de paillettes d'or, souvent à peine visibles à l'œil nu.

Nous pouvons résumer la production annuelle de la France et de l'Algérie sur le tableau suivant :

SUBSTANCES	PRODUCTION en MILLIERS DE TONNES.	VALEUR en MILLIERS DE FRANCS.	NOMBRE DES EXPLOITATIONS.	NOMBRE TOTAL d'ouvriers.
FRANCE				
Combustibles minéraux....	19.362	246.687	336	107.200
Tourbe...................	248	2.755	867	29.000
Asphalte, schiste bitumineux	144	1.023	24	660
Minerais de fer...........	2.874	14.909	284	8.040
Pyrite de fer et soufre.....	133	2.114	8	620
Minerais métalliques.......	53	4.690	58	4.390
Sel gemme................	333	11.814	23	250
Marais salants...........	367	6.749	422	8.800
Total pour la France...	23.514	290.711	2.022	158.960
ALGÉRIE				
Minerais de fer...........	614	6.718	15	2.910
Minerais métalliques.......	15	1.506	11	990
Sel gemme................	16	54	7	»
Marais salants...........	19	42	16	»
Total pour l'Algérie...	664	8.380	49	3.900
Total général.........	24.178	299.091	2.071	162.860

CHAPITRE VII

RECHERCHES DE MINES

Il y a lieu dans la recherche des gîtes minéraux de distinguer deux circonstances fondamentales, suivant que la masse affleure au jour ou qu'elle est entièrement dissimulée sous des morts-terrains. Dans ce dernier cas, il n'existe qu'une seule manière de révéler sa présence : c'est le sondage que nous décrivons plus loin en nous attachant pour le moment de préférence aux gîtes qui se trouvent en contact avec l'extérieur sur une certaine partie appelée *affleurement*. C'est naturellement cette partie qui attirera l'attention des explorateurs, soit qu'il s'agisse de recherches méthodiques conduites avec toutes les ressources de la science, ou, au contraire, d'une rencontre purement fortuite. Les *indications générales* fournies par les études géologiques pour la découverte des gîtes métallifères sont plutôt négatives que directes, c'est-à-dire qu'elles se bornent à indiquer les points où les gîtes peuvent exister. Ces premiers indices sont déjà précieux, car ils impriment aux recherches une marche normale rationnelle ; mais lorsqu'on est assez avancé dans l'étude géologique d'un district métallifère, pour bien apprécier toutes les circonstances du gisement des minéraux qu'on recherche, ces indications deviennent bien plus positives et plus utiles.

Ainsi, l'exploration détaillée de la *constitution géologique* d'une contrée indique non seulement les terrains où peuvent se rencontrer les gîtes métallifères, mais encore les parties de ces terrains où il y a plus de chance de les trouver. Un premier principe consiste dans la constance de l'ordre de superposition des terrains qui constituent l'échelle classique de composition de l'écorce terrestre d'origine sédimentaire. Toutefois, cet indice doit être tenu seulement pour un guide précieux, mais non pour un axiome, car il peut arriver que des accidents détruisent cette superposition. Les théories géologiques viennent encore en aide aux explorations pour conclure avec une certaine probabilité de la découverte d'un premier gisement à la présence de gîtes similaires dans un certain rayon ; un principe général est celui du prolongement des gîtes dans leur propre plan. Un principe analogue est celui du parallélisme des gîtes.

INDICES MINÉRALOGIQUES. — La connaissance exacte des *caractères minéralogiques* des gangues est de la plus grande utilité lorsqu'on se borne à l'étude d'une contrée géologique bien définie. Dans certains districts, le spath-fluor, le sulfate de baryte, plus souvent encore certains quartz compacts, cristallins ou cariés, conduisent aux gîtes métallifères. D'autres fois, certains minerais communs et servant eux-mêmes de gangues amènent à la découverte de minerais plus rares ; le fer spathique, hydroxydé, la pyrite de fer sont souvent les signes précurseurs de l'or, de l'argent, de la pyrite cuivreuse ; les sources salées indiquent le voisinage de formations de chlorure de sodium ; les fontaines de gaz hydrogène carboné décèlent la présence des gîtes de pétrole, de houille, parfois de sel gemme. Des eaux ocreuses indiquent des gîtes de fer, la plupart du temps sans valeur, des gouttelettes de mercure celui d'un gisement de cinabre. C'est ainsi que la présence d'un peu de mercure natif dans les eaux d'une fontaine a révélé, en 1497, l'existence du beau gîte d'Idria (Carniole). En un mot, les indices souvent les plus insignifiants en apparence, tels que la texture des roches, leur couleur, la structure des couches, peuvent fournir des données importantes pour ces sortes de recherches.

Ce n'est, d'ailleurs, pas au hasard que l'on dirigera sur le terrain les excursions destinées à rechercher ces fragments ; on suivra de préférence les thalwegs et le lit des ruisseaux, les sillons tracés sur les flancs des montagnes par les eaux torrentielles. Ces surfaces, couvertes de galets et de sables, présentent, en effet, le résumé des caractères minéralogiques de celles qui sont soumises à l'action des eaux ; le sable d'un torrent soumis au lavage indique-t-il l'existence de quelques parcelles de minerais, trouve-t-on quelques galets de leurs gangues habituelles, en remontant le lit de ce torrent, les parcelles deviendront plus distinctes, les galets plus gros et plus nombreux. A chaque affluent, il sera essentiel de répéter les recherches pour vérifier de quel côté ces indices éloignés auront été charriés ; puis, remontant vers leur point de départ, on verra les fragments caractéristiques croître en nombre et en volume jusqu'à ce qu'on soit conduit à des indices directs, c'est-à-dire aux affleurements des gangues ou des minerais qui auront été les points de départ des indices éloignés. Une fois amenées sur des affleurements, les études minéralogiques peuvent prendre plus de développement et fournir des données plus précises sur la valeur du gîte.

INDICES GÉOLOGIQUES. — Ces indices pour la recherche des mines n'ont pas une valeur absolue ; ils ne sont réels que dans les districts circonscrits, hors desquels ils changent de nature. On ne peut en tirer parti qu'après une longue expérience. Il est d'autres indices dont il faut encore ne tirer quelque conclusion qu'avec la plus grande prudence, ce sont ceux que fournissent la tradition et l'existence de travaux anciens. Les *indications archéologiques* consistent dans les traces de toute nature qu'auront pu laisser les vieux travaux effectués à une époque plus ou moins reculée et qui permettront de retrouver des gîtes minéraux ; parfois, l'étymologie suffit pour mettre en éveil, lorsqu'on rencontre des noms tels que la Minière, la Ferrière, l'Argentière, l'Aurière, etc. Des bouches de galeries éboulées et obstruées, des haldes de matières stériles imprégnées de mouches de minerai indiquent d'une manière indubitable l'emplacement précis d'anciens travaux ainsi que la nature des substances qui en faisaient l'objet. Ces dépôts sont même devenus, dans certains cas, la base d'exploitations fructueuses; c'est ainsi que les ekvolades du Laurium (Grèce) ont été reprises ces derniers temps.

Dans le cas particulier des recherches d'oxyde de fer magnétique ou de pyrites nickelifères présentant la même propriété, on a pu tirer un utile secours de l'emploi de la boussole. On a proposé également pour les *indications magnétiques* le révéla-teur électrique Mac-Evoy ; c'est une disposition simple et pra-tique de la balance d'induction de Hughes, dans laquelle le voisinage de masses métalliques a pour effet de modifier l'équi-libre d'induction et de produire un son téléphonique.

La constatation de la présence du minerai en place sur un seul point suffit pour affirmer l'existence du gîte, mais non à beaucoup près celle de son exploitabilité. Une première étude est nécessaire pour que l'on puisse se croire autorisé à énoncer à cet égard au moins des probabilités. Pour obtenir ce premier aperçu, on aura la ressource à la fois des *explorations sur l'affleurement* et des travaux dans la profondeur. Il faut avant tout reconnaître autant que possible l'affleurement sur toute son étendue ; quelques fouilles superficielles seront en général nécessaires pour achever de reconnaître avec certitude l'affleu-rement, soit qu'on les pousse de proche en proche en suivant son alignement, soit que l'on procède par tranchées transver-sales sur sa direction présumée pour l'y rechercher de dis-tance en distance. Quant aux travaux de *recherche souterrains*, leur conduite sera étroitement liée aux circonstances particu-lières de chaque cas. Si le gisement se trouve dans le contre-fort d'une vallée, on l'attaquera en galeries ; il conviendra de placer l'une d'elles aussi bas que possible pour garder en amont-pendage la plus grande partie du gîte. On aura lieu ce-pendant de se mettre à coup sûr au-dessus des plus hautes eaux connues dans le pays, tant par la tradition que par les traces laissées par les crues. On peut, en second lieu, pratiquer des galeries à travers bancs qui, partant des points choisis le plus avantageusement possible, se dirigent en ligne droite à travers le terrain stérile pour recouper la veine et reconnaître sa situation ; on recueille certaines informations sur le terrain encaissant qui peuvent offrir de l'intérêt; on aura, en outre, la chance de découvrir des gîtes parallèles, s'il en existe.

Supposons maintenant que le gisement soit situé au-dessous de la vallée ; il peut arriver qu'il ne se trouve que là ; d'autres fois, il s'étendra à la fois au-dessus et au-dessous de ce point. Un premier moyen consiste à exécuter une galerie d'inclinai-son ou *descenderie* qui suit le gîte pas à pas, le fait bien connaître, mais présente l'inconvénient des sinuosités. Un second moyen, que l'on emploiera de préférence, consiste à foncer un puits vertical qui placera l'extraction et tous les services dans de bien meilleures conditions, au lieu de charger l'avenir de l'exploitation de puits inclinés qui occasionnent les assujettissements les plus regrettables. Les descenderies ou les puits servent de départ à un système de galeries qui s'y branchent pour explorer le gîte. Dans la conduite de ces opérations, on devra se tenir en garde contre une tendance naturelle qui consisterait à passer trop tôt de la recherche à l'exploitation ; on risquerait de détériorer le gisement, en commençant à le dépecer avant d'en connaître le véritable point d'attaque.

APPRÉCIATION DU GÎTE. — Elle doit être faite avec soin ; on cubera, d'après tous les renseignements qu'on aura pu se procurer sur son étendue en direction, les probabilités de son extension en profondeur, les variations de sa puissance et de sa teneur, le gisement qui donnera une évaluation approchée du total de la matière utile qu'il renferme. Indépendamment du chiffre brut du total de la matière utile, les circonstances de son emplacement exerceront une influence sérieuse sur les conditions de son exploitabilité. D'une manière générale, on peut admettre qu'une couche étendue dans un sens à peu près horizontal, telle qu'un grand nombre de bancs houillers, certains minerais de fer, sera à égalité de puissance et de richesse plus avantageuse qu'un filon ou une couche très redressée.

L'appréciation géométrique doit se compléter par le point de vue *économique* qui présente deux facteurs fondamentaux, le prix de revient et le prix de vente probable, dont la différence donnera la mesure des bénéfices, si tous les éléments onéreux ont bien été pris en considération. A cet égard, on devra calculer très largement et en faisant une grande part à l'imprévu et aux mécomptes.

SONDAGE. — Nous avons distingué, dans la recherche des gîtes minéraux, deux cas, suivant que la masse affleure au jour ou que, complètement dissimulée sous des terrains de recouvrement, elle ne peut être atteinte que par le *sondage*. Dans cette opération, le problème consiste à pratiquer dans le sol un trou de sonde affectant la forme d'un cylindre vertical de révolution ; il se remplira naturellement d'eau, mais on ne doit voir là qu'une circonstance favorable pour plusieurs motifs. L'eau, en effet, rafraîchit les outils que le choc tendrait à échauffer et elle délaie la roche quand la nature s'y prête, elle allège le poids des tiges et fournit un point d'appui pour l'emploi des parachutes, en cas d'accident. Le *diamètre* du trou de sonde varie entre des limites assez éloignées, mais on descend rarement aujourd'hui au-dessous de 0^m20 à 0^m25 ; certains forages atteignent 1 mètre. Enfin, le procédé du sondage a été étendu au fonçage direct des puits de mines ; dans ce cas, le diamètre se tient presque toujours entre 3 et 4 mètres et a été poussé jusqu'à 5 mètres. Quant à la *hauteur*, elle peut, dans certains cas, rester insignifiante comme pour la sonde du tourbier, celle des minerais de fer de surface, les puits instantanés. On rencontre ensuite tous les degrés de profondeur. Le sondage de sel de Sperenberg, à 40 kilomètres de Berlin, atteint 1,272 mètres, celui de Probst-Jesar (Mecklembourg-Schwérin) est descendu à 1,207 mètres.

Nous distinguerons d'abord, pour en examiner le pour et le contre, les divers procédés de sondages qui ont été imaginés depuis l'origine de cet art ; nous parlerons ensuite des engins extérieurs et intérieurs et des outils si nombreux d'attaque, de curage, de tubage, des outils relatifs aux accidents et aux recherches.

Nous décrirons le *système à la corde* ou système chinois, le *système à sonde creuse* avec injection d'eau et le *forage au diamant noir*, et après avoir établi que chacun d'eux ne peut être employé partout, à toutes les profondeurs ni à tous les diamètres, nous aborderons le *sondage à la tige rigide*, qui est bien réellement le seul dont l'application soit entièrement générale.

Sondage a la corde. — Dans ce système, on broie la roche au moyen d'une masse contondante ou mouton, en fer aciéré à la base, et munie à sa partie supérieure d'une cuvette dans laquelle se loge une partie des boues ou détritus produits par la désagrégation du terrain que l'outil traverse. Un anneau sert à suspendre le trépan à une corde qui a son autre extrémité fixée en jour à un long levier en bascule. Le matériel de sondage est complété par un moulinet en bois sur lequel s'enroule et se déroule la corde du mouton, pour le remonter au sol ou le redescendre au fond. Un ou plusieurs hommes, suivant le poids du mouton, manœuvrent la bascule soit avec les pieds, soit à bras, soit encore, dans les chantiers bien organisés, à l'aide d'un moteur quelconque qui servira aussi à l'enroulement du câble après la batterie. Cette installation est simple et si ce procédé n'est pas plus souvent appliqué, c'est qu'il présente de nombreux inconvénients. La réussite n'est obtenue que dans les contrées où l'homogénéité, la solidité des roches, le peu d'inclinaison des couches, l'absence de passages ébouleux ne sollicitent pas la déviation de l'outil foreur, ne produisent pas son coinçage et n'obligent pas à garnir de tubes les parois du forage. On a modifié la méthode, mais sans succès, en remplaçant la corde par des chaînes de Gall ou autres, par des tiges articulées. Enfin, on est arrivé à imaginer un système à l'aide duquel on peut prendre un assez grand approfondissement sans avoir à exécuter toutes les longues manœuvres de sonde qui se succèdent après chaque battue, c'est-à-dire la sortie de l'outil foreur pour faire place à la cuiller de nettoyage qu'on remonte pour redescendre ensuite le trépan ; ce procédé est connu sous le nom de système Fauvelle ou système à sonde creuse.

Système a sonde creuse. — Dans ce système, l'appareil consiste en un outil foreur, trépan ou tarière, fixé au pied d'un tube en fer creux, à emmanchement à vis, composé de divers tronçons adaptés les uns au bout des autres pour former toute la hauteur du forage ; la tête de la sonde est formée de manière à pouvoir permettre la rotation, elle est creuse aussi et munie d'un ajustage qui la met en communication avec le tuyau d'une pompe foulante. On obtient l'approfondissement comme avec la tige rigide, soit par percussion, soit par rotation et, en faisant fonctionner simultanément la pompe, l'eau injectée par l'intérieur de la sonde remonte extérieurement en entraînant avec elle les détritus qui viennent se déposer à la surface, en permettant ainsi à l'outil de travailler toujours sur un fond net. Ce procédé permet un travail presque continu, car on n'a plus à manœuvrer la sonde que de temps en temps, uniquement pour vérifier l'état de l'outil ; mais il ne s'est pas généralisé, parce qu'on n'a pas toujours à sa disposition la grande quantité d'eau qu'il nécessite et qui croît avec le diamètre à donner au forage, parce que dans l'exécution d'un puits artésien, par exemple, l'eau introduite empêche de surveiller les oscillations qui se produisent dans le niveau d'eau du forage et qui sont les indices de la rencontre de la nappe d'eau cherchée, parce qu'enfin il est rare que, dans un sondage, on ne rencontre pas plus ou moins près de la surface une première nappe d'eau qui sera d'autant plus absorbante qu'elle sera plus puissante ; alors tout ou partie de l'eau injectée se perd à ce passage en abandonnant des détritus entraînés qui s'accumulent à cet endroit et retiennent la sonde prisonnière.

SONDAGE AU DIAMANT. — Il donne d'excellents résultats quand certaines conditions se trouvent réunies : roches particulièrement dures, section très faible, de moins d'un décimètre, nécessité de réaliser une grande rapidité sans trop regarder à la dépense. Le procédé se prête médiocrement au forage des poudingues et des conglomérats, formés de noyaux durs enclavés dans une pâte molle ; il ne convient plus du tout dans l'argile. On emploie des diamants noirs ou des diamants défectueux disposés sur la base d'une pièce métallique ; la tige de sonde est formée de rallonges creuses, de manière à ce qu'on puisse déterminer dans leur intérieur un écoulement d'eau qui arrive à la base du forage et remonte dans le vide annulaire qui entoure les tiges dont le diamètre est notablement moindre que celui du trou ; ce courant, s'il est assez rapide, enlève les poussières produites par l'outil jusqu'à la surface. C'est donc le principe Fauvelle, mais l'introduction des diamants comme outil d'attaque a donné à ce procédé une efficacité complète en réduisant uniformément au minimum de dimensions les matières que l'eau est chargée d'entraîner.

SONDAGE A LA TIGE RIGIDE. — Dans ce système, on a souvent eu à discuter la matière à laquelle il convient de donner la préférence pour la constitution de la tige de sonde, le bois ou le fer. L'ingénieur saxon Kind a fait une légende sur l'origine des tiges de bois : un charpentier laisse tomber son mètre dans un forage presque plein d'eau, le directeur du travail se dépite d'avoir à retirer du trou un outil qu'il croyait en métal : « Ne vous désolez pas, lui dit l'ouvrier, mon mètre est en bois, il va revenir sur l'eau. » En le voyant reparaître, Kind dit au directeur : « Mais nos tiges aussi reviendraient d'elles-mêmes si elles étaient en bois. » Le bois fut substitué au fer pour le corps des tiges de sonde ; cependant, des expériences que chacun peut répéter prouvent que les faits sont en contradiction avec la conclusion de cette légende, car une planche descendue à 100 ou à 150 mètres dans l'eau, c'est-à-dire sous une pression de 10,15 atmosphères, subit une transformation moléculaire qui, en outre du poids de l'eau imbibée, augmente considérablement sa densité. De là il est facile de tirer la conséquence suivante : c'est que, tout en augmentant de pesanteur spécifique, le corps ainsi plongé doit éprouver une réduction dans ses dimensions extérieures. Or, quel que soit le système de tiges que l'on adopte, il faut toujours que les emmanchements servant à les assembler les unes avec les autres soient en fer, et que ce fer soit fixé sur le bois par des bandes, fourches, ou autres dispositions boulonnées ou rivées ; sous l'effet de la pression, le contact du bois et du fer n'a plus lieu et il se produit du jeu dans les emmanchements amenant le cisaillement et la dislocation des assemblages. Doit-on du reste, autant qu'on le fait, se préoccuper du poids de la tige de sonde ? Non, car avec les appareils à chute libre dont nous allons parler maintenant et qui constituent le plus grand perfectionnement que notre époque ait apporté dans l'industrie du sondage, la tige de sonde tout entière se trouve équilibrée et la dépense de force, pour opérer le battage au trépan à 1,000 mètres, n'est pas plus grande que pour battre à 100 mètres ; on n'a à compter avec le plus grand effort à faire par rapport au poids de la sonde que lorsqu'il s'agit de remonter au jour l'outil qui a travaillé au fond du trou. Nous citerons d'abord la coulisse d'Œynhaussen, la plus ancienne de toutes, encore usitée en raison de sa grande simplicité ; cet organe est composé de deux parties qui s'adaptent respectivement à la dernière rallonge et au trépan. La portion supérieure présente la forme d'une coulisse rectiligne et l'autre se termine par un coulisseau engagé dans cette rainure. Pendant le mouvement descendant, le bouton repose sur le point le plus bas de la coulisse ; mais quand le trépan s'arrête contre le fond, celle-ci continue la descente. Le coulisseau, devenu immobile dans l'espace, le parcourt en quelque sorte de bas en haut d'un mouvement relatif. Pendant ce temps, plusieurs moyens distincts peuvent être mis en œuvre pour arrêter la tige, avant que le sommet de la coulisse ne vienne lui-même choquer sur le coulisseau ; on emploie un arrêt fixe ou des contrepoids n'agissant que d'une manière progressive. L'apparition de cette coulisse donne immédiatement l'idée d'aller encore au delà du résultat déjà remarquable obtenu par cette innovation, en obtenant seulement la chute, sur le fond, de la partie tout à fait inférieure de la sonde ; car ce qu'il importait c'était d'éviter les grandes vibrations des tiges qui amenaient leur rupture fréquente ; leur fouettement contre les parois. Mais il manquait le point d'appui contre lequel il fallait faire butter et ouvrir le déclic qui devait lâcher le trépan après l'avoir soulevé de la hauteur voulue. Ce fut Kind, qui, le premier, vers 1850, résolut cette difficulté ; il prit l'eau même du forage comme point d'appui. Peu après, vers 1854, M. Gault eut l'idée de prendre le fond même du forage pour point d'appui, et le déclic s'obtint au moment de l'introduction de la partie supérieure de deux crochets verticaux dans une sorte d'anneau enveloppant la glissière et maintenue à la hauteur voulue pour la chute à donner, par une tige reposant sur le fond du forage. Saint-Just Dru a construit la première coulisse à chute libre, fonctionnant par le choc ; les deux crochets qui saisissent le trépan se croisent ici comme une paire de ciseaux, ils ont un axe unique de rotation dont les deux extrémités sont portées par les deux flasques de la partie supérieure de la glissière, dans deux ouvertures ayant la forme à peu près d'ellipses à grand axe vertical. La glissière porte, à la partie supérieure, deux faces inclinées en forme de V très évasé. Pendant que le trépan monte, saisi par les mentonnets des deux crochets, leur axe repose sur le fond de l'ellipse, et les parties supérieures des crochets sont en contact chacune avec l'une des branches du V. Le levier de suspension arrive au haut de sa course en frappant sur un buttoir, l'axe saute dans ses ellipses, les pointes supérieures des crochets glissent sur les faces obliques en s'écartant pour rendre le trépan libre. M. Dehulster applique le choc à la production du déclic ; il se sert d'un étrier à bascule et à contrepoids pour obtenir l'accrochage et la chute du trépan à l'aide d'un taquet fixé à angle droit sur cet étrier. Cet étrier est à rotation autour d'un axe excentré par rapport à celui du trépan ; pendant la descente de la sonde, il occupe, par ses dimensions, une position inclinée un peu au-dessous de l'horizontal ; le taquet est écarté par la tête du trépan qu'il cale sous son mentonnet quand l'étrier retombe aussitôt après dans sa première position, et le trépan saisi ainsi remonte ensuite avec la sonde, jusqu'au moment où le choc produit la bascule de l'étrier et fait retomber le trépan sur le fond.

Dans les applications à de très grandes profondeurs, il est douteux que le choc arrive à transmettre un effet assez promptement pour qu'on puisse être sûr de produire la chute à chaque coup, surtout avec la grande rapidité du battage. Le seul système qui ait jusqu'alors été expérimenté avec le plus grand succès à de très grandes profondeurs et dans les plus grands diamètres, est le système à déclic avec point d'appui sur le fond même du forage.

Fonçage des puits de mine. — L'idée *de foncer*, à l'aide de la sonde, est due à Mulot ; l'outillage fut perfectionné par Kind et rendu pratique par M. Chaudron. Pour le forage, deux systèmes, celui qu'on peut appeler par sections divisées ou par agrandissements successifs et celui présenté sous le nom de méthode à pleine section. Dans le premier, le travail se fait en deux ou trois passes suivant le diamètre à obtenir ; un trépan de 1^m40 environ de diamètre fait un avant-puits d'une certaine profondeur, qui est successivement élargi à 2^m50, puis à 4^m30, à l'aide de trépans de dimensions convenables, portant dans le milieu un guide correspondant au diamètre du trépan qui a fait la passe précédente. Dans le second système, le forage est fait du premier coup au grand diamètre de 4^m30. Ce second système est préférable ; en effet, en augmentant le poids du trépan avec le diamètre de la surface qu'il s'agit de pulvériser, on doit arriver à obtenir au moins une même vitesse d'approfondissement dans la grande et dans la petite section, et alors la deuxième et la troisième passe du premier système sont du temps bien perdu ; on ne voit donc pas pourquoi, disposant de la force nécessaire à la manœuvre du grand trépan et surtout en donnant à son taillant une forme convenable, on n'arriverait pas, pour la pleine section, à faire le forage proprement dit aussi vite que celui de l'avant-trou.

Engin extérieur. — On emploie un *chevalement* ou charpente auquel se rattachent les constructions et les toitures destinées à abriter les appareils, les bureaux et les logements. L'importance de cet ensemble varie beaucoup avec la profondeur et la section que l'on compte donner au trou de sonde ; à la hauteur du chevalement, au-dessous du sol, vient s'ajouter, pour fixer la longueur des rallonges de la tige, une certaine profondeur en contre-bas. Au-dessous d'un plancher de manœuvre et sans aucune solidarité avec lui pour éviter les ébranlements se trouve un tuyau bien dressé suivant la verticale et présentant exactement le diamètre adopté pour le forage. Au sommet de la charpente se trouvent placées deux poulies sur lesquelles passent des câbles plats terminés par un S de suspension ; à leur autre extrémité ils vont s'enrouler sur le treuil de manœuvre dans deux sens opposés, de telle sorte que, lorsque l'un monte pour enlever la tige, le second crochet descende pour être prêt à la ressaisir au niveau du sol, en permettant une nouvelle ascension. La *sortie de la sonde* s'opère de la manière suivante : on adapte à chacun des câbles un organe fourchu ou symétrique appelé pied-de-bœuf, à l'aide duquel on soutient la tige au-dessous de la partie renflée de l'emmanchement qui termine chaque rallonge à ses extrémités et sert à les assembler. En agissant sur le câble on enlève la tige, de manière à la sortir de toute une longueur de rallonge ; on pose à plat sur le sol une clef de retenue au-dessous de l'emmanchement de la rallonge suivante, et l'on redescend de manière à laisser tout le système porter sur cette clef. Puis on désassemble la rallonge supérieure et on la dépose en l'appuyant debout contre la charpente ; le second pied-de-bœuf, qui est redescendu pendant cette ascension, saisit alors la rallonge suivante et l'on procède à un nouvel enlevage. Quand il s'agit au contraire de rentrer la sonde, on opère d'une manière inverse.

Fig. 7. — Puits artésien de Passy

Lorsque la sonde est arrivée au fond on procède aux opérations de l'avancement qui sont au nombre de deux, l'attaque et le curage. L'*attaque* peut elle-même s'opérer suivant deux modes distincts, le battage et le rodage.

Pour opérer le *rodage* il s'agit d'imprimer à la tige un mouvement de rotation sur elle-même ; à cet effet on passe à travers un œillet, ménagé dans la tige de sonde, une barre horizontale sur laquelle agissent les hommes comme pour virer au cabestan. La figure 7, représentant le chevalement du puits artésien de Passy, est un exemple d'installation complète à employer dans les fonçages.

BATTAGE. — Il exige que l'on soulève la tige d'une certaine hauteur pour la laisser ensuite retomber au fond par son poids ; on se sert pour cela du levier de battage, appelé aussi levier à bascule. On a soin pendant le battage de dévier progressivement le plan méridien à l'aide du manche de manœuvre de $\frac{1}{6}$ à $\frac{1}{10}$ de tour à chaque coup pour éviter que l'outil, rentrant plusieurs fois dans la même entaille, ne vienne à s'y coincer. Le *curage* s'effectue à l'aide de récipients que nous décrirons plus loin et que l'on fait danser verticalement en sonnant avec la tige, pour permettre un jeu de soupapes. Aux faibles profondeurs on prendra, pour faire les diverses opérations, la force de l'homme ; mais si la profondeur augmente, la vraie solution consiste dans l'application de la force de la vapeur (fig. 8). Pour le battage on aura un cylindre spécial, semblable à celui du marteau-pilon, car il s'agit d'une fonction analogue. Pour l'enroulement des câbles de suspension, on emploie une machine analogue aux moteurs d'extraction avec un frein puissant pour obvier aux accidents. Dans la figure, A est le cylindre à vapeur actionnant par poulies *a* et *b* et par courroies le plateau C dont l'arbre R est soutenu par le chevalement et qui actionne le battage par un levier K guidé dans une glissière *v* et relié par un étrier *t* à la tige Z ; *g* et *h* permettent d'enrouler le câble rapidement.

La *tige de sonde* se compose de rallonges toutes identiques afin de pouvoir être prises dans un ordre quelconque ; elles doivent être rigoureusement rectilignes pour éviter les déviations. Les **extrémités** ou *assemblages* des rallonges sont des

organes d'une grande importance ; elles sont formées d'un
métal de choix soudé aux extrémités du corps principal de la
rallonge. On fait en général les assemblages à vis triangulaires
tournées vers le haut, afin que la douille soit renversée vers le
bas et ne se transforme pas en un entonnoir susceptible de
s'encrasser. Un autre assemblage, celui à enfourchement, a sur

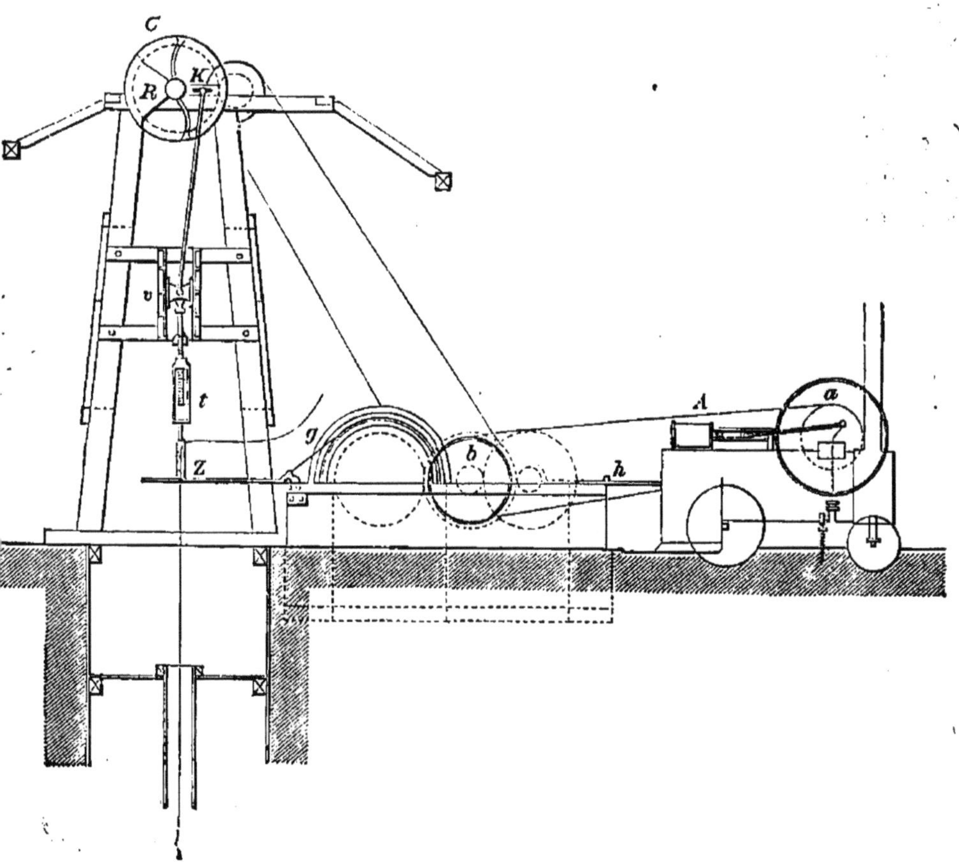

Fig 8. — Levier de battage

le précédent l'avantage de permettre des rotations dans les
deux sens, sans qu'on ait à craindre, dans les manœuvres qui
exigent la rotation inverse, de dévisser la tige dans un point
intermédiaire de la profondeur ; mais en revanche il nécessite,
pour la réunion des deux parties, l'emploi de boulons mobiles
qui sont d'une manœuvre minutieuse et peuvent tomber dans

le trou de sonde, en y créant les plus graves obstacles.

OUTILLAGE DU SONDEUR. — La tige est maintenue dans l'axe du trou des onde par un certain nombre d'organes qu'on appelle *guides;* ce sont des cages à claire-voie un peu moins larges que le trou. On adapte en outre à chaque rallonge un *parachute,* sorte de chapeau en cuir dont la concavité est tournée vers le bas. Si la tige vient à se briser, la chute du tronçon inférieur dans le sein de l'eau se trouve ralentie par les parachutes qui y prennent un point d'appui.

Nous avons distingué comme moyen d'attaque le battage et le sondage. Dans le battage on emploie des outils contondants ou tranchants. Les premiers sont appelés *casse-pierre* ou bonnet carré ; ils constituent une sorte de massue employée pour briser les matières particulièrement dures. Les instruments tranchants portent le nom générique de *trépans* ; le tranchant est plus ou moins aigu suivant que la roche est plus ou moins tendre. Lorsqu'il s'est émoussé on le rechange d'acier et l'on a soin de repasser l'instrument dans un calibre pour être sûr qu'il a gardé exactement la largeur du trou. Le trépan simple est une sorte de ciseau ; le trépan à téton est muni d'une amorce centrale pour faciliter l'attaque. Le trépan à oreilles présente des ailes courbes disposées latéralement et destinées à aléser le trou en assurant sa forme de révolution ; ce type est peu usité, à cause de la complication de ses réparations. Quand le diamètre augmente sensiblement, il n'est plus possible d'employer un instrument venu d'un seul morceau à la forge ; on se sert alors du trépan composé; il est formé d'une carcasse, à laquelle on assemble avec des boulons un certain nombre de trépans ordinaires élémentaires, faciles à démonter pour les réparations. Pour le fonçage des puits de mines on emploie la forme en double Y qui entrecroise les entailles dans la région périphérique et y donne une meilleure répartition du travail de désorganisation. Dans de pareilles conditions, le poids de l'instrument peut s'élever jusqu'à 20 et 25 tonnes.

Parmi les outils qui agissent par *rotation* nous citerons le trépan rubané (fig. 9) ; on conserve à cet instrument le nom de trépan, parce que, dans des sables légèrement agglutinés, on lui communique encore quelques mouvements verticaux combinés avec une rotation lente. La cuiller ou tarière à glaise (fig. 10) fonctionne par rodage hélicoïdal dans les terrains argileux. La tarière à mouche (fig. 11) permet d'employer un peu la percussion. L'alésoir sert non plus pour l'avancement du trou, mais pour en parer la surface ; c'est une sorte de

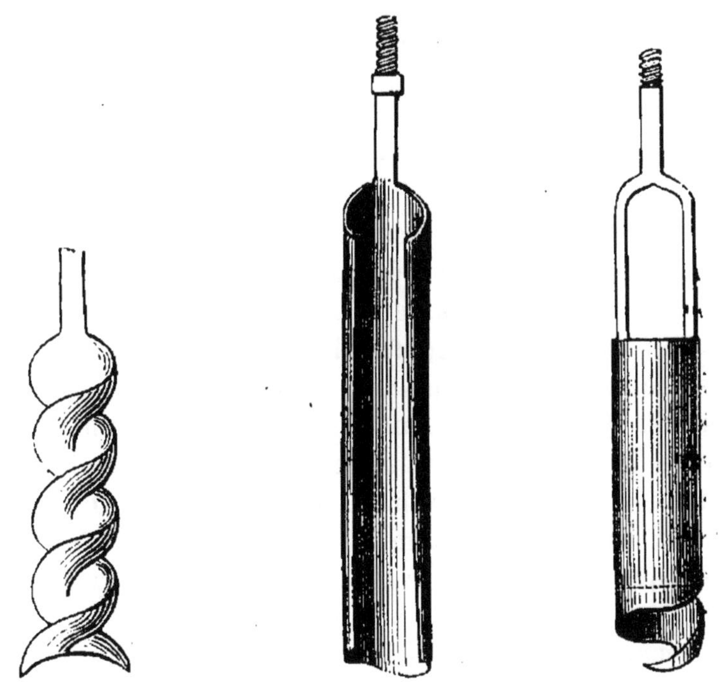

Fig. 9. — Trépan rubané   Fig. 10 et 11. — Cuillers

d'après Serlo, *Leitfaden zur Bergbaukunde*

fuseau qui a pour méridienne des lames tranchantes et auquel on communique un mouvement de rotation.

En ce qui concerne les *outils de curage*, on peut dire d'abord que la cuiller dont nous venons de parler sert déjà à ramener des carottes de glaise. Mais, en général, le curage se fait avec la cloche à soupape ; on profite de ce que les matières sont délayées pour les faire entrer dans la cloche en la sonnant du haut en bas. Pour les faibles diamètres on se sert de cloches à boulet, tandis que pour le fonçage des puits de mine on emploie des clapets en forme de calotte sphérique, guidés par une tige verticale et associés en nombre suffisant pour qu'ils puissent remplir la section, sans atteindre par eux-mêmes de trop grandes dimensions.

CONSERVATION DU SONDAGE. — Il ne suffit pas de forer le trou de sonde, il faut aussi en assurer la conservation, tantôt pour un laps de temps indéfini, comme pour les puits artésiens, tantôt pour la durée de la recherche. Certaines roches peuvent se tenir seules sans revêtement, mais d'autres terrains se fatigueraient à la longue et quelques-uns même ne peuvent attendre sans s'ébouler ou foisonner. Aussi se trouve-t-on souvent obligé d'introduire un revêtement artificiel qu'on appelle le *tubage*. La matière employée couramment pour les tubes est la tôle de fer douce ; son épaisseur varie de quelques millimètres pour les petits sondages jusqu'à 2 centimètres pour les grands puits artésiens. On a essayé également la fonte, mais ce n'est guère que pour les puits de mines, car elle fait perdre beaucoup sur la section. Le fer-blanc, le fer galvanisé n'ont pas réussi, le cuivre est trop cher, le bois convient pour les puits artésiens. Les tubes ayant été préparés et amenés à pied d'œuvre, il s'agit de les assembler et d'enfoncer la colonne ; ces deux opérations marchent simultanément. On ajoute une nouvelle virole sur la tête de la dernière qui fait saillie au dehors, puis on enfonce le tout d'une quantité égale à la longueur de cette virole, et ainsi de suite.

ACCIDENTS DU SONDAGE. — L'ensemble des opérations précédentes constitue la marche normale d'un sondage. Mais il s'en faut qu'un forage un peu prolongé se développe sans aucun dérangement ; les *accidents* y sont fréquents et peuvent varier ; nous examinerons ceux qui se présentent souvent. Plusieurs causes peuvent provoquer la *déviation du trou de sonde*, l'inclinaison du pendage des couches, de la schistosité, des failles rencontrées ; dès que l'on s'aperçoit de cette irrégularité, il faut bourrer toute la partie dérangée à l'aide de silex pilonné avec le casse-pierre, de manière à constituer une sorte de roche artificielle, à travers laquelle on reprend ensuite le forage avec beaucoup de soin. La *remontée par le bas de sables coulants* constitue une source indéfinie que l'on ne parviendrait jamais à épuiser ; il faut alors enfoncer un tube au-dessous de la partie coulante pour en isoler le sondage. Le *coincement d'un outil* dans le trou demande que l'on varie les efforts en employant des rotations, de petits ébranlements et, quand on croit le moment venu, de grands abatages de bas en haut avec la coulisse d'Œynhanssen.

La *rupture de la tige* constitue l'un des accidents les plus graves ; si la rupture a eu lieu près de l'assemblage inférieur, on passera au-dessous de ce dernier la caracole, sorte de virgule horizontale, que l'on tourne autour de la rallonge intacte, de manière à ce qu'elle se trouve insérée dans le fond de la spirale. Quand on retire celle-ci, elle saisit l'emmanchement sans lui permettre de passer à travers et elle enlève le tout. Si, au contraire, la rupture a eu lieu près de l'emmanchement supérieur, on ne pourrait plus agir de même, attendu que ce long tronçon, d'une verticalité mal assurée, irait se piquer dans la paroi ; on descend alors la cloche à écrou formant une sorte d'entonnoir renversé avec lequel on cherche à coiffer la tige brisée. Cette cloche est filetée intérieurement et le filet aciéré et bien coupant peut faire prise dans le fer doux de la tige quand on trouve l'instrument sous une forte pression. L'*éboulement* est toujours un événement fâcheux qui détériore les parois ; mais il prend encore plus de gravité, s'il survient pendant que la sonde est engagée dans le trou, car il entrave absolument sa sortie. Il faut dans ce cas démonter la tige progressivement, en dévissant l'une après l'autre les rallonges au moyen de rotations inverses ; on les saisit pour cela avec l'accrocheur à pinces dont les griffes dans leur état naturel restent écartées en raison de leur élasticité, ce qui permet de chercher la tige et de l'insinuer entre elles. Quand on pense l'avoir rencontrée, on fait descendre pour la saisir un anneau de serrage et, au fur et à mesure que l'on a retiré une rallonge, on vide une hauteur correspondante avec la cuiller. En outre, dès que l'on peut, on descend un tube pour prévenir de nouveaux éboulements.

La *perte d'un objet métallique* dans le trou est un des accidents les plus fréquents ; quand l'objet est resté libre on réussit quelquefois à le retirer en bourrant de l'argile dans le fond pour qu'il s'y incruste et remontant une carotte avec la cuiller.

Quand la forme de l'objet s'y prête, on fait pénétrer dans le trou un accrocheur à pinces et on cherche à saisir le corps. Si enfin on désespère de le retirer, on entreprend de le détruire sur place, soit avec des outils appropriés, soit avec des acides quand la roche n'est pas elle-même trop susceptible d'en ressentir l'action corrosive. On emploie également depuis quelques années la dynamite, en la faisant sauter par l'électricité afin de fragmenter l'objet par cette action irrésistible. Ajoutons que l'emploi de cet explosif tend à s'introduire dans plusieurs circonstances des forages ; un outil est-il coincé dans le fond, une cartouche de cet explosif va l'ébranler ou creuser latéralement autour de lui, et son dégagement est obtenu. Mais c'est surtout comme outil élargisseur qu'il rend de grands services ; un tube est arrêté sur un banc de grès de quelques mètres seulement d'épaisseur ; au-dessous de lui une couche schisteuse exige qu'on prolonge le tubage en lui faisant franchir l'obstacle sur lequel il repose ; les outils élargisseurs s'émoussent, s'usent, se brisent, ou n'agissent qu'avec une lenteur désespérante, à cause de la dureté excessive de la roche ; la dynamite en quelques heures aura ouvert le passage et son action est tellement locale que le pied du tube, à peine soulevé au-dessus de la cartouche, n'éprouvera pas la moindre déformation. Même pour le forage proprement dit, lorsque les trépans arrivent sur des bancs très durs, dans lesquels l'approfondissement est à peine de quelques centimètres par jour, après avoir opéré le curage avec soin, de manière à avoir un fond bien net et bien propre, à l'aide de la dynamite on produit le fendillement, l'étonnement de la roche qui se prête alors à un broyage plus rapide.

Sondage au diamant. — Les outils employés dans le *sondage au diamant* sont différents de ceux des sondages à la tige rigide ; les diamants sont disposés sous la base et quelques-uns sur la circonférence d'une pièce métallique appelée *bit* ; on les y adapte soit par sertissage comme dans la bijouterie, soit en les forçant à la presse hydraulique dans une petite fente, soit en les enrobant dans du métal déposé par la galvanoplastie et au sein duquel ils se trouvent complètement noyés. Le métal s'usant rapidement met à découvert les pointes de diamant et dès lors son

usure cesse, le métal restant dorénavant préservé par la saillie
des diamants. Le bit peut être plein ou creux ; le bit plein
(fig. 12 et 13) use la roche sur toute sa superficie et fournit de
la poussière. Le bit creux (fig. 14 et 15), au contraire, ne porte
des diamants que sur une surface annulaire *dd'* ; le forage s'effectue donc en laissant subsister, suivant l'axe, une colonne de
roche appelée carotte ou témoin, qui se loge dans le centre
du bit, au fur et à mesure que celui-ci s'abaisse. Le bit B, dont
la hauteur est à peu près égale à son diamètre, se visse à

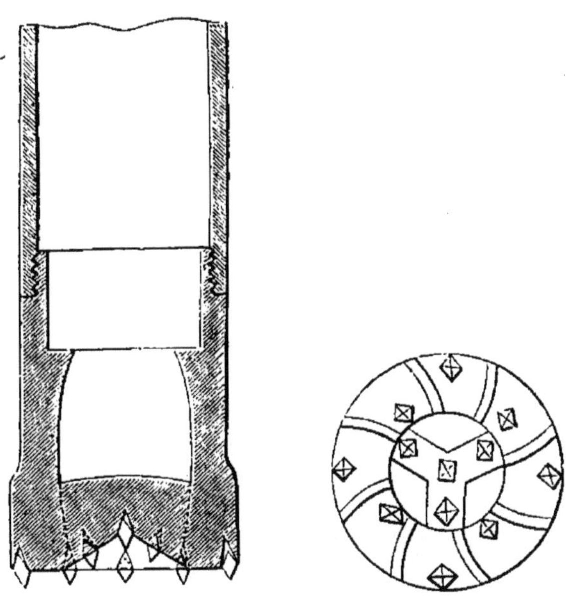

[Fig. 12 et 13. — Bits pleins
d'après Serlo, *Leitfaden zur Bergbaukunde*

l'extrémité d'un tube carottier A adapté lui-même à l'extrémité
de la tige de sonde formée de rallonges creuses amenant de
l'eau sous pression qui, remontant dans le vide annulaire,
entoure la tige, enlève, comme nous l'avons expliqué, les
poussières produites par le choc de l'outil, jusqu'à la surface
La partie *cc* guide la carotte et en détermine la longueur.

La *vitesse* d'avancement d'un sondage est très variable, lors
même qu'on le dégage de l'influence des accidents exceptionnels ; on peut avec le sondage à la tige compter sur un avan-

cement par vingt-quatre heures de 1 mètre à 1ᵐ75 dans un
terrain houiller facile, pour des sondages de recherches. Ce
chiffre s'abaissera beaucoup s'il s'agit du fonçage d'un puits à
grand diamètre. Avec le procédé du sondage au diamant, la
rapidité augmente considérablement; on obtient souvent un

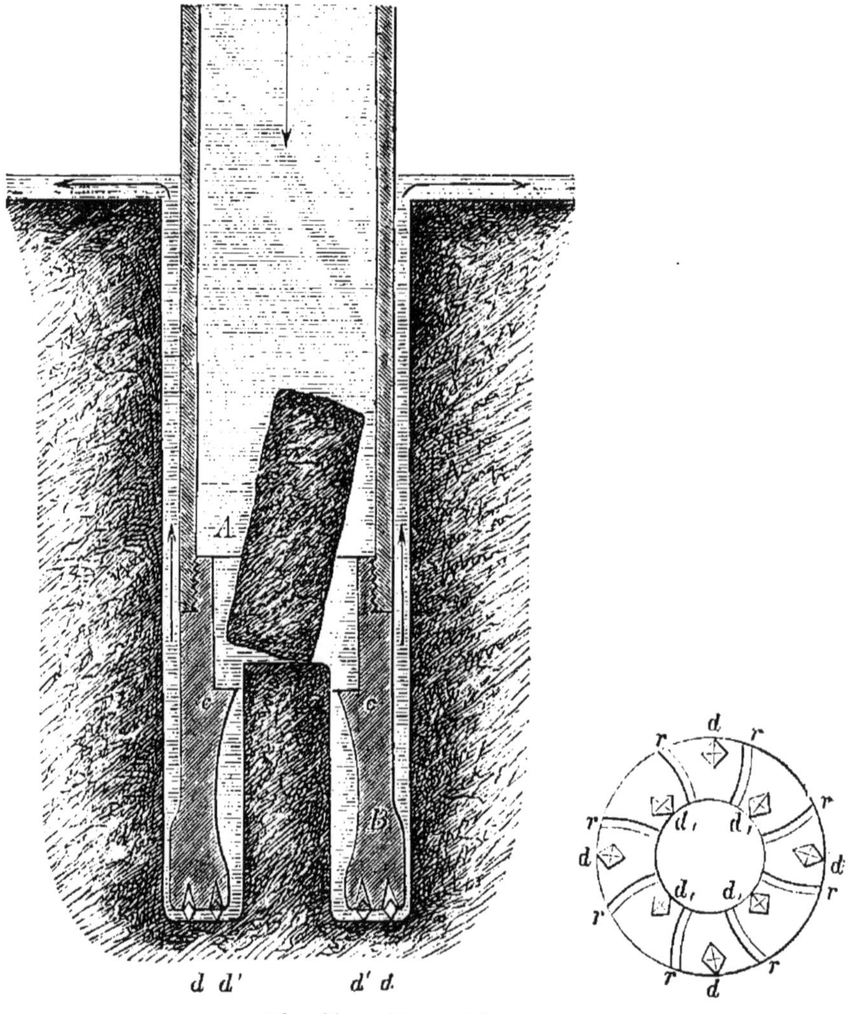

Fig. 14 et 15. — Bits creux

avancement moyen de 5 mètres tout compris; on a même
atteint exceptionnellement pour cette moyenne 15 mètres pendant toute la durée du forage de Wallaff (Suède). Il est difficile
de préciser le *prix de revient*, on peut dire qu'*il* se tient géné-

ralement entre 200 et 400 francs par mètre courant, pour des profondeurs totales de 200 à 500 mètres ; cependant il peut y avoir des exceptions, car le sondage de Sperenberg a été poussé jusqu'à 1,272 mètres avec un prix moyen de 171 fr. 80 par mètre. Dans le bassin du Nord, M. Lippmann, qui a fait faire tant de progrès à l'art du sondeur, traverse généralement le terrain crétacé pour 50 francs le mètre pendant les 100 premiers mètres, et 80 francs pour les 100 suivants ; et le terrain houiller pour 120 francs pendant les 100 premiers mètres, et 150 francs pour les 100 suivants, en augmentant ensuite de 20 francs le prix du mètre courant par chaque centaine de mètres. Pour les sondages au diamant, la compagnie Schmidtmann a souvent traité sur les bases suivantes : à 250 francs le mètre pour les 400 premiers mètres, 425 francs pour les 100 suivants, 630 pour la centaine suivante et ensuite en augmentant de 105 francs le prix du mètre courant pour chaque centaine de mètres. La Compagnie minière doit en outre fournir à l'entrepreneur les bâtiments, la force motrice, l'eau d'alimentation et le tubage.

APPLICATIONS DU SONDAGE. — Les applications du sondage sont nombreuses ; elles peuvent se rattacher à trois opérations générales : recherche des gîtes minéraux, travaux exécutés dans les mines, exploitation spéciale des gîtes liquides, gazeux ou solubles. La *recherche des gîtes minéraux* à l'aide du sondage doit être limitée en principe aux couches homogènes ; un amas irrégulier ou un filon métallique, en raison de leur variabilité d'allure ou de composition, risqueraient de passer inaperçus, au moment où le forage les traverserait. Un premier moyen d'information sur la composition du terrain consiste à recueillir avec soin les débris ramenés par la sonde ; on les lave et on examine les fragments. Si l'on veut obtenir des données plus complètes, on retire des témoins ; la sonde du tourbier par exemple est une petite tarière que l'on enfonce en tournant et que l'on arrache ensuite, de manière à ramener entre ses spires des échantillons du sous-sol. Pour la recherche des minerais superficiels, on emploie une sonde pointue que l'on enfonce à force, en refoulant latéralement le terrain. Quand on retire l'instrument, un bourrelet qui surmonte la pointe ramène au-dessus de lui une petite ceinture de terre propre à renseigner par sa couleur sur la nature du fond que l'on a rencontré. Pour la recherche de l'or dans les ruisseaux qui en contiennent des dépôts, on peut se servir de la pipette de Bazin, qui se compose d'une capacité ovoïde fixée au bout d'un manche creux que l'on enfonce dans le terrain détrempé, en tenant son orifice inférieur fermé par une boule. Quand l'instrument est parvenu à une certaine profondeur, on déplace cette boule en la tirant par une ficelle ; la pression détermine alors l'engouffrement de l'eau avec une partie de matières environnantes, tandis que l'air s'échappe par un tube en caoutchouc que l'on ouvre en même temps. On retire alors le tout après avoir remis la boule en place et refermé le robinet de ce dernier tube, pour que la pression atmosphérique aide à maintenir les matières dans l'intérieur.

Pour des sondages profonds on retire des carottes du trou de sonde ; on descend pour cela un découpeur destiné à isoler du massif une colonnette centrale, analogue au témoin réservé par le bit creux. Cet instrument consiste en une couronne qui porte des trépans sur toute sa circonférence, et avec laquelle on bat comme à l'ordinaire ; on effectue le curage à l'aide d'une couronne semblable, munie de petites cloches à soupapes assez étroites pour s'introduire dans le vide ainsi pratiqué. On engage enfin un emporte-pièce formé d'un cylindre muni d'un coin latéral maintenu entre deux parties qui forment ressort ; en laissant tomber lourdement le poids, on force le coin dans son logement, ce qui éclate la base du témoin et comprime ce cylindre de manière à permettre de le retirer.

La pratique courante des *travaux souterrains* d'une mine comporte souvent des applications du sondage. Le fonçage des puits par le procédé Chaudron est fondé sur l'application directe du sondage à grand diamètre ; on se sert du sondage pour éclairer par des coups de sonde la marche des mineurs dans d'anciens travaux pouvant contenir des réservoirs d'eau, on s'en sert également pour se préserver de la rencontre subite de réservoirs de grison, ou pour faire communiquer deux étages. On a employé les trous de sonde dans certains sauvetages pour communiquer avec des hommes emprisonnés par un éboulement ou un corps d'eau. Nous parlerons à leur place de ces diverses applications de sondage.

EXPLOITATION DES GÎTES MINÉRAUX. — Le sondage peut servir pour l'*exploitation des gîtes minéraux*, susceptible de prendre la forme fluide; sous l'influence de forces naturelles ou artificielles, on les fait écouler tout entiers par le passage qu'on leur aura ouvert. Parfois, cet état de choses existera spontanément, comme pour les puits artésiens, les sources de pétrole, les fontaines de gaz; d'autres fois, on n'y arrive que par dissolution préalable, comme pour le sel gemme. Cette méthode se recommande pour les *gîtes de pétrole*; dans le pays de l'huile (Pennsylvanie), on pratique des trous de sonde à la corde sur 8 ou 10 centimètres de diamètre, et on les garnit de tubages percés de trous, quand la nature des parois l'exige; ils atteignent 32 mètres de profondeur et plus de sept mille fonctionnent, dont quelques-uns fournissent jusqu'à 45 litres par minutes. De ces puits, les uns sont jaillissants, les autres ont un niveau de liquide inférieur à celui du sol et l'on doit employer les pompes pour l'y reprendre. L'huile ainsi élevée naturellement ou artificiellement est emmagasinée dans les barils, et l'excédent s'engage dans des tuyaux, à travers lesquels elle s'écoule jusqu'à la vallée de Pittsburg, ou au rivage d'embarquement. On a de même, dans le Caucase, réuni les produits de diverses exploitations de pétrole pour les envoyer dans un pipe-line de 80 kilomètres de longueur sur 0^m10 de diamètre, jusqu'au port de Novorosisk sur la mer Noire. Notre figure 16 représente un puits jaillissant à Bakou, pendant les cinq premiers jours après la rencontre de la nappe de pétrole.

Des *puits de gaz*, ou sources de gaz hydrogène carboné, accompagnent souvent celles de pétrole liquide; on rencontre également de telles fontaines dans certaines formations de houille ou de sel gemme. En Pennsylvanie, le gaz est capté et envoyé par des conduits jusqu'à la ville de Pittsburg, où il est employé à l'éclairage, au puddlage, au chauffage des chaudières et des fours de verrerie.

Le sel gemme peut être exploité par un sondage atteignant la formation de chlorure de sodium, et garni de deux tubes concentriques; dans l'un, on introduit les eaux pures de la sur-

Fig. 16. — Pétrole à Bakou

face qui se chargent de sel, et prennent leur niveau hydro-statique dans l'autre travée. En raison de l'augmentation de densité de la saumure, celle-ci se tiendra plus bas que l'eau pure ; on la reprend avec des pompes, et on l'élève au-dessus du sol. On applique ce procédé aux sources salées naturelles ou aux gîtes trop impurs pour pouvoir supporter les dépenses d'une exploitation souterraine. On préfère pratiquer deux trous de sonde distincts, situés à une certaine distance l'un de l'autre ; l'eau pure descend par l'un, et remonte dans l'autre à l'état de saumure, après avoir traversé entre les deux la for-mation souterraine ; on est mieux assuré de la forcer à se charger de sel.

Puits artésiens. — La recherche des eaux souterraines jail-lissantes, dites *eaux artésiennes*, est un des buts des sondages ; l'appréciation des circonstances qui peuvent rendre la réus-site plus ou moins probable, étant liée avec la constitution géologique de la contrée, cette recherche rentre entièrement dans le domaine des ingénieurs des mines. La plupart des grands bassins hydrographiques (fig. 17) sont déterminés par des

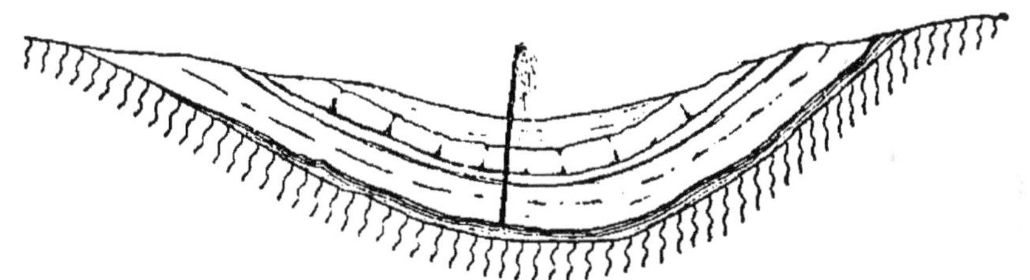

Fig. 17. — Coupe théorique d'un puits artésien

contours géologiques, de telle sorte qu'on peut observer, dans la plupart des cas, une concordance remarquable entre les formes de la surface et la constitution du sol. Si donc, pour explorer la constitution géologique des bassins hydrogra-phiques, on suit une marche inverse à celle des eaux, on voit le pays s'élever à mesure qu'on avance, et l'on parcourt les affleurements des couches successives de tous les dépôts superposés. En parcourant ces rayons qui divergent du centre, les affleurements seront visibles sur des longueurs d'autant plus grandes, que les couches seront plus puissantes et moins inclinées. Des dépôts qui n'auront pas plus de 100 mètres d'épaisseur peuvent affleurer ainsi suivant des zones ayant plusieurs kilomètres de largeur. Si parmi les couches dont les tranches affleurent ainsi à des niveaux supérieurs aux régions centrales, on suppose qu'il y ait des alternances de roches perméables et imperméables, on aura la clef du phénomène des puits artésiens. En effet, les eaux courantes et pluviales, s'engageant dans les couches perméables sur les points de leurs affleurements, ne peuvent sortir de ces couches qu'autant qu'elles trouvent un issue naturelle qui leur permet de reparaître à des niveaux inférieurs. Si, par un trou de sonde, on leur ouvre artificiellement une issue satisfaisant à ces conditions, on aura établi un siphon dans lequel la branche verticale, étant à un niveau plus bas que la longue branche inclinée, donnera issue aux eaux.

Le terrains tertiaires sont plus aptes que les autres à l'établissement des puits artésiens, parce qu'ils contiennent presque toujours vers leur base des couches sableuses, surmontées d'argiles imperméables, et qu'ils sont moins sujets que les terrains plus anciens à ces phénomènes de dislocation qui dérangent la régularité de l'hydrographie souterraine. Ils sont, en outre, parmi les bassins sédimentaires, ceux qui sont le plus limités, et, par conséquent, le phénomène de circulation, se produisant sur des échelles moindres, est plus facile à exploiter par des sondages peu profonds et peu coûteux. Il faut donc, pour obtenir un puits artésien, rechercher la disposition en bassin, et l'existence des couches perméables entre des couches imperméables, affleurant à des niveaux supérieurs à celui du forage. Les couches perméables sont ordinairement les dépôts arénacés, sablonneux, qui existent surtout à la base des formations géognostiques. Dans beaucoup de cas, des couches naturellement imperméables, des calcaires par exemple, jouent le rôle de couches perméables ; elles acquièrent cette propriété parce qu'elles sont divisées par de larges fentes, ou parce qu'elles sont très fendillées par une multitude de petites fissures ; les calcaires crétacés sont souvent dans ce cas.

La connaissance des fontaines jaillissantes remonte à une haute antiquité. Diodore de Tarse en mentionne l'existence en

Égypte dès le ıv^e siècle après Jésus-Christ. L'explication de ce curieux phénomène a été donné en 1691 par Bernardini Ramazzini ; le nom de puits artésien dérive de celui de la province d'Artois, où ils se sont multipliés en raison de la configuration géologique de cette région. Le forage des puits artésiens a pris beaucoup d'importance, soit pour vivifier des contrées stérilisées par l'absence d'eau, comme le Sahara algérien, soit pour venir en aide à l'alimentation des grandes villes, pour le captage d'eaux minérales, la création d'industries locales, ou même la force motrice.

Si l'on applique à l'étude des puits artésiens le théorème de Daniel Bernouilli qui régit, dans les conditions les plus générales, l'écoulement d'un filet liquide sous l'action de la pesanteur, on en déduit les lois fort simples suivantes : le niveau statique dans le puits est indépendant du diamètre ; le débit du puits, à un niveau variable au-dessus du sol, augmente si l'on abaisse l'orifice d'écoulement ; le débit augmente avec le diamètre du puits, mais non pas proportionnellement à sa section.

Lorsqu'une contrée est assez favorisée par la nature pour se prêter à ces recherches si utiles et si intéressantes, il est rare que la sonde, en pénétrant à travers les couches sédimentaires alternativement perméables et imperméables qui constituent son sous-sol, ne fasse pas jaillir successivement plusieurs nappes ; et selon toutes probabilités, comme du reste la pratique le démontre dans la plupart des cas, les plus profondes, ayant leur point d'origine généralement à une altitude plus élevée, posséderont une force ascensionnelle plus grande, et par suite un débit relatif de plus en plus considérable. Dans un tel état de choses, il est nécessaire de ne capter seulement et avec le plus grand soin que la nappe inférieure qui débitera à elle seule plus que toutes les autres ajoutées à elle-même. Il est bien reconnu qu'une nappe souterraine est absorbante, et il est même prouvé par la pratique que sa puissance d'absorption est au moins égale à sa puissance même de débit, c'est-à-dire que si dans un puits on peut tirer 500 litres d'eau par minute, sans faire baisser le niveau, le niveau ne s'élèvera pas si au contraire on y introduit constamment 500 litres d'eau par minute. Supposons que dans un forage on trouve une première nappe d'infiltration, puis une source jaillissante ; en les laissant en communication, la seconde va s'absorber en partie dans la première, et on n'aura tout le débit de la nappe artésienne qu'après avoir masqué la première couche aquifère par un tube bien étanche, qui servira de colonne d'ascension à la deuxième ; mais les choses se passeraient de même, si, au lieu d'être stagnante, la première nappe avait été elle-même jaillissante, car nous nous trouvons toujours, pour l'une et pour l'autre, en présence du principe des vases communiquants, et il n'y a entre ces deux manières d'être d'une nappe qu'une question de dénivellation du sol ; une nappe stagnante maintient en un point son niveau à 4 mètres en contre-bas du sol, sur un point voisin elle sera jaillissante si pour y arriver on a à descendre 4^{m}50 de rampe. Si donc nous laissons deux nappes artésiennes communiquer ensemble, la première, moins puissante, absorbera de la deuxième un volume d'eau supérieur à celui qu'elle débitait du sol quand elle coulait seule. La première débitait 100 litres ; la dernière en débiterait seule 150, nous n'aurons en totalité au sol que 125 litres. Trouvons une troisième source pouvant débiter 300 litres ; elle perdra 175 litres dans la deuxième ; son contingent ne sera donc plus que de 125 litres, et le puits ne donnera en totalité que 250 litres. On peut citer de ce phénomène l'expérience concluante qui en a été faite il y a quelques années ; une administration avait à faire exécuter un puits artésien dans une localité où il en a déjà été fait plusieurs. Belgrand s'était prononcé pour le captage unique de la nappe la plus profonde ; on adopta ce procédé, le forage traversa trois premières nappes qui furent annulées, et la quatrième, atteinte à 170 mètres de profondeur, donna un jaillissement au sol de plus de 4,000 litres d'eau par minute ; tandis qu'un autre puits, exécuté à quelques pas de celui-ci, exactement au même niveau, poussé à la même profondeur, et ayant rencontré les quatre mêmes nappes qu'on laissa communiquer entre elles, n'avait donné qu'un débit de 1,000 litres par minute. L'idéal de la réussite dans des cas analogues serait la réalisation du **projet si souvent mis en avant et tenté, de capter dans un** même puits, chaque nappe isolément, par des tubages étanches, la nappe inférieure s'écoulant par l'intérieur du tube central, et toutes les autres, dans les espaces annulaires concentriques, obtenus par le décroissement successif du diamètre des tubes ascensionnels. Malheureusement on ne pourrait le faire qu'en donnant au forage des dimensions telles, que le vide entre chaque colonne puisse permettre le passage des outils de curage, pour opérer le désensablement de la nappe, s'il devient nécessaire, et il faudrait aussi que les couches imperméables séparant les nappes fussent bien épaisses et très plastiques, pour produire elles-mêmes l'écoulement indispensable, car il serait presque impossible de l'obtenir à l'aide des procédés généralement et facilement mis en usage pour le captage d'une seule nappe.

Pour les puits rapprochés de la mer, le débit peut varier aux diverses heures du jour; en effet, si la couche aquifère affleure sous l'océan, la colonne piézométrique qui la surmonte varie en ce point suivant l'heure de la marée. La fontaine de Noyelle-sur-Mer descend ordinairement à marée basse à 2 mètres au-dessous de la surface du sol, et monte presque au niveau du terrain pendant la marée haute; un clapet convenablement placé sous l'orifice des tuyaux empêche l'eau de rentrer dans le trou de sonde et la conserve dans le bassin quand la mer vient à baisser dans la baie de la Somme.

Lorsqu'on se proposera d'établir des puits *absorbants*, c'est-à-dire de chercher des couches perméables où l'on puisse perdre les eaux de la surface, il faudra choisir des bancs aquifères nettement perméables et dont le niveau statique se tient dans le puits au-dessous du sol. Ces puits que l'on appelle aussi boitouts rendent de réels services; mais ils ont ordinairement une durée éphémère, les matières introduites par les eaux tendant à encrasser l'entrée des canaux élémentaires qui jouent à leur égard le rôle de filtre.

CHAPITRE VIII

ABATAGE

Nature des roches. — **Nous rattacherons les moyens dont** dispose le mineur pour attaquer les roches à cinq modes essentiels : le travail à la main, à l'eau, au feu, à la poudre et à l'air comprimé. Suivant les circonstances et suivant la nature des roches, on emploie l'un ou l'autre de ces systèmes. Les terrains d'après leur résistance à l'excavation peuvent se classer en : 1° *roches ébouleuses*, telles que les terres décomposées ou terres végétales, terres sablonneuses, sables et cailloux roulés, débris de toute nature, qu'il suffit de défoncer à la pioche pour pouvoir ensuite les enlever à la pelle ; 2° *roches tendres*, ne faisant pas feu avec l'acier, telles que la houille, le sel gemme, les argiles, les schistes ardoisiers et du terrain houiller, les calcaires oolithiques, crayeux ou marneux, les gypses, les alluvions, toutes roches pouvant être attaquées au pic et être abattues avec des masses, des coins et des leviers ; 3° *roches demi-dures* composées de roches non scintillantes, mais compactes et tenaces, ou de roches scintillantes, mais à texture lâche ; tels sont, parmi les premières, les marbres, les serpentines, les schistes métamorphiques métallifères, les hématites brunes non quartzeuses ; parmi les secondes, le grès houiller, le grès exclusivement siliceux, le calcaire un peu siliceux, les roches cristallines avec commencement de décomposition. Ces roches sont attaquées au moyen de la poudre, mais les outils et surtout les pointerolles suffiront dans bien des cas ; 4° *roches dures*, toutes scintillantes, telles que les hématites compactes, le fer oxydulé, les pyrites de fer et de cuivre, tous les minerais ayant pour gangue le quartz et l'amphibole; la plupart des roches quartzeuses, les granites, les porphyres, les basaltes; ces roches sont abattues à la poudre ou par les moyens mécaniques; 5° *roches très dures*, telles que le quartz non fendillé, pur ou servant de gangues à quelques minerais; ces roches sont rarement exploitées, il faut quand les circonstances le permettent avoir recours à l'action du feu, qui les rend susceptibles de céder à l'action de la pointerolle; 6° *roches solubles* qu'on attaquera par l'eau.

TRAVAIL A LA MAIN. — Il consiste dans l'intervention de la seule force musculaire de l'homme sans le secours d'aucun moteur étranger; les *outils* qu'on met entre ses mains doivent être étudiés avec soin, dans leurs formes, leurs dimensions, leur poids, en tenant compte des conditions dans lesquelles on devra les employer; c'est ainsi, par exemple, que l'acier se substitue tous les jours au fer, sauf dans les instruments qui n'agissent que par leur masse, en vue d'obtenir plus de légèreté à résistance égale; le centre de gravité de l'outil, quelle que soit sa forme, doit être sur l'axe du manche, pour en faciliter l'emploi dans un plan quelconque. Le mineur doit entailler les roches, les abattre, les recueillir; ses instruments doivent s'adapter à ces circonstances si diverses. Les *outils de chargement* sont les pelles qui peuvent être de forme trapézoïdale, ogivale ou arrondie; une nervure prolonge la douille pour donner de la résistance au corps de la pelle. Cette douille est située à peu près dans le même plan et munie d'un manche court pour les travaux souterrains et d'un manche plus long assemblé sous un angle de 135° pour le terrassier. La pelle devient un outil d'attaque pour certains terrains sans dureté; on emploie, par exemple, de cette manière la bêche dans les terres fortes, la pelle ogivale dans le sable et les louchets dans la tourbe. Le petit louchet est une sorte de bêche avec un aileron latéral faisant un angle avec sa surface; en deux coups cet outil peut détacher un prisme de tourbe dont sa surface angulaire facilite l'enlèvement; ce travail se fait à sec et sur 0^m30 de hauteur. Le grand louchet sert à travailler en eau profonde, en enlevant à la fois un prisme de 0^m90 à 1^m20 de hauteur; cet outil se compose d'une lame coupante armée de deux ailerons à angle droit et d'un bâti en fer à jour qui encaisse la lame de chaque côté. L'élasticité de ce bâti presse et maintient le prisme qui a été détaché dans toute sa longueur par un seul coup du louchet ; la douille est longue et le manche en bois, qui est de 5 à 6 mètres de longueur, se manœuvre par deux hommes qui l'enfoncent au point convenable, après quoi ils le relèvent en le faisant basculer de manière à maintenir le prisme coupé sur l'outil.

Le *terrassier* dont l'office est de remuer les terres à ciel ouvert possède un matériel fort simple d'outils d'attaque. Le principal est la pioche, dont l'une des extrémités en forme de pointe est destinée aux terrains caillouteux et dont l'autre extrémité présente un tranchant situé dans un plan perpendiculaire à celui de l'instrument. Ces deux parties s'équilibrent mutuellement de manière que l'outil soit mieux en main ; elles présentent une courbure circulaire, pour que la pioche puisse entrer facilement plusieurs fois de suite dans la même fente que l'on approfondit par des coups successifs. Le terrassier emploie aussi la pioche pour déchausser une pierre de son alvéole en engageant la pointe sous l'obstacle et appuyant avec le pied sur le tranchant opposé de façon à faire levier avec le poids de son corps ; les autres outils qu'il emploie sont les pinces, barres de fer affûtées en pointes qui ; enfoncées verticalement dans le terrain et poussées horizontalement en arrière, font éclater et chavirer des parements entiers ; les coins, bûchettes de bois frettées à la tête et à pointe ferrée, ou morceaux de fer pointus et pyramidaux qui, enfoncés à coups de masse en ligne parallèle au bord d'un gradin, le font éclater et chavirer.

Le *piqueur* ou ouvrier mineur emploie surtout le pic dont la forme peut varier ; le pic au rocher est plus lourd que le pic à la veine, sa tête est plate et peut servir de masse : le pic à deux pointes permet de faire double besogne avant de renvoyer l'outil à la forge ; le pic à pointes mobiles n'a pas besoin d'être transporté hors du chantier, et les pointes dont le mineur possède un approvisionnement vont seules à la forge. Outre le pic, le mineur se sert des coins métalliques battus à la massette et de l'aiguille-coin ou aiguille infernale (fig. 18) qui se compose de deux coins demi-ronds et entre eux un

plat-coin que l'on y chasse à grands coups de masse, après
avoir introduit le système dans un trou de mine rond. Pour les
matières, on se servait beaucoup autrefois de la pointerolle,
sorte de ciseau muni d'un manche; on l'ajuste d'une main sur
le point précis d'où l'on veut détacher un fragment et de
l'autre on frappe sur la tête avec une massette.

Le *travail du houilleur* diffère absolument de celui du terrassier; en effet, il doit désagréger le moins possible et tendre
à produire du gros qui se vend mieux que le menu. L'ouvrier
attaque son front de taille comme pour en détacher un parallélipipède rectangle; le massif étant libre en avant, il exécute
trois coupures, un plan horizontal par-dessous appelé lavage et
deux plans verticaux latéraux appelés rouillures. Quand il
s'agit de pousser profondément le lavage, on se sert de la rive-

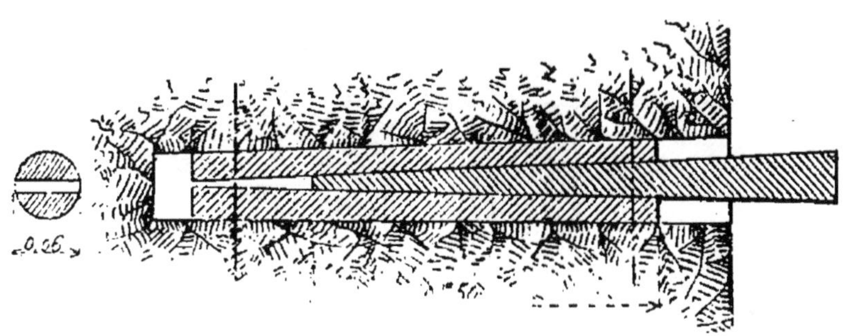

Fig. 18. — Aiguille-coin

daine, sorte de pic à deux pointes très plates adapté à un long
manche à l'aide duquel on gratte dans le fond de la cavité. On
introduit alors quelques coins à la couronne pour aider le
poids du bloc à le détacher à la fois suivant le plan horizontal
du plafond et suivant une face postérieure qui formera après
la tombée le nouveau front de taille. Si la puissance du gîte
diminue outre mesure, le mineur travaille couché sur le côté
ou à col tordu; il s'attache sous la cuisse et l'épaule gauches
des planchettes destinées à le garantir du contact immédiat de
la roche.

Abatage par l'eau. — Dans le levier hydraulique, l'eau agit par
sa pression; c'est une aiguille infernale dont le coin est introduit dans le trou de mine la tête la première et se trouve tiré

au dehors par la pression hydrostatique que subit un piston
(fig. 19). L'abatage par l'eau est fort employé dans les exploitations d'alluvions ; l'ouvrier creuse au sein du gisement des
fossés dans lesquels on fait circuler l'eau ; ce courant tend à
ronger les berges qu'on y abat progressivement. L'action physique fait intervenir l'influence de la congélation qui dilate le
volume de l'eau avec une puissance irrésistible et permet de
détacher des blocs importants sans risquer de les fendre ; à
cet effet, on limite le contour du bloc au moyen d'une série
de trous de fleuret qu'on remplit d'eau le soir en les obturant
avec des tampons de bois enfoncés à force ; le froid de la nuit

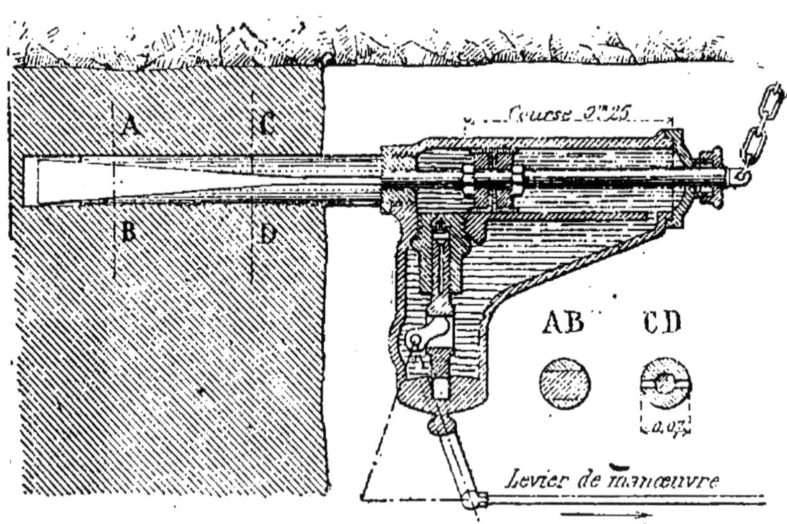

Fig. 19. — Coin à eau

amène l'expansion de la glace et l'éclatement de la roche. Ce
système est naturellement limité aux climats rigoureux. L'action organique de l'eau mise en jeu pour l'abatage est celle
qu'exerce l'humidité sur le bois pour en dilater les fibres.
Enfin, on emploie depuis peu l'hydratation de la chaux vive
produisant une dilatation considérable ; la chaux moulée en
cylindre de 0m063 de diamètre, sur la paroi duquel est ménagée
une rainure longitudinale, est enfermée dans le trou de mine
derrière un bourrage énergique que l'on force dans la partie
antérieure ; on injecte avec une pompe foulante un volume

d'eau à peu près égal à celui de la chaux, puis on ferme le tube
à l'aide d'un robinet ; l'éclatement a lieu sans explosion ni
projection en produisant une forte proportion de gros (fig. 20).

Les anciens faisaient un grand usage du *travail au feu* pour
les roches les plus récalcitrantes ; en effet, les roches brusquement chauffées se dilatent et se fendent en perdant l'eau
dont elles sont pénétrées. Quelques-unes sont même altérées
dans leur composition et, si l'on projette ensuite de l'eau sur la
roche incandescente, elle se contracte subitement et se fissure
à une profondeur plus ou moins grande qui permet de l'attaquer avec les outils. On se servait d'abord de bûchers dressés
le long de la paroi ; plus tard, on a fait usage de caisses en

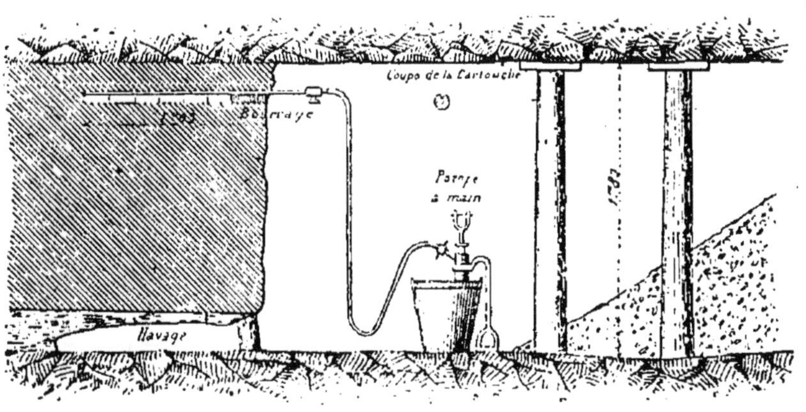

Fig. 20. — Cartouche de chaux

tôle dirigeant la flamme vers la paroi au moyen de troncs de
pyramide ouverts en avant et formant un gril sur lequel on
chargeait le bois. Ce moyen primitif a été perfectionné dans
l'appareil Hugon (fig. 21), qui consiste en un fourneau mobile
sur rails et alimenté par un petit ventilateur, de manière à
pouvoir concentrer une action calorifique intense sur un point
donné. Cette méthode de travail ne peut être appliquée que
dans des mines dont l'aérage est vif et facile ; la difficulté de
se débarrasser des gaz produits par la combustion opposerait
une impossibilité presque générale pour l'emploi de ce procédé
dans les mines profondes.

Tirage a la poudre. — Le tirage d'un coup de mine consiste dans les opérations suivantes : on commence par forer un trou de mine en forme de cylindre étroit et profond, on le charge de poudre sur une partie de sa longueur et on bourre le reste au moyen d'une matière inerte ; un conduit est ménagé pour l'amorce à travers cette bourre ; on met le feu à une mèche, qui brûle avec une lenteur suffisante pour que le mineur ait le temps de se retirer à l'abri. L'opération si simple du percement d'un trou de mine est la première éducation que l'on doit donner au mineur ; dans les campagnes, on trouve difficilement des hommes au courant de ce travail. Le premier point

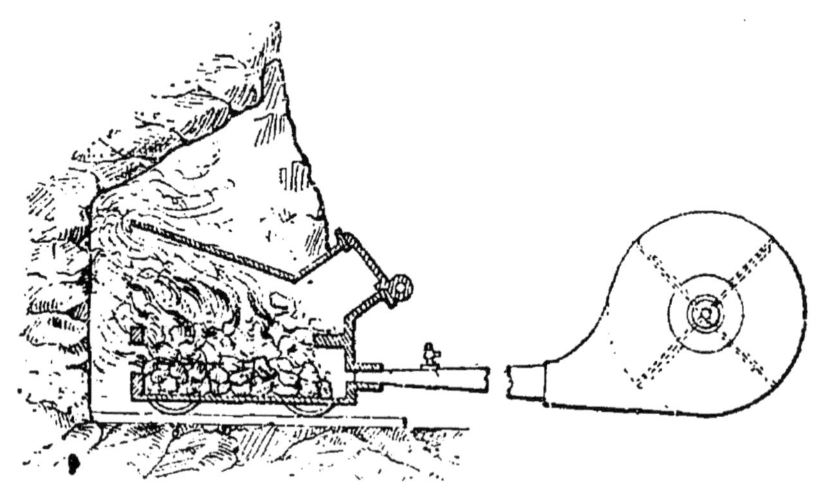

Fig. 21. — Appareil Hugon

à considérer est l'*emplacement du trou de mine*. La forme de la paroi, le sens des fissures et leur étendue sont les causes principales qui peuvent guider dans les placements des coups de mine toujours destinés à faire sauter les masses les mieux dégagées. Lorsque la roche attaquée peut être entaillée, la méthode la plus rapide consiste à faire une entaille soit au sol d'une galerie, soit sur le côté d'un puits, puis à placer les coups de mine obliquement, de manière à détacher des fragments angulaires ; on cherche les positions de chaque coup de mine en ayant soin de proportionner l'épaisseur du rocher et sa résistance à la charge, évitant surtout d'exposer le coup de mine à se décharger comme une arme à feu. Lorsque la roche ne peut être dégagée par l'emploi des outils, on procède à ce dégagement par de petits coups de mine longs de 0^m25, qui permettent ensuite d'en placer de plus forts. Enfin, l'on met à profit les fissures naturelles, les parties moins résistantes, ayant soin, lorsqu'un massif est isolé sur deux faces, que le fond du coup de mine ne dépasse jamais la ligne qui termine le dégagement. Dans le cas de mines grisouteuses, le tirage en couronne sur 0^m30, à partir du faîte, doit être interdit, car c'est dans cette zone que se concentre le gaz d'après sa légèreté spécifique. Pour le fonçage d'un puits rond, on pratique une mine centrale à la dynamite, qui dégage le reste en forme de gradin circulaire ; on bat ensuite au large, à l'aide d'une ceinture, de petits coups de mine. Dans un mode inverse, on commence par creuser, avec une couronne de pétards relativement faibles, un fossé circulaire, puis on brise le stross central avec de forts coups de mine. Pour un puits rectangulaire, on commence par pratiquer à petits coups deux fossés sur les longs côtés, puis un troisième suivant le petit axe ; on enlève alors les deux stross en les rabattant sur ce fossé central à l'aide de pétards très inclinés. La longueur d'un trou de mine ordinaire est d'environ 0^m50 pouvant s'accroître jusqu'à 1 mètre ; le diamètre varie de 20 à 45 millimètres suivant la dureté des roches. Pour un travail donné, lorsque les dimensions générales du chantier ne règlent pas d'une façon absolue la disposition des trous, il y a intérêt, au point de vue de l'effet utile, à diminuer le diamètre et à augmenter la profondeur.

Le forage d'un trou de mine peut se faire à la main ou avec des moteurs ; dans le premier cas, on se sert de tarières donnant une rotation continue ou de barres agissant par choc. Les *tarières* ne sont admissibles que dans les roches relativement tendres ; on les met en jeu à l'aide d'une sorte de vilebrequin, et, si le trou de mine doit être foré dans un angle, on lui substitue le criquet. On facilite beaucoup l'emploi de la tarière par l'usage de châssis portatifs qui constituent les *perforateurs rotatifs* à la main ; le plus répandu est le perforateur Lisbet (fig. 22), qui se compose d'un montant dont les deux parties peuvent jouer à coulisse l'une dans l'autre ; la portion inférieure se pique dans le sol au moyen d'une pointe fixe ; la seconde s'y adapte à l'aide d'une broche. On complète le serrage avec une vis qui commande la pointe supérieure pour la piquer dans le plafond ; le porte-outil est mobile le long du montant et s'y fixe en divers points de manière à procurer aux trous de mine toutes les situations. Le palier, taraudé à l'in-

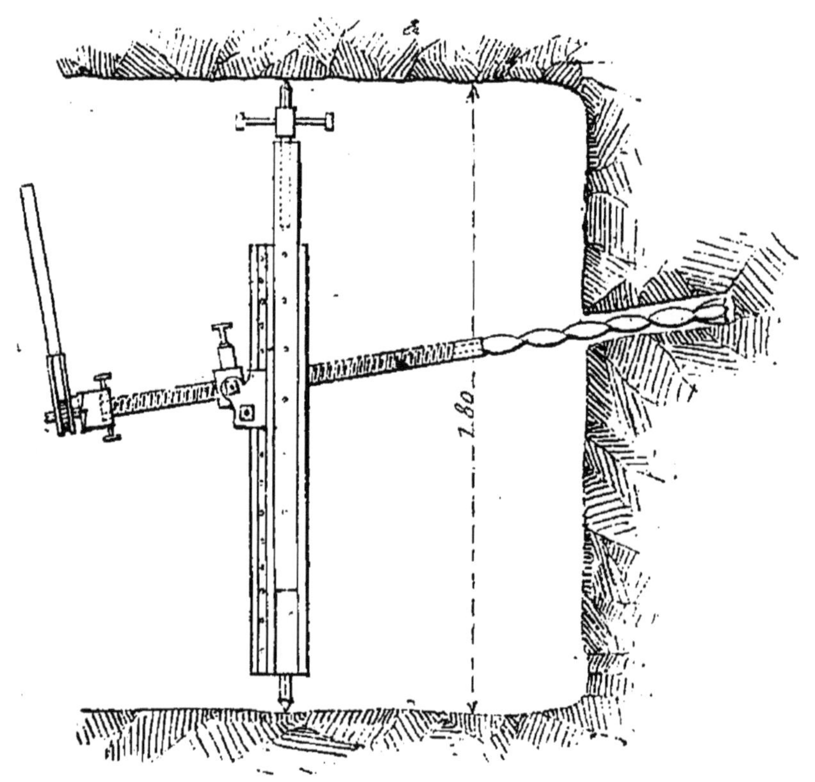

Fig. 22. — Appareil Lisbet

térieur, sert d'écrou à une vis qui est elle-même creuse et traversée par la vis de la tarière ; un manchon à griffes s'embraie ou se désembraie suivant que l'on tire ou que l'on pousse sur la manivelle pendant la rotation, pour rendre la tarière et la vis à volonté solidaires ou indépendantes ; par ce dispositif on gradue la vitesse d'avancement suivant la nature de la roche.

Quand on emploie le *choc*, on se sert de la barre à mine ou trépan que l'ouvrier soulève et laisse retomber par son poids ; toutes les fois que l'on dispose de la place nécessaire pour forer de grands coups de mine sans se préoccuper de la solidité des parois, on manœuvre des barres à mine à deux hommes, plus longues et plus lourdes. Mais le moyen classique de forage des trous de mine consiste dans l'emploi du fleuret, sorte de long ciseau en fer armé à son extrémité d'un biseau aciéré, un peu courbé, afin que les angles ne soient pas brisés, et un peu plus large que le diamètre de la tige, afin que le trou soit plus grand qu'elle. Le mineur frappe sur le fleuret avec une masse, en tournant après chaque coup son fleuret d'un douzième à un sixième de circonférence. On a cherché à augmenter le diamètre du fond tout en diminuant celui du trou lui-même ; on se sert pour cet effet du fleuret coudé qui permet, en donnant une certaine inclinaison dans le trou à l'instrument, d'élargir la chambre intérieure ; dans le cas de calcaires, on peut se servir d'acide pour attaquer le fond du trou, mais cette méthode manque de régularité.

Au fur et à mesure que le trou de mine s'agrandit, on retire les matières solides avec la curette, petite tringle en fer méplat courbée en cuiller à une extrémité et dont l'autre bout est en forme de boucle dans laquelle on passe des étoupes pour sécher le trou avant le chargement. Le trou est, en effet, toujours rempli d'eau qui rafraîchit les outils et fixe les poussières. La profondeur convenable atteinte et le trou bien séché, on procède au *chargement* et au *bourrage* à l'aide du bourroir et de l'épinglette. Le bourroir est une tige d'un diamètre inférieur à celui du trou, se terminant par un renflement échancré sur un point de sa circonférence, ce vide est destiné à réserver le logement de l'épinglette. Le bourroir est tout en fer avec bout en cuivre, en laiton et même en zinc ; le fer doit être proscrit pour l'extrémité, comme exposant à faire feu avec le quartz. L'épinglette est une longue aiguille en cuivre rouge ou en laiton, pointue à une de ses extrémités et terminée à l'autre par un anneau d'un diamètre très supérieur à celui du bourroir. En général, la charge varie entre 50 et 500 grammes de poudre employée sous forme de cartouche ;

le trou chargé, on procède au bourrage de la manière suivante: l'épinglette étant bien graissée, on l'introduit dans le trou et on la pique dans la cartouche, de manière que sa pointe pénètre dans le sein de la poudre ; on l'appuie alors sur le bord de la paroi. Le mineur introduit une première bourre qui consiste, suivant les circonstances, en un boudin d'argile, en briques ou schistes pilés, en gypse ou tout autre matière exempte de quartz et de minéraux de dureté analogue pour éviter de faire feu pendant le bourrage ; la bourre est poussée doucement au fond pour ne pas risquer de produire l'effet du briquet à air, on bourre progressivement avec le bourroir et ensuite on ajoute d'autres bourres. Le bourrage achevé, on passe le bourroir dans l'anneau de l'épinglette et en tournant cette aiguille sur elle-même on l'arrache du trou de mine ; on laisse libre, de cette manière, un passage pour le boute-feu qui portera le feu au sein de la charge. Autrefois, l'*amorçage* se faisait en versant de la poudre dans le vide laissé par l'épinglette, ou mieux en y plaçant des canettes, petits rouleaux de papier enduits de poudre délayée et desséchée, puis en disposant une mèche soufrée assez longue pour que le mineur ait le temps de se retirer en lieu de sûreté après l'avoir allumée. Aujourd'hui, on abandonne ces modes d'amorçage et on les remplace par l'étoupille de sûreté, qui consiste en une cordelette goudronnée dont l'âme est remplie de poudre ; cette étoupille permet de tirer sous l'eau, mais elle donne de la flamme par la combustion du goudron, et dans les mines grisouteuses on fait usage de l'étoupille blanche, qui transmet le feu avec une vitesse de 1^m25 par minute et ne donne pas de flamme extérieure.

Le coup de mine une fois chargé peut être tiré de suite ; dans d'autres cas, on attend certaines heures déterminées pour la coordination des services. Le *tirage* dans les mines à grisou ne doit pas s'effectuer si l'on constate dans l'atmosphère la présence de la plus petite quantité de gaz. Quand toutes les précautions ont été prises par le mineur, il pousse les cris d'avertissement en usage pour éloigner tout le personnel du théâtre de l'explosion ; à ce moment il allume la mèche et bat en retraite. L'emploi de l'*électricité* pour le tirage des mines se recommande par plusieurs avantages : il évite toute production de flamme dans l'amorçage, permet de tirer d'aussi loin qu'on veut et sous l'eau, évite les longs feux et assure la simultanéité rigoureuse dans le cas de tir de plusieurs mines à la fois. On peut employer pour ce tir deux modes d'accouplement ; par embranchement avec un fil de platine porté au rouge, ou par circuit en excitant l'étincelle au moyen d'une courte interruption des conducteurs ; ce système est le plus simple. Les sources d'électricité peuvent être les appareils d'électricité statique, les piles ou enfin et surtout les machines d'induction.

On ne doit revenir au chantier qu'après avoir entendu le coup ; il arrive quelquefois que l'amorce s'éteint, formant un raté ; dans d'autres cas, le coup est retardé plus ou moins par des causes quelconques et constitue le long-feu, danger redoutable, car, si l'on croit à un raté après un certain temps de silence, on peut revenir et recevoir le coup. Ordinairement, le règlement interdit tout débourrage d'un raté, on doit pratiquer un second fourneau très près du premier et l'explosion, en détruisant la paroi intermédiaire, fait sauter l'ancienne charge.

Explosifs divers. — L'emploi de la poudre pour le sautage des roches a constitué, comme nous l'avons dit, un progrès énorme, mais le rendement utile de la dépense à effectuer est souvent des moins satisfaisants ; une partie de la puissance mise en jeu passe en effets de projection, de vibrations perdues dans le sol, de chaleur sensible, etc. La force d'une poudre dépend du volume du gaz fourni par un kilogramme dans l'explosif, et de la température effective qui prend naissance dans la réaction chimique mise en jeu, et qui tend à déterminer une dilatation d'autant plus marquée de ce volume anormal. Il va sans dire qu'entre une poudre forte et une poudre faible on n'hésitera pas ; mais il y a lieu aussi de distinguer entre les poudres lentes et les poudres brisantes qui par la rapidité de la pression permettent de concentrer l'effort de déchirement sur le foyer même, avant que les forces mises en action aient eu le temps de se transporter au loin. Le choix de la poudre devra dépendre de l'appropriation de ses propriétés à celles de la roche ; les poudres brisantes produisent beaucoup de déchirement du côté de la surface dégagée, et broient le massif du côté opposé; les poudres lentes ont des propriétés inverses et conviennent mieux aux roches tendres et à la plupart des houilles. Un explosif parfait pour le sautage des roches devrait présenter des *qualités* diverses, souvent en opposition les unes avec les autres, et que l'on peut formuler sommairement : grande force sous un faible volume, déflagration instantanée, chargement ne nécessitant que peu de précautions, allumage simple, fumées peu abondantes et inoffensives, fabrication peu dangereuse, transport ne détruisant pas la stabilité ; l'explosif devrait enfin supporter les variations de climat, et permettre le tirage sous l'eau. La poursuite de ces divers desiderata a conduit à une multitude de variétés d'explosifs.

La poudre de mine ordinaire présente la *composition* suivante : salpêtre 65, soufre 20, charbon 15; sa densité sous volume apparent est de 0,944 ; la pression des gaz développés par la déflagration d'un kilogramme de poudre aurait pour valeur 6,400 atmosphères. La poudre doit avoir un grain égal, dur, sans poussière, ne tachant pas la peau; on la conserve dans des barils ou dans des sacs de cuir, et dans des lieux très secs; les poudrières doivent être éloignées de toute habitation. De nombreuses modifications ont été apportées à la composition que nous venons d'indiquer, mais de toutes les tentatives, la substitution de l'azotate de soude au salpêtre paraît avoir seule subsisté; une révolution plus importante a été l'introduction de produits azotés autres que les nitrates, à savoir : les prussiates, les picrates, le pyroxyle et la nitroglycérine; ces deux derniers corps sont à peu près les seuls que la pratique courante ait conservés comme bases des nouvelles préparations.

La *nitroglycérine,* qui s'obtient en faisant réagir sur la glycérine un mélange d'acide azotique et d'acide sulfurique, est un liquide jaunâtre, qui a pour densité 1,6 ; il est très peu soluble dans l'eau et inaltérable par elle; il se congèle en cristaux quand la température descend au-dessous de 5°. En cet état la nitroglycérine est très dangereuse, et l'on ne doit pas y toucher avant de l'avoir ramenée à l'état liquide en élevant la température ambiante, mais sans l'exposer directement à l'action du feu. Allumée à l'air, elle brûle tranquillement sans fumée, mais l'explosion d'un fulminate détermine la détonation de la masse entière, en exerçant à de grandes distances des ravages effroyables. En raison de propriétés aussi redoutables, le transport de cette substance est interdit, et on n'autorise le tirage des mines à l'aide de cet agent que dans des cas exceptionnels. Cette merveilleuse puissance serait donc restée sans emploi, si M. Nobel n'avait réussi à en faire la base d'un produit, d'un usage plus pratique, auquel il a donné le nom de *dynamite*; c'est un mélange intime de nytroglycérine et d'une substance absorbante et poreuse destinée à isoler le liquide dans une infinité de petits récipients élémentaires. On peut employer, pour remplir cet office, des substances sans aucune action propre, qui donnent naissance aux dynamites à base inerte, ou bien au contraire des matières explosibles par elles-mêmes, qui joindront leur propre puissance dans les dynamites à base active. Pour les premières on utilise le kieselguhr formé de résidu siliceux de diatomacées, la randammite d'Auvergne, une terre des environs de Vierzon, etc.; comme bases actives on a employé le charbon, le salpêtre. Le type de dynamite le plus employé, le n° 3, forme une masse pâteuse, de couleur rougeâtre ; elle gèle à 8°, et peut, dans cet état, produire des accidents terribles (fig. 23), si on la touche avec des instruments de fer, ou qu'on l'approche d'un feu nu. Quand on a laissé geler les cartouches, il faut absolument les dégeler au bain-marie. La dynamite dans son état ordinaire, exposée à l'air libre sans aucun obstacle, peut, si on l'enflamme, brûler sans danger avec une grande flamme, et la production d'un peu d'acide nitreux, en laissant sur place le résidu siliceux qui entrait dans sa constitution ; mais avec le moindre bourrage, elle produit, quand on l'enflamme, une violente détonation. Le moyen de déterminer à coup sûr l'explosion est l'intervention d'une matière fulminante, dont on forme des capsules. Voici comment on charge un coup de mine : on introduit l'extrémité de l'étoupille de sûreté ou les fils électriques dans le petit tube de la capsule, et l'on presse un peu le métal avec une pince pour bourrer le fulminate ; on insère le tout dans la cartouche de dynamite en la liant à

Fig. 23. — Explosion de dynamite

la gorge, il suffit d'amorcer une seule cartouche, si l'on en superpose plusieurs dans le même trou, la première par son explosion fait partir toutes les autres. Un bourrage léger suffit, mais jamais un coup de dynamite ne doit être débourré ; on le fera partir en pratiquant de nouveaux pétards dans son voisinage.

Le *pyroxyle* ou coton-poudre résulte de l'action d'un mélange d'acide nitrique et d'acide sulfurique sur la cellulose, il conserve l'aspect de cette dernière substance, il s'enflamme à 18°, et brûle à l'air avec une flamme instantanée ; mais dans un espace confiné, il fait explosion avec peu de flamme et sans fumée ; la déflagration d'une matière fulminante le fait détoner même à l'air libre. Le pyroxyle a en général peu réussi dans l'exploitation des mines, mais on l'a fait figurer dans de nombreux mélanges, dont le plus important est la *dynamite-gomme*, formée de 86 parties de nitroglycérine, 10 de coton nitré et 4 de camphre. Cette substance, d'une consistance gommeuse, a l'avantage de ne pas geler aux mêmes températures que les précédentes, et de ne donner aucune exsudation, même sous une forte pression.

Perforation mécanique. Le principal moteur employé est l'*air comprimé;* son intervention peut être réduite à la simple perforation des trous de mine, ou bien au contraire contribuer au sautage lui-même. Le second mode d'emploi s'appelle le *bosseyage mécanique;* il prend la place de l'explosif pour l'utilisation du trou perforé, et s'effectue avec les mêmes appareils que le forage du trou, c'est-à-dire avec les *perforateurs* dont nous parlerons ; à cet effet, on substitue dans la machine au fleuret une masse, et l'on place dans le trou une aiguille infernale, sur laquelle la masse mue par l'air comprimé vient frapper jusqu'à éclatement de la roche. Dans le premier mode d'emploi de l'air comprimé, le moteur ne fait que se substituer à l'action musculaire de l'homme pour la seule part qui restait à cette dernière dans l'opération du tirage à la poudre ; c'est de beaucoup le plus employé. La perforation mécanique présente une supériorité incontestable sur le travail à la main sous le rapport de la vitesse ; l'avancement presque doublé a été quelquefois quadruplé ; mais l'effet exercé directement sur le prix de revient est ordinairement à l'avantage de la main-d'œuvre ordinaire. En ce qui concerne l'outil lui-même, il peut être *rotatif* ou à *percussion;* le premier type est peu répandu, certaines rotatives sont à outils d'acier, d'autres à couronne de diamants. Les appareils percuteurs peuvent opérer de deux manières différentes, suivant que l'on adopte le travail de la barre à mines, ou le double choc du forage avec le burin et la massette; mais la vraie solution est calquée sur l'emploi de la barre à mines que l'on guide en la lançant à l'aide de l'air comprimé (fig. 24). Le fleuret doit être animé de

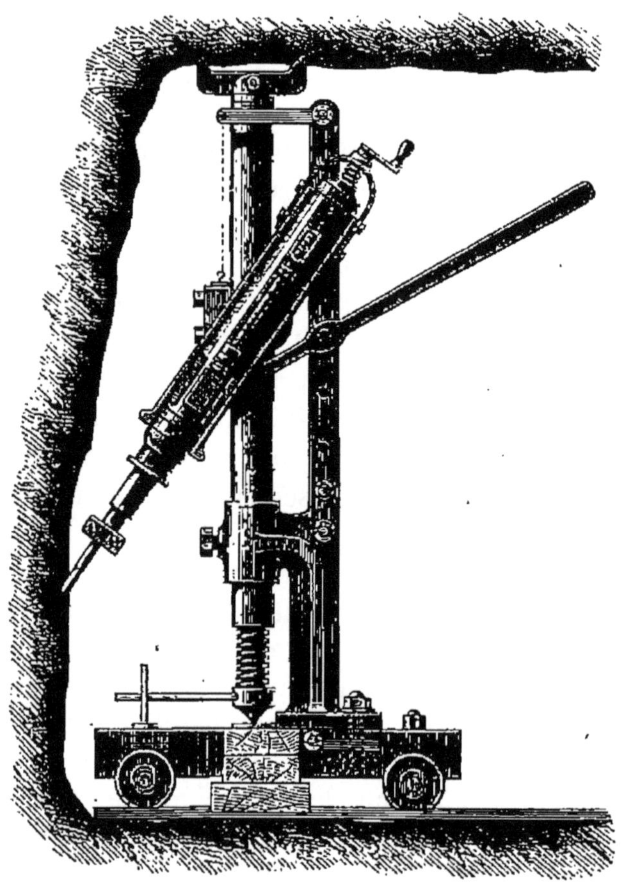

Fig. 24. — Perforatrice mécanique

trois mouvements bien distincts : 1° celui de frappe ou de va-et-vient; 2° sa rotation sur lui-même; 3° la progression assurant l'approfondissement.

Le *mouvement alternatif* est produit par la distribution de
l'air comprimé que l'on envoie dans le cylindre alternativement sur les faces postérieure et antérieure du piston porte-
fleuret ; l'action doit être très inégale dans les deux sens ; pour
la marche en avant il faut brutaliser la roche, dans le retour
il convient de ménager le fond du piston ; cette inégalité
s'obtient en donnant un grand diamètre à la tige. Quant à la
distribution, on l'opère en obturant ou démasquant, aux
moments convenables, certains orifices pratiqués dans la
paroi du cylindre, et communiquant avec l'air comprimé ou
avec l'atmosphère extérieure ; ce résultat est atteint par le
piston lui-même ou par un tiroir.

Le *mouvement rotatif* est obtenu par une double pompe à
air, dont les cylindres se trouvent respectivement en communication avec les deux faces du piston moteur ; elles agissent,
par suite, alternativement pour soulever par ses extrémités un
basculeur. On préfère l'emploi d'une rainure hélicoïdale pratiquée sur la tige du piston, et engrenant avec une pièce en
forme d'écrou, susceptible de tourner sur son axe. Le frottement est suffisamment dur pour que, quand rien ne s'y oppose,
c'est-à-dire pendant la course en avant, les organes restent
solidaires ; l'écrou tourne alors sur lui-même, mais, dans le
retour, un pied de biche s'oppose à la rotation inverse de
l'écrou, et c'est par suite le piston porte-fleuret qui se trouve
obligé de prendre le mouvement hélicoïdal ; il tourne d'un certain angle, en même temps qu'il recule.

Le *mouvement progressif* est laissé souvent à la disposition
du mécanicien ; cependant, dans certains perforateurs, les
inventeurs ont réalisé automatiquement cet avancement.

Le perforateur est disposé sur un *affût* roulant sur la voie
ferrée de la galerie ; un même affût porte plusieurs perfora-
trices que des genoux permettent d'incliner dans toutes les
directions. Dans la perforation verticale, l'affût prend la forme
d'un trépied, ou se réduit à de simples barres arc-boutées
dans les parois.

La machine de *Brandt* (fig. 25), qui avait déjà été employée
au tunnel de Saint-Gothard, a été choisie pour les travaux du
côté de l'Arlberg. Cette machine fonctionne au moyen d'une

Fig. 25. — Machine de Brandt

pression hydraulique de 100 à 120 atmosphères, et perce les roches les plus dures à la façon des outils à diamant, mais en employant de l'acier. L'outil perforateur a la forme d'une tarière annulaire, qui, énergiquement pressée contre la roche, résulte de l'action de l'eau comprimée dans un cylindre formant la culasse de porte-outil. A l'intérieur de ce cylindre se trouve un piston plongeur qui bute contre la colonne servant de support à l'appareil. Le mouvement de rotation est donné à l'outil par une roue dentée, calée sur le cylindre, et actionnée par une vis sans fin transversale, mise en mouvement par deux petites machines hydromotrices, placées de part et d'autre. Le nombre de tours de l'appareil perforateur varie de 5 à 12 par minute, suivant la nature de la roche. Dans les roches dures, l'avancement est de 4 millim. par tour, et dans les couches moins dures, de 12 millim. par tour, avec sept à huit tours par minute.

On a également cherché à remplacer par l'action de l'air comprimé le travail de l'homme dans le havage ; les résultats donnés par les *haveuses mécaniques* n'ont pas été partout favorables, et ces appareils ne se sont pas répandus dans les mines.

Des inventeurs nombreux ont mis en avant l'idée de préparer au moyen d'un *excavateur* le forage d'une galerie de mines, en opérant d'un seul coup sur toute la section que l'on doit supposer circulaire ; l'excavateur du colonel Beaumont (fig. 26) consiste en un arbre horizontal, terminé en forme de T, par une pièce présentant le diamètre de la galerie. Elle porte des ciseaux d'entaillement, qui attaquent le front de taille suivant des cercles concentriques ; les fragments tombent dans une chaîne à godets qui passe sous le chariot, et vient à l'arrière verser les déblais dans les wagonnets. L'arbre moteur est actionné par deux cylindres à air comprimé ; quant au mouvement de progression, il est obtenu de la manière suivante : le bâti se compose de deux berceaux cylindriques, présentant la courbure de la galerie, et pouvant glisser, l'un par rapport à l'autre, suivant ses génératrices. Le cylindre extérieur reposant à terre, l'outil s'avance au fur et à mesure de la destruction de la roche, sous l'influence de la pression

Fig. 26. — Machine perforatrice de Beaumont

qu'il subit à l'arrière. Quand il a atteint la limite de son excursion, on arrête la rotation, on soulève l'appareil sur des crics et c'est alors le berceau inférieur qui rejoint, en parcourant à son tour cette même longueur de machine, maintenue immobile sur les crics; on repose alors celle-ci à terre en soulageant les crics, et l'on recommence une nouvelle travée.

CHAPITRE IX

EXPLOITATION

Exploitation a ciel ouvert. — Lorsque le gîte à exploiter n'est recouvert que d'une faible épaisseur de terre, on emploie la méthode d'exploitation à ciel ouvert; c'est la plus simple et la plus économique de toutes, lorsque surtout les travaux ne doivent pas atteindre une grande profondeur. Le dégagement facile des masses, la possibilité d'opérer sur de grands chantiers, rendent l'abatage prompt et peu coûteux; on supprime l'éclairage et le boisage; on évite l'éboulement du plafond, l'incendie souterrain, les coups d'eau; le tirage à la lumière du jour plus complet permet de mieux utiliser le gîte, et dispense du transport de matériaux inutiles. En revanche, cette méthode présente quelques inconvénients; l'exploitant doit se rendre en totalité acquéreur de la superficie qu'il veut dépecer, et même d'un supplément nécessaire pour former des places ou dépôts; les frais du découvert croissant très rapidement avec la hauteur des morts terrains, il y a donc une limite où l'économie réalisée par l'exploitation à ciel ouvert n'existera plus. La limite d'épaisseur n'a du reste rien d'absolu, et dépend, dans chaque cas, de la valeur de la tonne du minerai exploité et de la nature du terrain de recouvrement. En dehors de la question économique pour régler le point où l'exploitation doit s'arrêter en profondeur pour rester fructueuse, on se trouve également limité par la considération résultant de l'impossibilité de maintenir les parois des découverts au delà d'une certaine hauteur. L'élément essentiel qui permet d'excaver sans danger est le talus, c'est-à dire l'angle d'inclinaison qu'il convient de donner au terrain, angle tout à.

fait variable, suivant la nature de ce terrain, et suivant les circonstances locales.

Les roches exploitées à ciel ouvert sont d'abord les roches friables, telles que les sables et les roches décomposées superficielles, que l'on doit enlever pour déblais et remblais, les minerais d'alluvion, les roches consistantes employées dans la construction, telles que le gypse, les calcaires, les marbres, les granites, les schistes ardoisiers, les pierres meulières, etc., enfin, certains minerais en amas. La tourbe et les lignites superficiels, roches molles qui se trouvent dans certains terrains marécageux, doivent nécessairement être exploités par cette méthode. Dans les divers cas d'exploitation à ciel ouvert, on ne doit pas perdre de vue les principes généraux qui peuvent seuls les rendre économiques, et qui sont : de donner aux excavations une forme telle que les massifs se présentent toujours dégagés sur deux faces, ce qui conduit à les disposer en gradins superposés ; de ménager des rampes pour les transports, ou si l'exploitation est trop profonde, d'établir des appareils d'extraction en ayant soin de faire le triage au fond, afin de ne pas avoir à remonter des matières inutiles ; d'expulser les eaux atmosphériques et les eaux d'infiltration.

On ne procédera que d'après un plan d'ensemble nettement conçu, qui établira les grandes lignes de l'exploitation devant rester invariables dans le système adopté. On s'attachera surtout à atteindre directement sur chaque point le maximum de profondeur auquel il est appelé, de façon que la plate-forme mise à nu puisse servir d'emplacement à déblais pour le reste de l'exploitation, sans quoi l'on se trouverait conduit, au bout d'un certain temps, à déplacer ce nouveau recouvrement pour prendre la tranche subordonnée. On mettra le point d'attaque dans la partie du champ d'exploitation destinée à atteindre la plus grande profondeur, afin que les eaux puissent s'y accumuler en asséchant les chantiers ouverts à mesure. Quand on n'est gêné que par les eaux du ciel, on commence par en garantir en partie l'excavation en l'entourant de fossés qui reportent l'écoulement des eaux plus loin en aval. Mais si l'on se trouve dans le thalweg même d'une vallée parcourue par un cours d'eau permanent, on commence par la barrer en amont à un niveau assez élevé pour faire s'écouler le ruisseau dans un canal artificiel le long du coteau, et le dériver en aval des travaux, en profitant de la chute créée pour la préparation mécanique des minerais.

Si le gîte se trouve à flanc de coteau, il est bon d'attaquer l'affleurement en rejetant les matières stériles en arrière, afin de n'avoir rien à monter. La hauteur des gradins devra être d'autant plus restreinte que l'on sera conduit à se mettre plus complètement en garde contre la tendance au glissement; elle varie depuis 1^{m}50 à 3 mètres, jusqu'à 15 mètres dans les grands abatages. Avec des gradins élevés, la tombée est plus fructueuse; cependant, si l'on va trop loin avec des roches dures, on obtient de gros blocs qu'il faudra de nouveau fractionner; avec des roches ébouleuses, on s'expose à un encombrement fâcheux. Le cas le plus favorable est une stratification présentant des lits de consistances très diverses, que la chute en grandes masses contribue à fragmenter. Les points de déchargement doivent être choisis, sous le rapport de la position, à un niveau plus bas que les points d'abatage et de chargement. Sous le rapport de la capacité, il faut calculer le foisonnement des terres abattues entre $\frac{1}{3}$ et $\frac{1}{5}$ suivant la nature des roches. La disposition de ces chantiers de déchargement est des plus simples, lorsque le niveau du sol permet de décharger le matériel de transport au-dessus des talus inclinés à 45°, qui se forment naturellement; mais si la disposition du sol est telle que la pente manque, il faut faire remonter le véhicule de manière à faciliter l'accumulation des déblais. Les caractères généraux que nous avons présentés conservent nécessairement un certain degré d'indétermination, que seuls des exemples spéciaux par la nature des matières extraites, par leurs dimensions et par leur situation pourraient préciser. Nous décrirons l'exploitation à ciel ouvert la plus importante de notre époque, celle de *Rio-Tinto* (Espagne). Il a fallu d'abord, pour atteindre le minerai qui est la pyrite, déblayer une couche de 25 à 30 mètres de terre stérile, formant ce qu'on appelle le *chapeau du filon*. On mit alors à découvert, non pas comme il arrive presque toujours, un minerai stratifié et mélangé à des couches de terre, mais un bloc unique, compact et continu, d'un beau jaune d'or quand la cassure est fraîche, et dont les dimensions colossales n'ont pu être calculées exactement. On évalue sa longueur à 4 kilomètres, et sa profondeur à 125 mètres au moins ; dans certains points même, l'épaisseur atteint jusqu'à 500 mètres. Le minerai ainsi mis à nu a été alors attaqué à ciel ouvert. C'est une immense cave, ou plutôt un amphithéâtre, large de 125 mètres, long de 500 mètres, et profond de 90 mètres, taillé en plein minerai. Sa paroi est formée de gradins superposés en étages de 16 mètres de hauteur, sur lesquels règne une voie ferrée. De nombreux trains circulant sans relâche reçoivent le minerai qu'abat et charge une armée de 13,000 ouvriers, puis le montent jusqu'au niveau du sol, et de là le transportent au port de Huelva, créé tout exprès, où une immense digue protège les navires destinés à emporter en Angleterre les cargaison de pyrites. C'est un spectacle vraiment magique que la contemplation des travaux de nuit, éclairés par trois énormes phares électriques, qui propagent leurs vives clartés sur ce trou colossal aux tons verdâtres que domine la masse rouge de la montagne en train de disparaître. Les figures 27 et 28 donnent une idée exacte, l'une de l'aspect du ciel ouvert avec ses gradins parcourus par plusieurs trains de chemins de fer, l'autre du port de Huelva avec sa grande digue, relié à la mine par une voie ferrée de 84 kilomètres.

Nous parlerons encore des *tourbières* dont l'exploitation toute spéciale sort un peu des principes précédents.

Les tourbières constituent le dernier terme des formations de combustible dans la série géologique ; elles s'accroissent encore à l'époque actuelle dans certains bas-fonds marécageux, et quelques bancs dépassent 5 mètres de puissance. Trois cas peuvent, en raison de cette situation, se présenter pour l'exploitation.

Lorsque la tourbe est superficielle et au-dessus du niveau des eaux, comme c'est une substance toujours molle et facile à couper, on l'exploite suivant le *mode longitudinal*, en y creusant des fossés à petits gradins, ayant pour hauteur celle du louchet qui sert à les découper, par exemple 0ᵐ30 ; ces gradins sont séparés par une largeur d'au moins 1 mètre, sur

Fig. 27. — Mines de Rio-Tinto

Fig. 28. — Mines de Rio-Tinto

laquelle les ouvriers marchent à la suite les uns des autres, enlevant sur chaque arête une série de prismes de 0^m12 à 0^m15 d'épaisseur. Ces prismes sont aussitôt recueillis par les chargeurs qui suivent les découpeurs avec des brouettes. Enlever ainsi une ligne de prismes sur toute la longueur d'un gradin, c'est ce qu'on appelle enlever un point de tourbe ; les ouvriers peuvent se suivre sur le même gradin en enlevant des points successifs. Dans un autre mode d'exploitation, le *mode carré*, deux tourbiers, partant d'un même point, lèvent des pointes sur des lignes rectangulaires, et se rencontrent au sommet du rectangle ; lorsque le carré dénudé a pris une certaine extension, on attaque une seconde tranche et ainsi de suite en taillant la masse en gradins droits.

Supposons que la surface du sol soit presque à fleur d'eau, et que celle-ci soit profonde le long des tranchées verticales qui se tiennent convenablement, on emploie alors le grand louchet que nous avons décrit, pour enlever d'un seul coup, sur 0^m10 de côté en carré, une hauteur de trois ou quatre pointes ; quand le tourbier a déposé ces prismes sur la berge, on les fractionne, et le brouetteur les porte à l'étendage. Dans certains cas, la tourbe est tellement fluide et coulante qu'on ne peut l'extraire qu'à l'aide de dragues ; la plus simple et la plus employée consiste en un filet disposé autour d'un cercle en fer. Avec ce filet placé à l'extrémité d'un manche de 4 mètres de longueur, on drague la tourbe dont on remplit des batelets, puis on la porte sur des aires de dessiccation, où elle est étendue et marchée par les hommes d'abord, avec des planchettes sous les pieds et ensuite pieds nus ; on la découpe alors à la bêche, ou bien on la comprime dans des moules, et on porte les briquettes à l'étendage comme les prismes provenant directement des louchets. On fait d'habitude quatre étendages successifs en retournant les pointes pour les exposer au soleil sous leurs diverses faces ; les tas correspondant à ces phases successives de l'opération s'appellent des pilets, des cautelets, des haies et des piles. Les tas non vendus avant la mauvaise saison sont mis en meules et recouverts de chaume.

Exploitation souterraine. — Les gîtes en filons, en couches inclinées, recouverts d'une trop grande épaisseur de terrain pour qu'on puisse les exploiter à ciel ouvert, nécessitent l'emploi des travaux souterrains ; la plupart des grandes exploitations, même commencées à découvert sur les amas et les stocwerks métallifères, finissent par être transformées en exploitations souterraines à cause des difficultés de maintenir les parois de ces grandes excavations, d'y épuiser les eaux et d'en extraire économiquement les minerais. Mais, avant de pouvoir entrer en exploitation souterraine, il faut atteindre le gîte, et y créer des *travaux préparatoires*, qui permettent d'établir un nombre d'ateliers proportionné à l'extraction à laquelle on veut arriver. L'organisation d'une mine comprend donc deux ordres de travaux ; on a en premier lieu à créer l'agencement général des organes permanents de fonctionnement, et il faut en second lieu mettre d'une manière rationnelle ces moyens d'action en rapports avec des chantiers toujours renouvelés, de manière à finir par embrasser successivement toutes les parties du gîte. L'aménagement général présente un caractère assez uniforme, et ne présente guère que des différences locales qui n'affectent que dans une faible mesure ses principes généraux. Avant tout, il s'agit d'atteindre le gîte avec un plus ou moins grand nombre d'avenues, qui sont suivant les circonstances des puits verticaux ou inclinés, des galeries d'allongement suivant la direction du gisement ou des galeries de traverse perpendiculaires à cette direction, à l'aide desquelles on prépare les voies d'aérage, d'abatage, de roulage et d'épuisement. L'ensemble de ces travaux doit être assujetti à certaines conditions générales, qui sont : attaquer le gîte aussi profondément que possible, afin que les voies établies pour le service restent toujours dans le ferme, et qu'elles aient, par l'importance des massifs dont elles sont appelées à desservir l'exploitation, un avenir de durée qui compense les frais de leur établissement ; diviser le gisement en massifs isolés par des puits et galeries, de telle sorte qu'on puisse aborder en beaucoup de points ces massifs dégagés sur deux faces ; disposer les massifs de manière qu'ils soient aussi rapprochés que possible, afin de rendre la surveillance, l'éclairage, le roulage plus économiques, afin de n'avoir pas trop de travaux à entretenir à la fois, et d'abandonner et isoler les travaux d'exploitation dès qu'on les juge épuisés ; enfin, en ce qui concerne l'aménagement des eaux, les diriger toutes sur des points de rassemblement où leur épuisement soit facile.

Nous supposerons d'abord qu'il s'agisse de puits ; en augmentant leur nombre, on développe les facilités d'exploitation et la sécurité de la population ouvrière ; mais comme on accroît en même temps la dépense dans une limite considérable, il y a lieu de faire dans chaque cas une étude attentive de la question. Avec le minimum classique de deux puits, on établira essentiellement l'entrée de l'air dans l'un, et sa sortie dans l'autre ; au delà de cette limite minimum, le nombre de puits devra tendre à décroître quand la profondeur viendra à augmenter ; quant à l'emplacement de chacun d'eux, il devra dépendre plutôt des conditions de l'intérieur que de celles de la surface. Il est nécessaire, pourtant, de se mettre autant que possible à portée de grandes voies de communication, et de ménager les emplacements nécessaires pour la formation des haldes de dépôts ; on évitera les terrains inconsistants qui rendent les fondations difficiles ; on mettra le puits de préférence dans le mur d'un gîte incliné, qui donnera de meilleures chances de conservation que le toit qui tendra à jouer en raison de l'exploitation même. La situation de l'emplacement d'un puits de service détermine son champ d'exploitation, qui, en principe, se compose de rectangles limités par des lignes de direction et d'inclinaison ; sur le continent, ce champ d'exploitation se chiffre en général par quelques centaines de mètres, mille au plus de chaque côté du puits ; en Angleterre, où les gisements sont beaucoup plus réguliers, on va jusqu'à 2,400 et même 4,000 mètres d'un seul côté du puits.

Le gîte une fois atteint, il faut, pour satisfaire aux diverses conditions des travaux préparatoires, découvrir et dégager des massifs en quantité convenable ; on a soin d'établir dans le puits un certain nombre d'accrochages intermédiaires, indépendamment de l'accrochage du fond. Chacun d'eux est relié au gîte par un travers-banc, qui constitue l'artère de son activité ; si l'on conduit par la pensée des plans horizontaux à

partir de chacune de ces recettes, on divise le gîte en autant
d'*étages* dont chacun d'eux est caractérisé par sa voie de fond
qui le dessert pour aboutir au travers-banc, et de là au puits.
Les étages forment l'élément le plus essentiel de l'aménagement, ils sont définis par leur hauteur verticale qui peut varier
de 10 à 50 mètres. On adopte souvent deux degrés successifs
de division pour le gîte ; d'abord, de grands étages caractérisés par la recette, le travers-banc et la voie de fond, sur
laquelle descendent des plans inclinés qui servent d'artères à
divers quartiers, dans lesquels on décompose suivant la direction, le champ d'exploitation. On profite utilement dans certains cas, pour activer la préparation d'un étage et le percement de la voie de fond, de l'existence de celle de l'étage
supérieur, dont on fait partir des descenderies jusqu'au pied
du nouvel étage.

Les étages sont encore trop étendus pour fournir une base
qui soit en rapport suffisamment direct avec l'installation des
chantiers ; un nouveau mode de subdivision superposé au précédent s'impose d'après cela, et il devient nécessaire à cet
égard de distinguer dans le chantier en ce qui concerne le
sens vertical ou le sens horizontal ; en thèse générale, on se
restreint à une hauteur de chantier en rapport avec la taille
de l'homme, et les dimensions ordinaires des bois de soutènement, et on y parvient en divisant la masse en *tranches*
superposées au moyen de plans horizontaux ou parallèles à la
stratification. Quant à l'étendue en projection horizontale du
champ d'exploitation, on l'embrasse parfois d'un seul coup par
la méthode dite des *grandes tailles* quand le gisement présente
une régularité suffisante, mais, dans les autres cas, on y établit un *traçage* au moyen d'un réseau formé de galeries
menées en direction, et de montages conduits suivant l'inclinaison, et partageant les tranches en *piliers* ou *massifs*, dont
chacun d'eux constitue l'unité définitive sur laquelle on pra-
tiquera l'opération de *dépilage*.

C'est dans l'agencement général des tranches et des piliers
et dans leur mode d'enlèvement que consiste essentiellement la méthode de l'exploitation ; on doit s'y préoccuper de
tout ce qui concerne le gisement, et en particulier de sa puis-

sance, de son inclinaison, de sa solidité, de sa constance de richesse. La puissance très variable permet de distinguer les *gîtes minces* et les *gîtes puissants*, donnant lieu à des méthodes différentes. L'inclinaison change du tout au tout les conditions du chantier; en plateure mince on a la sole sur le mur, et le toit pour plafond, les parois sont formées par le massif, le remblai ou l'éboulement; dans un dressant mince, au contraire, on a la sole sur le massif ou sur le remblai, le plafond est formé par le massif, l'éboulement et parfois le remblai, les parois sont les épontes du gîte. La solidité du minerai entre aussi en ligne de compte; s'il s'agit d'abandonner des massifs pour soutenir le toit, un certain degré de consistance est nécessaire ; le clivage des roches, la feuille du charbon influeront très directement sur la direction à donner aux fronts de taille. La solidité du toit règle la tenue du plafond au-dessus d'espaces vides plus ou moins étendus, ainsi que la manière dont il effectuera sa tombée. La constance de la richesse imprimera à la méthode un caractère d'uniformité ou de variabilité dans la succession des chantiers.

Les méthodes d'exploitation reposent toutes, quand on les réduit à leur plus simple expression, sur un petit nombre de principes fondamentaux qui sont : les principes de l'abandon, du foudroyage, du remblayage. Ces principes servent chacun de base à un certain nombre de méthodes comme nous allons le voir.

Abandon des massifs. — Avec ce principe, on ne pratique dans le gisement que le degré de vide que sa solidité comporte, et l'on conserve sous le toit des masses assez importantes pour assurer son soutien; ces piliers sont définitivement abandonnés et constituent pour la méthode une perte pure et simple. Ce système se recommande par sa simplicité, mais il va tous les jours en se restreignant; il est mis en pratique d'après quatre méthodes d'exploitation auxquelles M. Haton de la Goupillière donne les noms suivants : *piliers tournés, piliers longs, cloisons, estaus.*

Dans la méthode des *piliers tournés,* le plafond est soutenu par une série de piliers isolés les uns des autres, et les vides forment autour d'eux un espace continu; les massifs ont en principe la forme rectangulaire ; mais si le gîte présente une pente appréciable, on établit leurs côtés suivant sa direction et son inclinaison ; l'ensemble est quadrillé en forme de damier, et il présente pour le roulage deux systèmes de voies rectangulaires. Si le toit est traversé par des fissures parallèles qui lui enlèveraient sa solidité, on croise les piliers ; il ne reste plus dans ces conditions qu'un seul système de voies perpendiculaire à la direction des fissures. Dans certaines exploitations, on espace et on dirige les galeries de manière à enlever les parties les plus riches du massif, et à laisser en piliers les parties les plus pauvres, ce qui donne à ces exploitations une certaine irrégularité, et peut compromettre la solidité du plafond.

Dans la méthode des *piliers longs*, les piliers rectangulaires s'allongent indéfiniment suivant la direction du gîte, de manière à laisser entre eux des galeries horizontales pour le roulage. Le plafond se trouve soutenu par un ensemble de lignes détachées les unes des autres comme le sont les appuis dans la méthode précédente.

La méthode des *cloisons* pratique une série de vides isolés les uns des autres, appelés chambres, et c'est la masse minérale qui reste continue pour les séparer les uns des autres ; on adopte, en général, la forme cylindrique de révolution pour les chambres souterraines. Dans un premier cas, les chambres sont isolées les unes des autres, et l'on descend dans chacune d'elles par un puits distinct ; les cavités sont foncées en gradins droits. Dans un second cas, on procède par cheminements horizontaux en les épanouissant en forme de chambres, que l'on ouvre en montant en gradins renversés. Les cloisons offrent des avantages au point de vue des eaux ; en revanche, elles ne peuvent s'appliquer au point de vue du mauvais air.

La méthode des *estaus* s'applique soit pour des gisements horizontaux ou peu inclinés et d'une grande puissance verticale, soit dans des gîtes très redressés ; la hauteur du gîte est fractionnée en étages séparés les uns des autres par des tranches horizontales abandonnées qui portent le nom d'estaus. Chacun des étages peut s'exploiter d'ailleurs d'après l'un quel-

conque des trois types précédents ; les massifs peuvent reposer
sur la semelle par un angle vif, mais ce dispositif doit être
soigneusement évité à leur insertion sous l'estau, sans quoi il
se produirait des criques dans les angles rentrants ; on adoucit
donc ces derniers par des congés de raccordement qui peuvent
même prendre une importance conduisant au plein cintre ou
à des voûtes ogivales.

FOUDROYAGE. — Avec le principe du foudroyage, on évite les
pertes provenant de l'abandon des massifs en renonçant à la
conservation du vide ; on laisse tomber le toit après avoir toutefois pris les mesures nécessaires pour que ce ne soit qu'après
l'enlèvement du minerai et en sauvegardant la sûreté du personnel. Les méthodes auxquelles ce mode d'exploitation a
donné naissance s'appellent aussi méthodes d'éboulements, de
dépilages et même d'effondrements ; elles ont perdu de leur
importance depuis quarante ans devant l'emploi du remblai ;
néanmoins, on peut admettre qu'une grande partie du charbon
et des minerais de fer sortis chaque année du sein de la terre
de nos jours l'est encore par les méthodes de foudroyage. Les
conditions de l'éboulement sont différentes suivant que l'on se
trouve sous un toit neuf ou sous d'anciens éboulis ; si le plafond présente une solidité moyenne, capable de se maintenir
sans soutènement sur 3 ou 4 mètres de portée et pendant un
temps suffisant, prévenant alors de sa chute prochaine par
des bruits caractéristiques, les conditions seront très favorables
pour l'application du principe de foudroyage. Mais si le toit ne
se tient pas, on le supporte par des chandelles et ce sont elles
ensuite qui, en se fendillant, annoncent au mineur que l'écroulement n'est pas loin. Quand on repasse sous d'anciens éboulis
qui ont fait prise, mais qui coulent quand on abat le faîte, on
profite des talus d'éboulement formés pour s'échafauder et
attaquer la couronne. Le foudroyage, à côté de ses avantages
incontestables, présente certains inconvénients : d'abord le
danger auquel il expose les hommes malgré toutes les précautions prises, ensuite le gaspillage d'une partie du gisement.
De plus, cette méthode expose aux dangers du feu dans les
houillères par suite de la fermentation des résidus emprisonnés dans les éboulis ; on combat, il est vrai, ce danger en

isolant les déblais de chaque pilier abattu par des murs enduits d'argile qui bouchent toutes les traverses. Si, cependant, le feu se déclare, on abandonne un mur de houille de 3 à 4 mètres d'épaisseur, suivant la direction et l'inclinaison, en complétant ainsi une fermeture absolue qui isole tous les déblais et étouffe le feu ; ces déblais ne tardent pas à se tasser, l'argile transportée par les eaux d'infiltration bouche les fissures et consolide le terrain dans lequel on peut rentrer au besoin quelques années après. Le principe du foudroyage est contre-indiqué dans les mines grisouteuses ; en effet, on laisse entre les éboulis des vides qui laissent concentrer le mauvais air.

Suivant que les gîtes seront puissants ou minces, il y aura lieu de distinguer des exploitations par foudroyage différentes, pour les gîtes minces, on connaît les méthodes des massifs courts, des massifs longs, du longwall, et pour les gîtes puissants les méthodes inclinée et horizontale.

La méthode des *massifs courts* consiste à quadriller le quartier par un réseau de galeries rectangulaires ; on dépile ensuite en retraite à partir de la périphérie. On distingue dans le traçage deux systèmes différents : 1° le mode en *direction et inclinaison* ; 2° le mode en *demi-pente*. Le premier, de beaucoup le plus répandu, présente des piliers de 20 à 25 mètres de côté pouvant aller jusqu'à 120 mètres sur 60 ; on trace l'étendue du champ d'exploitation en quartiers distincts, qui prennent le nom de pannels. Tantôt ces districts sont contigus, tantôt ils sont séparés par des massifs d'isolement de 20 à 30 mètres qui réalisent une protection de ces chantiers les uns contre les autres, au point de vue des accidents. Le dépilage se fait par enlevures contiguës, disposées suivant l'inclinaison, et le travail se pratique en montant ; la largeur des enlevures varie depuis quelques mètres jusqu'à 10 mètres. L'éboulement de la plus ancienne enlevure est déterminé, lorsqu'on vient de terminer la dernière et que l'on va en attaquer une nouvelle. Quand le toit est trop mauvais, on diminue de moitié la longueur des enlevures en prenant l'aval-pendage du pilier en montant, mais seulement jusqu'au milieu de la relevée, et attaquant en même temps la seconde moitié en descente, à partir de la costresse supérieure. Le mode de traçage en *demi-pente* permet l'emploi du traînage par des paniers à patins si le gîte est trop redressé pour qu'il soit possible d'effectuer cette opération suivant la ligne de plus grande pente. L'étage est partagé en sous-étages en branchant normalement, tous les 50 mètres par exemple, sur la voie du fond une diagonale qui, après un crochet à angle droit formant gare d'embarquement des bennes à patins dans les wagons, s'élève en biais jusqu'au sommet de l'étage, puis on détache de cette diagonale des costresses qui dessinent les divers lopins. On dépile chaque sous-étage par enlevées contiguës, disposées suivant l'inclinaison, en préservant le chantier des éboulis par une bande du minerai. Les *massifs longs* consistent en une série de tailles menées parallèlement et laissant entre elles des massifs pleins ou piliers longs qui les séparent dans toute leur étendue. Si le toit est solide, ces tailles auront, par exemple, 8 mètres de front et l'on donnera 4 mètres aux piliers ; on augmenterait un peu la largeur de ces piliers si la houille manquait de consistance. Les tailles peuvent être disposées de trois manières différentes : suivant la direction dans l'immense majorité des cas, suivant l'inclinaison inférieure à 20° ou même en demi-pente ; on les isole des voies de roulage par un massif plein. Le dépilage peut être conduit en long ou en travers, c'est-à-dire en chassant ou en remontant. Dans le premier mode, on crève le pilier au milieu de sa longueur par un court montage qui le traverse de part en part ; puis on prend les deux parois de cet ouvrage comme fronts de taille de deux chantiers qui s'éloignent l'un de l'autre en battant en retraite vers les deux plans inclinés situés aux extrémités du massif. Suivant la règle générale, les chantiers supérieurs cheminent en avance sur ceux de l'aval-pendage. Le second mode est le dépilage montant qui procède par enlevures contiguës, disposées suivant la ligne de plus grande pente ; après avoir crevé le pilier long dans son milieu par un montage, au lieu d'en prendre les deux flancs comme fronts de tailles chassantes, on recommence à pratiquer consécutivement des chantiers adjacents les uns aux autres comme pour les massifs courts.

La méthode du *longwall* se distingue des méthodes précédentes par un caractère d'unité très marqué, imprimé à l'enlèvement des matières du champ d'exploitation dans lequel l'ouvrage s'étend de proche en proche et indéfiniment. Le traçage, de plus en plus réduit, disparaît absolument dans une des variantes. On distingue deux modes de longwall : le *longwall working outevards* et le *longwall working home*. Dans le premier type, on pratique, à partir du puits, une artère fondamentale à l'aide de deux galeries jumelles, disposées suivant la direction ; les tailles montantes d'un large front y sont branchées. Chaque taille est reliée à la voie de fond par une galerie ou un plan incliné ; elles communiquent, en outre, latéralement les unes avec les autres pour le passage de l'air. Dans le longwall working home, on se porte aux limites du champ d'exploitation par un traçage réduit à sa plus simple expression et qui sert à conserver les communications dans le ferme pendant que l'on dépile en reculant. A cet effet, l'on pousse encore, à partir du puits, l'artère essentielle et l'on y branche des galeries perpendiculaires qui se portent à la limite d'où l'on revient en dépilage. Ce mode est moins employé que le premier, attendu que la durée du traçage retarde le moment de la pleine activité de la production.

Ces divers procédés s'appliquent parfaitement dans les houillères où les couches exploitées ne varient guère que de 0^m60 à 3 mètres ; mais dans les exploitations où les couches de 5 à 10 mètres sont assez fréquentes, il faut avoir recours à d'autres moyens. La *méthode inclinée* se présente rationnellement la première comme se rapprochant davantage des conditions normales des couches minces ; elle offre des tranches indéfinies dans tous les sens comme les couches ordinaires ; elle se recommande pour les couches barrées, c'est-à-dire pour celles dans lesquelles la masse principale est subdivisée en plusieurs bancs partiels par des lits stériles intercalés. Quant à l'aménagement de l'étage, il est très simple à concevoir ; cet étage est défini par les plans horizontaux de deux travers-bancs qui, partant des envoyages correspondants dans le puits, abordent le gîte par le mur pour ne pas être disloqués par le foudroyage du toit ; on les prolonge jusqu'à la sole de la tranche du toit. A ce point, de même qu'à la sole des tranches subordonnées, l'on percera, au moment de l'aménagement successif de ces tranches, des voies de fond en direction jusqu'à la limite du champ d'exploitation. De distance en distance, pour diviser ce dernier en quartiers, on branchera sur ces costresses des plans inclinés, gravissant toute la hauteur de l'étage. Enfin, on relie à ces plans, à divers niveaux, d'autres voies d'allongement dessinant les sous-étages. C'est dans ce traçage pratiqué successivement que s'encadrent pour chaque tranche les procédés d'exploitation décrits. Cette méthode a été appliquée de bonne heure aux mines de Blanzy et est pour cette raison encore appelée méthode de Blanzy ; le gîte est dépilé en deux étages. L'enlèvement du premier étage terminé, il reste à exploiter l'autre moitié de la couche pour laquelle on procède ainsi qu'il suit. Après avoir laissé les déblais de l'étage supérieur se tasser pendant environ deux années, les travaux préparatoires sont ouverts dans l'étage inférieur sur le mur de la couche. Ces travaux consistent en une galerie d'allongement et en traverses pratiquées de 10 mètres en 10 mètres, mais seulement à mesure que les dépilages avancent, afin de ne pas altérer d'avance la solidité de la houille. Dans ce but, on laisse, en outre, aux piliers toute la longueur des traverses ; la difficulté principale était d'atteindre les rabattages, mais ce travail s'exécute très bien en un ou deux gradins qui se suivent à une distance horizontale d'environ 4 mètres. Les écrasées sont beaucoup moins dangereuses dans cet étage que dans l'étage supérieur, parce qu'on est en quelque sorte maître de les provoquer quand on le veut.

La *méthode horizontale* a l'avantage d'être indépendante de l'inclinaison et de la puissance du gîte ainsi que de la consistance du toit. Elle est la seule qui convienne à un amas sans forme déterminée ; les effondrements accidentels et imprévus ont moins de gravité qu'avec les tranches inclinées. Pour aménager un étage, on commence par en rejoindre le pied à l'aide d'un travers-banc qui peut indifféremment se trouver dans le toit ou dans le mur ; on pratique dans le gîte une mère-galerie jusqu'à la limite du champ d'exploitation sur laquelle on branche des plans inclinés en les poussant jusqu'au sommet de l'étage. Pour déhouiller chaque tranche qui possède un plan incliné, on ouvre une voie de roulage en direction dans toute sa longueur à partir de ce plan incliné. Lorsque la puissance est notable, on prend la tranche par enlevures successives suivant les divers modes de dépilage ou travers. Si enfin la traversée de la couche devient très importante, on applique l'une des méthodes de traçage et dépilage décrites précédemment.

REMBLAYAGE. — La méthode par remblais est très variable dans ses procédés ; elle consiste en principe à attaquer le gîte par des ouvrages d'une forme quelconque et à remblayer immédiatement les excavations, soit avec les débris du triage, soit avec des matériaux descendus de l'extérieur. Le *choix* de la nature du remblai n'est pas sans importance ; les matières argileuses fournissent un bon remblai qui fait prise au bout d'un certain temps et permet de passer dessous ; elles forment barrière contre les eaux, le feu, la fumée, la déperdition des courants d'air, mais elles ont l'inconvénient de tasser beaucoup et de ne pouvoir être mises en place trop mouillées ou gelées. Les galets, les pierres, la gangue des filons constituent un remblai solide et tassent fort peu ; mais il n'arrête ni l'eau, ni l'incendie et laisse perdre les courants d'air. Le sable, le gravier, les scories de forges, les laitiers de hauts-fourneaux ne font pas prise, se tassent et laissent percer les fluides. Les résidus de la préparation mécanique des minerais font un bon pisé ; quant aux schistes bitumineux et pyriteux, on ne doit jamais les introduire dans les exploitations, car ils sont susceptibles de fermentation et d'inflammation ; pourtant, quand ces schistes ont brûlé en plein air sur les haldes de dépôts, on peut avec avantage les réintégrer dans la mine comme remblais. Quand on emploie la maçonnerie, on a un remblayage solide, étanche, ne présentant pas de tassement, mais coûteux et ne pouvant être employé que dans des circonstances exceptionnelles.

Les sources susceptibles de fournir ces diverses substances sont très variées ; la plus simple est l'existence du stérile à pied-d'œuvre ; on trouve alors le remblai dans la gangue des filons, dans les nerfs de la houille, dans les épontes supprimées dans l'enlèvement du minerai, dans le percement des travers-bancs et autres travaux au rocher. Les remblais fournis par la préparation mécanique des minerais et par les résidus des usines sont en général à proximité des puits. Quand on a recours à des substances exploitées spécialement, on peut utiliser des découverts pratiqués sur l'affleurement et enfin des carrières ouvertes en vue seulement du remblayage.

La première idée qui se présente pour l'introduction du remblai dans la mine est de le jeter par des puits spéciaux ; mais on s'expose ainsi à des bourrages dangereux et il est plus rationnel de descendre les wagonnets tout chargés. On part du principe de ne jamais remonter le remblai, si ce n'est d'un jet de pelle, c'est ce que les mineurs appellent restaper ; on cherchera donc à combiner les méthodes d'exploitation de manière que les matériaux arrivant par le sommet du chantier y soient simplement versés et coulent à leur place par la seule action de la pesanteur. On dresse d'abord les parois avec des murs en pierres sèches et on apporte un soin tout spécial à bourrer le remblai et à le claver au faîte pour le mettre de suite en tension avec le plafond et pour éviter toute poche où viendrait se cacher le grisou. Le plus grand avantage que procure le remblayage, toujours coûteux, c'est de permettre de tout enlever ; il permet, de plus, aux hommes d'avoir un sol factice qui leur est d'une grande utilité pour s'échafauder quand ils veulent atteindre le faîte. Lorsque le remblai est trop meuble et que la masse est incapable de se tenir en couronne, on renverse l'ordre d'exploitation des tranches, on les prend de haut en bas en passant sous le remblai et on retrouve ainsi l'ordre descendant de tranche en tranche caractéristique du foudroyage, tandis que le principe du remblayage a ordinairement pour mode d'application l'ordre ascendant.

Le *tassement* est le phénomène opposé à celui du foisonnement et il en est la conséquence. La proportion du tassement est très variable, très réduite pour les pierres placées à la main, elle s'élève avec les matières argileuses à 50 %. Le résultat est de fendiller les roches en couronne, de permettre la diffusion de l'oxygène dans la masse crevassée, et pour les houillères d'amener les incendies ; aussi est-on conduit à limiter les tranches à prendre en ordre ascendant et à substituer à ce mode d'exploitation le passage sous le remblai. Le remblayage ne respecte pas toujours la surface qui peut être sillonnée par une série de fentes parallèles ; le principe de l'abandon de massifs suffisants reste seul pour sauvegarder, d'une manière absolue, la surface. Indépendamment de la production des fractures, on a rapporté au tassement un inconvénient d'un autre ordre ; parmi les causes, en effet, qui peuvent produire l'échauffement, on a mis en avant la transformation en chaleur du travail développé par la pesanteur dans l'affaissement qui suit le déhouillement ; à ce point de vue, il est utile de développer dans les méthodes d'exploitation la tendance à l'uniformisation et à la régularité des affaissements en évitant autant que possible les mouvements brusques.

La quantité de remblai rapportée à celle de houille dont elle tient la place varie depuis 30 jusqu'à 85 % et se tient ordinairement entre 50 et 70. Le prix du remblai de carrière reste compris pour une tonne de houille entre 0 fr. 45 et 1 fr. 60 et le plus souvent entre 0 fr. 80 et 1 fr. 20.

La réalisation effective du principe général de l'emploi du remblai comporte un grand nombre de variations ; on répartit d'abord ces méthodes en deux groupes relatifs aux gîtes minces et aux gîtes puissants. En ce qui concerne les gîtes minces, dans le cas où le degré de solidité du gisement et de son toit amène à restreindre les dimensions du chantier dans d'étroites limites, on fait usage de la *méthode des chambres*. Le système opposé consiste à se développer en *grandes tailles* qui envahissent progressivement tout le champ d'exploitation par l'avancement incessant des fronts de taille. Dans le cas où cette méthode est appliquée à un plan très incliné, on a la méthode des *gradins*. En ce qui concerne les gîtes puissants, l'artifice de la division en tranches minces ramène ce cas à celui des gisements précédents ; on rencontre d'abord les deux modes essentiels qui ont figuré dans l'application du foudroyage suivant que l'on emploie pour cette subdivision des plans horizontaux ou parallèles à la stratification ; ils fourniront la *méthode inclinée* et la *méthode horizontale* qui sont appliquées dans la grande majorité des exploitations. La *méthode verticale* s'applique aux charbons inflammables ; enfin, la *méthode de rabatage* peut se superposer à un certain nombre des méthodes précédentes tout en possédant des différences propres qui en font une méthode à part.

Dans la *méthode des chambres*, chaque chantier s'appuie sur une voie de communication utilisée pour en desservir un certain nombre, il peut être établi d'après deux modes différents selon qu'il devra percer dans la voie parallèle la plus proche du réseau général de traçage ou, au contraire, s'arrêter en cul-de-sac. Dans ce dernier cas, le massif long compris entre les deux galeries est pris par deux systèmes de chantiers partant respectivement des voies qui le bordent en même temps que chaque galerie sert de son côté de base d'opérations pour deux systèmes de culs-de-sac établis sur ses deux flancs. Ce type d'exploitation s'emploie en plateure ; le roulage se fait de la même manière des deux côtés de la galerie, la ventilation se développe d'une manière ascensionnelle ; en outre, l'enlèvement des matières se fait partout en descendant et les produits sortent par la voie de fond, tandis que les remblais arrivent également en descendant par la galerie supérieure. Suivant le degré de solidité du toit, le cul-de-sac peut être constitué de diverses manières. Les chantiers ouverts comportent deux variantes, suivant que le degré de solidité limite à une très faible largeur ou qu'il permet, au contraire, de s'étendre d'une manière quelconque ; dans le premier cas, l'atelier est rectiligne et l'attaque et le remblai sont successifs ; dans le second cas, l'atelier est en baïonnette et l'attaque et le remblai sont simultanés. Quant à la disposition générale à donner à l'ensemble des tailles, la méthode des chambres s'applique suivant deux modes distincts : direct et rétrograde, c'est-à-dire avec ou sans traçage. Dans le mode direct, on ménage sur le flanc du plan incliné un massif de protection percé seulement par un certain nombre de galeries costresses. Au delà de ce massif, on branche sur chacune d'elles une série de chantiers ; le déhouillement des massifs d'amont-pendage est en avance sur ceux d'aval ordinairement d'une largeur d'atelier. Les niveaux servent à rouler jusqu'à la tête de l'ouvrage les remblais descendus par la tête du plan incliné, et, d'autre part, les charbons depuis le pied du chantier jusqu'au plan sur lequel ils descendent à la voie de fond.

Ces niveaux sont ménagés dans les remblais au fur et à mesure de la progression de l'appareil ; on les allonge d'une largeur de chantier toutes les fois qu'un atelier étant achevé, il s'agit d'en brancher un nouveau ; on voit donc qu'il n'y a dans ce système, à proprement parler, aucun traçage. Le mode rétrograde est adopté quand on trouve trop d'inconvénients à ménager dans le remblai les voies de roulage ; on les trace alors en plein massif en se portant de suite aux limites du champ d'exploitation, puis on bat en retraite en dépilant ces piliers longs à l'aide de chambres remblayées ; les galeries vont alors toujours en se raccourcissant.

La *méthode des grandes tailles* consiste à brancher successivement de grandes tailles sur une artère fondamentale qui progresse en avant de la première. Supposons un front de 30 à 50 mètres ; on placera en ligne un nombre suffisant de mineurs espacés régulièrement, de telle sorte que chacun d'eux ait 3 ou 4 mètres de front à abattre. Ces mineurs avanceront par exemple de 1 mètre dans la journée ; derrière eux trois lignes de bois soutiendront le toit sur une distance de 1^m50 à 2 mètres, et entre ces bois on rejettera, ou même on disposera sous forme de murs, les déblais et les écarts provenant du triage. A mesure que s'éloigne le front de taille qui est en même temps la ligne qui soutient le toit, les bois plient et se brisent sous la charge, et le toit s'éboule ou s'affaisse sur les déblais entassés ou sur les murs disposés pour en régler la chute. De chaque côté des massifs dépilés, on maintient par de bons murs construits en pierres sèches les voies nécessaires au roulage et à l'aérage. Les tailles qui enlèvent ainsi les massifs ou piliers sont disposées de telle sorte qu'une taille est toujours en retraite sur la suivante, afin de ne pas briser le toit suivant une ligne droite et trop étendue.

La méthode des grandes tailles peut être appliquée d'après trois modes différents, selon que la base d'opérations est ouverte suivant la direction, l'inclinaison ou une demi-pente. Les tailles elles-mêmes sont montantes, chassantes ou diagonales. Dans la méthode des *tailles montantes*, dès que la base d'opération s'est accrue d'une largeur d'atelier, on ouvre sur son flanc une nouvelle grande taille à la suite de la dernière, et l'on reporte à ce point la porte d'aérage, destinée à forcer l'air de s'engager dans ce nouveau décrochement. Le remblai suit le front de taille, et l'on y ménage une voie montante pour la desserte du chantier. Dans les *tailles diagonales*, rarement employées, on peut utiliser pour l'abatage la feuille du charbon, et contrarier la fissilité du toit. Dans la *méthode chassante*, la base d'opérations est ordinairement rectangulaire sur les tailles, c'est-à-dire disposée suivant la ligne de plus grande pente. Dans toutes les méthodes des grandes tailles il est essentiel d'étudier avec un grand soin l'espacement à maintenir entre les voies de roulage ; la dimension des tailles, très restreinte d'ordinaire en France, où elle s'abaisse jusqu'à une dizaine de mètres, atteint en Angleterre 100 et 150 mètres. Cette ampleur présente l'avantage de rendre la surveillance plus facile, d'obliger les hommes à progresser du même train, d'offrir les seules conditions où le havage mécanique présente quelques chances de succès.

Si la couche est absolument raide, ou s'il s'agit d'un filon métallique, on revient à un traçage préalable sous forme de lopins, qui permette de mieux connaître le gîte au préalable, et de multiplier d'une manière plus arbitraire les points d'attaque. L'appareil ainsi constitué prend le nom de *méthode des gradins*, et peut être appliqué suivant deux modes fondamentaux : le mode des gradins renversés (fig. 29), ou celui des gradins droits (fig. 30). Le mode des *gradins renversés* comporte lui-même plusieurs variantes. Dans l'*ouvrage simple*, on attaque le lopin par l'un de ses deux angles inférieurs ; on déboise le montage sur une hauteur de chantier, et en s'échafaudant on abat le massif en chassage, de manière à surexhausser la galerie. Lorsque cette taille est suffisamment avancée, on déboise une nouvelle travée du montage et un second poste commence une seconde taille chassante, sur une hauteur égale. On rétablit alors le boisage de la galerie, et l'on y entasse le stérile qui fait un terre-plein pour la seconde équipe. Un troisième poste amorce bientôt une nouvelle travée sur le flanc du montage, et s'avance à la suite des premiers. Le front de taille dessine dans son ensemble une série de gradins renversés ; le remblai suit en gradins droits. Dans *l'ouvrage divergent*, on aborde le lopin par un point intermédiaire du côté inférieur; son milieu par exemple. Les mineurs

Fig. 29. — Gradins renversés

défaitent la galerie, et en s'échafaudant amorcent un montage. Puis, prenant ses deux flancs pour fronts de taille, deux

Fig. 30. — Gradins droits

équipes s'avancent en direction, en se tournant réciproquement le dos. Quand elles sont suffisamment éloignées l'une de l'autre, on exhausse le montage d'une nouvelle travée où s'installent en divergeant deux nouveaux postes et ainsi de suite. Dans l'*ouvrage convergent* on attaque le lopin à la fois par ses deux angles inférieurs, et l'on développe ainsi sur ses deux flancs deux ouvrages simples qui marchent au-devant l'un de l'autre, les deux postes inférieurs finissant par se rencontrer au milieu de la base du lopin. A partir de ce moment, l'ensemble forme un atelier unique. L'ouvrage s'achève par le milieu du côté supérieur.

La seconde méthode d'application de la méthode des gradins procède encore par tailles chassantes, mais disposées en gradins droits. Le mineur a, dans ce cas, le minerai sous les pieds ; dans une première variante par *ouvrage simple*, on attaque le lopin par un de ses deux angles supérieurs. On déboise successivement diverses travées de la descenderie, et l'on conduit des tailles chassantes, en avance les unes sur les autres. En arrière du front de taille, on dresse, à l'aide de rondins arc-boutés dans des potelles des planchers sur lesquels on entasse le stérile, en ménageant des passages pour atteindre la descenderie, où fonctionnent les câbles d'un treuil de manœuvre, pour la sortie des minerais. Dans une seconde variante par *ouvrage double*, on attaque le lopin en un point intermédiaire de son côté supérieur ; on y amorce une descenderie, et de ses deux flancs on fait partir deux systèmes de gradins droits se développant sur les deux côtés. Un treuil de manœuvre sert à élever jusqu'à la partie supérieure les minerais et les eaux. Les deux méthodes des gradins droits et des gradins renversés ont l'avantage de ne faire porter les transports que sur la matière utile, le remblai étant aussi peu remanié que possible. Le dépècement est rapide. L'abatage fait moins de menu avec des gradins droits, et le menu, reposant sur le massif, risque moins d'être perdu que quand il repose sur les remblais comme dans la méthode des gradins renversés. Au contraire, avec les gradins renversés l'ouvrier ne gâte pas le minerai en piétinant dessus comme dans l'appareil à gradins droits ; cette considération est surtout essentielle pour la houille. La méthode des gradins droits est limitées aux gîtes minces, car il ne serait pas possible de se procurer la quantité nécessaire de bois de dimensions suffisantes pour un gîte puissant, ni de les faire circuler dans les coudes des galeries ; tandis que la méthode des gradins renversés s'étend très facilement aux filons puissants.

Dans le cas de *gîtes puissants*, la méthode de remblayage s'applique suivant plusieurs modes distincts. La méthode par *tranches horizontales et remblais* a été appliquée avec un succès remarquable dans la couche de Commentry dont la puissance moyenne est de 10 mètres, et dont les inclinaisons varient de 100 à 60°. Prenons le cas d'une forte inclinaison qui est toujours la plus difficile, parce qu'on ne peut éviter, si on attaque la couche en plein charbon, de mettre en mouvement une grande masse de charbon, et que c'est précisément dans les parties supérieures que les anciens travaux par foudroyages avaient déterminé des feux très étendus. Les anciens vides étant supposés remblayés avec soin, on prépare l'exploitation par remblais en dessous, au moyen de deux galeries d'allongement prises dans la couche, l'une vers le toit, et l'autre vers le mur, jointes de distance en distance par de petites traverses qui permettent d'établir l'aérage. Arrivé à la limite du champ d'exploitation, une complète traversée de couche, qui représentait dans cette partie une longueur moyenne de 20 mètres, servait de front de taille pour enlever une tranche de 2 mètres de hauteur, et battre en retraite vers le puits. Chaque journée permettait d'enlever un avancement, et les mineurs laissaient leurs tailles boisées; la nuit, les remblayeurs amenaient et bourraient entre les bois les remblais pris au jour, en ne laissant devant le front de taille qu'environ 1m20, espace nécessaire pour le double service de l'abatage et des transports. On arrivait à enlever et à remblayer une tranche complète ; on pouvait donc ensuite monter sur les remblais, et enlever une seconde tranche, puis une troisième et jusqu'à dix tranches qui représentaient l'étage dégagé. La méthode de Commentry a servi de type pour l'application des tranches horizontales remblayées à la plupart des grandes couches des bassins du centre ; mais cette application a souvent rencontré des obstacles qui ont nécessité des modifications. On a procédé tranche par tranche en *descendant*, et par conséquent, établissant toujours le travail en dessous des remblais comme toit, et sur le massif comme mur. En général, on laisse au plafond une applique de 0m20 à 0m30 de charbon, qui ne se détache qu'en dernier lieu des remblais supérieurs, auxquels elle adhère presque toujours. Cette méthode se poursuit dans de bonnes conditions et paraît préférable à la précédente, au triple point de vue de l'effet utile de l'ouvrier, du rendement en gros et des conditions de l'aérage.

Le but de l'exploitation par *rabatages et remblais* est d'exploiter par tranches horizontales de 4 à 6 mètres d'épaisseur, qui, comme dans la méthode précédente, sont successivement enlevées et remblayées. L'épaisseur à donner aux tranches exploitées par abatage dépend de la nature des charbons : plus ils seront durs et solides, plus on pourra augmenter cette épaisseur qui doit être au minimum de 4 mètres, c'est-à-dire deux hauteurs de galeries, et au maximum de 6 mètres, parce qu'au delà on n'est plus maître de la conduite des travaux. Dès que l'exploitation à niveau, au-dessous du toit, est terminée, on procède suivant la méthode ci-après : de l'extrémité de chaque traverse inférieure d'un pilier, on pratique des galeries de direction à la rencontre de la traverse de rabatage ; ces galeries, de 2m50 de hauteur et de la largeur que comporte la solidité des charbons, sont dites préparation de rabatage. Cette préparation joint les remblais d'un côté, et s'arrête à l'axe de la galerie de rabatage, avec laquelle le premier ouvrier arrivé se met en communication en crevant le plafond par une petite cheminée. Un premier tas de remblais est alors amené par la galerie de rabatage, les ouvriers montent sur ce remblai et commencent le rabatage du charbon. La principale difficulté du travail est le soutènement ; voici comment il s'opère : l'entrée de la voie des remblais, à son débouché dans le chantier, est assurée par trois ou quatre cadres, au bout desquels on fait un deuxième boisage par cadres transversaux, perpendiculaires aux premiers, cadres très évasés, dont les montants s'appuient d'un côté sur le charbon massif, et de l'autre sur le remblai tassé. Reste la question du boisage au point de vue du soutènement des remblais, et des précautions à prendre pour qu'il ne se mélange pas aux charbons abattus.

Ces remblais sont terreux et compacts, ou bien ils sont sableux. Avec des remblais sableux, la conduite des chantiers au-dessous des remblais présente plus de difficulté. Pour attaquer le rabatage, on enlève successivement les chapeaux, et l'un des montants des cadres qui maintiennent le chantier, en ne laissant que les montants appuyés sur le charbon massif, et ayant soin de les relier, au dedans de la galerie de préparation, par des planches ou dosses clouées. Au besoin, on maintient les montants abandonnés, lors du tracé de la préparation suivante, par des poussards appuyés sur les nouveaux cadres. Dans le cas de remblais terreux et compacts, on ne prend aucune précaution et l'on enlève en entier les cadres des galeries de préparation. Lorsqu'on revient faire les galeries de préparation suivantes et contiguës, les remblais sont assez tassés pour se maintenir seuls, ou bien ils sont assujettis par quelques dosses que l'on appuie sur le nouveau boisage. Lorsqu'en procédant ainsi par l'enlèvement de prismes successifs de la largeur des galeries de préparation, les piliers se trouvent rabattus jusque sur la direction inférieure, et même un peu au delà, on enlève, par la galerie même des tranches de rabatage, le prisme triangulaire restant sur le mur, en amassant les charbons par versement sur les points encore accessibles de la galerie de direction inférieure. Les postes se succèdent; pendant le jour, abatage et enlèvement des charbons, disposition et calage des bois et des cloisons; pendant la nuit, versage et arrangement des remblais qui, se trouvant accumulés sur une grande épaisseur, se tassent et laissent peu de vides, si ce n'est au plafond, où la charge du toit ne tardera pas à les serrer.

Le principe de la *méthode verticale* consiste, en prenant les étages dans l'ordre descendant, à dépecer chacun d'eux en montant, mais en restreignant chaque attaque à une surface assez limitée en projection horizontale, pour qu'on ait le temps de s'élever jusqu'au sommet de la pile, avant que les inconvénients que l'on redoute comme conséquences de l'exploitation arrivent à se développer. Cette méthode est d'une application exceptionnelle, car le chantier est rétréci et défavorable au rendement du piqueur. Citons pour exemple les filons d'Almaden en Espagne, où certaines zones montent presque verticalement des profondeurs du sol dans des conditions de richesse telles en cinabre, que sur des longueurs de plus de 100 mètres on ne saurait trouver des massifs de filons qui puissent être logiquement abandonnés. Les deux filons principaux d'Almaden, San-Francisco et San-Nicolas, ont 8 à 9 mètres de puissance moyenne, vers le niveau de 300 mètres, et sont séparés par une zone schisteuse concordante de 3 mètres d'épaisseur. Ces deux filons ont d'abord été exploités isolément, et, pour supporter les remblais, on jetait de distance en distance des voûtes de 7 à 8 mètres de portée entre toit et mur en choisissant les points où les roches étaient le plus résistantes. Vers le niveau de 300 mètres, le mur de sillon ayant présenté une ondulation saillante et solide, on se décida à construire une voûte de 20 mètres de portée, en enlevant ainsi toute l'épaisseur des deux filons et de la couche intercalée. Grâce à ce grand travail, on put ensuite enlever en dessous toute l'épaisseur des filons San-Francisco et San-Nicolas, sans avoir à redouter l'écroulement des remblais supérieurs. Cet exemple met en évidence l'importance du soutènement dans les gîtes puissants, et la nécessité d'y pourvoir non seulement au point de vue des voies de service, mais pour assurer la sécurité des étages inférieurs.

La méthode des rabatages n'est pas toujours applicable, même aux charbons solides. Les délits de la stratification peuvent être un obstacle, et il devient plus rationnel, si l'inclinaison est faible, de profiter de ces délits, pour enlever les tranches parallèlement aux plans de la stratification. L'idée d'exploiter les grandes couches par *tranches inclinées et remblayées* est assez ancienne ; à Blanzy, on avait apprécié par plusieurs essais les avantages que pouvait présenter cette méthode, au double point de vue de l'abatage du charbon et du remblayage. Elle permet en effet d'utiliser pour l'abatage les délits de la stratification, puis de verser les remblais à un niveau supérieur, de manière à en faciliter la mise en place et le bourrage. Dans la mine de Lucy (Blanzy), les champs d'exploitation sont préparés sur une longueur de 60 mètres suivant l'inclinaison, partagé en trois massifs de 25 mètres suivant la direction. La première tranche prise suivant cette méthode est enlevée et remblayée dans de très bonnes conditions. En seconde tranche, les remblais ayant tassé, on trouve les charbons brisés en blocs très gros et descendus sur les remblais comprimés, de quantités un peu inégales ; l'abatage est plus difficile et le rendement des mineurs est diminué. En troisième tranche, ces effets se sont accrus, et les charbons sont sujets à s'échauffer. Ces conditions ont quelquefois conduit à déhouiller très rapidement un massif ; ainsi pour une longueur en direction de 25 à 30 mètres, quatre mineurs peuvent exécuter les traçages en un mois, et deux mineurs les ramener en deux mois ; total trois mois pour une tranche et un an pour l'épaisseur supposée de 10 mètres en quatre tranches. Pour accélérer le travail, on peut ouvrir dans le milieu des massifs des montages intermédiaires qui permettent de doubler les tailles. En général on choisit, pour placer ces montages, les parties les plus brisées et qui commencent à s'échauffer ; on peut ainsi arrêter la marche de la fermentation et déhouiller rapidement une partie menacée.

Pour l'exploitation d'une couche puissante, les moindres circonstances d'inclinaison, d'allure et de structure du gîte ou du terrain encaissant exercent sur les méthodes une influence souvent décisive. Que l'on parcoure les nombreux mémoires publiés sur des méthodes nouvelles essayées dans plusieurs contrées, et l'on trouvera des exemples tellement variés par les détails que l'on aurait peine à les classer ; mais en examinant ces détails, on les trouve toujours motivés par quelques circonstances spéciales de la composition ou du gisement. Il en est des méthodes d'exploitation comme des grands appareils employés dans les mines ; ce qu'il faut principalement considérer dans leur étude, ce sont les traits généraux ; les détails peuvent se modifier et varier suivant les conditions locales ; l'ensemble reste toujours caractérisé de telle sorte qu'on y reconnaît facilement le type qui a servi de base.

Il nous reste à *comparer les méthodes* en quelques mots ; rappelons d'abord que l'on distingue trois sortes de gîtes minéraux : les filons, les amas et les couches. Les filons présentent presque toujours des conditions qui représentent l'emploi des remblais : ils sont ordinairement très minces, et la nécessité d'entailler les épontes fournit une surabondance de stérile. Quand le filon est à la fois puissant et homogène, il présentera souvent une valeur intrinsèque par mètre cube, assez importante pour qu'il n'y ait pas d'hésitation possible à faire supporter au prix de revient l'accroissement qui résulte de l'introduction d'un remblai extérieur pour assurer le complet enlèvement du minerai; ce ne sera donc que dans des circonstances particulières que l'on songera au foudroyage, et surtout à l'abandon des massifs. Il n'existe pour les amas d'une forme indéterminée qu'une seule méthode d'exploitation, à savoir la méthode horizontale. Il reste seulement à choisir pour sa mise en œuvre entre les trois principes fondamentaux qui comportent également l'emploi des tranches horizontales : la méthode des estaus, celle du foudroyage et celle du remblayage.

Pour les couches, l'abandon des massifs se présente comme le plus propre à préserver la superficie. En ce qui concerne le foudroyage, on peut dire qu'il ne sera pas rationnel d'y avoir recours en dehors d'une puissance moyenne, d'une inclinaison ne dépassant pas 25°, et enfin si le toit n'est pas solide. Le charbon dans cette méthode ne doit être ni sujet à l'inflammation, ni aux dégagements grisouteux. En admettant que les conditions qui viennent d'être formulées se trouvent remplies, le foudroyage se recommande par de nombreux avantages : une production de gros plus marquée; un abatage facilité, peu de traçage, peu de boisage ; une économie notable du prix de revient. Cependant ces avantages ne sont pas absolument décisifs, car on peut également y tendre avec des méthodes de remblayage judicieusement choisies. Pour un gîte assez limité, formé d'une substance de valeur, le remblayage s'impose. Si au contraire la matière est plus commune et en quantité pour ainsi dire inépuisable, au moins pendant une durée qui dépasse les préoccupations les plus sages, la perte matérielle, conséquence de la méthode de foudroyage, perd son intérêt devant le bénéfice à réaliser sur la **vente de la tonne, et le foudroyage reprend ses avantages.**

CHAPITRE X

VOIES DE COMMUNICATION

Généralités. — La communication entre deux points donnés peut s'effectuer suivant une ligne quelconque ; cependant il est clair que le type fondamental sera la ligne droite comme la plus simple et la plus courte. D'un autre côté, quand la grandeur et la forme de la section auront été discutées pour un point de cet ouvrage, en vue des transports qui devront y être effectués, les mêmes motifs subsistant en général pour tous les autres, cette section restera constante. La forme type du vide à créer pour une voie de communication est le prisme ; si ses génératrices sont rigoureusement verticales, il prend le nom de *puits* ; si elles sont horizontales, celui de *galerie* ; quand elles sont inclinées, celui de *descenderie* ou de montage. En réalité, une galerie n'est que rarement horizontale, on lui donne une très légère pente pour la facilité du roulage et l'écoulement des eaux. Lorsque des travaux souterrains sont pratiqués dans les roches solides dont la nature minéralogique est telle qu'elle résiste à la fois à la décomposition et à l'action des eaux, les excavations se soutiennent naturellement et il suffit de maintenir les voûtes soit par des piliers de la matière elle-même, soit par des murs de remblais ; mais dans la plupart des cas, les roches sont fissurées et, une fois entaillées, elles se fissurent encore davantage ; de plus, elles se renflent ou foisonnent par le contact de l'air humide et de l'eau, en sorte que, si l'on n'employait un *soutènement* spécial, les voûtes s'ébouleraient promptement ou les parois se resserreraient par l'effet des poussées latérales et du renflement des roches. Il ne faudrait pas croire que le soutènement est appelé à supporter tout le poids du massif, qui le supporte verticalement ; il faut remarquer que les réactions mutuelles exercées par les diverses parties de la masse les unes sur les autres sont loin, dans l'état d'équilibre général, d'être purement verticales, mais s'entremêlent dans les sens les plus divers. De plus, quand on vient à troubler cet équilibre, en pratiquant sur un point une excavation, les forces qui étaient appliquées par la partie supprimée à celle qui les surmonte sont seules anéanties en ce qui concerne cette dernière ; toutes les autres subsistent de la part des massifs environnants ; il suffit donc de leur venir en aide en apportant l'appoint nécessaire pour rétablir l'équilibre, si, en raison d'une trop grande portée, il ne peut plus avoir lieu sans ce secours étranger ; il est clair que cet appoint sera proportionné plutôt au degré de trouble apporté dans l'ensemble qu'au poids absolu du terrain qui surmonte l'excavation ; le soutènement devient donc, dans la plupart des cas, chose assez facile. La pratique fait connaitre rapidement les roches qui ont besoin de soutènement et, pour exécuter ce travail, les mineurs emploient le boisage ou le muraillement suivant la forme des excavations, la nature minéralogique des roches et les convenances locales.

Boisage. — Les bois sont rarement employés dans les mines pour résister en vertu de leur force absolue, c'est-à-dire à deux efforts agissant en sens inverse et tendant à provoquer la rupture par l'extension des fibres ; dans les boisages ordinaires, les pièces résistent presque toujours en vertu de leur résistance relative, c'est-à-dire que les extrémités étant fixes sont sollicitées par des efforts agissant entre ces points pour les faire fléchir. En effet, la résistance à l'écrasement ne s'exerce que lorsque la longueur des pièces est au-dessous de cinq à six fois leur diamètre, autrement il y a flexion, c'est-à-dire transformation d'un mode de résistance en résistance relative qui est toujours beaucoup moindre. Dans les mines, on ne peut pas, en général, calculer l'effort que les bois auront à supporter ; aussi emploie-t-on toujours un grand excès de force nécessité, du reste, par cette considération que les pièces doivent être assez fortes et assez multipliées pour prévenir tout accident résultant de l'altération d'une partie d'entre elles. On débite les bois suivant leur *emploi* en rondins ou demi-rondins ; ceux qui sont d'un moindre diamètre s'appellent perches et les plus minces rallonges. Pour les garnissages, on se sert d'esclimbes obtenues en refendant en quatre de petits rondins ; de croûtes enlevées par l'équarrissage sur le flanc des pièces rondes ; de veloutes, de fagottages, de fascines pour les parties de plus en plus ébouleuses. Les bois ouvragés sont les sommiers pour les plus forts équarrissages ; les madriers et les palplanches, sortes de planches épaisses et régulièrement dressées ; les écoins, pièces analogues de faible longueur. Les bouts rejetés sont refendus pour former les picots, les coins, les plats-coins, les briques de bois. Les pièces doivent toujours être écorcées avec soin avant leur emploi, car les parties d'écorce adhérentes en hâtent singulièrement l'altération et en diminuent la durée. Les bois les plus jeunes sont les meilleurs, les vieux, étant moins compacts, sont perméables à l'eau et pourrissent rapidement ; l'application des *procédés de conservation* en augmente singulièrement la durée. Le flambage produit peu d'effet, le goudronnage laisse les bois odorants et poisseux ; on a fait digérer les bois dans un lait de chaux, on a employé la naphtaline, la créosote et le tannate de fer, la saumure de chlorure de sodium, le bi-chlorure de mercure, le chlorure de zinc et de calcium, le sulfate de fer, les eaux vitrioliques des mines de cuivre et de pyrites de fer, le sulfate de cuivre qui conserve bien le chêne et le hêtre et agit moins énergiquement pour les autres essences, telles que le pin maritime, qui est mieux conservé par la créosote. Comme emploi, le chêne et le sapin rouge sont les bois les plus résistants ; viennent ensuite le hêtre, le pin et le sapin blanc. Pour empêcher l'eau de s'infiltrer dans le tissu des bois, on fera le moins de coupures possible ; celles qu'on est obligé d'y pratiquer doivent être recouvertes dans les assemblages par les parties adjacentes ; il faut éviter les traits de scie qui laissent des surfaces inégales et spongieuses qui pourraient retenir les eaux ; on ne doit travailler les bois de mine qu'à la hache ou à l'herminette ou, du moins, recouper les surfaces sciées avec un instrument tranchant. La charpenterie des mines est, d'ailleurs, tout à fait grossière ; généralement les bois sont simplement appuyés les uns contre les autres ; le ceinture des pressions, que le terrain exerce de toutes parts, ne laisse aucune latitude à leur séparation et, en outre, s'opposerait aux manœuvres, écartements, insertions nécessaires pour marier les éléments de l'assemblage. Les efforts sont, d'ailleurs, tels que ces juxtapositions deviennent souvent des pénétrations et que certains bois s'incrustent dans les autres comme dans une matière malléable.

À ces *conditions générales*, on joindra les principes suivants : disposer les boisages de manière que les pièces soient aussi courtes que possible ; encastrer solidement les extrémités de chacune et établir ainsi les boisages dans un état de tension générale ; éviter de faire porter la charge sur un seul point d'une pièce toutes les fois qu'on peut répartir cette charge sur toute sa longueur ; si l'on emploie des bois refendus, faire porter la face plane contre les roches ; il sera bon de tenir compte du jeu et des petits mouvements impossibles à éviter, pour disposer les pièces un peu à côté de la position jugée la meilleure, de manière que le tassement probable ait pour effet de les ramener à cette situation. Enfin, on évitera que les boisages intérieurs soient soumis à des alternatives de sécheresse et d'humidité, alternatives qui détériorent rapidement les bois.

On peut avoir à boiser, pour soutènement : dans les galeries, dans des tailles d'exploitation ou dans des puits ; nous examinerons successivement ces divers cas. Lorsqu'on perce une *galerie*, même dans un terrain peu solide, on peut généralement pénétrer de plus d'un mètre sans aucun soutènement et boiser, par conséquent, pas à pas à mesure qu'on avance. Supposons d'abord que les quatre faces de la galerie, le toit, le mur et les parois latérales, aient besoin de soutènement ; il faudra y établir ce qu'on appelle un boisage complet composé de cadres et de garnissages ; chaque *cadre complet* est formé de quatre pièces : un chapeau placé au faîte de la galerie, deux montants un peu inclinés pour diminuer la portée du chapeau, une sole ou semelle placée sur le sol et servant de base aux montants. Les assemblages se font ordinairement à mi-bois, l'assemblage à gorge de loup est le plus employé ; le chapeau se fait avec les bois les plus forts et la sole reçoit la base des montants par une seule entaille et ne porte sur la roche que par les extrémités, la galerie étant légèrement creusée en dessous. L'espacement des cadres dépend de la poussée plus ou moins grande des terrains et varie, en moyenne, de 0^m65 à 1^m30 ; il faut donc soutenir les parties de roche laissées à découvert entre les cadres, au moyen de garnissages appuyés sur deux d'entre eux ; ces bois sont de fortes planches ou mieux des bois ronds refendus. On remblaie les petits vides qui existent entre les parois et les bois, puis on chasse des coins entre les garnissages et les cadres pour établir l'ensemble du boisage dans un état de tension générale contre les parois, empêchant les mouvements partiels et l'irrégularité des pressions, causes ordinaires des ruptures.

A partir du cadre normal, on rencontre des simplifications successives quand les conditions du soutènement le permettent ; parfois, le chapeau disparaît et on a un cadre triangulaire. Cette combinaison présente la propriété d'être géométriquement indéformable ; mais, en revanche, cette forme est mal disposée au point de vue de l'utilisation de la surface. Une suppression fréquente est celle de la semelle ; le cadre peut prendre une position déjetée lorsque l'inclinaison du gîte détermine des poussées qui ne sont plus symétriques par rapport à l'axe de la galerie. D'autres fois, le cadre perdra, en outre, un montant si l'une des parois présente une solidité suffisante pour en tenir lieu. Quand les deux piédroits de la galerie remplissent à la fois cette condition, le second montant disparaît à son tour, et il ne reste plus qu'un simple chapeau ; cette pièce pourra, du reste, se trouver déjetée par le pendage du gisement. Inversement, il existe des cadres plus compliqués que le cadre normal, des *cadres renforcés ;* lorsque la galerie est très élevée, on entretoise les montants près du faîte pour s'opposer à leur flexion par les poussées latérales. On peut de même étrésillonner les montants près du pied (fig. 31 et 32) ou soulager la portée du chapeau en supportant son milieu sur une butte centrale. Enfin, on fait usage de boisages armés ou longuerinages (fig. 33), système plus complexe constitué de la manière suivante : le point de la fatigue du chapeau, son milieu, se trouve soutenu sur un court renfort C,

que deux contre-fiches D arc-boutent contre les points cri-
tiques M des montants, de manière à en refouler la flexion ;
l'effort ainsi reporté sur ces points s'y décompose en une force
horizontale tendant à équilibrer la poussée latérale du terrain

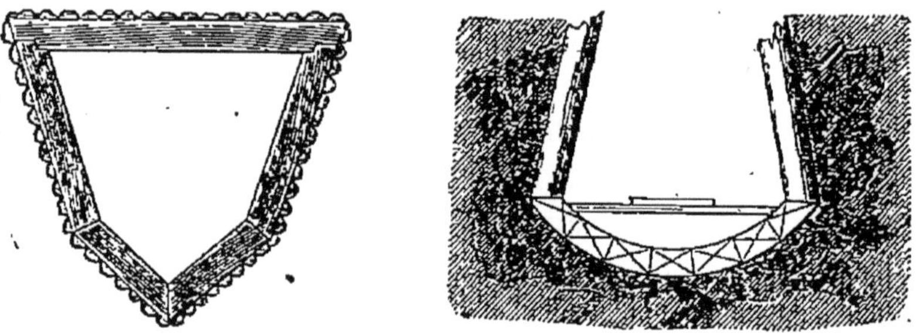

Fig. 31 et 32. — Boisages renforcés
d'après Serlo, *Leitfaden zur Bergbaukunde*

et une composante verticale, que l'on reporte dans le sol à
l'aide d'une jambe de force ; ce type de boisage paraît prolonger la durée de l'ouvrage dans un rapport considérable en

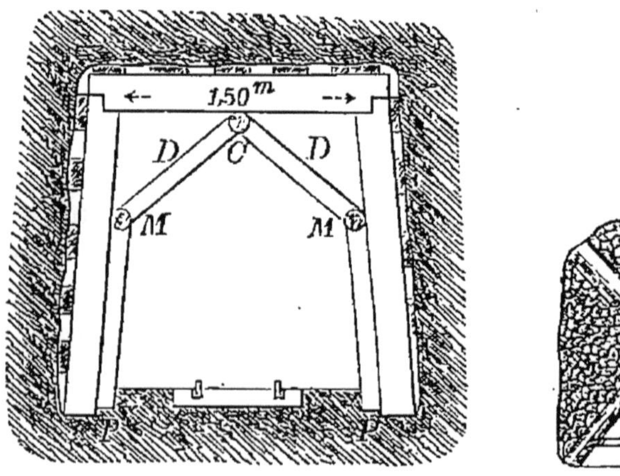

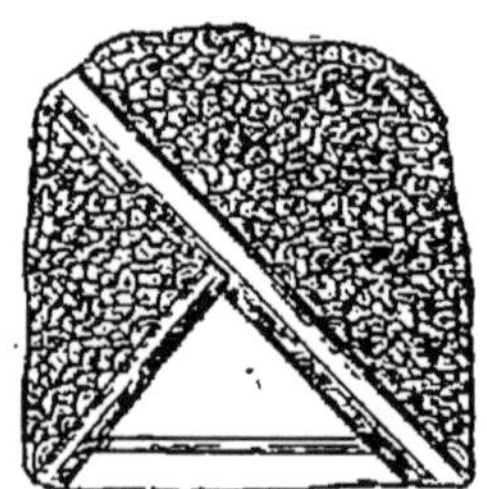

Fig. 33 et 34. — Boisages renforcés
d'après Serlo, *Leitfaden zur Bergbaukunde*

n'augmentant le prix de revient que d'un cinquième. Dans le
cas de remblais poussant, on emploie la disposition indiquée
par la fig. 34.

Dans certains cas exceptionnels, le cadre se complique, il

ne forme plus que l'arceau d'une *voûte* en bois : tantôt l'arceau forme un polygone d'un grand nombre de côtés très courts (fig. 35) que l'on peut assimiler à un profil courbe, de forme ovoïde ; tantôt le dispositif est composé de roundins assemblés suivant les génératrices du cylindre de la galerie (fig. 36). Ces ouvrages n'ont que peu de durée ; à Mariemont, on a employé pour des passages difficiles un appareil en briques de bois, très coûteux, mais très solide, formé de voussoirs goudronnés.

Le mode de *boisage des tailles* doit toujours être très simple ; le plus souvent, il consiste en étais ou buttes, chandelles, piquets, placés perpendiculairement du toit au mur et serrés au moyen d'une planche en forme de coin, qui sert à caler la

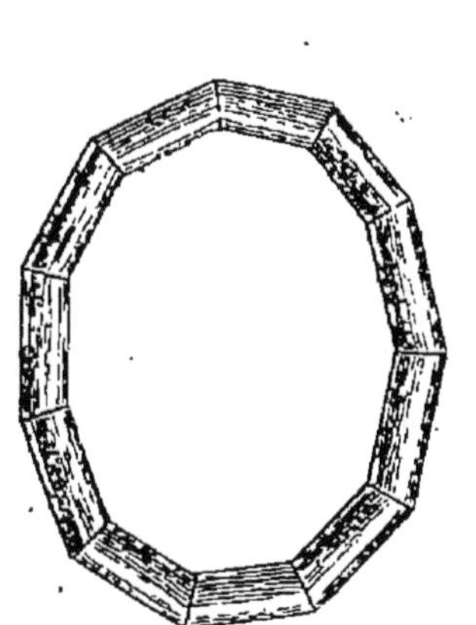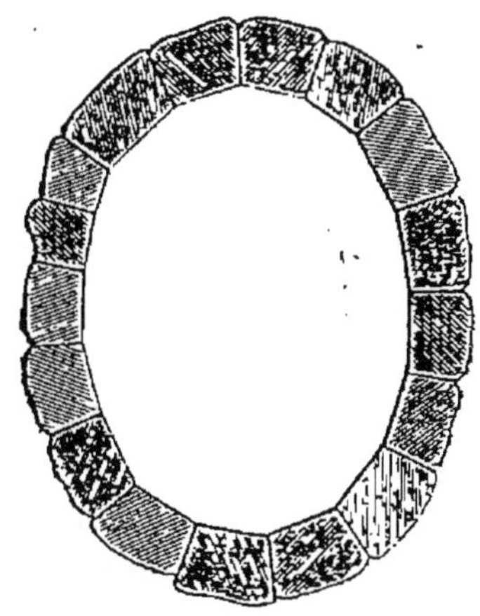

Fig. 35 et 36. — Blindage (d'après Serlo)

base ou le sommet. Pour déterminer l'emplacement des étais, le mineur interroge, d'après le son du marteau, la solidité du faîte ; mais souvent les buttes sont placées en lignes parallèles et également espacées. Ces étais, ordinairement restreints à la longueur de 2 mètres, atteignent parfois 5 mètres. Pour faciliter le montage et le démontage du soutènement des tailles, on fait usage, en Angleterre, de piles rectangulaires de cadres de bois de champ superposés avec une base de menu. Dans le boisage ordinaire par étais, il est facile, quand on bat en retraite, de retirer sans danger environ la moitié des bois en desserrant les coins de la base ; le reste est enlevé au moyen de cordes et doit même être sacrifié, si le terrain est tel que cet enlèvement ne puisse se faire sans péril.

Le *boisage des puits* a les plus grandes analogies avec celui des galeries et se compose comme lui de cadres et de garnissages ; mais les puits étant des organes essentiels pour le fonctionnement de la mine, on ne doit rien épargner pour leur consolidation ; on emploie des bois de choix, plus coûteux, mais, en revanche, plus durables que ceux des galeries. La section est nécessairement polygonale ; la plupart du temps, c'est un rectangle étrésillonné par des arcs-boutants parallèles au petit côté quand l'autre prend beaucoup de longueur ; ces entretoises sont alors garnies de galandages qui servent à diviser le puits en compartiments rectangulaires pour l'établissement des divers services. D'autres fois, la section est un polygone régulier, d'un assez grand nombre de côtés pour qu'elle se rapproche suffisamment de la forme circulaire, au moins seize et parfois jusqu'à vingt-deux. Si la poussée l'exige, les cadres sont jointifs ; ils sont plus ou moins espacés dans les terrains plus solides ; pour maintenir les distances, on insère dans les angles des montants verticaux reliés aux cadres par des goussets. On rend, en outre, toutes les parties solidaires en établissant dans les angles du rectangle des longuerines qui règnent du haut en bas du puits ; on a la précaution de réunir aussi les cadres entre eux au moyen d'écoins assujettis à l'aide de forts crampons. On soulagera le poids de l'ensemble en établissant, de distance en distance, des cadres porteurs appelés aussi rouets ou roulisses, dont les diverses pièces, plus longues que les côtés du polygone de section droite, pénètrent dans le sein de la roche où elles sont logées dans des potelles pratiquées à cet effet.

MURAILLEMENT ET BLINDAGE. — L'emploi du muraillement, malgré l'élévation des frais de premier établissement, est une pratique qui doit tendre à se répandre à mesure que les bois deviennent plus rares et plus chers et à mesure que les mines, devenant plus profondes, doivent en même temps devenir plus étendues et les divers travaux d'aménagement durer plus longtemps. Les *matériaux* à employer sont les pierres sèches parementées avec soin le long des galeries et consolidées par quelques vieux bois formant parpaing ; les moellons bruts formés de toute roche dont la schistosité permettra de les obtenir en pierres plates ; les briques ordinaires assez cuites pour ne pas se déliter dans l'humidité ; le mortier, qui doit être de préférence hydraulique ; enfin le béton avec cailloux passant dans un anneau de 0m05. Le muraillement complet d'une galerie se compose d'une voûte à plein cintre établie sur deux piédroits pour soutenir le couronnement et les parois et d'une voûte renversée pour empêcher la poussée et le gonflement du sol ; cette disposition a même conduit, dans beaucoup de cas, où l'on a besoin de donner de l'écoulement aux eaux, à adopter un muraillement elliptique. Dans la plupart des cas, la poussée du sol étant nulle, on se dispense de l'arc renversé et l'on se contente d'engager les piédroits dans deux entailles. Si le terrain présente une solidité suffisante, on supprime les piédroits et l'on se contente d'une voûte en plein cintre ou surbaissée, suivant les cas, qui prend ses naissances dans la roche même ; lorsque la stratification présente un certain pendage, la voûte se trouve déjetée sur le côté.

Quelle que soit la forme du muraillement, on commence par encaver le sol en le soutenant par un barrage provisoire dans lequel on inscrit le muraillement ; on remblaie avec soin les vides qui restent autour de la surface extérieure de la maçonnerie, afin de répartir la pression d'une manière générale sur toute cette surface ; les voûtes s'établissent de même au moyen de cintres espacés sur lesquels on pose des planches étroites. On procède quelquefois par arceaux discontinus pour économiser la maçonnerie en soutenant le toit à la manière des cadres de charpente, mais cette solution doit être écartée à cause des angles rentrants qui échappent à la ventilation et peuvent former des nids de grisou.

Le *muraillement des puits* se fait ordinairement en briques, assez souvent en moellons piqués, plus rarement en pierres de taille ; on a essayé des moellons artificiels de béton et enfin un béton monolithe coulé d'une manière continue derrière un moule cylindrique que l'on remonte progressivement. L'épaisseur d'un revêtement cylindrique est au moins de 0m25 avec les moellons et de 0m30 avec les briques ; lorsque la section est circulaire, la maçonnerie est disposée suivant le mode hélicoïdal ; on y ménage quelquefois une gargouille ou hélice refouillée dans l'épaisseur pour recueillir les suintements qui suivent la surface. Si la section appartient au type rectangulaire, on adopte un profil formé de voûtes très surbaissées qui ont pour cordes les côtés du rectangle et qui prennent leurs naissances les unes sur les autres.

Le *muraillement des points singuliers*, rencontre de galeries rectangulaires, par exemple, de même hauteur, donne lieu à des voûtes d'arêtes ou à des voûtes ou arcs de cloître. En l'absence du grisou, l'on peut, pour éviter cette complication, se borner à surexhausser l'une des galeries d'une hauteur égale à celle du cintre, c'est alors en plein piédroit que la seconde la rencontre, il suffit alors de terminer celle-ci par des têtes ordinaires.

Le *blindage* consiste dans l'emploi des métaux pour les revêtements souterrains ; ce procédé présente certains avantages ; la matière première est à peu près inusable, et si on la retire en abandonnant un ouvrage, les matériaux gardent leur valeur de vieux fer, la tôle peut prendre des profils courbes, la fonte peut également par le moulage prendre toutes les formes, enfin le danger d'incendie se trouve écarté. On reproche en revanche aux blindages leur complète raideur ; pour cette raison, certaines compagnies minières s'en tiennent aux anciens procédés de boisage. Le mode le plus simple de l'emploi du fer pour le soutènement des *galeries* consiste à poser sur deux rondins un chapeau, formé d'un tronçon de vieux rail (fig. 37), encastré dans une ouverture *a b c d e f g h* ; on emploie d'un autre côté des revêtements complètement métalliques, les cadres étant formés de deux colonnes creuses en fonte surmontées d'un chapeau en vieux rail. On obtient plus de simplicité en formant les cintres uniquement de fers à **T** ou de rails courbés et réunis par des manchons (fig. 38).

Dans le *blindage des puits* on peut employer les viroles pleines ou les panneaux. Les anneaux pleins ont une hauteur qui varie de 1ᵐ50 à 2 mètres ; nous en parlerons ainsi que des panneaux, en décrivant le fonçage des puits à niveau bas. Les revêtements métalliques ont été parfois appliqués pour consolider par l'intérieur un cuvelage de fonte ou de bois.

Le *blindage des tailles* se fait souvent par des buttes métalliques formées de deux parties cylindriques réunies suivant un plan oblique ; un manchon emboîtant cette partie établit leur solidarité. Si plus tard on vient à abaisser ce manchon, la pression du toit fait glisser l'une sur l'autre les deux parties suivant le plan qui les sépare et la butte se démonte d'elle-même. Ce système ne saurait figurer que dans les districts où

Fig. 37 et 38. — Blindage (d'après Serlo)

le bois est très cher, et quand la mine est une dépendance de l'usine à fer.

PERCEMENT DES GALERIES DE MINES. — Les galeries de mines peuvent être *classées*, soit d'après leur emplacement dans le gîte, soit d'après les fonctions qu'elles sont appelées à remplir dans l'aménagement général. Au point de vue géométrique, on distingue d'abord les galeries de direction, d'allongement, chassantes, les niveaux, costresses, costières, tracées suivant l'horizontale du gisement; les traverses, culs-de-sac, viailles, volées tracées horizontalement, mais perpendiculairement à la direction. Celles qui sont menées suivant la ligne de plus grande pente du gisement sont désignées sous les noms de montages, remontes, descenderies, vallées; les plus raides prennent la dénomination de cheminées, fendues, puits inclinés. Les galeries tracées dans le plan du gîte suivant une droite quelconque, autre que la direction ou l'inclinaison, sont appelées voies thiernes, diagonales, demi-pentes. Enfin les galeries percées en dehors du gîte pour des motifs spéciaux sont connues sous les noms de travers-bancs, galeries au rocher, bouveaux, bovettes, bacnures. Si au contraire l'on envisage les galeries sous le rapport des services qu'elles sont appelées à rendre, on distingue les galeries de roulage, mères-galeries, voies de fond, quand elles sont horizontales; plans inclinés dans le cas contraire. Viennent ensuite les galeries de traçage servant à préparer l'opération du dépilage, les galeries d'aérage; les galeries d'écoulement pour les eaux; enfin les galeries de recherches.

Pour obtenir l'*orientation* d'une galerie, il faut avoir sa direction et sa pente d'après les mesures relevées sur les plans de mines, ou les calculs qui ont servi à asseoir le projet. Quant à l'exécution même du percement, nous en avons parlé en décrivant l'abatage et le soutènement; lorsqu'en effet le terrain présentera une consistance suffisante pour que ces opérations puissent être effectuées d'une manière distincte et l'une après l'autre, nous n'aurons rien de plus à ajouter; ce cas est d'ailleurs le plus fréquent que l'on rencontre dans l'exploitation. Cependant il arrive aussi que des terrains inconsistants ou aquifères ne peuvent attendre un seul instant sans soutènement, et le boisage doit en quelque sorte précéder l'excavation; en effet dans des sables mouvants ou des argiles coulantes, il serait impossible, malgré toutes les précautions, d'avancer en excavant d'abord, et boisant ensuite. Les parois latérales et le faîte, s'éboulant d'une manière continue, entretiendraient toujours un talus de matériaux meubles, remplacés par d'autres immédiatement après leur enlèvement, et le percement deviendrait d'autant plus impossible et dangereux que ce premier enlèvement aurait détruit le peu de cohésion de la roche. De là, des difficultés spéciales que l'on ne peut surmonter qu'au moyen de méthodes spéciales que nous allons faire connaître. Nous distinguerons trois cas pour la traversée des terrains sans cohésion : 1° les terrains ébouleux qui ne peuvent être laissés sans soutien au-dessus du vide, mais qui se tiennent assez convenablement dans les parties verticales et surtout à la sole; on emploie pour eux le poussage simple; 2° les terrains inconsistants qui ne peuvent être abandonnés sans un soutien complet, même dans les parties verticales; on les franchit au moyen du poussage au bouclier; 3° les terrains coulants et aquifères, qui présentent une grande fluidité, ne peuvent être laissés à découvert pour un seul instant, même à la sole; on en est alors réduit au procédé du picotage.

La méthode du *poussage simple* consiste à chasser entre les chapeaux des cadres et la roche du plafond des coins plats et divergents, ou palplanches jointives formant un revêtement exact; lorsqu'on vient ensuite à creuser pour avancer la galerie, les terres poussent vers l'excavation et, pesant sur les coins, ceux-ci soutiennent l'effort et se rapprochent de l'horizontale; mais avant que cette direction soit atteinte, on se hâte de placer un autre cadre en enfonçant au besoin par des claies le premier garnissage. Les palplanches ainsi employées doivent être en bois dur et un peu vert; une courte pratique indique bientôt quelles sont les dimensions les plus convenables au terrain dans lequel on opère; quant à la distance des cadres, elle est évidemment beaucoup moindre que dans le cas général d'un boisage en terrain résistant.

Le *poussage au bouclier* s'emploie quand les parois ne peuvent être abandonnées à elles-mêmes, les piédroits reçoivent comme le plafond un garnissage complet; au besoin même on chassera des palplanches sous les semelles si la sole l'exige, et la galerie se trouvera revêtue d'un coffrage complet. Il reste le front de taille qui, comme les autres parois, ne peut demeurer sans revêtement; comme en même temps ce plan doit aller constamment en reculant, on le maintient à l'aide d'un garnissage mobile appelé bouclier et formé de madriers horizontaux appuyés contre les montants du dernier cadre, soit directement, soit à l'aide de contrefiches mobiles. On enfonce ces madriers de force, en refoulant le terrain, et en remplaçant successivement leurs arcs-boutants par d'autres de longueurs croissantes; et quand le massif se refuse à l'avancement du bouclier, on soulève un des madriers, et on laisse couler le terrain dans la galerie en limitant la coulée au strict nécessaire, afin de ne pas mettre en mouvement les masses environnantes. Au fur et à mesure de l'avancement du bouclier, les quatre faces du coffrage s'avancent également, par le moyen de nouvelles palplanches chassées avec force.

Enfin, dans le cas d'un terrain absolument fluide, on a recours au *picotage* qui consiste à traverser le terrain en lui donnant la consistance qui lui manque par des picots de bois dur enfoncés à la masse, dont on garnit tout le front de taille, et que l'on pousse en avant. Une fois le terrain refoulé de telle sorte que les picots ne puissent plus avancer, on perce dans cette masse de bois quelques trous de tarière qui laissent couler les matières semi-liquides; aussitôt que l'on juge que le bouclier de picots est assez soulagé, on aveugle les trous avec des chevilles poussées à force, et l'on recommence le poussage. Ces ouvrages ont besoin d'être muraillés s'ils sont destinés à une certaine durée.

Percement des tunnels. — Bien que les galeries à très grande section ne soient pas communes dans les mines, on en trouve pourtant quelques exemples; du reste le percement des tunnels peut parfaitement se rattacher à l'art des mines, il demande des connaissances spéciales sur l'abatage et le soutènement que les mineurs seuls peuvent appliquer convenablement. Sauf des cas tels que ceux de tunnels dans lesquels la hauteur des lignes de faîte au-dessus de la traversée devient inabordable, on active singulièrement le percement en fonçant plusieurs *puits intermédiaires* qui multiplient les puits d'attaque. Ces puits sont disposés quelquefois sur l'axe même du tunnel, mais plus souvent sur une parallèle située à une faible distance, afin que les services et les réparations de ces puits, conservés après l'achèvement de l'ouvrage, ne viennent pas interrompre la circulation dans le tunnel; on les relie alors par de courtes galeries transversales aux pieds de ces puits.

Lorsque les puits sont foncés, on doit percer aussi rapidement que possible une galerie d'axe à petite section, destinée à les relier consécutivement, et qui, outre l'avantage d'assurer la rencontre des diverses travées, facilite la ventilation et permet une retraite facile aux ouvriers si un puits vient à être rendu impraticable par quelque accident. Quant au percement lui-même, il varie dans ses procédés avec la nature du terrain : si les roches sont solides on emploie la méthode de la section entière ; si le massif n'a pas une consistance suffisante, on applique le principe de la section divisée ; enfin si le terrain est ébouleux on reprend le procédé de la section entière avec certaines modifications spéciales, et toujours très onéreuses.

Le procédé de la *section entière* s'applique avec des gradins, ordinairement au nombre de trois, que trois équipes d'ouvriers distinctes enlèvent. On fractionne le percement en pratiquant d'abord une galerie médiane au cerveau de la voûte, et battant au large à droite et à gauche à la suite du poste d'avancement. Le muraillement suit à une certaine distance du gradin inférieur ; la voûte ayant été élevée sur ses cintres, on exécute une chape de ciment sur l'extrados, afin de la rendre imperméable, et l'on y étale un lit de planchettes pour que ce revêtement ne soit pas endommagé par le blocage de pierres à l'aide duquel on met la voûte en serrage contre la roche. La fig. 39 indique l'achèvement de l'excavation et la construction des piédroits qui doivent supporter la voûte.

Le principe de *la section divisée* peut s'appliquer suivant le mode montant en suivant le mode descendant. Dans le premier type, on pratique deux petites galeries boisées de 1^m20 à 1^m50 de largeur le long de l'emplacement destiné aux piédroits ; elles laissent entre elles un stross central de roches. Dans chacune d'elles on s'élargit latéralement en déboisant une longueur de 2 à 4 mètres suivant la nature du terrain, et refouillant dans la paroi la place du piédroit que l'on élève sur cette étendue restreinte. Cette opération se fait de distance en distance, en laissant les entre-deux pour conserver à la galerie sa solidité, et quand les vides pratiqués ont été remplis de maçonnerie, on recommence la même opération pour les travées intermédiaires, de façon à relier les différentes portions du muraillement. C'est alors que l'on perce au sommet de la voûte une petite galerie convenablement boisée; puis en procédant encore par travées alternatives on bat au large pour établir le cintre. On boise ces diverses sections en posant horizontalement des semelles transversales soutenues par le stross et les piédroits; on y appuie des buttes divergentes qui supportent la roche. Chaque chambre de travail présente trois pareilles fermes placées en son milieu et à ses extrémités; on

Fig. 39. — Tunnel. Construction des piédroits qui doivent supporter la voûte

pose ensuite les couchis sur les cintres, et l'on exécute un cerceau de voûte en déboisant progressivement. Lorsque les segments partiels sont élevés, on traite de même les entre-deux pour les relier ensemble. A ce moment, on dépile le stross, et l'on construit le radier. La figure 40 indique l'achèvement du ciel de l'excavation (fig. 40).

Pour suivre le mode descendant qui tend aujourd'hui à pré-

valoir, on commence par pratiquer au clavage une galerie à
petite section ; on bat au large en reproduisant ce que nous
avons expliqué plus haut, et on laisse porter les naissances à
plein sur la roche par l'intermédiaire de sablières qui règnent
suivant la longueur. On creuse alors dans l'axe un large fossé
que l'on fait descendre jusqu'à la sole future ; on y bat au
large par travées que l'on attaque de deux en deux, et au fond

Fig. 40. — Tunnel. Achèvement du ciel de l'excavation

desquelles on établit des retraites de maçonnerie, afin d'élever
les piédroits jusqu'à la voûte. Il ne reste plus qu'à abattre les
entre-deux pour compléter les piédroits et à construire le
radier.

Dans le cas des *terrains inconsistants*, on revient, comme
nous l'avons dit, au procédé modifié de la section entière. On

commence par percer au cerveau une petite galerie par les procédés du poussage ; on procède ensuite en arrière de l'avancement à l'élargissement de la section par reprises de 3 à 4 mètres ; on bat au large à droite et à gauche, et l'on boise cette travée à l'aide de rondins disposés suivant les génératrices du cylindre ; ce garnissage est soutenu sur des pièces reposant sur de forts entraits reposant à terre en travers de la section. L'une de ces fermes, placée en avant de la chambre, maintient un bouclier complet contre le front de taille ; on s'approfondit suivant l'axe d'une hauteur égale à la moitié environ de la distance qui sépare de la sole future en maintenant les parois par un boisage provisoire entretoisé. Puis on bat au large de manière à rejoindre le profil projeté, et l'on continue la ceinture de rondins en les maintenant, ainsi que l'entrait supérieur, par de nouvelles jambes de force, destinées à reporter toutes les pressions sur un second entrait. Cela fait, on recommence les mêmes opérations pour la troisième travée, et le revêtement complet se trouve alors soutenu par des entraits posés à la base. A ce moment, en déboisant successivement les pièces de bois reposant sur les entraits posés à terre, on commence le muraillement que l'on fait d'une seule pièce, ce qui assure son unité. Les rondins sont laissés pour la plupart derrière la maçonnerie, et l'on bourre les vides autant que possible.

Dans la méthode dite *autrichienne*, on procède par percements et élargissements plus restreints boisés avec soin ; la réunion des échafaudages partiels constitue le boisage de la section entière, que l'on muraille ensuite d'un seul coup. On perce d'abord à la base une galerie d'axe ; on ouvre ensuite une galerie au cerveau sur les chapeaux de la première ; en troisième lieu, on pratique un élargissement sur la moitié environ de la hauteur de celle-ci et on le boise avec un entrait horizontal temporaire, qui disparaît au moment de la réunion avec l'élargissement de la seconde moitié de la partie supérieure ; enfin, on bat au large des deux côtés de la galerie inférieure ; les divers avancements sont obtenus par le poussage.

M. Rziha est l'inventeur d'un mode spécial fondé sur l'emploi de soutènements métalliques provisoires ; il en établit deux ceintures concentriques : l'une intérieure, formant cintre, pour la pose de la maçonnerie ; la seconde extérieure, tenant momentanément la place de cette maçonnerie et disparaissant pièce par pièce pour la pose de celle-ci, tandis que le cintre intérieur ne s'enlève qu'au moment où l'arceau correspondant de muraillement a fait prise. Il est d'abord ouvert à la base une petite galerie au poussage, puis on bat au large en enfonçant des palplanches sur tout le périmètre autour du cintre métallique et attaquant le front de taille par gradins ; ces derniers sont maintenus par les différentes parties du bouclier, arc-boutés par des poussards à vis contre les arceaux métalliques.

Ces derniers procédés deviendraient eux-mêmes impraticables dans un terrain aquifère et coulant, on en est alors réduit à la méthode que Brunel a employée pour pratiquer sous la Tamise un vide rectangulaire de 6^m85 de hauteur sur 11^m55 de largeur pour y inscrire deux cintres muraillés, dans un sol absolument détrempé et sans aucune consistance. Brunel fit usage d'un appareil appelé *bouclier*, composé de douze châssis en fonte simplement posés à côté les uns des autres ; ces châssis étaient divisés en trois compartiments dans lesquels étaient étagés les ouvriers, de telle sorte que sur la face de la galerie, ils étaient au nombre de trente-six disposés sur trois rangs. Les châssis étaient butés contre la maçonnerie déjà faite au moyen de vis de pression qui les faisaient avancer au besoin ; à leur partie supérieure étaient des pièces de bois qui soutenaient le plafond. Enfin, contre le sol se trouvaient des planchettes d'étai serrées contre le terrain au moyen de vis appuyées suivant toute la longueur des châssis. Les ouvriers enlevaient successivement ces planchettes, excavaient derrière jusqu'à environ 0^m20 de profondeur et les replaçaient ; de cette manière, la paroi verticale était toujours maintenue. Lorsque l'abatage avait été ainsi fait sur toute la surface du rectangle, on desserrait les vis d'étai d'un châssis et on le faisait avancer au moyen des grandes vis opposées, butées contre la maçonnerie. Tous les châssis ayant marché, la maçonnerie était augmentée d'un rang de briques. Un chariot mobile amenait les matériaux à hauteur, de sorte que les diverses opérations de l'excavation et du muraillement étaient conduites simultanément. L'exécution de ce travail a duré dix-huit ans à cause des accidents survenus ; deux fois, la Tamise étant entrée dans le tunnel, on lui a refait un lit artificiel en noyant des masses d'argile et reprenant ensuite l'opération.

Nous citerons enfin, parmi les moyens qui peuvent être employés pour le percement des tunnels dans les terrains aquifères, l'emploi de l'air comprimé dont nous parlerons au sujet du fonçage des puits de mines.

PUITS DE MINES. — Les puits de mines également appelés *fosses* dans le nord de la France et en Belgique, quand ils débouchent au jour, beurtias ou bures lorsqu'ils sont renfermés à l'intérieur, prennent le nom d'avaleresses quand ils sont en voie de creusement et particulièrement quand le travail est gêné par l'affluence des eaux. La *profondeur* des puits varie depuis les chiffres les plus réduits jusqu'à l'énorme hauteur de 1,000 mètres ; le puits Adalbert de Grzibram a été poussé jusqu'à 1,024 mètres, celui de Damprémy à Sacré-Madame (Charleroi) à 1,080 mètres ; en France, le puits le plus profond se trouve à Montchanin et n'atteint que 700 mètres. La *forme et les dimensions* des puits sont sujettes à beaucoup plus de variations que celles des galeries ; la section est souvent rectangulaire, on la subdivise habituellement en plusieurs compartiments au moyen de bois d'entrefend et suivant les besoins du service. Dans le fonçage de ces puits, il faut avoir soin de les orienter de telle sorte que les faces les plus longues soient celles où le terrain tend moins à se désagréger et à pousser ; par ce moyen les pièces porteuses du boisage étant les plus courtes et se trouvant engagées dans les parois les plus solides, l'ensemble se trouve dans les meilleures conditions de puissance. Les bois d'entrefend ont l'avantage d'augmenter la solidité du boisage ; ils sont engagés à tenons et mortaises sur les longues pièces de chaque cadre et diminuent leur portée ; des croisées sont également chevillées sur ces pièces. La section carrée est moins commode pour le service ; en outre, elle présente, comme la section rectangulaire, l'inconvénient des angles vifs. Dans les polygones réguliers, ces angles deviennent de plus en plus obtus, ils sont plus faciles à picoter et à calfater et, en augmentant le nombre des côtés, on diminue la portée de chacun d'eux. La limite dont on approche ainsi est la section circulaire qui a l'avantage d'une parfaite symétrie pour les stratifications horizontales ; mais si les couches sont inclinées, cette propriété perd beaucoup de sa valeur ; en même temps, l'aire totale est plus difficile à utiliser pour les services, si ce n'est pour l'aérage. La section elliptique, qu'on a quelquefois employée, présente les mêmes inconvénients que la section circulaire sans offrir la même simplicité ; elle se justifie pour le cas où l'on veut opposer le sommet du grand axe à la poussée de couches inclinées. Quant à la forme trapézoïdale, on n'en trouve que de très rares exemples commandés par des circonstances exceptionnelles.

Aujourd'hui, on considère comme des limites qu'il y a rarement lieu de dépasser des rectangles atteignant 2 à 3 mètres pour le petit côté et 4 à 8 mètres au plus pour le grand axe, et des diamètres de 3 à 5 mètres pour les puits circulaires, ce qui représente des sections variant depuis 7 mètres jusqu'à 25 mètres carrés. On varie beaucoup le dispositif employé pour l'*aménagement* de la section ; souvent un puits n'est destiné qu'à un seul service. Dans le Nord et le Pas-de-Calais, on lui adjoint quelquefois un *goyot* ou carnet d'aérage au moyen d'une cloison parallèle au côté du petit rectangle ou disposée suivant une corde de cercle ; d'autres fois, ce sera une descenderie. Il est facile d'associer aussi l'extraction, l'épuisement et la descenderie par échelles à l'aide de deux cloisons parallèles au petit côté, s'il est très réduit, par rapport à la longueur ; autrement on disposera un seul entrefend dans ce sens et dans le compartiment ainsi formé une cloison parallèle au grand axe. On fait usage de *puits jumeaux ;* ce sont deux puits très rapprochés l'un de l'autre, constituant un même siège d'exploitation. Dans l'un se trouve l'extraction et dans l'autre tous les autres services, l'air entre par le premier et sort par le puits conjugué. Il est utile de prendre une épaisseur de 10 mètres au moins pour le massif entre les deux puits, de façon que ce massif ne puisse jamais être emporté par un coup de grisou ou par un éboulement.

L'orifice d'un puits doit toujours être exhaussé au-dessus

du sol environnant; cette disposition facilite le chargement des matières extraites et au besoin l'écoulement des eaux tirées; la surface ainsi surexhaussée se nomme la *halde*. Lorsqu'en un ou plusieurs niveaux un puits est rencontré par des galeries, on exhausse les galeries et souvent même on augmente leur largeur pour établir les chambres d'accrochage, destinées à recevoir par les voies de roulage les wagonnets et à les charger dans les cages. A l'étage inférieur le puits est foncé de plusieurs mètres en contre-bas du sol de la chambre d'accrochage, de manière à former un *puisard* où s'accumulent les eaux; ce puisard reçoit aussi les débris de toute espèce, qui peuvent tomber dans le puits, ce qui nécessite le curage à certaines époques.

Les puits intérieurs ou *bures* rendent des services pour établir des communications entre les diverses parties des travaux; quelques-uns prennent une importance exceptionnelle, formant un siège d'extraction dont le mouvement ne se prolonge pas jusqu'au jour, mais s'arrête au niveau de la vallée, dans laquelle on débouche en galerie. Il existe enfin des *puits inclinés* qui sont généralement rectangulaires et se boisent; les cadres doivent être bien perpendiculaires à l'inclinaison, afin qu'ils ne soient pas exposés à glisser par l'effet de la poussée des parois. Dans ces puits l'extraction se trouve placée dans de mauvaises conditions; cette situation exige en effet une plus grande longueur pour atteindre un niveau donné, ce qui représente un supplément de dépense; de plus les frottements prennent une importance plus grande et l'activité de l'extraction est diminuée.

FONÇAGE DES PUITS A NIVEAU BAS. — Si le terrain est suffisamment solide on n'a qu'à exécuter, pour faire les puits, les opérations de l'abatage et du boisage. Après avoir exécuté le fonçage sur une certaine hauteur on pose un cadre porteur au pied de cette travée, et sur cette base on élève des cadres successifs, en les mettant en serrage contre les roches pour soulager le cadre porteur; c'est la *méthode montante*. Si le terrain ne peut être laissé à nu que sur de faibles hauteurs, on emploie le mode *descendant;* on commence alors par poser pour la première travée un cadre qui déborde sur les dimensions de la section, de manière à porter sur la roche ou sur un massif de maçonnerie, et pour les suivantes un cadre porteur enclavé dans des potelles; on se rattache alors à ce point d'appui, en suspendant les uns aux autres, au moyen d'écoins, les cadres successifs. Si le terrain est absolument inconsistant sans être pourtant aquifère, on franchit cette passée au moyen du poussage tel que nous l'avons décrit pour les galeries, avec une simplification; le front de taille étant horizontal est placé sous les pieds de l'ouvrier; il est inutile d'introduire la complication du bouclier; on aura cependant à établir au fond quelques garnissages sommaires, si sa surface n'est pas plane, ce qui est l'ordinaire. On a soin par exemple d'y pratiquer un avant-puits où se rassemblent les eaux, pour dégager l'ouvrier et afin qu'il soit plus facile de les y puiser.

La traversée des terrains aquifères peut enfin se faire de trois manières principales : 1° à niveau bas ou par avaleresse, c'est-à-dire en épuisant les eaux au fur et à mesure de leur venue; 2° à l'air comprimé, en maintenant le puits préalablement fermé à la partie supérieure, débarrassé des eaux qui imprègnent le terrain à traverser, par de l'air comprimé à une pression correspondant à la hauteur d'eau à maintenir; 3° à niveau plein, c'est-à-dire en creusant le puits à la manière d'un sondage qu'on tube ultérieurement pour ne le vider que lorsqu'il est pourvu de son revêtement étanche. Nous nous occuperons d'abord du *fonçage à niveau bas*. Cette méthode de fonçage est préférée toutes les fois qu'on n'a pas de trop grandes quantités d'eau à épuiser, de trop grandes hauteurs à cuveler, ou un terrain trop inconsistant à maintenir. Les sources que l'on rencontre en creusant sont dans presque tous les cas des sources montantes de fond appelées niveau; grâce aux nombreuses fissures que présente la roche, le réservoir qui fournit l'eau est en quelque sorte indéfini; il faut traverser la roche aquifère malgré l'affluence de l'eau, en protégeant le travail par tous les moyens d'épuisement dont on peut disposer, et aussitôt que l'on a atteint une couche quelque peu solide et imperméable, il faut masquer les niveaux aquifères par un cuvelage assez fort pour résister à la pression des eaux. Le *cuvelage* sert pendant l'exécution pour diminuer

l'affluence des eaux dans l'avaleresse, il sert après pour empêcher les mêmes eaux de pénétrer dans les travaux d'exploitation. Nous prendrons comme exemple le terrain houiller du
Nord et du Pas-de-Calais, qui est recouvert par une épaisseur
de 60 à 150 mètres d'alternances calcaires et argileuses du
terrain crétacé. Les roches calcaires fendillées et perméables
laissent circuler des niveaux puissants qui y sont maintenus
par des roches imperméables de glaise ; le terrain crétacé se
termine par une couche argileuse et imperméable recouvrant
une assise arénacée, immédiatement superposée au terrain
houiller.

On commence par déterminer l'emplacement du puits ; on
défonce et on excave le terrain par les moyens ordinaires,
soutenant les roches par des boisages provisoires, disposés de
manière à rejeter l'eau sur les parois pour que les ouvriers
puissent se maintenir au fond, d'où les eaux rassemblées dans
un puisard sont enlevées au moyen de pompes manœuvrées de
la surface, et suspendues à l'orifice de l'avaleresse par des
chaînes. Dès que l'équilibre peut être établi par les pompes,
on entame la couche imperméable et solide sur laquelle coule
le niveau, on creuse une banquette bien nivelée tout autour
du fonçage, et un puisard de 1 mètre de profondeur dans
lequel les aspirants des pompes sont établis. Les choses ainsi
établies, on pose sur la banquette un premier cadre dit *trousse
à picoter;* ce cadre en bois de chêne de fort équarrissage doit
laisser un vide de 0^{m}06 entre sa face extérieure et la roche ;
dans ce vide est placée la lambourde, cadre un peu plus haut
que la trousse, et composé de planches de sapin de 0^{m}04 introduites de champ ; on serre la lambourde sur la trousse avec
des coins, retirés de suite avec un levier fourchu, et, dans le
vide ainsi obtenu, on insère de la mousse que l'on bourre à
refus. Le joint ainsi préparé, on le serre en rendant la pression
entre la trousse et la roche telle qu'il ne puisse jamais céder, et
que la trousse encastrée dans le terrain devienne la base du cuvelage. A cet effet, on écarte la lambourde de la trousse par l'introduction d'une double rangée de plats coins ayant pour section un triangle rectangle, d'abord faiblement engagés sur tout
le pourtour, de manière à être bien contigus, et enfoncés ensuite

à force. On détermine un serrage énergique tendant à déjeter le système ; pour prévenir cet effet on retire l'un après l'autre les plats coins en les soulageant par l'introduction d'un instrument de fer qui a la forme d'une pyramide à base carrée, appelée *agrappe à picoter* ; le plat coin enlevé est réintroduit aussitôt sens dessus dessous en lui en juxtaposant un second la tête en haut, et en enfonçant le tout avec la masse. Quand cette double ceinture de plats coins est installée entre la trousse et la lambourde, elle détermine le serrage suivant les directions radiales ; pour obtenir le serrage dans le sens tangentiel, on enfonce entre les couples de plats coins des picots carrés en sapin, en préparant préalablement leur emplacement avec l'agrappe. On recèpe toutes les têtes des picots et plats coins, puis on refend avec l'agrappe les têtes de chaque plat coin pour y enfoncer des picots en bois de chêne séché au four ; on picote partout où l'agrappe peut entrer, il ne reste plus alors qu'à picoter les angles de la lambourde pour que le joint soit fait entre l'extrados du cadre et le terrain imperméable. On recèpe toutes les têtes des picots et l'on pose une deuxième trousse picotée sur la première ; si celle-ci a pris un peu de déversement, on prépare la seconde trousse de manière à assurer l'horizontalité de son plan supérieur qui servira d'assiette à la colonne de cuvelage composée de cadres contigus. Ces cadres doivent être bien dressés sur les deux faces jointives de façon que le joint puisse être fait par un simple calfatage avec de l'étoupe goudronnée, c'est l'opération du *brandissage* ; on y cloue ensuite des couvre-joints, légères tringles de bois dont l'objet est d'empêcher les étoupes du brandissage d'être expulsées par la pression de l'eau.

Entre le cuvelage et la paroi du puits reste un vide où se trouve le boisage provisoire ; on y pilonne du mortier hydraulique qui, s'insinuant dans tous les vides, protège le cuvelage contre l'effort des eaux. Si l'on monte un cuvelage élevé, il est nécessaire d'établir, de distance en distance, une trousse porteuse, cadre appuyé par des saillies dans la roche, de telle sorte que le cuvelage ne pèse que peu sur la trousse picotée. La pose d'une trousse picotée est un spectacle qui ne manque pas de grandeur ; les hommes travaillent sur tout le périmètre en aussi grand nombre qu'il est possible d'en employer sans arriver à la confusion. Ils sont souvent dans l'eau jusqu'à la ceinture ; ces passeurs de niveau font des postes de quatre heures, au bruit des pompes les plus puissantes qu'il soit possible d'installer dans la section des puits ; les venues d'eau se comptent souvent par centaines de mètres cubes à l'heure. Pour continuer le fonçage, on laisse au-dessous des trousses picotées une console de 1 mètre environ de hauteur et on reprend le diamètre. On traverse ainsi successivement les différents bancs aquifères, en ayant soin de saper la console et lui substituant un dernier cadre dit *clef*, qui laisse un vide horizontal rempli par un picotage. Enfin, lorsqu'on a atteint le banc de glaise, base de tous les niveaux, on y fonde tout le cuvelage sur un picotage triple ou quadruple. On établit, dans le cuvelage, une solidarité générale en rendant la pression aussi constante que possible ; à cet effet, on met tous les niveaux en communication les uns avec les autres par des trous de tarière percés dans les trousses picotées ; on se réserve le moyen de supprimer cette communication par des robinets. Plusieurs ingénieurs regardent ce renvoi de niveau comme parfaitement inutile. Si une des pièces du cuvelage vient à avoir besoin d'être changée, on la coupe avec un ciseau, on la remplace par une pièce neuve en deux parties et on fait un picotage pour rétablir la tension générale du cadre ; mais la pièce nouvelle ne vaudra pas l'ancienne. Les pièces du cuvelage sont préparées à l'avance et sur un gabarit, elles sont numérotées par assise et par pièce, de manière à assurer la précision de la pose.

En Angleterre où le bois est plus rare, on a fait des *cuvelages en fonte* ; dans ce cas, les puits sont ronds. Le cuvelage se compose d'une série de panneaux circulaires portant sur tout le périmètre des brides extérieures, de façon qu'en les juxtaposant on peut construire un cylindre à parois lisses intérieurement. Souvent on fait également les trousses picotées de la base en fonte ; voici comment on opère : la trousse picotée installée, on monte les panneaux de cuvelage au nombre de dix à douze pour un cercle ; les brides portent de petits rebords saillants, de telle sorte que les faces juxtaposées verticales ou horizontales présentent un petit vide dans lequel on place des planchettes de sapin, le fil du bois se présentant toujours vers l'axe du puits ; les joints sont ensuite faits par picotage qui détermine une tension de toutes les pièces du cuvelage et en établit la solidarité. Chaque panneau, pour en faciliter la manœuvre et la descente, porte un trou central qui est bouché ultérieurement par une broche en bois chassée avec force, dont on picote la tête. On a soin, à mesure que l'on monte le cuvelage, de bourrer entre le tube et le terrain du mortier hydraulique. Un cuvelage en fonte est plus difficile à monter qu'un cuvelage en bois, mais les réparations y sont moins fréquentes et la durée est plus grande ; il devra être accepté toutes les fois que le grand diamètre du puits et la pression de l'eau rendraient inapplicable le cuvelage en bois. Les panneaux de fonte ont été essayés au marteau ; en promenant l'outil par lignes successives, on découvre aisément tout défaut intérieur.

Dans d'autres cas, on s'est servi d'un cuvelage de fonte formé par la superposition de bagues les unes sur les autres, d'une seule pièce avec brides intérieures ; on boulonne et l'on fait un joint de plomb ou de caoutchouc. Les bagues sont essayées par la presse hydraulique en les soumettant à une pression supérieure à celles qu'elles doivent supporter. Quelquefois, le panneau est à ergots, afin que l'on puisse revêtir l'intérieur d'une chemise de bois formée de douelles que l'on glisse entre ces ergots et qui a pour but de protéger le métal contre les chocs qui peuvent se produire dans le service.

On a fait aussi des *cuvelages en maçonnerie*, particulièrement dans le bassin de la Ruhr ; mais ces cuvelages ne sauraient être employés que quand les eaux sont peu abondantes et sans pression. Avec une matière complètement rigide comme la maçonnerie, on doit craindre la production de fissures étendues d'une réparation impossible sous de fortes charges. Pour de faibles profondeurs, on exécute d'un seul coup le muraillement du puits, du fond à la surface, mais ordinairement on le compose de retraites distinctes dont chacune repose sur un rouet-porteur. Une trousse picotée n'offrirait pas de garantie suffisante à cause du peu de liaison qui s'établirait entre le bois et la maçonnerie superposée. On a fait de véritables trousses picotées dans lesquelles les pièces de bois ont été remplacées par des pierres convenablement taillées ; enfin, la maçonnerie du cuvelage a été faite en gros moellons taillés avec soin et dont les joints se composaient d'une feuille de plomb. Le plus souvent, on emploie une maçonnerie de briques très cuites, en donnant trois épaisseurs de briques ; au lieu de croiser les joints, il est préférable de faire trois anneaux de briques indépendants avec joints très faibles de mortier, et de séparer les trois rouleaux par une chape de mortier hydraulique de 1 à 2 centimètres d'épaisseur. Le rouet-porteur peut être installé directement sur le fond du puits ou sur une retraite de maçonnerie déjà exécutée. Si l'on a dû commencer le cuvelage avant d'avoir atteint la profondeur définitive, on loge le rouet dans des potelles de la roche ; quand on ne peut trouver nulle part de paroi solide, on suspend le rouet à l'aide de longues tringles de fer à un grand cadre porteur placé au jour et dont les côtés font saillie à l'intérieur de la courbe de muraillement. Lorsque la retraite du cuvelage aura été construite sur ce rouet, et colletée avec soin de toutes parts, pour soulager le porteur, on posera plus bas un nouveau rouet à l'aide de tringles attachées à des corbeaux encastrés dans des potelles ; on construit sur cette base une nouvelle retraite et, quand elle sera venue soutenir le rouet précédent, on débarrassera celui-ci de ses tringles de suspension ; on arrivera ainsi à construire le cuvelage de proche en proche. A la base du puits, on établit une fondation solide pour soutenir définitivement le muraillement, et, si le fond n'a pas une solidité suffisante, on établit un grillage après avoir battu des pieux.

On risque, avec les méthodes que nous venons de passer en revue, d'avoir à dominer de telles venues d'eau que tous les efforts y échouent et que l'on est obligé d'abandonner le fonçage. M. Poetsch a, depuis quelques années, appliqué au fonçage des puits le principe de la *congélation* ; il enfonce autour du puits, en ceinture, une série de vingt-trois tubes creux en fer de 0^m20 de diamètre, munis à la partie inférieure d'un sabot tranchant ; une fois arrivés au ferme, on les obture à la base avec une fermeture de plomb, de ciment et de goudron, puis on descend à leur intérieur d'autres tubes plus petits, percés de part en part. Des chapeaux à tubulure et robinets les coiffent tous et permettent d'y distribuer le liquide réfrigérant qui arrive du jour par un tuyau unique. Ainsi ramifié, le courant pénètre dans chaque tube central sous la pression d'une pompe foulante, et remonte tout autour jusqu'au chapeau. Les courants de retour sont réunis et renvoyés à la surface dans un autre tube unique ; le liquide froid soutire le calorique du terrain en s'en chargeant pour lui-même et retourne s'en dépouiller sous l'action d'une machine frigorifique à ammoniaque. Le fluide véhicule de chaleur est une solution de chlorure de calcium à 40° Baumé, envoyée dans la profondeur à —25°. On obtient, au bout de trente jours de congélation, une masse qui excède de 1 mètre environ les dimensions de la section du puits et que l'on peut traverser par le fonçage. Ce procédé original, qui s'applique bien pour des profondeurs ne dépassant pas plus de 30 mètres, s'étendrait peut-être plus difficilement à des hauteurs considérables et sous des pressions très importantes.

FONÇAGE A NIVEAU PLEIN. — Le principe du fonçage à niveau plein, qui s'applique quand les venues d'eau sont considérables, a également le grand [avantage de supprimer l'épuisement dont les frais peuvent atteindre des chiffres importants ; il affranchit aussi des difficultés relatives à cette opération. Le cuvelage lui-même, exécuté avec les nouveaux procédés et à loisir, pourra présenter une plus grande perfection. Pour traverser les terrains que rend impraticables leur manque de consistance, on peut employer divers procédés à niveau plein ; nous décrirons en premier la méthode par la *trousse coupante*. Le cuvelage se construit hors de terre par anneaux successifs au fur et à mesure que l'on détermine son enfoncement dans le sein de la terre ; cette descente est aidée par une couronne inférieure munie d'un anneau tranchant (fig. 44), qui coupe le terrain en le refoulant, d'après le sens de son biseau, vers l'intérieur, d'où on l'extrait directement ou avec des dragues. L'enfoncement est provoqué par le poids de la trousse et du cuvelage en bois, en tôle ou en maçonnerie sur lequel on charge des poids supplémentaires ou par des tiges filetées maintenues par des pièces de bois *a* et *b*. La préoccupation doit être de conserver la verticalité qu'on contrôle incessamment à l'aide de fils à plomb. Quand le fonçage est achevé et le cuvelage assis sur sa base, il est ordinairement trop fatigué pour offrir des chances suffisantes de durée, et l'on élève avec soin, dans son intérieur, une tour définitive en maçonnerie.

Le *procédé King-Chandron* s'appuie sur deux parties essentielles : le sondage, que nous avons décrit précédemment, et

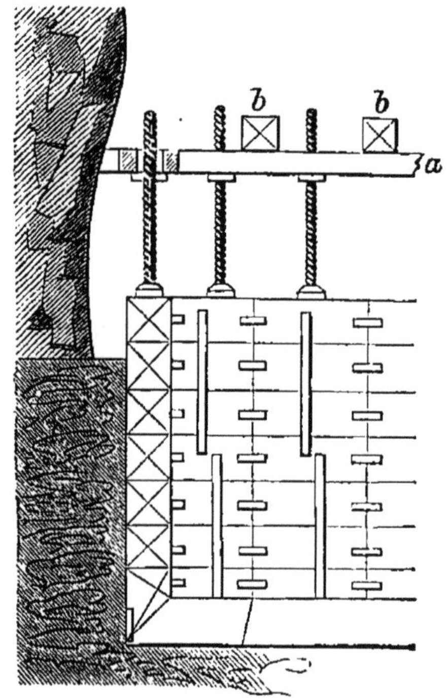

Fig. 41. — Trousse coupante (d'après Serlo)

l'établissement du cuvelage que nous allons envisager. Combes avait, dès 1844, mis en avant l'idée de foncer les puits par le sondage ; en 1847, Kind, à Styring, et Mulot, à Hénin-Liétard, commencèrent à la mettre en pratique, mais ce n'est qu'en 1853 que M. Chaudron apporta à la méthode son complément décisif par un procédé pratique pour l'établissement du cuvelage. Le cuvelage s'accroît au sommet par l'adjonction de viroles successives ; il est suspendu à six tringles filetées à leur partie supérieure et passant dans des écrous supportés par une charpente, qui permettent de faire descendre les tringles d'une longueur de virole. Seulement, il est clair que, sans l'emploi de moyens détournés, il n'y aurait ni charpentes, ni tringles capables de supporter l'énorme poids des cuvelages métalliques. C'est ici que s'introduit la création de M. Chaudron, sous le nom de *tube d'équilibre*. Supposons le cuvelage complètement fermé à la partie inférieure ; il flottera sur l'eau qui remplit le puits en fonçage, quand il s'y sera enfoncé de la quantité qu'on appelle le déplacement, et qui se mesure par un nombre de mètres cubes égal au nombre de tonnes de son poids. Arrivé à ce point, le cuvelage ne descendra plus, mais n'exercera aucune tension sur les tringles. Pour le faire aller plus bas, il faudra le charger d'eau, par exemple, versée dans l'intérieur. Telle est la conception réalisée par M. Chaudron par son tube d'équilibre ; la cuvette est réduite à une couronne annulaire évidée en son centre et sur laquelle s'élève un tube s'allongeant par le haut comme le cuvelage lui-même. L'eau y prend un niveau naturel ; il suffit donc, pour l'admettre en quantité voulue dans l'espace annulaire, d'ouvrir des robinets ménagés à travers les viroles successives de ce tube ; on accroît ainsi progressivement le lest. Le système arrivé au fond, rien n'assure encore l'étanchéité du joint avec la roche ; c'est ici que se place alors une seconde conception de M. Chaudron, celle de la *boîte à mousse*. Avant la descente, on a disposé à la base du cuvelage une virole spéciale appelée numéro zéro ; à un niveau inférieur à celui de la cuvette se trouve une cornière annulaire à travers laquelle sont passés des boulons suspendus par leurs têtes, mais susceptibles de remonter quand ils y seront sollicités par dessous. Pour le moment, ils soutiennent la boîte à mousse, cylindre d'un diamètre un peu moindre que celui du cuvelage et capable d'y glisser en remontant pourvu qu'il y soit sollicité. Entre son collet inférieur et celui du numéro zéro, on a accumulé une quantité suffisante de mousse comprimée et retenue sur les bords par un filet. Quand le cuvelage arrive au fond, c'est la boîte à mousse qui porte la première ; la colonne continuant à descendre comprime la mousse qui pénètre dans les moindres interstices et établit une ceinture absolument étanche. On bétonne tout l'intervalle compris entre le cuvelage et la roche; on descend, à cet effet, le béton à l'aide de cylindres appelés cuillers. Comme tout l'avenir de l'exploitation dépend de la conservation de la mousse, on établit à loisir, au-dessous du cuvelage, des trousses picotées que l'on assemble au revêtement métallique par des panneaux assemblés avec un brandissage soigné. La méthode de M. Chaudron, aujourd'hui classique, permet de faire des cuvelages de plus de 100 mètres au-dessous du premier niveau aquifère rencontré et s'établit avec des diamètres de 3 à 4 mètres, quelquefois même de 5 mètres.

Fonçage a l'air comprimé. — Ce procédé, que l'on doit à Triger, peut se rattacher à la méthode du fonçage par la trousse coupante, en lui adjoignant l'emploi de l'air comprimé qui, tenant les eaux basses, permet aux hommes de travailler au pied de la trousse. Le cuvelage métallique, muni d'un sabot tranchant, s'accroît à la partie supérieure par l'adjonction de viroles successives. Des cloisons ménagent deux compartiments fermés ; le premier, appelé *chambre de travail*, se trouve placé au fond du puits et constamment soumis à la tension du compresseur dont il reçoit l'air par un tube débouchant au plafond ; le second compartiment, le *sas à air*, est mis en équilibre de pression tantôt avec la chambre de travail, tantôt avec l'atmosphère extérieure. On lui fournit l'air comprimé à l'aide d'un tuyau inséré sur le tube précédent ; deux trappes, qui ne seront jamais ouvertes à la fois, servent à ménager les communications alternatives. Quand vient le moment d'enfoncer la trousse, les hommes travaillent sur le périmètre du sabot tranchant pour faciliter sa pénétration dans le terrain ; mais, comme la profondeur est nécessairement faible puisque chaque décamètre d'eau surcharge d'une atmosphère les organes de la respiration, le cuvelage ne présente pas un poids suffisant. On y supplée avec des presses hydrauliques ; on a encore la ressource de faire sortir les hommes et de laisser échapper l'air pour supprimer la pression qui tend à soulever le système et à s'opposer à son enfoncement. On a réussi à reculer, dans une certaine mesure, la limite étroite de profondeur imposée à ce procédé par les conditions de l'organisme ; il consiste à laisser suinter l'eau, d'une manière permanente, dans la chambre de travail en mollissant la pression et en disposant un petit puisard où se rassemble l'eau prise par un tuyau spécial qui débouche à l'atmosphère en se courbant en col de cygne. Malgré l'emploi de cet artifice, on n'en reste pas moins limité à un chiffre de profondeur limité par les nécessités physiologiques ; on a, dans des cas extrêmes, réalisé quatre atmosphères et demie effectives, mais ces excès ont amené des accidents mortels, tandis qu'on n'en a jamais observé au-dessous de deux atmosphères effectives ; c'est, par suite, le point auquel il conviendra de s'arrêter. A la vérité, il ne faut pas perdre de vue que la hauteur ne se comptera qu'à partir du niveau des eaux et non pas de la surface du sol ; c'est donc, à proprement parler, la hauteur de la passée aquifère et non la profondeur même du fonçage qui se trouve ainsi restreinte. On sait, en outre, quels services a rendus l'emploi de l'air comprimé pour l'exécution des fondations des grands travaux publics et pour le percement des tunnels.

CHAPITRE XI

TRANSPORTS

Transports sans chemin de fer. Après l'abatage, c'est le roulage et l'extraction qui ajoutent le plus au prix de revient des matières exploitées. Ces éléments sont surtout de la plus grande importance lorsqu'il s'agit de minéraux de peu de valeur intrinsèque, tels que les pierres de construction, les sables, la houille, les minerais de fer et les minerais pauvres. En général on trouvera dans les exploitations des moyens de transport d'autant plus imparfaits que les minerais auront un titre plus élevé et une plus grande valeur. Ainsi, tandis que les chemins de fer ont pris naissance dans les mines de houille, les voies de transport étaient tellement incomplètes dans les mines d'argent du Pérou que, pour extraire le minerai abattu, on a vu longtemps les mineurs attacher sur leurs épaules et à leurs jambes de petits sacs contenant le minerai, et s'engager ainsi chargés dans les galeries les plus étroites et les plus sinueuses.

Les transports, dans les exploitations à ciel ouvert, se font à l'aide de trois véhicules distincts suivant la nature des déblais et la distance qui sépare le chantier de la place de dépôt : la brouette, le tombereau et le wagon. Dans le système de la *brouette*, le nombre de chargeurs est proportionnel à celui des piocheurs dont ils doivent enlever les déblais; ce rapport doit être considéré comme étroitement lié à la nature du terrain. L'opération du chargement est en effet assez uniforme, tandis que les résultats du piochage dans un temps donné dépendent essentiellement de la matière qu'il s'agit d'ameublir. Le nombre de rouleurs est proportionnel à la distance à parcourir et au nombre des chargeurs qu'il s'agit de desservir; on peut le considérer comme indépendant de la nature de la roche. Une brouette contient utilement 50 litres de matériaux foisonnés correspondant à $\frac{1}{20}$ de mètre cube, et pesant 70 kilogr.; la brouette vide pèse 30 kilogr., mais l'effort suspendu sur les bras du rouleur est réduit dans le rapport inverse des distances comprises entre l'essieu d'une part et de l'autre le centre de gravité du véhicule, ainsi que les mains de l'ouvrier, et il n'est que de 18 à 20 kilogr., dont moitié pour chacun des bras de l'homme. Il est bon à cet égard d'employer de longs brancards et des bords évasés qui reportent la pression aussi avant que possible vers l'axe. La force impulsive horizontale est en terrain sec et uni de 2 à 3 kilogr.; en sol mauvais elle augmente beaucoup; on dispose alors, si c'est possible, un cours de planches. Pendant la durée du chargement d'une brouette un rouleur a le temps de parcourir 60 mètres, en portant les terres à 30 mètres de distance et revenant à vide; le nombre effectif des rouleurs s'obtiendra donc en multipliant celui des chargeurs par le quotient de la division du trajet entier par 30 mètres. Lorsque le terrain monte légèrement, on ne peut admettre des rampes supérieures à $^1/_{12}$, et dans ce cas le relai est réduit à 20 mètres; si la pente est descendante, on laisse la valeur de 30 mètres en admettant que la fatigue nécessaire pour monter à brouette vide est compensée par un certain soulagement à la descente. Dans sa journée un rouleur faisant quatre cent cinquante voyages doubles transportera 15 mètres cubes.

Le *tombereau*, pour un cheval et une route médiocres, peut être chargé de 5 à 8 hectolitres de terre ameublie, et peut transporter par jour un total de 7 à 12 tonnes kilométriques. Pour de trop courtes distances, la brouette est préférable; au delà de 300 ou 400 mètres on trouve au contraire avantage, dans un chantier d'une certaine importance, à substituer au transport sur essieu le transport sur rails. Le transport par *wagon* peut devenir avantageux, même sur de faibles distances, lorsque la pente est suffisante pour laisser descendre les trains sans moteur, par la seule action de la gravité; un cheval remonte ensuite à la fois un certain nombre de wagons vides. Les wagons de terrassement, de calibre variable, contiennent de 1 à 3 mètres cubes.

Les transports intérieurs s'effectuent par les moyens suivants : portage à dos, traînage, brouettage, chien de mine, navigation, circulation aérienne, chemin de fer. Le *portage* à dos d'hommes (fig. 42) a été le mode de transport le plus ancien, de tous ; on le rencontre encore dans les Pyrénées et dans quelques mines américaines de métaux précieux. Il s'effectue dans les voies étroites dont l'inclinaison ou les sinuosités rendent le parcours difficile. Chargé d'un sac qu'il maintient d'une main sur ses épaules, le porteur tient de

Fig. 42. — Portage

l'autre un bâton qui le soutient et une lampe qui l'éclaire ; suivant les pentes des galeries et leur section, la charge varie de 40 à 60 kilogr. ; la pente maximum est de 45°, encore faut-il pour qu'il puisse y circuler que le sol soit taillé en escalier, précaution avantageuse à partir de 15°. Pour des pentes qui excèdent 20°, le transport à la descente est aussi pénible qu'à la montée ; les pentes de descente ne sont avantageuses que jusqu'à 12° ; enfin il faut éviter de faire dépasser aux relais 60 à 80 mètres de longueur. Dans les meilleures conditions, lorsque les ouvertures sont à grande section et les pentes faibles, un bon porteur chargeant 60 à 75 kilogr. dans un sac ou dans une hotte légère produira dans sa jour-

née un effet utile de 300 kilogr. transportés à 1 kilomètre.
Sur des inclinaisons de 20°, cet effet utile se réduira à
190 kilogr. à 1 kilomètre.

Le *traînage* sur le sol par glissement simple (fig. 43) s'exécute au moyen de bennes posées sur des patins auxquels les
traîneurs sont attelés par des barioles. Le poids ordinaire
du véhicule est de 33 kilogr. ; l'on y charge de 60 à 80 kilogr.
dans les galeries basses qui ont moins de un mètre de hauteur et 120 à 160 kilogr. dans les galeries élevées. L'effet
utile d'un traînage est très variable ; il sera de 250 kilogr.
transportés à 1 kilomètre dans les galeries élevées ; il atteint
jusqu'à 800 et 1,000 kilogr. dans les meilleures conditions. Le
traînage présente l'avantage de supprimer l'approchage des

Fig. 43. — Traînage

matières, à la pelle ou dans des raisses, jusqu'à la voie ferrée
disposée près des fronts de taille. Les paniers à patins sont
pour la desserte d'un atelier plus indépendants que les wagonnets, et permettent des sections plus étroites dans les chantiers et leurs abords. Le traînage se fait aussi au moyen de chevaux attelés soit à une double benne, soit à deux bennes ; on
les emploie de préférence à l'homme dans les grandes voies
de roulage lorsque les distances à parcourir dépassent
100 mètres. Ces deux méthodes sont ordinairement combinées
de telle sorte que les traîneurs amènent les bennes, par les
petites galeries, sur les grandes voies où elles sont prises deux à
deux par les chevaux dont la charge est ainsi de 66 kilogr. en
poids mort, et de 200 à 400 kilogr. en matières exploitées. Le

chiffre de l'effet utile du cheval varie de 800 à 1,000 kilogr. à
1 kilomètre pour les voies dont le sol est en mauvais état et de
1,500 à 2,000 kilogr. pour les voies en bon état de service.
Lorsque la pente d'une galerie dépasse 6 à 8° et va jusqu'à
15°, le cheval doit toujours être utilisé en descendant ; on lui
fait remonter la charge au moyen d'une poulie de renvoi, et
de cette manière on en tire un effet utile bien supérieur à
celui qu'il rendrait en remontant directement les bennes. Sur
des pentes supérieures, on fait glisser les bennes pleines et
remonter les vides au moyen d'un treuil, ou mieux encore
on a recours à des plans automoteurs.

Le *brouettage* présente sur le traînage cet avantage d'effectuer le glissement à la circonférence de l'essieu et non de la
jante ; le travail se trouve donc réduit dans le rapport des
rayons.

On fait usage soit de la brouette ordinaire, soit de la
brouette sans pieds ; parfois de brouettes fermées à l'arrière,
en forme de caisse ouverte seulement vers le haut. La charge
peut être portée jusqu'à 100 kilogr., si le véhicule est judicieusement disposé ; mais souvent elle atteint à peine les
deux tiers de ce chiffre. L'effet utile est moindre que le
brouetteur de la surface à cause des conditions moins favo-
rables de l'intérieur ; il varie entre $\frac{1}{4}$ et $\frac{3}{4}$ de tonne kilométrique; on peut l'améliorer en posant sur la sole un cours en
planches et approcher ainsi de une tonne kilométrique.

Dans les mines métallifères on a pendant les derniers
siècles fait grand usage des *chemins de bois* qui figurent
encore dans quelques exploitations allemandes. La voie est
formée de deux longuerines longitudinales de 0^{m}10 de large
et 0^{m}05 d'épaisseur ; elles sont chevillées sur des traverses
posées à terre, leur écartement n'est que de 0^{m}03, il sert à
guider le véhicule au moyen de la petite tige de fer qui pend
verticalement sous l'essieu. Le véhicule porte le nom de
chien de mine (fig. 44), et se compose d'une caisse portée sur
un train à quatre roues ; la caisse est fixe et s'ouvre sur le
devant, la face correspondante étant mobile au moyen de
charnières placées à la partie supérieure; le train consiste en
une flèche formée d'un large madrier sur lequel repose

caisse, en deux essieux carrés fixés en travers de cette flèche et en quatre roues à jante plate tournant sur les fusées des essieux. Les roues de devant sont plus petites que les roues de derrière, de sorte que tout le système incline vers l'avant ; enfin la direction du train est maintenue par le clou, pièce de fer verticale engagée dans le vide que laissent entre eux les madriers. Lors donc qu'on fait rouler le chien sur sa voie, le clou maintient le chariot dans sa direction normale, au moment où il franchit les courbes subites auxquelles donnent lieu les croisements de galeries. La charge des chiens de mine varie de 150 à 250 kilogr. ; avec cette dernière charge, un rouleur aidé d'un enfant produit dans son poste un effet utile

Fig. 44. — Chien de mine

de 1,500 kilogr. transportés à un kilomètre. Les relais sont de 80 à 100 mètres ; dans les croisements de voies, le rouleur soulève l'avant de manière à faire picoter le train sur les roues de derrière.

Quelques exploitations possèdent des galeries d'écoulement dont la cuvette présente une section suffisante pour porter des bateaux. Le principe de la *navigation souterraine* se recommande au premier abord par des avantages importants, lorsque les circonstances sont favorables ; pour la circulation, le haleur tire sur une main courante, formée d'un câble en fer qui est fixé au plafond de la galerie ; l'effet utile est considérable, et s'élève à 30 tonnes kilométriques. En outre le réseau de navigation, une fois établi, exige peu de réparations.

En revanche, ce système présente de graves inconvénients : les frais d'établissement sont très élevés ; on ne peut s'établir que dans des roches compactes, non fissurées ; l'utilité ne concerne que l'amont-pendage dont la galerie de navigation assure ainsi le drainage. L'aval-pendage, pour lequel il faut relever les eaux avec des machines, grèvera beaucoup l'opération. Pour ces motifs, le procédé de la navigation intérieure doit être considéré comme appelé à très peu d'applications.

On a essayé autrefois, dans les galeries dont la sole tourmentée obligeait à un remaniement incessant des chemins de

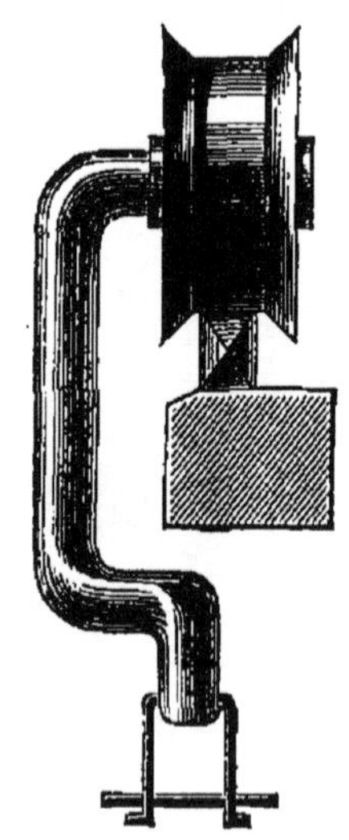

Fig. 45. — Poulie Palmer (d'après Serlo)

fer, un système de *circulation aérienne*, consistant en un chemin de fer à un seul rail attaché à chaque cadre du boisage au moyen de deux pièces de bois ; une poulie supportait la benne au moyen d'un fléau en fer et d'une tige coudée qui reportait le centre de gravité du véhicule dans l'axe du chemin de fer (fig. 45). Ce mode de construction ne s'est pas répandu à cause des inconvénients qui résultent du ballottement des bennes et de l'encombrement de la galerie ; en outre, la paroi n'étant pas beaucoup plus solide que la sole, le rail se trouve faussé et le transport en devient d'autant plus défectueux. Ce principe

s'est beaucoup simplifié par la substitution aux supports
rigides de câbles en fer tendus aux deux extrémités des travées à parcourir ; mais le véritable essor de ce système de
va-et-vient s'est développé pour les transports à ciel ouvert,
dans les pays de montagnes, au milieu de conditions locales
qui entraîneraient des dépenses inabordables pour l'établissement de voies terrestres. Elles sont beaucoup plus réduites
pour ces plans aériens auxquels on a donné aussi le nom de
zéonifères. Dans les systèmes Balan, Bleichert, Otto, deux
câbles porteurs sont tendus d'une manière fixe, quoique avec
une flèche très accusée pour d'aussi grandes longueurs ;
chacun d'eux sert à la circulation d'un véhicule, formé de
deux roulettes à gorge, assemblées avec un petit châssis.
Celui-ci supporte, à l'aide d'un crochet, la benne que l'on y
accroche à la partie supérieure et que l'on reprend en bas,
pour la vider et la suspendre de nouveau. Le châssis est attelé à l'un des brins d'un câble sans fin plus mince que les porteurs ; ce câble passe sur des poulies de renvoi, placées aux extrémités de la travée. La poulie supérieure est munie d'un frein,
pour modérer la descente des bennes pleines. Les chemins de
fer aériens sont applicables aux pentes les plus fortes, et ils
deviennent automoteurs quand les pentes dépassent 8 % ; au-
dessous on actionne le câble sans fin au moyen d'une force
motrice quelconque ; l'écartement des poteaux varie de 20 à
200 mètres suivant les conditions du terrain à franchir ; au
départ des stations, les bennes sont mises en communication
avec les câbles-porteurs au moyen d'aiguilles et de rails en
fer, suspendus et formant voie de garage. Les bennes arrivent
aux stations terminus de la ligne, se déclanchent automatiquement au moyen de l'appareil d'accouplement, et un ouvrier
suffit pour faire les manœuvres de gare, c'est-à-dire pousser
les bennes des câbles-porteurs aux voies de garage, les
décharger et ramener les vides ou pleins destinés au retour
contre les porteurs ; des douilles d'attelage fixées au câble
tracteur entraînent alors les bennes automatiquement. De
nombreuses applications ont été faites de ce système depuis
plusieurs années ; nous citerons les lignes aériennes de
Sophienshutte-Nassau (10,500 mètres) avec un rendement jour-

nalier de 150 tonnes de minerai, et de la houillère d'Oberhausen (400 mètres) avec une production de 1,000 tonnes de houille. Dans le système Hodgson, le câble sans fin porte un système de wagonnets équidistants, il constitue une sorte d'immense chaîne à godets. Les récipients sont espacés de 50 mètres et portent 100 kilogr. ; la vitesse assez faible n'est que de 1^{m}60 par seconde.

On peut rattacher indirectement à ce principe le transport à petites distances au moyen de toiles sans fin en sparterie, moyen fréquemment utilisé dans les ateliers de préparation mécanique.

Chemins de fer de mines. — Dans les mines la voie est étroite en raison de l'exiguïté des galeries, simple et légère, car elle est appelée à être souvent remaniée, et ne supporte que des véhicules réduits. Les courbes y sont raides et la vitesse modérée ; enfin les plans inclinés, rares à la surface, jouent dans les mines ou à leurs abords un rôle considérable. Les chemins de fer à rails creux doivent être absolument proscrits à cause de leur disposition à s'encrasser, et on fait usage toujours des *rails* saillants : rail méplat, simple barre de fer à section rectangulaire posée de champ, fixée à l'aide d'un coin ou d'un coussinet spécial, soit dans une fente de la traverse ; rail à double champignon pris dans des coussinets, qui présente l'avantage de la possibilité du retournement lorsque l'une des deux têtes est usée ; rail à patin ou rail Vignole, et rail à demi-patin, ayant l'avantage d'une excellente assiette. Les rails en acier si répandus à la surface commencent à pénétrer dans les mines, ils offrent une durée au moins triple de celle du rail de fer qui correspondait aux mêmes conditions ; plus légers, ils se cintrent plus facilement dans les courbes. Les rails ne sauraient trouver, par leur faible base, une assiette suffisante dans le sol, ils sont toujours supportés par des pièces de bois ou *traverses* ; on a proposé des voies entièrement métalliques qui se recommandent par leur grande solidité, mais les traverses métalliques présentent une assiette moins bonne dans le sol et un assemblage moins satisfaisant avec le rail, que le mode ordinaire. La largeur de *voie* est comprise entre 0^{m}45 et 0^{m}90, elle a besoin d'une grande constance et doit être vérifiée pendant la pose avec un calibre.

Les têtes de voie des recettes sont dallées à l'aide de plaques de fonte portant des saillies qui se raccordent aux rails et viennent en mourant se réduire à rien pour faciliter l'engagement des wagonnets vides qui reviennent du jour. Aux *croisements* à angle droit on installe des plaques analogues sur lesquelles le chariot, après avoir quitté les rails, est tourné à 90° pour s'engager sur la voie perpendiculaire. Dans une *bifurcation* on laisse aux deux rails extérieurs leur continuité qui n'apporte aucun obstacle et on interrompt les rails intérieurs à leur point d'intersection pour permettre le passage des mentonnets et l'on retrousse leurs extrémités en face de l'angle aigu formé par les tronçons, afin de faciliter l'engagement de ces mentonnets ; on établit, comme dans les chemins de fer de surface, des contre-rails dans la région d'indécision pour le guidage des roues ; on termine par des aiguilles mobiles ceux des rails qui doivent se raccorder tangentiellement avec les rails extérieurs. On fait grand usage pour plus de commodité de plaques de bifurcation fondues avec des rails en saillie.

On dispose des *gares d'évitement* pour la rencontre des trains, dans les galeries à une seule voie ; les conducteurs s'y attendent les uns les autres, quand ils reconnaissent par le bruit du roulement qu'un convoi est déjà engagé dans la travée suivante ; on multiplie ces gares pour que les convois y stationnent le moins longtemps possible.

La question des *pentes* présente une très grande importance ; en effet le coefficient de traction n'étant que de quelques millièmes, une inclinaison ayant elle-même une valeur de quelques millièmes suffira pour l'affecter d'une manière très notable. La pente doit être bien uniforme ; c'est du reste un principe absolu que le roulage effectué par l'homme ou le cheval doit toujours procéder en descendant, sans contre-pentes. En pratique avec un matériel léger on peut admettre des pentes de 20 %, à la condition d'embarrer les roues ; au delà de 20 % des plans inclinés deviennent nécessaires. Les wagonnets ne voyageant en charge que dans un seul sens, des chan-

tiers vers le puits, il faut donner à toutes les voies d'une
exploitation une pente vers les puits telle que la résistance
soit la même dans les deux sens ; cette pente d'égale résistance est de 5 à 6 millimètres par mètre. Mais lorsque la voie
est bien établie et que les distances à parcourir sont grandes,
il peut être avantageux de donner aux voies une pente telle
que les wagons pleins soient sur le point de descendre tout
seuls, parce qu'alors les rouleurs, après avoir lancé leurs
wagonnets à grande vitesse au départ, montent derrière et
n'ont d'effort à développer qu'à la remonte du wagonnet vide,
ce qui leur permet de remonter à une distance double ; cette
pente, dite pente d'équilibre, est de 9 à 10 millimètres par

Fig. 46. — Roulage

mètre. Les *rayons* de courbes ne sont pas au-dessous de 10
à 15 mètres, et, comme la voie éprouve en ces points un supplément de fatigue, l'usage est d'y doubler le nombre de traverses en réduisant leur intervalle à moitié. La fig. 46 représente le roulage sur rails.

MATÉRIEL DE TRANSPORT. — On réduira au minimum les
dimensions des galeries ; à ce point de vue c'est la caisse rectangulaire comme section qui donne le maximum de capacité
pour des dimensions extérieures données. Il doit permettre
au conducteur de remettre à lui seul sur la voie le wagon
déraillé ; pour cela il faut rapprocher les essieux le plus possible. Enfin il doit être assez maniable pour que le transport
puisse être confié à des jeunes gens qui prennent ainsi l'habi-

tude de la mine. Les *roues* seront calées sur l'essieu toutes les fois que la légèreté du matériel lui permettra de circuler facilement partout ; les roues seront folles si le matériel est lourd et s'il doit circuler sur une voie large à courbes raides ou sur des dallages étendus. Outre son utilité de supprimer le glissement dans les courbes, l'indépendance des roues présente celle de faciliter sensiblement le passage du wagonnet à travers toutes les irrégularités que présente la voie ; mais ces avantages se payent par divers inconvénients : le véhicule manque de stabilité, il est soumis à un balancement fâcheux, connu sous le nom de mouvement de lacet, et il est moins apte à supporter les chocs que le wagonnet à roues calées dont la solidarité avec l'essieu, qui se trouve lui-même en relation directe avec la caisse en deux points aussi éloignés que possible, rend l'ensemble plus robuste.

Les roues sont venues de fonte d'un seul morceau ou avec des rayons en fer noyé dans la coulée de fonte ; on moule habituellement en coquille pour déterminer un durcissement de la surface ; on fait aussi des roues pleines en tôle de fer plate ou ondulée et des roues d'acier plus résistantes sous le même poids. Le rayon de la roue ne doit pas excéder des limites assez étroites ; trop petit, il place la traction dans des conditions désavantageuses ; trop grand, la roue est alourdie et augmente le poids mort, le niveau de changement se trouve exhaussé et il n'est plus possible de placer la roue sous la caisse afin d'élargir le wagon sans exagérer l'intervalle des rails. La fusée doit être aussi mince que possible, car son rayon a une grande influence sur l'expression de la force de traction ; l'emploi de l'acier se recommande comme donnant une solidité suffisante sous un plus petit diamètre. Il est bon de disposer au-dessus de la roue un petit toit protecteur qui empêche la chute des poussières d'empâter les huiles de graissage. On a proposé bien des types de graisseur ; l'un des meilleurs consiste en une calotte sphérique boulonnée sur le châssis et dans laquelle débouche la tête de la fusée ; un orifice fermé par une vis sert à introduire, tous les quinze jours, un mélange d'une consistance pâteuse qui ne se perd pas à travers les joints.

Les *chariots de mine* portent, suivant les localités et leur mode de construction, les noms de wagons, wagonnets, berlines, bennes roulantes ; on les établit suivant trois types. Pour le premier qui tend à disparaître on emploie deux sortes de matériel ; l'une formée de petits wagonnets, conduits à bras du chantier à la mère-galerie, où ils sont embarqués sur de grands véhicules nommés *plates-formes*, trucs ou chars à bennes. On assemble ces derniers en trains ou rames tirés par des chevaux que mènent des conducteurs. Ce système économise l'abatage en employant des tailles basses où circule un petit matériel et coupant ensuite le mur pour établir des galeries-maîtresses où les chars à bennes viennent affleurer au niveau des gares d'embarquement des wagonnets ; mais un grand inconvénient c'est d'augmenter considérablement le poids mort. On a poussé à l'extrême ce système dans certaines mines où l'on emploie de petits chariots de 0^m20 de hauteur ; le rouleur attache sous sa cuisse gauche une planchette de bois armée à sa partie antérieure de deux petits pieds en fer ; pour protéger l'avant-bras il saisit de sa main gauche une planchette analogue munie d'une poignée et rampe sur le côté gauche ; à son pied droit est attaché avec une courroie le chariot qu'il remorque ainsi jusqu'à la galerie des chevaux.

Dans le second système il n'y a plus qu'un seul type de matériel roulant, mais les wagonnets ne quittent pas l'intérieur ; ils déversent à l'accrochage leur contenu dans le cuffat qui l'élève au jour. L'inconvénient de cette combinaison est un transbordement qui exige de la main-d'œuvre et augmente le menu, en mêlant diverses sortes, s'il s'agit de houille. Ce principe se rencontre encore dans quelques mines qui ne redoutent pas la production du menu.

Le troisième système (fig. 47) représente la presque totalité des applications ; le véhicule, après avoir circulé dans les travaux, est enlevé au jour avec son contenu dans des cages guidées ; il redescend ensuite à vide. L'inconvénient, c'est d'être astreint à n'employer qu'un matériel de dimensions restreintes afin qu'il puisse se loger dans les cages et n'augmente pas les dimensions des puits ; mais en revanche cette

réduction du chariot le rend apte à pénétrer dans des tailles
exiguës et permet l'emploi des jeunes gens comme rouleurs.
La matière à employer pour les caisses sera le bois qui rend
les réparations plus faciles et l'entretien moins coûteux ; on
emploiera la tôle de fer ou d'acier lorsque, sous des dimensions extérieures données, il faudra obtenir une capacité
maxima ; la tôle plus chère que le bois se rouille et se cor-
rode par les acides, mais en revanche elle est plus durable et
se prête aux formes courbes. Le volume reste compris entre
trois et dix hectolitres ; quand on veut augmenter la conte-

Fig. 47. — Berline (d'après Serlo)

nance il est préférable d'agir sur la longueur, qui permet de
conserver aux galeries leur petite section et donne aux
hommes un plus grand bras de levier pour les manœuvres sur
les plaques. La forme parallélipipédique est la plus avantageuse,
sous le rapport de la capacité ; les bennes elliptiques présentent par compensation une plus grande solidité malgré les
ferrures destinées à consolider les angles dièdres de ces dernières. Une moyenne que l'on peut admettre comme poids
mort d'un wagonnet est 215 kilogr. et 475 comme poids du
chargement, ce qui représente la moitié pour le rapport du
poids mort au poids utile. Le nombre de véhicules que pos-

sède une exploitation dépend à la fois du tonnage et des distances à parcourir.

Le *cheval* joue un rôle important dans les transports souterrains ; si la mine admet des galeries élevées, on trouve avantage à employer de fortes races; dans le cas contraire, on a recours à de petits poneys ne dépassant pas 0^{m}90 au garrot. On admet pratiquement pour le travail des mines que la capacité du travail du cheval est de un million de kilogrammètres. Si l'on doit élever des chariots sur une rampe, il faut bien se garder de la faire en même temps gravir par le cheval ; celui-ci devra en ce cas tirer en palier sur une corde ayant la même longueur que le plan incliné et passant sur une poulie placée à la tête de ce plan ; on peut également faire descendre le cheval sur la voie inclinée si elle présente assez de largeur, il remonte ensuite seul pendant que les chariots vides descendent par l'effet de la pesanteur.

La *locomotive* donne lieu à de très grosses difficultés pour l'accommoder au service de l'intérieur ; ce fonctionnement est pourtant installé dans de bonnes conditions à plusieurs mines. Un inconvénient des locomotives c'est l'oxyde de carbone et la fumée qu'elles produisent si la ventilation entre par la galerie des locomotives, tandis que, si elle marche en sens inverse, elle amènera l'air grisouteux des tailles sur son foyer. Il semble que l'on puisse trouver des ressources sous ce rapport dans l'emploi des machines sans foyer, machines à eau chaude ou machines à provision de vapeur ; mais une solution plus nette consiste dans les locomotives à air comprimé ; des locomotives de ce genre ont fonctionné au percement du tunnel du Saint-Gothard dont la ventilation était difficile. M. Mekarsky a fait adopter dans plusieurs exploitations son type de locomotive avec la bouillotte caractéristique de ce système. En Prusse, on a installé des machines électriques dans les mines de Zancrode ; ces locomotives sont allégées de toute la pesanteur de l'eau et du combustible.

Plans inclinés automoteurs. — Lorsque la pente excède la limite étroite qui existe entre le palier horizontal et la pente de roulement, soit aux abords des mines, soit à l'intérieur, il est nécessaire de limiter le mouvement des chariots par un câble qui présente la longueur même du plan incliné dans un plan parallèle. Avec cette combinaison on adopte le chemin le plus court et l'on dispose l'ouvrage suivant la ligne de plus grande pente du gîte. En ce qui concerne l'usage des plans inclinés, deux cas peuvent se présenter : si le minerai d'un moteur n'a qu'à descendre à un niveau inférieur, il est inutile de se préoccuper d'un moteur ; la gravité suffit pour faire descendre les wagons pleins et remonter les vides ; un **tel** appareil porte le nom de plan incliné automoteur. Il en **est** tout autrement lorsque des travaux en vallée se trouvent **en** contre-bas du niveau auquel il s'agit de faire parcourir **les** produits ; ceux-ci ont alors à gravir une rampe, et un moteur spécial devient nécessaire, c'est la traction mécanique.

Les plans inclinés automoteurs peuvent être à simple ou à double effet ; en outre, chacun de ces deux modes fondamentaux comporte trois variantes distinctes. Envisageons d'abord le *simple effet* ; il convient à des services d'une activité modérée, car il emploie deux fois plus de temps que le second, attendu que les manœuvres de descente du matériel plein et de montée du matériel vide sont successives. De plus, on ne fait mouvoir à la fois en général qu'un seul wagon ; sur la seconde voie circule alors un *chariot-contrepoids* dont la masse est déterminée de façon qu'elle soit intermédiaire entre celle du wagon plein et du wagon vide. Le contrepoids est entraîné par le chariot plein, mais il remonte à son tour le wagon vide. Dans une première variante, la seconde voie est latérale à la première ; on peut la prendre plus étroite puisqu'elle est affectée à un véhicule spécial qui reste toujours le même. Avec une seconde variante, la voie du contrepoids est située entre les rails de la première et ce chariot est assez bas pour pouvoir passer sous la berline au moment de la rencontre. Dans une troisième variante, le plan incliné ne présente plus qu'une seule voie ; le contrepoids descend dans ce cas dans un puits pratiqué à la tête du plan. Pour diminuer la profondeur de ce puits, il suffit d'attacher le contrepoids et le wagonnet à deux câbles distincts passant respectivement sur des tambours dont les rayons présentent le même rapport que les longueurs des deux ouvrages.

Dans le système des *plans à double effet*, une première variante présente d'un bout à l'autre du plan deux voies distinctes, c'est-à-dire quatre rails ; c'est le mode le plus simple, mais il exige beaucoup de largeur pour l'ouvrage et de portée pour le plafond. Avec la seconde variante dite à trois rails, les deux voies ont un rail commun ; au milieu de la longueur et sur une étendue suffisante pour contenir les plus longs convois, l'on rétablit les deux voies complètes pour permettre le croisement des trains montant et descendant. Enfin dans la troisième variante, le plan ne présente plus qu'une seule voie ; pour la raccorder avec l'évitement qui est composé des deux voies complètes, on emploie des aiguilles que les wagons de tête manœuvrent eux-mêmes.

Le *câble* peut être sans fin, sa longueur totale est double de celle du plan ; il passe sur deux poulies dont l'une se trouve installée à la tête du plan incliné et dont l'autre est montée sur un axe porté sur un châssis mobile qui est sollicité par un poids afin de mettre les deux brins en tension. Dans un autre mode on emploie un câble à deux bouts et une poulie unique placée à la tête du plan ; si le quartier présente plusieurs sous-étages, on compose le câble de mises distinctes que l'on peut assembler ou séparer facilement à l'aide de manchons à vis et qui permettent de desservir les différents étages. Un troisième mode fait intervenir deux câbles à deux bouts mesurant chacun toute la longueur du plan ; au lieu de passer sans s'y fixer sur une poulie comme dans le cas précédent, ils s'enroulent sur deux tambours distincts en y demeurant adhérents ; ces tambours sont montés sur un même axe élevé normalement à la tête du plan et les câbles s'y disposent en deux sens opposés ; on peut ainsi desservir à volonté les sous-étages en profitant de ce que l'un des tambours peut être à volonté calé ou rendu fou sur l'axe commun.

La gorge de la *poulie* est fouillée en demi-tore ou formée de deux troncs de cône réunis par leur petite base, afin que la tension du câble lui communique une tendance à s'imprimer comme un coin dans cette fente pour augmenter l'adhérence. Un type de poulie très employé est celui de Fowler ; la jante est garnie d'une double série de cames à bascule qui se referment sur le câble comme des tenailles, en raison de la tension de celui-ci et de la pression transversale qu'il exerce sur la jante ; le glissement est impossible, quelle que soit la force qui tend à le produire.

Pour amortir la rapidité du mouvement on emploie des freins ou des régulateurs. Le frein fait intervenir l'action spéciale de l'homme ; c'est le plus souvent un levier de nature à multiplier la force dans un rapport important. On fait usage aussi d'une vis avec laquelle on peut obtenir pratiquement une puissance beaucoup plus grande et qui, une fois mise en serrage, y reste sans que le garde-frein ait besoin de maintenir en permanence son effort musculaire. L'organe opérateur est un sabot de bois qui presse contre la jante ou une banne de tôle dont l'action est plus énergique. Il est d'habitude que le frein soit appliqué sur la poulie de manière que la mise en train ne puisse se produire d'elle-même ; l'homme agit alors en joignant son effort à celui de la pesanteur ; pour ralentir ou arrêter il n'a qu'à diminuer son action. Le *régulateur* diffère du frein en ce qu'on y substitue à l'action musculaire du garde-frein une résistance passive, fonction de la vitesse ; la résistance des fluides fournit très simplement l'action des régulateurs ; on emploie l'air ou l'eau. Une roue à palettes est mise en rotation à l'aide d'un train d'engrenage par le tambour d'enroulement du câble ; ce mode d'action laisse le mouvement prendre naissance et s'accélérer progressivement jusqu'au degré pour lequel la résistance développée fait équilibre au travail de la gravité. Avec le régulateur Villiers on fait tourner les ailettes dans l'eau de manière à diminuer les dimensions de l'appareil en augmentant la résistance à égalité de surface.

On ne laisse pas flotter le câble sur le sol, ce qui le détruirait rapidement et augmenterait la résistance ; on le soutient de distance en distance par des *rouleaux* de bois qui tournent sur des axes horizontaux et qui substituent le roulement au glissement.

Lorsque l'inclinaison d'un plan incliné dépasse 3°, il est indispensable d'employer des *chariots-porteurs*. On s'est bien servi dans quelques cas de matériel roulant articulé, de manière que la caisse puisse conserver sa verticalité lorsque le châssis s'engage sur la pente, mais ce système compliqué est peu à recommander ; la véritable solution consiste, comme nous l'avons dit, en chariots-porteurs. On désigne sous ce nom un truc attelé en permanence au câble, un plateau lui est assemblé sous un angle égal à l'inclinaison du plan ; cette plate-forme reste horizontale en se transportant parallèlement à elle-même. L'on y charge les wagonnets qui débouchent des galeries ; une fois installée sur le plateau, la berline descend par un mouvement de flanc en conservant son aplomb. Au pied du plan une fosse en forme de prisme triangulaire reçoit le porteur, de telle sorte que son plan supérieur se trouve au niveau des rails sur lesquels il n'y a plus qu'à engager le wagonnet. Dans le chariot-porteur Tazza-Villain la plate-forme est à charnière, de manière à pouvoir prendre, par rapport au châssis roulant, diverses inclinaisons ; cette méthode a été introduite en vue des méthodes des grandes tailles.

On désigne sous le nom de *plan bisautomoteur* un appareil dans lequel la descente du minerai est employée non seulement à vaincre les résistances passives des poids morts, descendant ou montant entre la tête et le pied du plan parcouru par ce minerai, mais, en outre, à remonter le matériel vide sur une relevée supplémentaire à un niveau supérieur à la tête de la travée de descente. On peut voir des exemples de ces plans à la Grand'Combe et aux mines de Carmaux.

TRACTION MÉCANIQUE. — C'est l'ensemble de l'appareil qui sert, à l'aide de machines fixes, soit à remorquer les trains en palier, soit à leur faire gravir des rampes. Les divers modes employés peuvent se rattacher à quatre types distincts : 1° le système corde-tête et corde-queue ; 2° la chaîne sans fin ; 3° la chaîne traînante ; 4° la chaîne flottante. Le premier de ces systèmes, *corde-tête et corde-queue*, emploie en palier deux câbles distincts qui sont attachés en tête et en queue du train ; suivant que l'on agira sur l'un ou sur l'autre, on déterminera le mouvement vers le puits ou en sens contraire. La longueur du câble-tête est égale à la distance qui sépare le puits de l'extrémité du trajet ; celle du câble-queue devra être double afin que, partant de la machine, il aille passer sur une poulie de retour placée au point extrême et vienne rejoindre le train en lui permettant d'arriver jusqu'au puits. Le brin direct du câble-queue roule à terre sur les mêmes rouleaux que le câble-tête ; le brin de retour est apporté par des rouleaux fixés au plafond de la galerie. La machine présente deux tambours distincts, appelés tambour-tête et tambour-queue, sur lesquels s'enroulent les câbles correspondants ; chacun de ces tambours peut être actionné par un pignon moteur ; on ralentit par un frein selon que le mécanicien engage l'un ou l'autre. Le moteur peut être établi au delà de la recette, ce qui lui permet de tirer sans difficulté le train jusque-là, ou encore il peut être installé en deçà du puits, et alors il faut disposer un butoir qui déclanche l'attelage au moment où il est heurté par le train. Ce système se prête bien aux embranchements et aux courbes. Sur des rampes, le câble-queue devient inutile, la pesanteur suffisant pour ramener le train en arrière.

Le système de traction mécanique par la *corde sans fin* consiste en un câble sans fin ayant avec la poulie motrice une adhérence suffisante ; il suffira, dès lors, de faire tourner cette poulie dans un sens ou dans l'autre pour entraîner le convoi, suivant les deux directions opposées. On attelle plusieurs trains à la fois en divers points du câble, seulement il devient nécessaire d'établir une double voie afin que la rencontre puisse s'opérer sur des points quelconques. La poulie de retour est horizontale et inscrite entre les axes des deux voies. L'attelage du premier wagon se fait à l'aide d'une tenaille serrée par un conducteur placé sur le wagon de tête ; il peut, en desserrant la tenaille, laisser filer le train par la vitesse acquise quand le câble disparaît sous terre pour un passage à niveau, et ressaisir le câble avec un crochet pour serrer de nouveau sa tenaille.

La *chaîne traînante* permet d'atteler les wagonnets isolés à l'aide d'une chaînette prestement enroulée autour du câble ou déroulée de même, en profitant pour cela de la lenteur du passage. L'allure qui s'impose à ce système est donc un mouvement continu et lent et il faut subordonner à cette nécessité fondamentale les autres circonstances.

Dans le système de la *chaîne flottante*, on conserve à peu près le dispositif précédent en supprimant les rouleaux qui sont coûteux ; la chaîne repose sur les wagonnets eux-mêmes dont l'espacement doit être assez restreint pour que la chaîne, en se courbant sous l'effet de la pesanteur, n'arrive pas à traîner sur le sol ; cette distance varie entre 10 et 35 mètres. Le bord supérieur du wagon porte une fourchette verticale, dans laquelle on engage le plan d'un des chaînons de la chaîne ; dès lors le suivant vient se mettre en travers et sert de remorqueur ; souvent la simple adhérence suffit pour entraîner le véhicule. La poulie motrice et la poulie de retour sont à empreintes pour que la circonférence puisse recevoir la chaîne. La voie doit être rectiligne ou du moins située dans un plan vertical ; elle peut s'infléchir au besoin. Comme la configuration topographique se prête rarement à ce que la totalité du profil puisse être renfermée dans un même plan vertical, on donne à la projection horizontale une forme polygonale dont les côtés devront être aussi peu longs et aussi peu multipliés que possible ; chacun d'eux devient le siège d'une chaîne flottante distincte et il suffit de les relier ensemble d'une manière suffisamment simple. A chaque sommet du polygone se trouve un axe vertical portant deux poulies superposées qui présentent un diamètre d'enroulement exactement égal à l'intervalle des axes des deux voies ; pour faire franchir ce passage aux wagons, on raccorde les deux alignements des voies ferrées par des courbes ayant une certaine pente dans le sens de la circulation ; un receveur, au moment où chaque véhicule lui arrive, soulève la chaîne et imprime au wagon une impulsion qui lui fait franchir seul la courbe.

La corde-tête et corde-queue ainsi que la corde sans fin admettent des vitesses de 10 à 20 kilomètres à l'heure ; la chaîne flottante marche, au contraire, avec grande lenteur, 4 à 6 kilomètres. Le prix de revient varie de 0 fr. 10 à 0 fr. 14 pour la tonne kilométrique avec les premiers systèmes et de 0 fr. 07 à 0 fr. 05 pour la chaîne flottante.

CHAPITRE XII

EXTRACTION DES PRODUITS

Matériel d'extraction. — Les produits de l'abatage étant amenés par le transport au bas des puits d'extraction, il reste à les élever jusqu'au jour. A cet effet, on ménage une chambre en élargissant la galerie, de manière à permettre un chargement facile ; cette chambre ou recette intérieure présente des dispositions différentes, comme nous le verrons, suivant le véhicule d'extraction employé. Autrefois, on ne se servait guère que de la benne ou cuffat, aujourd'hui l'usage de la cage guidée est presque universel. Le *cuffat* est un vase d'une capacité de 1 à 2 mètres cubes, dans lequel on verse à la recette inférieure le contenu des wagonnets et qui le déverse à son tour lorsqu'il est parvenu à la surface ; la forme d'une tonne assez allongée qu'on lui donne permet de gagner sur le volume sans être obligé d'élargir le puits ; trois ou quatre crochets disposés en des points équidistants de sa circonférence supérieure servent à le suspendre à autant de bouts de chaîne que la boucle d'attelage réunit à la patte du câble. La vitesse très lente du cuffat ne dépasse pas 1^{m}50 au maximum par seconde, afin de ne pas faire naître de mouvements oscillatoires ; de plus, on doit encore ralentir à la rencontre du cuffat montant et du cuffat descendant et franchir doucement ce pas difficile pour lequel on a soin, en outre, d'élargir la section du puits.

La *cage guidée* constitue, en quelque sorte, avec son guidonnage un chemin de fer vertical ; son emploi a permis d'augmenter considérablement la vitesse et, par suite, de développer l'extraction. On donne à la cage la forme d'un parallélipipède rectangle dont les arêtes sont figurées par de solides fers à T avec les cornières nécessaires ; quelques cages sont à un seul étage et à une voie, mais ordinairement on leur donne deux étages ou deux longueurs de berlines sur la même voie ; certaines cages, réunissant toutes ces conditions, enlèvent à la fois huit wagonnets. Tantôt la cage possède une seule entrée ; on commence alors, à l'accrochage inférieur, par retirer les wagons vides et l'on n'introduit qu'ensuite les chariots pleins. Tantôt elle présente deux issues opposées ; on introduit alors directement les berlines pleines qui poussent devant elles les berlines vides. La cage est surmontée d'un toit protecteur pour garantir de l'eau et de la chute des corps solides les hommes qu'elle peut renfermer ; elle doit également être garnie sur ses faces latérales de tôles ou de grillages ; elle est munie de mains de fer qui embrassent le guidonnage et assurent la direction. Les cages guidées permettent seules d'atteindre les vitesses de 3 et même 10 mètres par seconde qu'exigent les grandes productions demandées aujourd'hui aux puits d'extraction des houillères. L'*attelage* se fait par un bout de chaîne attaché au câble et qui se ramifie à son tour en quatre autres chaînes attelées aux angles de la cage. Le *guidonnage*, destiné à empêcher les rencontres et le tournoiement, est constitué par des longuerines en bois régnant du haut en bas du puits et établies rigoureusement suivant la verticale ; il peut être en fer quand on veut économiser la place et réaliser une plus grande durée, on emploie alors des fers à T ou de vieux rails ordinaires. Enfin, un troisième mode de guidonnage consiste en des câbles métalliques raidis suivant la verticale par des poids ou par des pressions hydrostatiques.

Pour le cas de rupture du câble et pour retenir la cage suspendue aux parois du puits, au lieu de la laisser précipiter au fond, on emploie un déclanchement dont le ressort, replié sur lui-même par l'effet de la tension du câble, prend subitement, à l'instant où cette tension se trouve supprimée par la rupture, une expansion qui rapproche du guidonnage certains organes de prise. Les *parachutes* se sont rapidement étendus dans toutes les exploitations, il en existe une grande variété agissant par griffes, par frottement, par arc-boutement, par verrous ; nous décrirons sommairement le *parachute Fontaine*, l'un des plus anciens et des plus répandus. La cage est supportée par une traverse portant les mains de fer qui embrassent le guidonnage en bois ; une seconde traverse, qui fait corps avec elle est évidée, suivant son plan de symétrie, vers les deux extrémités et laisse passer entre ses deux branches des bras terminés par des griffes et jouant sur des charnières portées par une pièce suspendue directement au câble ; cette pièce supporte le châssis de la cage en comprimant sous la face inférieure de la traverse évidée des ressorts à boudin ; dans ces conditions, tout le système passe librement entre les guidonnages. Mais si le câble vient à se rompre, les ressorts à boudin vont se dilater instantanément, et les griffes se rapprochent des guides ; aussitôt après, la traverse qui porte les mains de fer tombant sur la tête des griffes comme une énorme massue, car elle fait corps avec la cage, détermine leur pénétration profonde dans le guidonnage. Cet appareil a reçu de M. Fontaine fils un perfectionnement nouveau par l'interposition d'un ressort appelé tendeur-compensateur entre le câble et la suspension, et qui évite de mettre les ressorts à boudin dans des

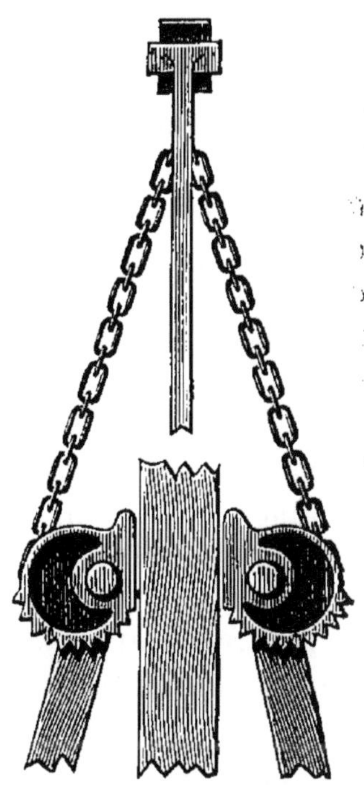

Fig. 48. — Parachute d'après Serlo

alternatives continuelles dues aux variations de tension du câble. Le parachute représenté par la fig. 48 agit sur les faces latérales des guides ; il est très employé.

Dans le cas du guidonnage par les câbles raidis, on ne peut faire usage que du *parachute d'équilibre* qui consiste en ceci : une corde spéciale, ou même l'un des câbles-guides, passe sur des poulies à la partie supérieure et s'attache à un poids plus grand que celui de l'enlevage, reposant sur son siège en temps ordinaire ; une main de fer suit ce câble pendant le parcours, mais sans le serrer. En cas de rupture du câble-porteur, un déclanchement provoque le serrage de cette main qui, pinçant le câble-parachute, l'entraîne dans le mouvement de la cage en soulevant de terre le contre-poids dont la masse prépondérante a bientôt amorti la force vive du système.

APPAREIL D'EXTRACTION. — On appelle *chevalet*, chevalement ou belle-fleur la chèvre de grande élévation au haut de laquelle sont placées les molettes. Le chevalet doit être établi sur l'orifice du puits d'extraction, au-dessus d'un cadre ou charpente offrant une base assez grande pour que les forces aient toujours leurs résultantes dirigées dans l'intérieur du cadre et tombent même à une assez grande distance de leur périmètre, sinon il sera nécessaire de l'étançonner par quelques jambes de force prenant leur appui, par exemple, contre le bâtiment de la machine d'extraction. Le chevalet a encore d'autres conditions à remplir : il doit avoir une solidité suffisante pour résister aux efforts exceptionnels ainsi qu'à toutes les secousses et vibrations ; sa hauteur doit être assez grande pour éviter que, par suite de la moindre inattention de l'ouvrier qui manœuvre la machine, on porte les cages aux poulies ; elle est habituellement d'au moins 10 à 15 mètres. Le châssis est le plus souvent en bois; c'est un tronc de pyramide quadrangulaire en charpente, établi avec une grande solidité ; les pièces de bois reposent sur des dés en pierre, afin que leur pied soit garanti contre l'action de l'humidité. Ce type a des inconvénients, il est sujet à l'incendie et, s'il est exposé aux intempéries, la charpente, qui fatigue beaucoup, se détruit rapidement. On construit, de plus en plus, des charpentes en fer permettant d'apporter dans la construction plus de légèreté et d'élégance ; les pièces ont une section à double T ou une section circulaire propre à assurer la résistance, le chevalet se trouve réduit aux lignes essentielles pour sa stabilité. On a construit des chevalements en maçonnerie formant tour ronde ou carrée qui prolonge la colonne du puits et présentant les ouvertures nécessaires pour les besoins du service ; ce type laisse moins libres les abords du puits, il convient dans les pays chauds. **Notre fig. 49 représente l'ensemble du chevalement d'un puits à Anzin (fosse de la Réussite)** et notre fig. 50 le chevalement des puits du Creuzot.

On désigne sous le nom de *molettes* les grandes poulies destinées à renvoyer le câble de la bobine dans le puits ; elles peuvent être en fonte, en fer ou en bois pour les petits modèles ; elles doivent avoir un diamètre aussi grand que possible pour ménager le câble en ne le forçant pas à prendre des courbures trop prononcées, une gorge assez large pour laisser au câble un peu de jeu sans excès, et être établies avec une grande solidité pour résister à la charge considérable à laquelle elles sont soumises. Pour les câbles d'acier, on a poussé le diamètre des poulies jusqu'à 6 mètres et il ne doit jamais être inférieur à 4 mètres ; pour les textiles, on prend ordinairement cinquante fois le diamètre du câble lui-même. On a cherché par diverses dispositions à empêcher que, par inadvertance du mécanicien, la cage, au lieu d'être arrêtée à l'orifice du puits, ne soit envoyée aux molettes en y produisant un choc destructeur à la fois du câble, de la cage et des molettes ; un premier principe d'*évite-molettes* consiste à faire exécuter automatiquement par l'appareil la manœuvre du moteur ; on dispose, à cet effet, à la limite de hauteur que ne doit pas franchir la cage, un taquet qui actionne, à l'aide de tringles de renvoi, les organes de la machine motrice, en fermant le régulateur d'admission, ouvrant les purgeurs, engageant le frein à vapeur. Si le frein est assez énergique et la hauteur du chevalet suffisante, le choc est évité. D'autres moyens d'action exercent leur influence dans l'appareil d'extraction lui-même ; on a prolongé le guidage dans l'intérieur du chevalement en le rétrécissant légèrement, la cage vient s'y coincer ou retombe sur un clichage spécial que son passage, à une certaine hauteur, a fait saillir au-dessous d'elle ; le câble, ordinairement brisé par le choc, saute par-dessus la molette et peut occasionner de graves accidents.

L'organe essentiel du système élévatoire est le *câble* ; on le fabrique tantôt avec des fibres végétales, chanvre ou aloès ; tantôt avec des fils métalliques, fer doux ou acier. Dans les *câbles ronds*, l'unité fondamentale est, suivant les cas, le fil de caret formé par la torsion directe des fibres végétales, ou le fil métallique étiré à la filière ; un certain nombre de ces fils

Fig. 49. — Ensemble du chevalement d'un puits à Anzin (Fosse de la Réussite)

Fig. 50. — Puits de Mines Sainte-Marie et Saint-Pierre et Saint-Paul au Creuzot

élémentaires associés en hélice fournissent un toron ; plusieurs torons sont à leur tour tordus en hélice pour constituer le câble. Quand il s'agit de câbles métalliques, en vue de leur communiquer de la souplesse, on place dans l'axe, tant du toron que du câble, une âme en chanvre. Le *câble plat* est formé d'un certain nombre de câbles ronds, appelés aussières, placés l'un à côté de l'autre et cousus ensemble ; la couture doit se faire sous une tension bien égale et les diverses aussières doivent être identiques pour s'allonger de la même quantité sous les mêmes charges ; ils doivent, en outre, être en nombre pair et la torsion de deux aussières juxtaposées doit être inverse, pour détruire la tendance de chaque aussière à se détendre sous l'action de la charge. Le câble cylindrique ne saurait évidemment dépasser une certaine longueur, limite qui est indépendante de sa section et caractéristique de chaque substance qui le forme ; en effet, son poids varie à la fois en raison de sa section et de sa longueur, tandis que la résistance peut être considérée comme proportionnelle à la section ; il vient donc un moment où, à force d'envisager des câbles de plus en plus longs, on amène fatalement la rupture. Aussi, pour réduire le poids du câble déroulé dans le puits et la fatigue causée par son propre poids, adopte-t-on pour les grandes profondeurs les *câbles diminués*, câbles à section croissant de bas en haut, la section de chaque élément étant calculée de manière à ce qu'il ait seulement la section exigée par la charge totale qu'il a à supporter, c'est-à-dire le poids suspendu au bout du câble, augmenté du câble lui-même depuis son extrémité inférieure jusqu'à l'élément considéré. Ces aperçus conviennent aussi bien aux câbles ronds qu'aux câbles plats, il suffit pour ces derniers d'associer par la couture des aussières coniques.

Les câbles se divisent en deux catégories essentielles, suivant qu'ils sont formés de matières végétales ou métalliques. Le chanvre et l'aloès peuvent être employés indifféremment ; cependant le second est un peu plus résistant à poids égal, et quand il a été goudronné en fils, il résiste plus longtemps à la chaleur et à l'humidité des puits. Les fils de fer ou d'acier doivent être employés dès que la profondeur dépasse 700 mètres,

parce qu'à ces profondeurs le poids d'un câble végétal déroulé
dans le puits fait supporter à l'enlevage une fatigue très considérable. L'avenir est à l'acier ; en Angleterre, ce métal forme
la presque totalité des applications ; en Westphalie, plus de
70 % et presque toujours avec la section ronde ; on se sert des
fils nos 11 à 15 de la jauge de Paris. Le mode d'attache des
câbles aux cages se fait de différentes façons ; les fig. 51, 52,
53, 54 montrent les attaches les plus usitées pour les câbles
ronds et les fig. 55, 56, 57, 58, 59 les attaches employées pour
les câbles plats.

L'organe d'enroulement du câble peut varier de bien des
manières, en vue de la régularisation du travail de la machine ;
le dispositif le plus employé est connu sous le nom de *bobines ;*
chacune des deux bobines composant le système consiste en
un treuil extrêmement court dont les génératrices ont pour
longueur la largeur du câble plat augmentée d'un faible jeu ;
le câble s'y enroule lui-même en spirale. Pour empêcher que
l'entassement des spires ne finisse par provoquer leur déversement, on les maintient entre deux systèmes de bras latéraux
encastrés dans le tourteau métallique qui porte le nom
d'estomac de la bobine. Un certain nombre de tours de câble
restent accumulés sur l'estomac, sans se dérouler à chaque
cordée ; ils constituent, sous le nom de fourrure, une provision destinée à fournir les rallonges nécessaires pour les épissures, les coupages à la patte. Les deux bobines sont calées
sur le même arbre en tournant dans le même sens ; par conséquent, pour que l'un des câbles puisse monter, tandis que
l'autre descend, il faut que le premier s'enroule par-dessus les
bobines et l'autre par dessous. L'arbre de bobines doit être
installé à une distance du chevalet d'au moins 25 mètres, sans
cela la tangente commune des molettes et des bobines serait
très inclinée et ferait un angle trop prononcé avec le brin vertical du câble. Lorsque le trait doit desservir à la fois plusieurs
étages, on emploie ordinairement une bobine folle que l'on
peut à volonté caler sur l'arbre ou rendre indépendante ; au
moment où l'on veut changer d'étage, on retire le pristonnier
qui établit leur solidarité ; cette bobine, devenue libre, reste
en place, tandis que l'on fait tourner la seconde avec l'arbre,

de manière à conduire au niveau voulu la cage correspondante. On cale alors la bobine folle et le trait recommence. L'emploi de la bobine folle permet, en outre, le réglage des

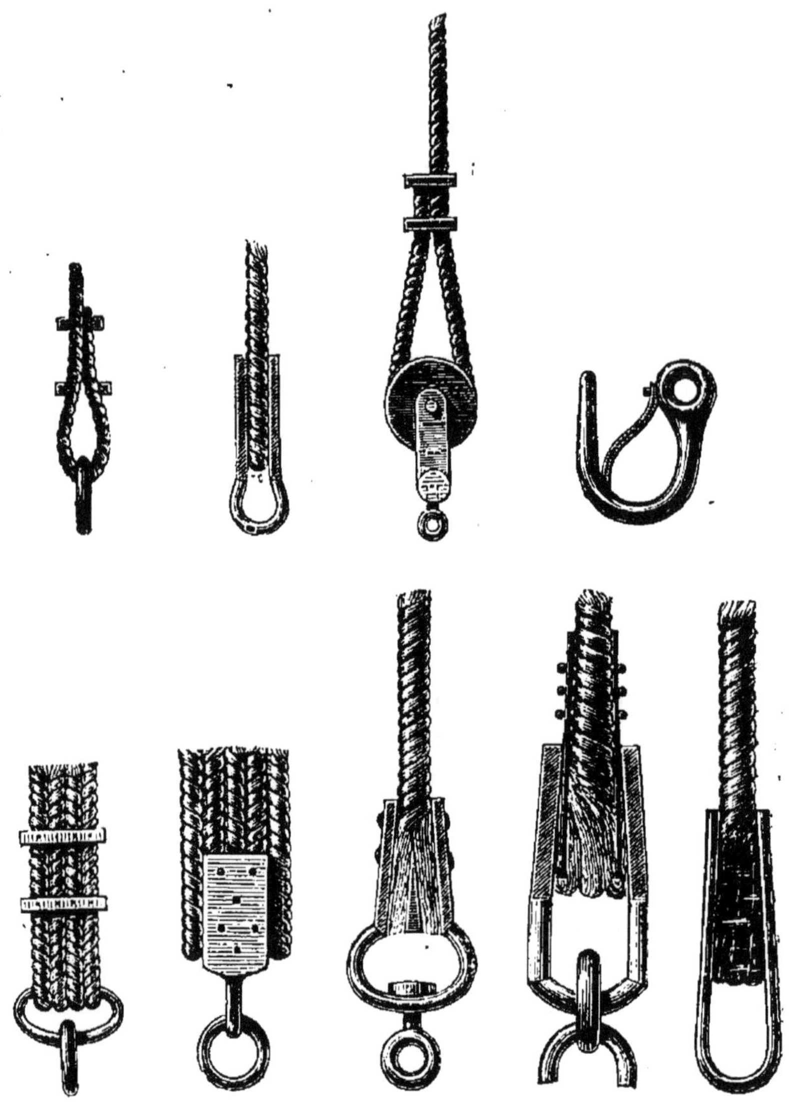

Fig. 51, 52, 53, 54, 55, 56, 57, 58, 59. — Attelages de câbles (Serlo)

câbles et donne la possibilité de sortir les câbles lorsque le trait est fini, afin de les soustraire à l'humidité du puits.

Un point très essentiel dont il faut tenir compte dans bien

des cas, c'est l'irrégularité apportée dans la répartition des efforts, pendant toute la durée d'une cordée, par le poids du câble qui, au début, s'ajoute en entier à celui de l'enlevage pour disparaître à la fin, en raison de son enroulement, tandis qu'inversement le second câble, d'abord enroulé, s'ajoute vers la fin de la course à l'action de la puissance, de là un écart total égal au double du poids du câble. Le problème de la *régularisation de l'extraction* consiste à réaliser l'uniformité du mouvement pendant l'ascension, en faisant abstraction de deux courtes périodes, de mise en train au commencement et de ralentissement avant l'arrêt ; deux moyens se présentent à cet égard : le premier consiste à accepter la variation qui prend naissance dans l'appareil d'extraction, et à la compenser à chaque instant par une variation égale de la puissance du moteur. Un usage inverse consiste à ne demander au moteur qu'un effet constant et à introduire dans l'appareil d'extraction des palliatifs pour y compenser les effets de l'enroulement du câble. Il suffit, pour cela, d'effectuer l'enroulement, non plus sur un cylindre dont le rayon reste constant, mais sur un corps de révolution dont le profil méridien soit tellement choisi que le rayon de l'enroulement ait continuellement la valeur nécessaire. Cet organe a reçu le nom de *tambour spiraloïde*, attendu que, pour en assurer le fonctionnement, on y ménage une spirale à double courbure dans laquelle vient se loger le câble rond. Dans la pratique courante, on se contente souvent d'une approximation en substituant à la courbe du profil rigoureux une droite qui s'en écarte peu, en réalité ; on obtient ainsi les *tambours coniques* à axe horizontal ou à axe vertical. Une autre solution de la régularisation se trouve dans le système anglais des *chariots de contrepoids* ; une chaînette, passée sur le treuil, se déroule en même temps que le câble et porte à son extrémité un wagonnet de contrepoids, qui descend par une voie courbe tracée dans un plan vertical ; là où cette dernière présente une pente très raide, le chariot pèsera de tout son poids sur la chaîne, tandis qu'au contraire, parvenu sur une partie presque horizontale, il ne la sollicitera plus que par une composante très atténuée. On emploie aussi des *contrepoids verticaux* descendant et montant dans une bure ; des *chaînes de contrepoids* que l'on met en liberté en quantité variable, de manière à compenser les effets de l'enroulement des câbles porteurs. Enfin, on fait grand usage des *câbles d'équilibre* ; au lieu d'un treuil d'enroulement, on n'a plus qu'une simple poulie de commande actionnée par la machine à vapeur et sur laquelle passe, en embrassant environ les deux tiers de sa circonférence, un câble-porteur ; celui-ci passe également sur les molettes placées à l'aplomb du puits et ses deux brins y descendent pour supporter les cages. Sous le plancher de ces dernières est attaché un contre-câble dont la longueur est égale à la hauteur du puits, de manière à pouvoir encore unir les cages quand elles se trouvent aux deux extrémités de leur course. L'ensemble du câble et du contre-câble constitue une ligne sans fin, ses divers éléments se déplacent sur toute sa longueur, mais elle présente dans son ensemble une figure constante et qui, par conséquent, ne donnera lieu à aucun défaut d'équilibre aux divers moments du mouvement.

Avant de passer au moteur d'extraction proprement dit, nous parlerons de la réception extérieure et intérieure des produits de l'extraction. On ne saurait se contenter de faire arrêter la cage à peu près devant la galerie d'accrochage, il est de toute nécessité de réaliser une coïncidence rigoureuse entre les rails de cette cage et ceux de la *recette ;* aussi commence-t-on par faire enlever au jour la cage pleine, un peu au-dessus du niveau de la recette ; on fait alors jouer un système de taquets appelé *clichage* et on donne un signal au mécanicien qui redescend lentement, de manière à déposer doucement la cage. Quand les manœuvres sont effectuées, le machiniste, averti par un nouveau signal, enlève un peu la cage, les accrocheurs effacent le clichage et le mécanicien peut alors attaquer en grande vitesse. On emploie les clichages à loquets et les clichages à verrous ; ces derniers ne sont susceptibles que d'un mouvement horizontal et présentent moins de sécurité que les premiers. Pour les *accrochages* souterrains, on doit recommander de tenir fermé le débouché de la galerie dans le puits, pendant tout le temps où, il ne se trouve pas obturé par la présence de la cage. Dans les mines où subsiste encore l'usage du cuffat, on emploie pour le chargement un degré sur lequel, à l'aide de crochets, les enchaîneurs attirent la benne descendante ; de cette manière, son orifice affleure au plan de la recette et l'on peut y effectuer facilement le déversement des wagonnets ; pour la recette extérieure, on enlève les cuffats à un niveau assez élevé pour pouvoir les amarrer par le fond à un point fixe, le mécanicien redescend alors la benne qui chavire nécessairement.

Les wagonnets sortant des cages au jour passent à la bascule pour être pesés, s'il y a lieu, et vont aux *culbuteurs* destinés à déverser d'une manière simple et rapide le contenu des berlines qui reviennent ensuite sur la voie des vides pour rentrer dans la cage et retourner au fond. Le culbuteur ordinaire consiste en une roue non centrée ; dans sa position d'équilibre stable, pour laquelle le centre de gravité se trouve directement au-dessous de l'axe de rotation, les rails disposés suivant les génératrices de ce cylindre se trouvent en prolongement de la voie d'arrivée ; on y introduit le wagonnet plein ; le nouveau centre de gravité, étant relevé au-dessus de l'axe, se trouve dans une situation instable qui chavire immédiatement. Le chariot renversé sens dessus dessous est retenu au-dessus du vide à l'aide de brides dans lesquelles il se trouve engagé. Dès que le versement de la charge est effectué, le troisième centre de gravité se retrouve au-dessous de l'autre côté de l'axe et le système revient à sa position normale. Quelquefois, au lieu de culbuter les wagons sens dessus dessous, on effectue un basculement latéral jusqu'à un certain degré d'inclinaison, à la main pour le petit matériel, ou à l'aide d'un élévateur hydraulique ou à vapeur pour les wagons plus lourds.

MOTEUR D'EXTRACTION. — Pour l'extraction, on pourra employer des hommes lorsqu'il n'en faudra pas plus de trois ou quatre aux manivelles d'un treuil, car ils ne coûteront pas plus qu'un cheval avec son conducteur et avec le receveur spécial qu'il faudra, dans le cas du manège, entretenir à l'orifice du puits pour recevoir et vider les bennes à leur arrivée. Dès que le travail de l'extraction est suffisant pour utiliser à peu près la force d'un cheval, il conviendra de l'employer, car il fait le travail de sept hommes et il ne coûte pas plus que trois ou quatre. De même, dès que le travail nécessitera plus de deux à trois chevaux, et si en même temps le combustible n'est pas à des prix excessifs, on trouvera ordinairement qu'une petite machine à vapeur, avec ses frais de mécanicien, d'entretien et de combustible, pourra leur être substituée avec avantage. Dans quelques cas assez rares, on pourra employer un moteur hydraulique qui sera, suivant les circonstances, une machine à colonne d'eau, une turbine ou une roue de côté, une roue à double aubage ou une balance d'eau.

La disposition et la force des machines à vapeur employées à l'extraction varient avec les conditions dans lesquelles l'extraction devra se faire. Pour des extractions faibles, faites à petite vitesse, de profondeur moyenne, on emploie des machines à un seul cylindre et à engrenages ; pour des extractions fortes, faites à grande vitesse, de profondeur croissante, comme c'est le cas de la plupart des grandes houillères, on adopte des machines à deux cylindres conjugués avec ou sans engrenage à détente variable à la main du mécanicien ; dans la pratique courante, les engrenages tendent à être partout écartés pour rendre les manœuvres aussi faciles et aussi précises que possible. La machine d'extraction à vapeur se trouve placée dans des conditions particulières en raison de l'irrégularité de ce genre de mouvement; aussi trouve-t-on, dans cette circonstance, un motif d'exclusion pour le condenseur dont le fonctionnement ne saurait s'accommoder de cette intermittence ; cependant, on admet sur le carreau du puits un moteur spécial actionnant la pompe à air d'un condenseur commun aux divers services. Si nous supposons, comme c'est l'ordinaire, l'absence du condenseur destiné à abaisser la contre-pression, il devient d'autant plus nécessaire, en vue de diminuer la perte de puissance produite par l'échappement, d'atténuer la pression d'une manière progressive par l'emploi de la *détente*. La détente variable tend à être partout adoptée; elle est disposée de manière à pouvoir être supprimée pendant les manœuvres, au départ et à l'arrivée des cages, et à être poussée aussi loin que possible pendant l'ascension des cages ; on emploie les détentes à la main, au régulateur, ou automatiques. La détente entraînant une importante variation de la force motrice, la présence d'un volant se trouve nécessaire pour remédier aux irrégularités de marche qui en seraient la conséquence ; ce volant est toujours léger et sert de point d'application à un *frein de vapeur* puissant, capable d'arrêter la machine en pleine marche et qui consiste en un cylindre spécial dont la tige de piston actionne, à l'aide de bielles de renvoi, deux sabots ou une bande de tôle qu'elle comprime contre la jante du volant.

Avec les machines à deux cylindres croisés, on calcule le diamètre de chacun de ces cylindres, de manière qu'il puisse suffire à lui seul pour effectuer statiquement l'enlevage dans le cas où le second se trouverait à son point mort et, par suite, sans influence. En même temps que le diamètre des cylindres, leur longueur a son importance ; elle détermine la vitesse du piston en fonction de celle des cages. De nombreux *types* de machines ont été établis ; on préfère, en général, les machines horizontales qui permettent au mécanicien de faire planer sa vue sur tout l'ensemble ; cependant, certains districts acceptent plus volontiers les cylindres verticaux qui ont l'avantage d'économiser la place et de relever le niveau de l'arbre des bobines. La grande expansion qu'a subie depuis quelques années le système Compound devrait en amener l'introduction dans l'extraction des mines ; cette innovation est discutable, car l'économie que ce type apporte doit ici céder le pas à la nécessité d'avoir le moteur parfaitement dans la main du mécanicien.

MOYENS DIVERS D'EXTRACTION. — Les moteurs animés ne peuvent être employés à l'extraction que dans des limites très restreintes de profondeur et de quantités extraites ; mais dans ces limites, ils sont couramment employés. Les récepteurs en usage sont : pour les hommes, le treuil et la roue à chevilles ; pour les animaux, le manège. Le *treuil à bras*, toujours cylindrique, est, par le caractère intermittent de l'opération, favorable au développement de la force de l'homme, en raison des intervalles de repos qu'il procure ; dans les treuils courants, le rayon du tambour est d'au moins 0ᵐ40 et celui de la manivelle de 0ᵐ40, la longueur de la manivelle variant de 0ᵐ30 à

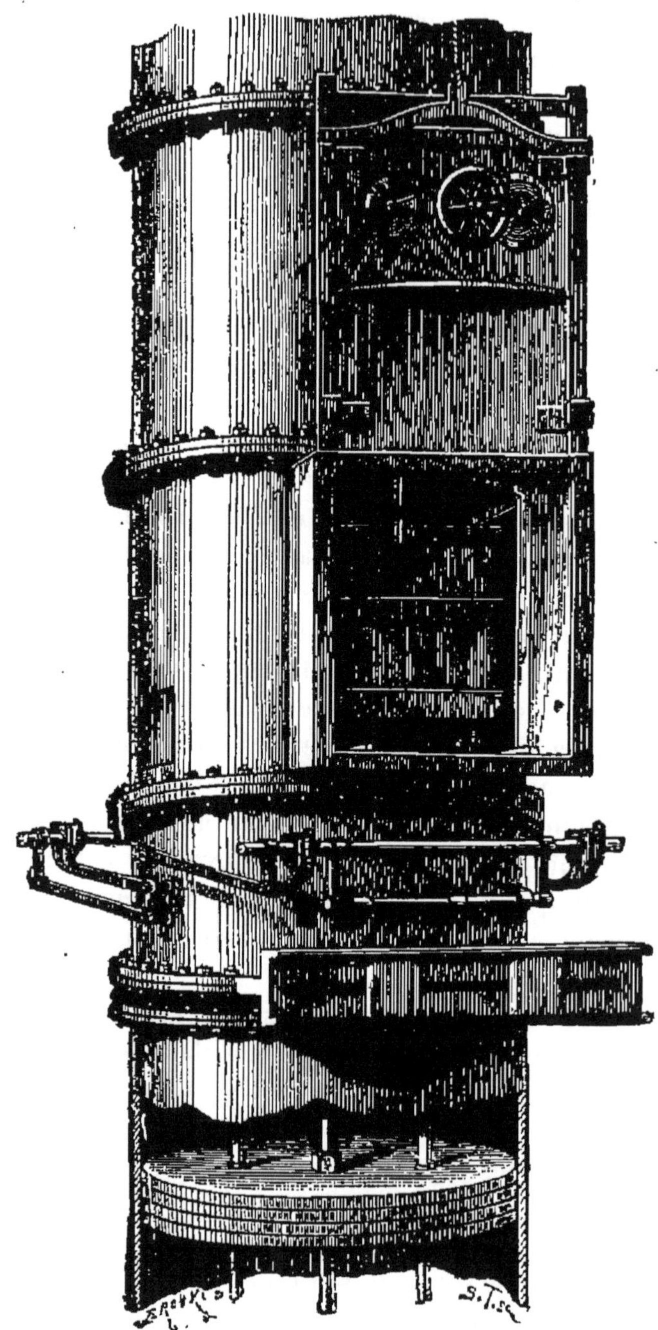

Fig. 60. — Tube atmosphérique

Fig. 61. — Tube atmosphérique

0ᵐ45 suivant qu'il y a simultanément un ou deux hommes employés à faire tourner l'appareil. Pour des charges plus fortes, on interpose entre le tambour et la manivelle un engrenage qui augmentera la force de l'appareil dans le rapport des rayons. La *roue à chevilles*, qui peut servir à élever des poids de 4 à 5 tonnes, a un tambour de rayon au moins double ; les chevilles sont espacées de 0ᵐ30 à 0ᵐ35 sur la circonférence qui a un rayon de 2 à 4 mètres ; on sait que l'homme trouve la meilleure utilisation de la force musculaire dont il est capable dans l'élévation de son propre poids ; on réalise sous ce rapport, avec cet engin, un certain degré de supériorité sur le système de la manivelle. Le *manège*, au point de vue du bon emploi de la force de l'animal, doit avoir un rayon aussi grand que possible, il ne doit pas descendre au-dessous de 2ᵐ50 et souvent on lui donne 4 mètres. L'attelage du cheval se fait à l'aide de palonniers établis à une hauteur telle que les traits soient à peu près horizontaux.

Les *treuils à vapeur* peuvent s'adapter aux conditions du fond, mais on les réserve de préférence pour l'extérieur, on s'en sert fréquemment pour suppléer à la machine d'extraction en cas d'avarie et opérer le sauvetage si le câble est rompu et la cage supendue sur le parachute.

On emploie encore, dans les ateliers de préparation mécanique, des *monte-charges à vapeur* de divers systèmes; un des plus répandus est le type Chrétien ; la pression admise sur le piston le force à descendre en élevant, à l'aide d'une chaîne moufflée et de poulies de renvoi, un platon qui porte le wagon plein. Un contrepoids descend avec la chaîne, de manière à équilibrer la plus grande partie, mais non la totalité du poids mort du wagon. Après avoir retiré le chariot chargé, on lui en substitue un vide qui descend avec une faible accélération, en raison de l'excès de poids que l'on a conservé quand on supprime l'action de la vapeur.

Le principe de l'*extraction pneumatique* (fig. 60 et 61) consiste à installer un tube d'un très gros diamètre, régnant dans toute la hauteur du puits, et à y opérer un certain degré de vide à l'aide d'une puissante machine pneumatique, de manière à aspirer un piston-cage renfermant les wagonnets qu'il s'agit d'élever au jour. Cet appareil a repris faveur dans les usines métallurgiques sous la forme de monte-charges et le principe en a été réalisé d'une manière remarquable, en ce qui concerne l'extraction des mines, par M. Z. Blanchet aux mines d'Épinac. L'appareil peut être à simple ou à double effet ; dans le premier cas, appliqué à Épinac, un seul tube suffit pour l'extraction ; avec le second, deux tubes conjugués fonctionnent à la fois d'une manière corrélative et permettent d'obtenir une activité plus grande. L'extraction pneumatique présente de nombreux avantages : suppression radicale des obstacles dus à la profondeur pour l'emploi des câbles ; système ne rencontrant théoriquement aucune limite ; danger de rupture des câbles supprimé ; extraction concourant, dans une certaine mesure, à l'aérage de la mine ; économie considérable sur les frais annuels d'entretien. En revanche, les frais de premier établissement sont très élevés.

CHAPITRE XIII

EPUISEMENT

Aménagement des eaux. — La plupart des terrains donnent lieu à des infiltrations multipliées qui ont tendance à se développer encore par le seul fait de l'exploitation et des mouvements qui s'ensuivent ; il est bien rare de rencontrer une mine qui ne présente pas d'eau menaçant d'envahir les travaux si l'on ne prenait des mesures spéciales pour s'en débarrasser. Cette eau peut venir de la surface et avoir pour origine la pluie, la fonte des neiges, les infiltrations des cours d'eau ; elle peut aussi provenir du fond et sortir des nappes souterraines ou être engendrée par des sources mises à découvert. Il est à remarquer qu'en raison de l'altération des pyrites que contiennent les houillères, les eaux de ces exploitations sont généralement acides et par suite nuisibles pour la conservation des chemins de fer et pour le pied des chevaux ; on ne peut les appliquer à l'alimentation des chaudières.

Avant de songer à se débarrasser des eaux qui ont tendance à envahir une mine, il est naturel de tenter tout d'abord de les empêcher d'entrer ; à la surface, on peut par des fossés donner aux eaux de pluie ou de neige un écoulement vers les vallées et préserver des infiltrations. S'il s'agit d'un ruisseau dans le lit duquel on craint qu'il ne se produise des crevasses, on tâche de le détourner de son cours ou bien on lui fait un lit artificiel dont on assure l'imperméabilité. A l'intérieur on conserve des *massifs* continus *de protection* soit en aval-pendage d'anciennes fouilles faites au voisinage des affleurements, soit autour et au-dessous d'anciens travaux abandonnés et inondés formant ce qu'on appelle des *bains ;*

on réserve également des massifs sous les rivières et sous les canaux. Dans le cas de *mines sous-marines*, ces massifs isolants doivent de toute nécessité se trouver puissants ; avec une épaisseur suffisante pour l'estau réservé en couronne et une nature favorable des terrains, la présence de la mer n'apportera en réalité aucune complication.

On garnit de revêtements étanches les parois des puits et les galeries pour y refouler les eaux qui tendent à en jaillir et souvent on établit des cloisons étanches pour retenir les eaux déjà déversées dans les travaux ; une semblable cloison constitue dans une galerie ce qu'on appelle un *serrement* et dans un puits ce qu'on nomme une *plate-cuve*. Un serrement est un barrage perpendiculaire à l'axe de la galerie, établi en deçà du point où il n'est plus nécessaire de pénétrer, lorsqu'au delà de ce même point il arrive des eaux abondantes provenant soit de vieux travaux, soit de quelque source rencontrée par la galerie même. Une plate-cuve est une cloison horizontale qu'on établit dans un puits cuvelé qui a cessé d'être en service, mais qui communique encore avec l'ensemble des travaux intérieurs. Les dispositions des barrages varient selon les circonstances, mais dans tous les cas on doit veiller avec soin à leur confection ; il leur faut une grande imperméabilité et une solidité à toute épreuve. Les serrements peuvent être faits en pierre, en bois ou en métal ; le premier mode est le moins employé, car les fissures sont difficiles à aveugler ; on leur donne une grande longueur et ils sont logés dans une série de redans tronconiques. En construisant ainsi une alternance de voûtes appareillées et de bourrages en argile plastique on obtient des barrages solides ; ces serrements en maçonnerie ont des longueurs de 8 à 16 mètres et conviennent au cas où les parois de la galerie présentent des chances de fissures et par conséquent ne paraîtraient pas assez imperméables sur une petite étendue. Le bois par son élasticité finit par prendre mieux son aplomb ; on peut appareiller l'ouvrage en voûte cylindrique.

Le *serrement sphérique* est aujourd'hui le plus employé ; pour le construire on entaille les quatre faces de la galerie avec soin à la pointerolle, en évitant l'usage de la poudre qui produirait des ébranlements ; les entailles sont faites suivant les faces d'une pyramide ayant son sommet en un point déterminé, à une certaine distance en avant de l'emplacement choisi ; ce sommet forme le centre d'une sphère vers laquelle convergent également les quatre faces du tronc de pyramide suivant lequel chacune des pièces de bois de 1^m50 environ de longueur est entaillée. Ces pièces, placées dans le sens de leur plus grande dimension, fonctionnent comme les voussoirs d'une voûte sphérique. Il est essentiel de ne pas laisser d'air emprisonné derrière le serrement qui doit être baigné entièrement par l'eau, sans quoi on a remarqué qu'il se produisait des ruptures, car l'air passe plus facilement que l'eau à travers les joints et pourrait lui frayer un passage ; on a donc soin de ménager dans l'épaisseur du serrement un petit canal qui est fermé plus tard par un tampon de bois chassé à coups de masse quand tout l'air est sorti. Pour que l'imperméabilité de l'ouvrage soit obtenue, il convient que tout le travail de picotage et de calfatage des joints soit fait par derrière du côté où viendra plus tard la pression, afin que cette pression ne tende pas à desserrer les joints ; il faut que les ouvriers puissent faire leur travail jusqu'au bout tout en ayant une retraite après leur ouvrage terminé. A cet effet on peut employer diverses dispositions ; on peut ménager une ouverture carrée formée au moyen d'un clapet mobile autour d'une charnière qui s'ouvre de l'avant à l'arrière et qu'on rabattra quand les ouvriers se seront retirés ; le joint pourvu d'un caoutchouc vulcanisé se fait par une fermeture analogue à celle des trous d'hommes des chaudières. On peut encore, pour le passage des hommes, placer un tuyau conique en fonte muni d'une bride au gros bout et pris par les quatre ou six pièces contiguës de deux ou trois assises de voussoirs dont chacune est entaillée suivant un secteur conique prenant exactement la forme du tuyau. Pour fermer le tuyau, une fois le travail terminé, on dispose en arrière un tampon de bois conique muni au gros bout d'un caoutchouc vulcanisé ; au moment voulu, on rappelle ce tampon en avant et on l'introduit dans le tuyau où la pression de l'eau le coince avec force. On fait des serrements métalliques surtout en prévision

d'une invasion subite des eaux ; la section de la galerie est
barrée par un cadre en fonte qui ne laisse libre que le passage des wagonnets, une porte métallique pour fermer hermé-
tiquement lui est assemblée à l'aide de gonds ; à la moindre
alerte, on ferme la porte qu'on réunit par des boulons à son
cadre et on calfate les joints. On a le soin généralement de
disposer à travers le serrement un tube fermé par un robinet
portant un manomètre qui donnera à tous les instants la pression de l'eau sur le barrage.

Les plates-cuves ou serrements dans les puits sont établis
autant que possible au delà du niveau des parties cuvelées, de
peur que la dégradation des revêtements ne fasse à nouveau
passer les eaux derrière la plate-cuve. On la fait en maçonnerie avec une épaisse couche d'argile pilonnée ; la fonte s'emploie aussi couramment pour l'exécution de ces ouvrages dont
la superficie est supérieure à celle des serrements des galeries.

Malgré les précautions que nous venons d'indiquer pour
empêcher les eaux d'envahir les travaux soit au dehors, soit à
l'intérieur, il en pénètre toujours une certaine quantité qu'il
est nécessaire d'expulser, de crainte de voir les étages inférieurs submergés au bout d'un certain temps ; il est utile, si
on le peut, de conserver à chaque étage ses propres eaux en
les réunissant en un point spécial ; on a soin en outre de
capter de distance en distance les eaux qui suintent sur les
parois des puits avant qu'elles se résolvent en pluie. Le lieu
de réunion souvent unique des eaux est le point le plus bas
des travaux, c'est le pied du puits d'exhaure appelé *puisard ;*
il suffit, pour que les eaux s'y concentrent d'elles-mêmes, de
leur offrir des pentes descendantes et, s'il se trouve des
poches, de les mettre en communication avec un étage inférieur par un coup de sonde. A défaut de ce moyen, il faut
faire franchir aux eaux le seuil qui isole la dépression ; on
emploie le *baquetage* opéré par des hommes à l'aide de
cuveaux, ou avec des pompes volantes ou encore avec des
siphons. La masse d'eau réunie pour le captage pendant vingt-
quatre heures constitue l'entretien d'eau de la mine ; le puisard doit contenir toute cette eau, elle en est extraite par des

moyens mécaniques constituant le service de l'épuisement ou exhaure.

Dans les mines situées en pays de montagne, on peut ordinairement atteindre les gîtes par des galeries partant de la partie inférieure de quelques vallons ; ces galeries fournissent un écoulement naturel aux eaux de tous les travaux dont le niveau leur est supérieur et, par suite de leur fonction, on les désigne sous le nom de *galeries d'écoulement*. On s'est déterminé souvent à des dépenses considérables pour exécuter ces galeries dont les avantages sont nombreux ; elles n'exigent que peu d'entretien ; elles assèchent sans machines tout l'amont-pendage et atténuent l'épuisement de l'aval-pendage lui-même puisqu'on n'a plus alors à relever ses eaux que jusqu'au niveau de la galerie ; en donnant issue aux eaux supérieures, elles permettent de créer des forces motrices en recueillant le travail développé par la descente à travers toute la hauteur des travaux de courants de surface dont la sortie s'effectuera par la galerie après qu'on les aura introduites par la partie supérieure ; enfin elles assurent d'une manière économique l'aérage forcé ou l'enlèvement des matières abattues ; en effet, la galerie d'écoulement peut être disposée pour desservir l'exploitation de plusieurs chantiers, on lui donne une pente de $\frac{1}{500}$ environ, son percement peut être facilité par des puits intermédiaires qui permettront d'attaquer le travail en plusieurs points. Pour offrir une durée indéfinie, les galeries devront être solidement muraillées et garanties par des massifs de réserve contre les mouvements capables de les ébranler ; on les établit au mur plutôt qu'au toit du gîte, c'est-à-dire dans la région qui n'est pas exposée à être disloquée par l'exploitation ; elles sont l'objet d'une surveillance et d'un entretien attentifs, effectués au moyen d'un plancher mobile que l'on établit au-dessus de la cuvette d'écoulement. Dans les régions métallifères qui sont très accidentées, on a pu tirer un grand parti des galeries d'écoulement, mais il est rare que leur établissement puisse suffire à l'assèchement des mines et on est obligé d'avoir recours aux moyens mécaniques d'exhaure ; certaines de ces galeries atteignent une longueur considérable ; nous citerons, au Hartz, la galerie

Ernest-Auguste de 23,638 mètres de développement, dans le bassin de Mansfeld la galerie Schlüsselstollen a 31,800 mètres ; enfin à Freyberg, on peut voir une galerie, celle de Rothschonberger, de 47,504 mètres de longueur avec 3 mètres de hauteur et $\frac{1}{2}$ millimètre de pente.

POMPES DE MINES. — Dans les contrées peu accidentées il faut nécessairement avoir recours à des moyens mécaniques d'épuisement ; ces moyens doivent être proportionnés aux efforts à exercer, ils sont donc assez variables. Les pompes de mines appartiennent à deux types fondamentaux, suivant qu'elles sont disposées *en une seule travée* ou *en répétitions*. Dans le premier mode un tuyau unique amène les eaux sans discontinuité du fond au jour ; dans le second, la hauteur est fractionnée en plusieurs travées marquées par autant de bâches, entre lesquelles fonctionnent des pompes distinctes, de sorte que l'on peut réduire la hauteur de chaque appareil qui est le plus souvent de 60 à 70 mètres. Mais les pompes en répétitions ont l'inconvénient de multiplier les organes qui constituent les pompes, d'augmenter le prix coûtant, l'entretien et les chances de dérangement. Le principe de la pompe unique évite ces désavantages, mais, en revanche, il détermine des pressions énormes mesurées par autant d'atmosphères que la hauteur du puits comprend de décamètres ; ce type, qui a pris en Angleterre une certaine extension, est peu répandu sur le continent.

Les pompes de mines peuvent être rapportées, suivant un point de vue absolument différent relatif à leur mode d'action, à trois types que l'on désigne sous le nom de pompes *aspirante*, *foulante* et *élévatoire*. Le rôle de la pompe aspirante ne peut être dans les mines qu'extrêmement effacé ; en effet sa hauteur doit rester inférieure à 10 mètres, qui forme en nombre rond la mesure de la pression atmosphérique ; cependant ce type est employé dans un cas déterminé. On est en effet dans l'usage de commencer par établir au fond une première répétition aspirante et élévatoire ; elle est formée d'une pompe aspirante dont le clapet dormant est établi à 4 ou 5 mètres du puisard ; le piston creux élève ensuite sur 20 ou 30 mètres l'eau qui l'a traversée et c'est à partir de cette bâche de déversement que l'on installe la pompe de mines proprement dite, soit d'un seul jet, soit en répétitions. La raison de ce dispositif est que la visite et le nettoyage des organes essentiels, piston et clapet, sont grandement facilités, tandis que les types ordinaires rendraient souvent inexécutables le démontage et la visite de la chapelle exposée par le niveau de son installation à se trouver noyée. Quant au choix à faire entre les deux types essentiels qui devront constituer la partie principale de l'appareil, on pourra, dans certains cas, trouver un motif suffisant dans cette circonstance que l'effort à exercer sur l'eau se développe, pour la pompe foulante, dans le mouvement descendant du piston, et, pour le système élévatoire, pendant sa course ascendante. Une recommandation commune à tous ces appareils consiste à les mener avec une douceur diamétralement opposée à la rapidité tous les jours croissante du service de l'extraction ; on sait, en effet, que les résistances passives, qui prennent naissance dans le mouvement des liquides, augmentent à peu près comme le carré des vitesses ; de plus, il est nécessaire de donner aux clapets le temps de s'ouvrir et de se refermer. L'allure varie, en général, depuis trois ou quatre coups doubles par minute jusqu'à huit ; la vitesse d'élévation d'eau dans les colonnes ne doit pas dépasser 0^m40 par seconde, celle des tiges peut atteindre 1^m75 lors de leur ascension, mais doit rester inférieure à 1 mètre, pendant qu'elles redescendent en foulant sur l'eau. En supposant la machine et les pompes dans de bonnes conditions, on peut espérer retirer en eau élevée 70 % du travail absolu de la vapeur.

Après cette description d'ensemble, nous dirons quelques mots des organes principaux. Les *bâches* consistent en des cuves de tôle supportées par des voûtes ou par des sommiers ; on a trouvé plus simple, dans certains cas, de supprimer les bâches en se contentant de les remplacer par un prolongement des colonnes ascensionnelles, au-dessus du pied de la répétition suivante ; ces tuyaux sont ouverts à la partie supérieure et l'aspirant de la pompe suivante s'y trouve directement plongé. Les *clapets* ont de faibles levées et, en revanche, des dimensions de plus en plus considérables par rapport à celles du piston, afin de diminuer la vitesse du passage de l'eau dans ces orifices et de mener la pompe plus rapidement. Le clapet ordinaire comprend un disque de cuir, de caoutchouc ou de gutta-percha destiné à se modeler exactement sur son siège ; on lui communique de la rigidité, en l'insérant entre deux disques métalliques. On fait des clapets coniques entièrement métalliques ; des clapets sphériques consistant en une simple sphère métallique qui peut prendre des oscillations complètement libres et limitées seulement par des brides qui l'empêchent d'être emportée trop loin. Le *piston* a un diamètre qui varie de 0^{m}20 jusqu'à 1 mètre, sa course s'étend de 1^{m}50 à 4 mètres. Les anciens pistons étaient à garniture de cuir ou d'étoupes suifées, que remplacent avec avantage des garnitures métalliques très soignées. Le piston plongeur très employé consiste en un cylindre métallique, creux pour plus de légèreté, qui présente un diamètre peu différent de celui du corps de pompe dans lequel il est appelé à jouer ; il convient directement aux pompes foulantes, on a également trouvé moyen de l'utiliser avec les pompes élévatoires en lui communiquant un mouvement remontant, à travers le fond inférieur des corps de pompe. Le piston soupape Letestu présente un corps métallique percé de trous obturés par un godet de cuir ou de gutta attaché autour de la tige.

Les tiges de piston se font en fer et sont ordinairement fixées en porte-à-faux, à l'aide de potences, à la *maîtresse-tige* qui règne dans toute la hauteur du puits ; ce dernier organe, en bois de chêne ou de sapin du Nord, présente une section décroissante du haut en bas par mises prismatiques successives, de manière à rapprocher sa forme générale de celle du massif d'égale résistance ; on l'allège ainsi tout en conservant sa solidité. Depuis quelques années on tend à substituer le fer ou plutôt l'acier au bois, en vue d'obtenir plus de légèreté à égalité de résistance. Les maîtresses-tiges sont guidées par des moises avec un faible jeu ; de distance en distance on installe, sous le nom de parachutes, de forts sommiers, capables d'arrêter les corbeaux fixés à la tige, en cas de rupture de cette dernière. Les *tuyaux* ou colonnes de pompes se font toujours en fonte ; on évite les suintements que présentent certaines fontes poreuses, en injectant dans le métal, à l'aide de la presse hydraulique, des huiles siccatives lithargirées, qui ont pour effet de boucher tous les pores; les joints à brides dressées parfaitement, un grain d'orge circulaire permet, pour assurer l'étanchéité, de mater du cuivre ou du laiton, ou d'écraser du plomb. On prévient l'influence destructive des coups de bélier par l'emploi de *cloches d'air* qui renferment une sorte de matelas gazeux restituant par son élasticité le travail qu'il a momentanément emmagasiné; les cloches sont distribuées sur la conduite de refoulement et principalement au départ pour régulariser la vitesse d'ascen-

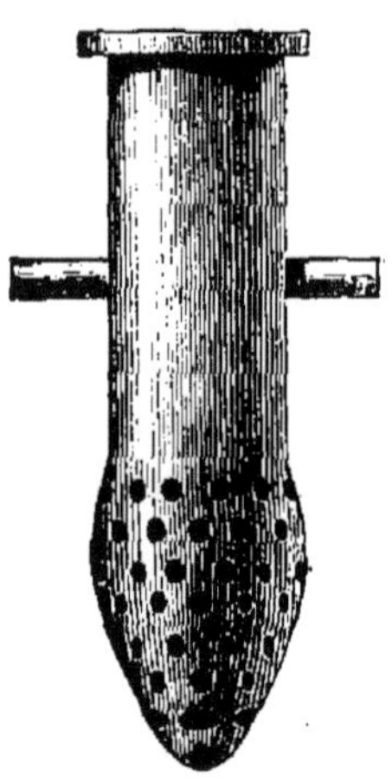

Fig. 62. — Aspirant

sion. Il est bon d'employer des aspirants (fig. 62) qui évitent l'absorption par la pompe de matières étrangères.

Moteurs d'épuisement. — La machine à vapeur est le moteur le plus ordinaire, celui qui convient le mieux à presque toutes les localités; il peut être à simple ou à double effet. Le type le plus courant de machine à vapeur applicable à l'épuisement est la *machine à simple effet*, imprimant à la maîtresse-tige sur laquelle viennent s'atteler les pompes un mouvement rectiligne alternatif de même nature que celui de son propre piston; ce système est applicable aux plus grandes profondeurs et aux plus grandes masses d'eau; il devra être préféré lorsqu'il s'agit d'épuisement très considérable par la masse d'eau à enlever et surtout par la profondeur à laquelle il faut la prendre, lorsque par conséquent la maîtresse-tige constitue une pièce d'une grande importance dont la masse permet de marcher à très grande détente. La machine motrice pourra être à *traction directe* ou à *balancier*; le premier type est plus simple, mais il encombre les abords du puits au-dessus duquel il est situé, il risque de plus d'y déterminer des tassements. Le second, en reportant le cylindre à quelque distance de l'orifice, supprime ces difficultés. La machine à simple effet actionne elle-même son condenseur ; la pression est en général de 2 à 4 atmosphères, la détente y est poussée très loin, jusqu'à $\frac{1}{8}$. Le moteur peut être du reste, suivant les cas, à haute ou moyenne pression, à longue détente se réglant à la main et à condensation, à *distribution* par soupapes mues à l'aide des tasseaux d'une poutrelle de distribution ou à marche intermittente réglée à volonté par le jeu d'une *cataracte*. Ce dernier appareil permet de faire varier la détente, d'après l'instant où il coupe la vapeur ; il règle en même temps, avec l'admission, l'intermittence des coups de piston. En effet, le moteur d'épuisement ne fournit pas sans interruption ses courses successives ; il s'arrête complètement après chacune d'elles et repart ensuite pour en fournir une nouvelle, après un intervalle que l'on fait varier arbitrairement, de manière à mettre l'activité de l'épuisement en rapport avec celle des venues d'eau, qui n'est pas constante. Le diamètre du cylindre varie de 0ᵐ50 à 2ᵐ50 ; la course du piston de 2 à 3 mètres et même jusqu'à 4 mètres. Sa vitesse oscille, à la montée, entre 1ᵐ30 et 1ᵐ75 tout au plus, elle est de 0ᵐ45 à la descente.

Avec la pompe foulante, la vapeur est employée à relever la maîtresse-tige sans agir sur l'eau ; c'est seulement en descendant, par la seule influence de la pesanteur, que cette tige refoule l'eau dans les colonnes élévatoires. Comme cette action serait encore excessive, en raison des grandes dimensions de cette maîtresse-tige, on l'équilibre de même en partie à l'aide de *contrepoids* dont la disposition effective varie de bien des manières. Le mode le plus simple consiste à employer un gros balancier, sur la queue duquel se trouve placée une caisse remplie d'objets pesants ; mais dans les organisations plus soignées, on assemble sur la queue du balancier de lourdes plaques de fonte réunies par de forts boulons. Depuis quelques années, on fait usage des contrepoids hydrauliques ; ce sont des colonnes d'eau constantes et oscillantes, qui montent et descendent alternativement dans les tuyaux où elles se trouvent refoulées. M. Guary a employé comme moyen antagoniste, au lieu de contrepoids, la compression de certaines masses d'air, suivie de leur détente. Enfin, l'on a imaginé l'emploi de deux machines jumelles dont les tiges s'équilibrent mutuellement.

On a introduit, depuis peu, dans l'épuisement des mines, les *moteurs à double effet* avec lesquels la vapeur actionne un arbre tournant muni d'un volant. L'appareil peut être installé de deux manières différentes : au fond ou au jour. La machine établie au fond du puits et commandant directement une pompe aspirante et foulante prenant l'eau directement dans le réservoir et la refoulant en un seul jet jusqu'au jour, a l'avantage de supprimer l'attirail encombrant et si coûteux des tiges, des répétitions et leurs supports ou guidonnages, et de réduire le tout à une ligne de tuyaux n'occupant qu'un très petit espace dans le puits et permettant de conserver celui-ci pour un autre service. Ce système permet une grande rapidité d'installation, une certaine économie de premier établissement, l'installation d'un épuisement sans arrêter l'extraction, et enfin la pose dans un puits déversé ou irrégulièrement incliné. Mais il est difficilement applicable à des profondeurs supérieures à 500 mètres et la surveillance et l'entretien d'une puissante machine établie au fond ne sont pas sans présenter quelques difficultés. Lorsque la machine est installée au jour, la maîtresse-tige reparaît comme liaison nécessaire entre le moteur et la pompe du fond ; on se trouve, dès lors, en présence de cette difficulté, que, la machine étant à double effet, elle doit agir dans les deux courses, ascendante et descendante, de la maîtresse tige, tandis qu'il est inadmissible de fouler sur l'eau par l'action de la vapeur en comprimant la tige ; on est pourtant parvenu à tourner cet obstacle à l'aide de contrepoids. Nous n'entrerons pas ici dans la description des nombreuses machines d'épuisement installées dans ces dernières années, nous parlerons seulement d'un perfectionnement introduit par M. Bochkoltz, vers 1869, sous le nom de *régénérateur de force*. Comme un clapet, quelle que soit sa forme, présente nécessairement une certaine surface de contact avec son siège, la pression s'exerce sur une étendue plus grande par-dessus que par-dessous ; il s'ensuit qu'il faut, pour soulever cette soupape, un excédent de force motrice qui n'a besoin de s'exercer que pendant un temps très court. M. Bochkoltz a indiqué comme solution du problème, d'employer un contrepoids spécial qui se place à l'extrémité d'un bras de levier assemblé à angle droit sur le milieu du balancier ordinaire de l'attirail. Cette modification est doublement avantageuse, car elle intervient à la fois pour fournir le coup de collier qui est nécessaire au premier instant et pour amortir vers l'extrémité la force vive qu'il est désirable de voir aller en mourant et sans choc final. Mais il y a plus et on lui doit une seconde influence favorable, la machine se trouve lancée plus vite au début et ne commence que plus tardivement l'amortissement de sa force vive, on obtient une allure moyenne plus vive et le temps total de l'oscillation se trouve diminué ; on peut, dans un même temps, donner un plus grand nombre de coups de piston ; il s'ensuit que l'on n'aura besoin, pour effectuer un épuisement donné, que d'un moteur moins volumineux. Récemment, plusieurs ingénieurs ont énoncé que la surpression sur la surface supérieure du clapet n'existe pas ; cette assertion réduirait l'importance du régénérateur au second genre d'utilité que nous venons d'indiquer.

MOYENS DIVERS D'ÉPUISEMENT. — On a cherché à substituer au moteur à vapeur à piston les *machines rotatives*, dans le but de réaliser un débit considérable sous un faible volume, en raison de la rapidité que permet le remplacement du mouvement alternatif par le mouvement continu, sans points morts et sans chocs ; mais les pompes rotatives ne conviennent qu'à de faibles élévations d'eau, elles exigeraient la disposition en répétitions beaucoup trop multipliées, si l'on voulait en faire l'application pour des hauteurs de quelque importance. De plus, il existe une usure rapide des organes augmentée dans l'application aux épuisements souterrains par l'impureté de certaines eaux quartzeuses. Les *pompes centrifuges* que l'on emploie souvent conviennent bien pour les eaux très sales, mais elles n'utilisent qu'une faible partie du travail moteur et la hauteur pratique d'élévation est encore moindre que pour les appareils précédents.

Les *pompes à impulsion de vapeur* comprennent toute une classe d'engins dans lesquels les distributions cinématiques ont été supprimées et remplacées par le contact direct, s'opérant aux instants voulus entre la vapeur et l'eau. Ces appareils, simples de construction et d'installation facile dans des cavités d'accès difficile et exposés à être noyés, ont l'inconvénient d'avoir un rendement peu élevé ; ils agissent sans détente et au contact de parois périodiquement refroidies par le contact de l'eau ; on peut s'attendre à dépenser ainsi de trois à cinq fois plus de vapeur qu'avec une bonne pompe ordinaire. On peut citer, dans cet ordre d'idées : le pulsateur, la pompe universelle, le pulsomètre, etc. L'application de l'*air comprimé* à l'épuisement a repris un nouvel intérêt depuis que ce puissant moyen d'action fait partie de l'outillage d'un grand nombre de mines et leur est fourni par des compresseurs spéciaux établis au jour ; il est naturel, en ce qui concerne l'action directe du fluide moteur sur la surface de l'eau, de chercher à remplacer la vapeur qui est condensable par l'air comprimé, qui ne présente pas le même inconvénient. Un récipient en tôle ayant été rempli d'eau, à l'aide du clapet ménagé à cet effet, tandis qu'un robinet laisse échapper l'air, ces deux soupapes se referment ensuite ; on admet alors l'air comprimé sur la surface du liquide qui se trouve refoulé dans la conduite montante, à travers un clapet de retenue ; quand le niveau s'abaisse au delà d'un certain point, l'admission se ferme, on laisse échapper l'air comprimé et l'eau de la bâche s'introduit par sa pression, puis tout recommence. Il est à remarquer que l'échappement contribue à renouveler l'air des cavités intérieures ; mais la hauteur d'eau, qui ne peut dépasser 10 mètres par atmosphère de pression effective, restera forcément limitée dans cette application.

Après avoir indiqué le principe de l'impulsion directe de

l'eau contre l'eau, nous arrivons à cette conclusion que la véritable solution pratique de l'application de la *force hydraulique* à l'exhaure ne saurait se trouver que dans l'emploi d'intermédiaires solides, recevant d'un côté l'action de l'eau motrice et la transmettant d'autre part au liquide qu'il s'agit d'élever ; il y a donc lieu de distinguer, dans cet ensemble, l'organe récepteur et l'organe élévateur. Pour l'utilisation de la force hydraulique, on ne connaissait, aux époques reculées, que la roue en dessus ; depuis, on a fait grand usage de la *machine à colonne d'eau* qui est très propre à dépenser sur les plus grandes hauteurs, des volumes d'eau modérés ; elle est, en même temps, allongée suivant la verticale, ce qui est une condition favorable pour la solidité des parois des excavations ; on l'installe d'ordinaire à une profondeur importante au-dessous du niveau de la galerie d'écoulement. On emploie encore les turbines et les balances d'eau comme récepteurs. Si nous passons aux élévateurs, il convient de dire que celui qu'on adjoindra le plus souvent à un récepteur hydraulique sera la pompe ; cependant, il existe dans l'industrie un certain nombre d'autres élévateurs, le chapelet hydraulique, la noria, les roues à palettes, à godets ou à tympans, élévateurs qui peuvent servir moins, à la vérité, dans les mines qu'à leurs abords, sur les découverts et dans les ateliers de préparation mécanique.

Lorsque l'entretien d'eau d'une mine n'a qu'une importance limitée, on évite l'établissement de moteurs spéciaux en se servant de l'appareil d'extraction et de *cages à eau* que l'on substitue aux cages ordinaires. Ces engins sont des parallélipipèdes construits en bois ou en tôle, munis de clapets pour l'écoulement de l'eau. La soupape de fond s'ouvre d'elle-même, soulevée par la pression du liquide, au moment où le mécanicien descend la cage dans le puisard ; elle se rouvre automatiquement à la recette supérieure par la rencontre de son levier avec un taquet extérieur. L'eau s'élance alors en parabole et franchit ainsi la petite distance qui sépare la cage du caniveau établi aux abords du puits. L'épuisement par les cages présente l'avantage d'éviter la mise de fonds considérable qui serait nécessitée par l'établissement de pompes de mine ; l'usure des câbles et de l'appareil d'extraction due à un service supplémentaire peut être considérée comme formant l'équivalent de l'entretien des pompes. Quant à la dépense de force motrice, qui est proportionnelle à la fois à la quantité d'eau et à la hauteur, elle différera peu de l'un à l'autre des deux modes.

CHAPITRE XIV

AÉRAGE

ATMOSPHÈRE DES MINES. — L'aérage des travaux souterrains constitue un problème de la plus haute importance ; c'est une des parties de l'art des mines que l'ingénieur doit tendre à améliorer constamment ; elle présente non seulement un intérêt d'humanité en ce qui concerne la santé et la sécurité de l'ouvrier, mais elle influe aussi très sensiblement sur le rendement que peut donner cet ouvrier. L'aérage doit concerner à la fois la *température* et la composition chimique de l'atmosphère souterraine ; on a donc deux faces du problème à étudier. Les causes qui tendent à élever le thermomètre dans l'intérieur des mines sont : la respiration des hommes et des chevaux, le tirage à la poudre, la combustion des lampes, les incendies souterrains, l'absorption de l'oxygène par les massifs de houille, la décomposition spontanée de certaines substances minérales, la chaleur centrale du globe ; on sait, en effet, que la température augmente avec la profondeur et cette progression est, en moyenne, d'un degré pour 30 mètres environ, souvent même plus rapide. Comme moyen d'atténuer quelques-unes de ces influences, on a indiqué la substitution de la lumière électrique aux lampes ordinaires, du bosseyage au tirage à la poudre, des machines mues par l'air comprimé à la traction par les chevaux, de la perforation mécanique au travail à la main ; on a essayé de dépôts de glace dans les mines pour les rafraîchir : dans les conditions spéciales du fonçage des puits, le procédé de M. Poetsch par congélation donne, comme nous l'avons vu, de bons résultats. Mais on peut affirmer que, dans les mines, l'injection incessante de grandes masses d'air reste pratiquement le seul moyen efficace de combattre l'échauffement.

L'atmosphère peut se trouver viciée par la diminution d'oxygène indispensable à la vie et nécessaire à la combustion des lampes, ou par l'adjonction de principes étrangers ; la respiration de l'homme et des chevaux, la combustion des lampes, la suroxydation de carbonates et sulfures, la fermentation de la houille qui s'échauffe et s'enflamme spontanément, la corruption des bois de mines, des fumiers, tendent à diminuer la proportion d'oxygène ; les fumées de la poudre et surtout celles de la dynamite ; de plus, certains dégagements naturels de gaz délétères qui pénètrent les roches ou sont accumulés dans des crevasses, quelquefois dans de vieux travaux, acide carbonique, oxyde de carbone provenant des incendies souterrains et des coups de poussière, acide sulfhydrique, vapeurs arsenicales et mercurielles, poussières et enfin grisou apportent à l'atmosphère des principes étrangers. Ce qui constitue le danger, ce n'est pas le poids des impuretés développées dans les travaux pendant la durée d'un poste, c'est la teneur ; il suffit donc de forcer suffisamment l'aérage pour abaisser à volonté la proportion relative des principes étrangers au-dessous du degré où ils cessent d'être nuisibles. Avant de parler des différents moyens employés pour arriver à ce but, nous dirons quelques mots de chacun des corps délétères dont nous venons de parler.

L'*oxyde de carbone* n'existe pas spontanément dans l'atmosphère des mines, il s'y développe par les incendies souterrains, par les coups de poussière et par les coups de grisou ; on sait qu'il constitue un poison des plus violents, il tue un oiseau à la teneur de 1 % ; bien au-dessous de cette dose, il occasionne des maux de tête violents et très tenaces. L'*acide sulfhydrique*, que son odeur d'œufs pourris rend facilement reconnaissable, se rencontre spontanément dans certaines mines ; certaines sources minérales en contiennent ; il peut résulter aussi de la décomposition des fumiers et de l'altération des pyrites. Cet acide est très vénéneux, une proportion de $\frac{1}{250}$ suffit pour donner la mort à un cheval. L'*acide carbonique* est à la fois asphyxiant pour l'homme et impropre à la combustion des lampes ; son mélange avec l'air se traduit par la difficulté de la combustion des lampes dont la flamme contractée éclaire d'autant moins que la proportion d'acide est plus grande et finit par s'éteindre lorsque la proportion est d'un dixième. Sur les mineurs, l'acide carbonique se manifeste par une oppression qui les accable ; du reste, le tempérament et l'habitude font beaucoup varier les proportions du mélange que les hommes peuvent respirer ; néanmoins, on doit veiller à ce que les lampes puissent brûler partout avec facilité et à ce que la proportion ne dépasse jamais 5 %. Ce gaz, grâce à sa densité considérable, 1,5, se maintient à la sole des chantiers et devient par là encore plus à craindre ; en effet, le mineur pris d'un étourdissement par suite de la présence de l'acide carbonique, et qui tombe à terre, rencontre une couche encore plus contaminée et est perdu irrévocablement. L'acide carbonique provient souvent de l'attaque des calcaires du gîte par l'acide sulfurique résultant de l'oxydation des pyrites ; il peut s'accumuler dans des poches fermées et y acquérir une tension suffisante pour provoquer des explosions. Les incendies souterrains sont aussi une source fréquente de l'acide carbonique, mais il est facile, par des barrages parfaitement entretenus, de s'opposer à l'invasion des gaz délétères provenant de ce fait. L'acide carbonique sort enfin souvent d'anciennes fissures volcaniques pour les filons situés sur les confins de semblables massifs ; il arrive même quelquefois avec une température élevée et sous une certaine pression qui est suffisante pour soulever les schistes ou le charbon en l'effoliant et déterminant des explosions. Les *vapeurs mercurielles et arsenicales* sont produites principalement par les chocs multipliés des outils d'acier contre les minerais riches en cinabre ou en mispickel ; les mineurs subissent à la longue les funestes effets de ce genre d'intoxication et il est bon d'alterner pour eux les travaux souterrains avec ceux du jour ou de l'agriculture. Les *poussières* que l'atmosphère des mines recèle sont des corpuscules ténus qui, dans toutes les circonstances, sont fâcheux pour la respiration et, dans certains cas, peuvent être toxiques comme ceux des minéraux de l'arsenic et du cinabre dont nous venons de parler, du plomb et du cuivre. On a imaginé des appareils respiratoires renfermant une éponge mouillée à travers laquelle le mineur respire l'air qui s'y décharge de ses poussières, mais il est fort difficile d'y assujettir les hommes.

Le grisou est sans contredit le plus redoutable élément que recèle l'atmosphère souterraine, celui qui détermine le plus grand nombre d'accidents ; sa base essentielle est le gaz des marais ou hydrogène protocarboné dont la proportion atteint parfois 98 % et reste le plus souvent comprise entre 80 et 92 %. L'acide carbonique se trouve mélangé à l'air grisouteux et peut atteindre la proportion de 60 % ; on a rencontré également l'hydrogène bicarboné, le méthyle à dose d'un centième, divers hydrocarbures et plus rarement l'hydrogène. La densité du grisou est en moyenne de 0,69 ; ce gaz léger a donc toute tendance d'occuper dans les travaux le toit des galeries et c'est par la partie supérieure qu'il conviendra d'assurer les moyens d'évacuation naturelle dans les étages supérieurs. Un fait remarquable, c'est que, dès qu'un certain degré d'agitation de l'atmosphère a nettement déterminé le mélange de l'air pur ou du grisou, celui-ci ne se liquate plus et reste dissous dans la masse de l'air dont il ne se sépare pas. Le grisou n'est pas vénéneux, il est asphyxiant ; il est inodore, incolore ; on a pourtant remarqué dans l'air, où se dégage le grisou, des filaments blanchâtres qui gagnent le faîte des excavations, et seraient dus, d'après Dumas, à la différence du pouvoir réfringent de l'air et de l'hydrogène protocarboné jointe à la précipitation d'un peu de vapeur d'eau par suite du refroidissement dû à la dilatation. Le grisou est insipide, bien qu'on lui ait attribué parfois un léger goût de pomme ; il est considéré par les chimistes comme insoluble ; cependant, plusieurs observations faites avec soin ont montré des eaux chargées de gaz des marais. Le grisou ou hydrogène carboné est un corps combustible dont les deux éléments sont susceptibles de s'unir avec l'oxygène pour former de l'eau et de l'acide carbonique ; cette combinaison peut s'effectuer différemment, suivant les cas ; si un jet de grisou pur a été enflammé dans le sein d'une masse d'air pur, il brûle avec une flamme blanche ; si, au contraire, le grisou, déjà mélangé d'air en proportion convenable, s'écoule encore en forme de bec enflammé dans une atmosphère d'air

pur, il brûle avec une flamme bleue légère. Si enfin, une masse
d'air grisouteux renfermant le gaz des marais dans les proportions que nous allons indiquer vient à subir le contact d'une
flamme, elle éclate dans toute son étendue avec une forte
détonation. L'étude de ces proportions présente le plus grand
intérêt ; si la quantité de grisou n'atteint pas 4 centièmes, on
n'observe rien de spécial par les moyens ordinaires, mais à
partir de ce point la flamme des lampes s'environne d'une
auréole bleuâtre en même temps qu'elle s'allonge et devient
fuligineuse ; à 6 % la flamme est très longue ; à 8 % l'inflammation se propage dans la masse avec lenteur ; mais de
12 à 14 %, l'explosion instantanée atteint son maximum
d'énergie ; au delà, on traverse, en sens contraire, toute une
série d'effets analogues ; vers 20 %, on se retrouve dans les
mêmes conditions qu'à 6 % et à 30 % la lampe s'éteint. Ces
observations doivent être faites avec la lampe de sûreté ;
l'action de ce gaz sur les flammes des lampes est un guide
certain pour en apprécier la présence et la proportion ; en élevant lentement la lampe dans un chantier à grisou, en prenant soin de cacher à l'œil, à l'aide du doigt, la partie la plus
brillante de la flamme, on observera nettement à l'intérieur du
treillis les phénomènes que nous venons de décrire. La pression du grisou est souvent importante ; lorsque ce gaz se
dégage à un front de taille, l'oreille perçoit un bruissement
particulier que les mineurs appellent le *chant du grisou* ; dans
certains cas, en faisant directement dans le massif des trous
de sonde et y insérant un manomètre, on a reconnu, dans le
Flénu, par exemple, les pressions énormes de vingt et vingt-
trois atmosphères, ce qui pourrait, jusqu'à un certain point,
donner la clef des phénomènes encore si obscurs connus sous
le nom de dégagements instantanés.

En général, la richesse en grisou d'une mine paraît être en
relation avec la nature grasse de la houille, les charbons
maigres et secs ne dégagent pas de grisou ; cependant la raison déterminante de ces différences paraît devoir être cher-.
chée non seulement dans la nature du combustible lui-
même, mais encore dans celle du toit qui a servi en quelque
sorte de couvercle, pour renfermer dans la couche tous les

produits de son métamorphisme ; suivant que le toit s'est trouvé étanche ou perméable, le gaz est resté prisonnier ou a pu s'échapper au dehors. Dans certaines circonstances, le gaz s'est accumulé dans des cavités naturelles fermées par le haut en forme de poche, formant ces dépôts funestes connus sous le nom de *sacs de grisou* ; dans d'autres cas le grisou forme un *soufflard*, sorte de fontaine de gaz dont la durée parfois éphémère peut aussi se compter par mois, par années, et qu'on a utilisé pour fournir à l'éclairage des abords extérieurs du puits. Le grisou, en dehors des mines de houille, se rencontre très rarement ; pourtant on le signale dans les mines de sel, de soufre et même dans les mines de plomb, de zinc ou de cuivre.

On a cherché la relation qui existe entre les dégagements gazeux et les mouvements du *baromètre* ; on est en désaccord lorsqu'il s'agit de se prononcer sur l'importance effective de cette influence, bien que tout le monde soit unanime pour admettre le fait en lui-même, sans toutefois le généraliser ; en effet, dans la plupart des cas, le dégagement a lieu avec une pression bien supérieure aux variations barométriques qui ne peuvent être que faibles. On ne saurait d'ailleurs chercher la démonstration de la corrélation entre la baisse barométrique et l'invasion grisouteuse, dans une simultanéité rigoureuse de ces deux circonstances ; on admet avec raison un certain retard, pour le retentissement de la première sur la seconde, mais il est permis de penser qu'on l'a poussé jusqu'à l'exagération en acceptant un délai de trois jours pour mettre en rapport ces deux ordres de faits. La Commission du grisou, après un examen approfondi, n'a pas jugé la question des influences atmosphériques sur les dégagements intérieurs suffisamment mûre pour une décision absolue et définitive, tout en inclinant à conclure que l'influence barométrique est au moins douteuse, et que, dans le cas où elle se ferait sentir, elle ne paraît pas de nature à modifier d'une manière très importante les conditions de sécurité des mines à grisou. On voit par ce qui précède que ce qu'on peut appeler le régime du grisou est très variable et doit être étudié avec soin dans chaque mine, **afin d'éviter les circonstances qui peuvent amener des dégagements subits et considérables.**

VENTILATION DES MINES. — Lorsqu'il s'agit de créer un système général de ventilation d'une mine, le premier point à envisager est la fixation du *volume d'air* pur qu'il faudra envoyer dans les travaux ; il règne malheureusement un grand désaccord entre les diverses indications fournies à cet égard, ce dont il ne faut pas s'étonner si l'on réfléchit à la multiplicité des influences dont dépend cette question si importante et dont les principales sont le développement des travaux souterrains et les conditions particulières de l'air intérieur, sa teneur en grisou dans les mines sujettes à l'invasion de ce gaz délétère. Dans une mine où il n'y a aucun dégagement du gaz funeste à craindre, on peut compter le nombre des ouvriers et des lumières, doubler ou tripler la quantité d'air ainsi altéré, faire la part des causes d'altération qui ne peuvent être calculées et déterminer ainsi *a priori* la quantité d'air à introduire; mais dans les mines de houille, dans toutes celles qui sont sujettes au grisou ou à l'acide carbonique, il y aurait imprudence à ne pas combiner à l'avance un système d'aérage et à ne pas en préparer les moyens d'après des chiffres plus élevés. L'instruction ministérielle de 1872, relative aux mesures de sûreté et à l'aérage, se base sur ce que la quantité de grisou qui se trouve déversée journellement dans la mine peut être considérée, pour un même gisement, comme proportionnelle au tonnage de l'extraction quotidienne, suivant que celle-ci est poussée avec plus ou moins d'activité ; mais comme il est impossible de préciser le nombre de mètres cubes d'air qui varie d'une houillère à une autre, d'après la caractéristique plus ou moins grisouteuse de chacune d'elles, la circulaire réclame un nombre de mètres cubes d'air par seconde, variant entre un vingtième et un dixième du nombre de tonnes extraites en vingt-quatre heures. On a également adopté d'autres bases d'évaluation que celle du tonnage de l'extraction ; Callon réclame 12,5 litres d'air par minute pour l'homme et le triple pour le cheval. M. Demanet indique 25 mètres cubes par homme et par heure, dont 14 pour l'ouvrier, 7 pour la lampe et 4 pour combattre les miasmes ; il adopte encore le triple pour un cheval. La Compagnie de Blanzy envoie 80 mètres d'air par seconde et par homme dans les puits grisouteux.

Il est nécessaire de bien opérer le *brassage* du courant, sans quoi le fluide tendrait à cheminer par filets parallèles qui ne se mélangeraient que difficilement par diffusion. La ventilation ne doit pas avoir trop d'*activité*; on comprend en effet que, si l'on ne va pas jusqu'à noyer le gaz dans une quantité d'air suffisante pour abaisser sa proportion au-dessous du point explosif, tout ce qu'on ajoute d'oxygène devient un aliment pour sa combustion. On tiendra compte de la *dépression motrice;* on appelle ainsi l'excès de tension que présente l'air de l'extérieur à l'intérieur, différence qui détermine la mise en mouvement du fluide, et qui est en général de quelques centimètres d'eau. La *vitesse* ne doit pas varier entre des limites trop étendues ; la valeur la plus convenable paraît être 1^m60 et l'on ne doit pas dépasser 1^m20 par seconde ; trop faible cette vitesse ne déterminerait pas un entraînement certain des mauvais gaz ; elle n'empêcherait pas leur liquéfaction et leur stationnement dans les anfractuosités des excavations ; trop grande, elle tend à faire sortir la flamme des lampes de leur treillis métallique protecteur, à soulever les poussières et à nuire aux hommes en transpiration.

On se procurera les valeurs des trois données fondamentales qui viennent de nous occuper : le volume, la dépression, la vitesse ; elles se réduisent au fond à deux d'après l'équation mathématique qui ramène l'évaluation du volume à celle de la vitesse ; de là en réalité deux classes d'appareils : les *anémomètres* destinés aux mesures tachométriques et les *manomètres* à l'appréciation de la dépression. Pour mesurer la vitesse d'un courant d'air, on peut avoir recours à deux moyens principaux ; le premier est analogue au flotteur lancé sur un cours d'eau de mouvement uniforme ; on se sert en effet comme flotteurs, dans le cas de courant d'air, d'une substance odorante qui avertit nettement de son arrivée ; on brise une ampoule d'éther sur une pelle avec un marteau à la station d'amont, on informe par le bruit l'observateur d'aval du moment du départ ; il observe dès lors une montre à secondes jusqu'à l'arrivée de la bulle odorante. On peut aussi avoir recours à l'amadou dont l'odeur est très caractérisée ou à la la poudre si la mine est exempte de grisou. La seconde méthode consiste dans l'emploi d'appareils tachométriques proprement dits ; ces appareils, quels qu'ils soient, auront toujours besoin d'un tarage qui permette d'interpréter, pour en déduire la valeur numérique de la vitesse en mètres par seconde, les indications concrètes qu'ils fournissent : angles, nombre de tours, etc. L'anémomètre de Dickinson consiste en un petit volet très léger ou une bulle de sureau suspendue à un fil ; ces corps se tiennent dans une position verticale quand l'air est en repos et ils s'en écartent plus ou moins suivant la vitesse du courant ; on apprécie la déviation à l'aide d'un arc gradué que l'on installe lui-même au moyen d'un fil à plomb. M. Lechatelier fait intervenir l'emploi de l'élasticité comme force antagoniste au moyen d'une feuille de papier prise dans une pince verticale et fléchie par le courant sous un angle que l'on apprécie au moyen d'un arc gradué. Les moulinets anémométriques dérivent tous de celui imaginé par Woltmann pour les liquides ; l'un des types les plus employés est l'anémomètre de Biram dont l'organe essentiel reproduit en miniature la roue du moulin à vent. Sous l'impulsion du courant, l'arbre tournant prend une vitesse croissante jusqu'à ce qu'il s'établisse un équilibre entre la force motrice, variable avec la vitesse de l'air, et les résistances passives que cette rotation met en jeu ; un compteur commandé par un embrayage qui permet de ne le faire entrer en jeu qu'au moment où la vitesse du régime est régulièrement établie, sert à totaliser le nombre de tours effectués pendant un intervalle de temps que l'on mesure d'autre part. On se sert beaucoup depuis quelques années d'appareils fondés sur l'emploi des tubes de Venturi, sous la forme perfectionnée d'ajutage convergent-divergent ; on sait qu'il se produit dans son étranglement une dépression proportionnelle à la charge motrice, c'est-à-dire au carré de la vitesse.

Les appareils *manométriques* employés dans l'industrie sont aujourd'hui très nombreux, mais tous ne sauraient convenir indistinctement pour la mesure des faibles dépressions qui caractérisent l'atmosphère des mines. On se sert d'un manomètre à réglette mobile, dont l'une des branches du tube en U est effilée et ouverte au jour, tandis que l'autre communique avec l'intérieur par l'intermédiaire d'un raccord en caoutchouc et d'un tube de cuivre ; une vis de rappel fait monter ou descendre la règle graduée de manière à faire affleurer son zéro au niveau inférieur, afin de n'avoir qu'une seule lecture à effectuer dans le plan supérieur ; un petit niveau à bulle permet d'assurer la verticalité de l'appareil. Le *mouchard* de Mons, perfectionné par M. Touneau, consiste en un flotteur dont le niveau varie avec la dépression du liquide et qui porte un style mobile devant un cylindre tournant. Dans les mines les résultats de l'emploi des appareils de mesure sont consignés sur un registre spécial, avec toutes les circonstances qui s'y rapportent.

Aménagement du courant. — Si le courant était abandonné à lui-même, il s'ouvrirait un chemin par la voie qui lui offrirait le moins de résistance ; en dehors de ce parcours toute la masse resterait à l'état stagnant ; il faut donc diriger ce courant de proche en proche en disposant, sur les points où plusieurs directions s'offrent à lui, des obstacles capables de le forcer à prendre celle qui est utile. Les moyens employés à cet effet sont les portes, les tuyaux ou canars, les barrages ou cloisons. Les *portes d'aérage* ont pour effet d'interrompre le courant d'air, sur des points qu'il est nécessaire pourtant de traverser à certains moments ; on doit soigner leur construction afin d'éviter les déperditions d'air par les joints latéraux et par dessous en raison de la hauteur des rails. Les portes sont en général faites en bois et avec une grande solidité, les plus importantes sont gardées par des portiers, mais le plus souvent elles sont manœuvrées simplement par les hommes qui passent. On les fait battantes et même à doubles battants quand la galerie est à double voie ; chacun des deux vantaux s'ouvre alors dans le sens de la circulation affectée à la voie correspondante. Dans certaines mines on a disposé sur les châssis des bandes de caoutchouc qui reçoivent la pression de la porte battante et assurent une fermeture plus étanche. S'il s'agit de conduire l'air au fond d'une galerie en cul-de-sac, trop longue pour que l'on puisse compter uniquement sur la diffusion, on emploie de gros tuyaux de tôle ou de zinc appelés *canars,* lutés avec du suif, de 0^m20 à 0^m30 de diamètre ; on les pose dans les angles des galeries, à terre ou au plafond. Pour forcer l'air à circuler dans les canars on peut se contenter de barrer la galerie d'arrivée à l'aide d'une porte et d'encastrer dans son châssis le tuyau qui va déboucher au fond du cul-de-sac ou, si ce moyen est insuffisant, on emploie un ventilateur spécial à bras.

On préfère, quand c'est possible, des *cloisons* régnant sur toute la hauteur de la galerie, dont elles partagent la section en deux travées très inégales, la plus petite constituant ce qu'on appelle un goyot ou *carnet d'aérage*. Les cloisons se font en planches dont les joints sont recouverts de lut argileux; elles peuvent être horizontales et former planchers dans la galerie. Les *barrages* qui sont construits en maçonnerie offrent plus de résistance à un coup de feu, aussi les emploie-t-on pour s'isoler de vieux travaux remplis de grisou ; on les exécute alors en *corrois*, c'est-à-dire garnis d'argile et engagés dans les parois entaillées de manière à être complètement imperméables. On exécute avec le même soin les constructions qui doivent déterminer la circulation, telles que les croisements de deux directions.

La disposition générale du courant dans l'intérieur de la mine doit être l'objet d'une étude attentive et son aménagement soumis à certains principes importants ; nous énoncerons en premier lieu la règle de la *circulation ascensionnelle* qui consiste en ce que l'on doit faire arriver le courant d'air par le pied du puits le plus creux et le développer ensuite de manière qu'il aille toujours en montant, en n'admettant, autant que possible, aucun parcours de haut en bas, ou à rabattement. On en peut donner les principes suivants : l'air tend, par son introduction dans la profondeur, à s'échauffer et par suite à se dilater, en outre il se charge de vapeur d'eau et de grisou, ce qui diminue sa densité ; le fluide aura donc une prédisposition naturelle à s'élever lorsqu'il aura subi ces influences et on évitera les accumulations dans les parties supérieures. Le principe de la *subdivision du courant* est tout aussi essentiel que le précédent, on trouve un grand avantage à fractionner le courant en plusieurs branches et à le faire circuler dans des groupes isolés qui se trouvent ainsi aérés indépendamment les uns des autres, au lieu de le conduire le long du lit unique successivement dans toutes les parties de la mine. L'idéal de l'application serait que chaque quartier eût sa circulation spéciale, avec une entrée et une sortie distinctes au jour, mais ce desideratum ne peut être obtenu que lorsque la division du gîte en couches distinctes apportera sous ce rapport des facilités spéciales. C'est à la clarté de ces principes que l'on devra discuter, au point de vue de l'aérage, la méthode d'exploitation ; une marche ralentie et prudente, avec une suffisante dissémination des quartiers, est à conseiller à ce point de vue, de manière à pouvoir toujours reporter le personnel d'un point sur un autre, pour ne jamais travailler dans le grisou.

VENTILATEURS. — Le problème de la ventilation, en outre du problème du meilleur parti à tirer du courant d'air pour la sécurité de la mine, présente aussi le problème des moyens de mise en mouvement de ce courant. Il existe à cet égard deux classes de procédés : l'aérage mécanique et l'aérage sans machines; nous nous occuperons tout d'abord de la première. Le ventilateur de mines s'installe au débouché d'un puits ou d'une galerie ; il est nécessaire d'y établir une *fermeture* afin de ne permettre la communication de l'intérieur avec l'extérieur qu'à travers le mécanisme. Il existe des fermetures mobiles pour le cas où le puits d'extraction doit servir en même temps à l'introduction de l'air actionné par un ventilateur foulant ; la cage enlève alors cet obturateur sur son toit au moment de la sortie, pour lui substituer son propre plancher pendant qu'elle repose sur le clichage. Un obturateur fixe, à fermeture hydraulique très étanche, consiste en une cloche métallique équilibrée presque exactement par des poids suspendus à des chaines passées sur des poulies ; cette cloche baigne dans l'eau que renferme une rainure circulaire ménagée autour du puits ; dans ces conditions, le moindre coup de feu aura pour premier effet d'enlever la cloche en décoiffant le puits et en donnant passage aux gaz.

En général les *moteurs d'aérage* sont à un seul cylindre horizontal, se rapprochant beaucoup des types ordinaires de l'industrie ; on s'attache seulement à n'adopter que des dispositions qui permettent le graissage en pleine marche, car un arrêt sera toujours fâcheux pour le genre de service que doit faire le moteur. Tant qu'on ne dépasse pas 40 à 60 tours par minute, on peut faire attaquer directement l'arbre du ventilateur par la machine motrice, mais au delà il sera plus sûr et plus économique d'entretien d'employer une transmission de mouvement par poulies et courroies.

Sous le rapport de leur fonctionnement on distingue les ventilateurs *soufflants* ou *aspirants*; les appareils soufflants présentent l'avantage de contribuer par leur dépression à tenir en respect les soufflards et les fumées des incendies, tandis que l'aspiration aide le mauvais air à envahir les travaux; mais il est utile de remarquer que cet argument se retourne en sens inverse, à l'avantage des ventilateurs aspirants, dans le cas d'un arrêt résultant d'une avarie quelconque; dans un pareil moment, le rétablissement spontané de l'égalité de pression du dehors au dedans aura pour résultat, avec la ventilation aspirante, de faire monter le manomètre dans les travaux, ce qui tendra à contre-battre d'autant les soufflards. Le ventilateur aspirant s'installe sur le puits de sortie et l'appareil soufflant sur le puits d'entrée; la très grande majorité des ventilateurs de mines appartient au premier type.

Nous avons vu que la circulation doit être ascensionnelle, il faut donc envoyer l'air frais au pied du puits le plus creux, qui est toujours le puits d'extraction, et bien qu'il ne soit pas impossible de le clore au moyen d'une fermeture mobile, ce qui serait nécessaire pour l'installation d'un ventilateur soufflant, la gène qui en résulte pour une extraction active et les pertes d'air qui l'accompagnent décident généralement, comme nous venons de le dire, en faveur d'un appareil aspirant établi sur l'orifice du puits de sortie, en laissant libre celui d'extraction. Certains ventilateurs sont réversibles; on transforme le ventilateur aspirant en ventilateur soufflant, ou réciproquement, par un simple renversement du sens de la rotation; il est intéressant en effet dans certains cas de changer à volonté le sens du courant. Si les ventilateurs ne sont pas construits pour tourner dans les deux sens, il est toujours possible de leur faire remplir alternativement l'une ou l'autre fonction au moyen d'un simple jeu de portes d'aérage.

M. Murgue partage l'ensemble des ventilateurs en deux classes qu'il appelle *volumogènes* et *déprimogènes*; dans les premiers une série de cloisons mobiles vient découper l'atmosphère de la mine en tranches, qu'elles emprisonnent dans les compartiments compris entre elles et un coursier fixe, puis elles les poussent le long de ce coursier et finissent par les rejeter au dehors. Le vide que chaque tranche laisse derrière elle se trouve comblé par l'air adjacent et celui-ci à son tour est remplacé de proche en proche aux dépens de l'atmosphère extérieure, qui est ainsi appelée à s'engouffrer dans le puits d'entrée; le mouvement du fluide prend alors par là naissance, il a lieu avec production d'une différence de tension d'amont en aval et il s'ensuit un certain degré de vide aux abords du ventilateur; celui-ci a donc pour fonction immédiate d'engendrer un volume et comme conséquence indirecte une dépression, de là l'expression de *volumogène*. Au contraire, dans les ventilateurs *déprimogènes*, la communication reste continue et libre entre la mine et l'extérieur; mais le milieu gazeux est troublé dans son équilibre par les mouvements du mécanisme qui le brassent énergiquement; il prend comme conséquence une certaine gradation de tension, la dépression créée détermine un appel dans les régions qui l'avoisinent et, par suite, un écoulement continu. Le ventilateur produit donc directement de la dépression et celui-ci, à son tour, engendre comme conséquence un certain débit de volume; de là le nom de *déprimogène*. Ces derniers ventilateurs sont de plus en plus en faveur.

Parmi les nombreux types de ventilateurs volumogènes, nous citerons le *ventilateur Fabry* formé de deux roues identiques, réunies par des engrenages égaux, qui tournent en sens contraire avec des vitesses égales; ce sont par suite toujours les mêmes parties qui viennent en contact à chaque révolution. Chacune des deux roues est formée de trois rayons assemblés sous des angles de 120°; ceux-ci présentent à une distance du centre égale à la moitié de celle des axes de rotation une double potence, et enfin chaque demi-potence porte une came curviligne; les profils de ces dernières sont déterminés par la théorie des engrenages, de manière à rester en contact pendant le roulement des cercles primitifs. Les roues exécutent une partie de la rotation à l'intérieur de coursiers concentriques en maçonnerie ; dans ces conditions le ventilateur constitue pour le puits une fermeture, il y aura aspiration si les roues tournent en se rapprochant par le haut. Le ventilateur Fabry est directement réversible et devient un appareil foulant si l'on fait tourner les roues de manière qu'elles se rapprochent par le bas. On donne le plus souvent à chaque roue un diamètre de 3m30 avec une vitesse de 30 tours par seconde, ce qui permet d'avoir un débit de 15 mètres cubes par seconde avec une dépression de 20 à 40 millimètres d'eau et un rendement de 0,40.

Nous citerons seulement les ventilateurs Lemielle, Nixon, Struvé, la vis hydropneumatique Guibal, pour arriver aux ventilateurs déprimogènes de plus en plus répandus, comme nous l'avons dit, et dont le type est le *ventilateur à force centrifuge Guibal*. Ce ventilateur se compose (fig. 63) d'une roue de forme cylindrique tournant autour d'un axe horizontal parallèle aux génératrices de ses palettes ; celles-ci, en agissant sur les molécules d'air, leur impriment un mouvement dont les trajectoires les écartent du centre ; il en résulte que cette région centrale serait peu à peu vidée d'air, si la pression de l'atmosphère qui environne le ventilateur ne provoquait un antagonisme qui tend à refouler le fluide ; de là un état d'équilibre qui, une fois qu'il aurait pris naissance, persisterait autant que le régime de rotation ; mais on a soin d'ouvrir à travers l'une des joues de la roue un orifice central appelé *ouïe* que l'on fait communiquer avec l'intérieur de la mine ; dès lors l'air de cette région se précipitera dans le déprimogène par cette ouverture et il s'en trouvera successivement expulsé en donnant naissance à un courant continu. M. Guibal adapte à l'orifice une cheminée appelée *trompe*, à section élargie, qui ralentit progressivement l'écoulement et augmente le rendement de l'appareil. De nombreux systèmes ont été établis avec des nuances diverses d'après le ventilateur Guibal ; nous ne nous y arrêterons pas, nous dirons seulement que cet appareil a été développé jusqu'à d'énormes dimensions, 15 mètres de diamètre et une largeur de 3 à 4 mètres ; sa vitesse angulaire peut aller alors jusqu'à 100 tours par minute. Le débit dans des cas exceptionnels approche de 100 mètres cubes d'air par seconde et la dépression de 20 centimètres d'eau, le rendement est en moyenne de 0,60.

On construit des ventilateurs déprimogènes à impulsion

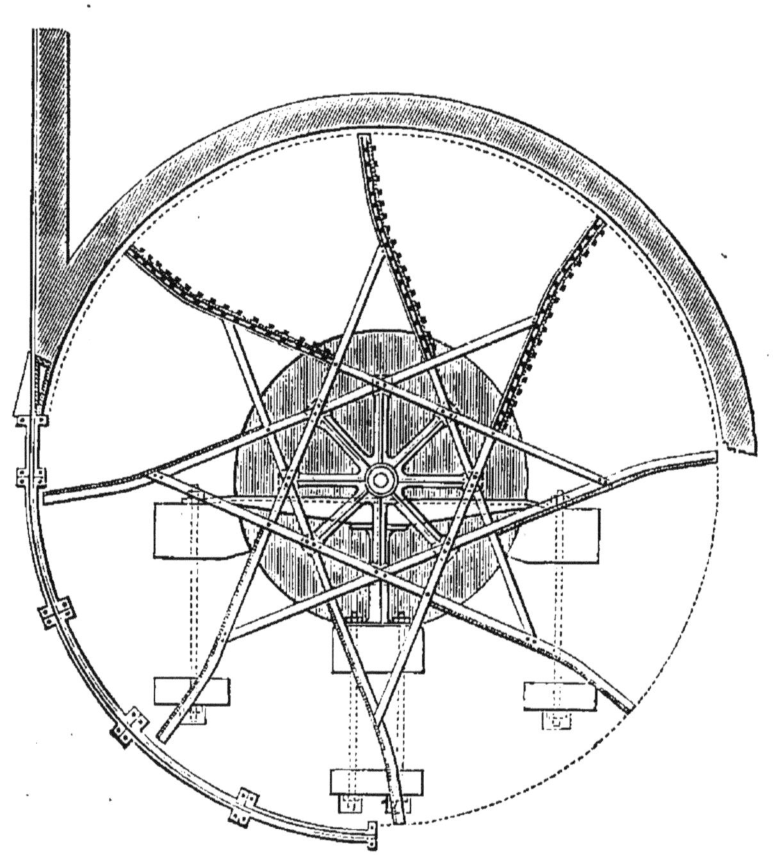

Fig. 63. — Ventilateur Guibal

oblique ; le ventilateur Pelzer, la vis pneumatique de Motte rentrent dans cette catégorie, mais ces appareils ne sont pas encore consacrés par la pratique.

MOYENS DIVERS D'AÉRAGE. — En dehors de l'aérage mécanique que nous venons de décrire sommairement, il existe un certain nombre de procédés pour l'aérage sans machines ; celui qui se présente tout d'abord est l'*aérage naturel ;* c'est la ventilation qui naît spontanément de la configuration même des travaux et de la disposition relative des points d'accès par lesquels ils se trouvent mis en relation avec l'atmosphère extérieure. Ce principe présente sur tous les autres l'avantage de l'économie, mais cette considération doit s'effacer devant celle de la sécurité que ne donne pas toujours l'aérage naturel. Lorsque les travaux souterrains sont à grande section, que les puits sont peu profonds, les galeries droites et surtout peu développées, il se produit presque toujours des courants d'air naturels ; cette circulation de l'air résulte de la température constante qui existe dans les mines, tandis que la température à l'extérieur varie dans des limites très éloignées d'une saison à l'autre, et dans des limites moins distantes du jour à la nuit. En comparant la température souterraine à celle de l'extérieur qui sera quelquefois de — 12° et + 20° en hiver, de + 20° et + 30° en été, on voit qu'il se présentera des cas où les densités de l'air intérieur et extérieur seront tellement différentes qu'il y aura un aérage spontané ; en été l'aérage sera généralement beaucoup plus difficile, et même l'équilibre ou stagnation existera naturellement dans un assez grand nombre de cas ; en un mot, la mine se trouvera pendant quelque temps sans aérage. Dans certaines mines on voit pendant les jours d'orage le courant s'arrêter, l'air devient lourd, les hommes sont pris d'une sorte de faiblesse et la production s'en ressent immédiatement. En hiver, en admettant que les travaux communiquent à l'extérieur par deux orifices, l'air extérieur étant le plus dense entre par l'orifice dont le niveau est le plus bas et sortira suréchauffé par le niveau supérieur, et si, ce qui arrive fréquemment dans les houillères, les parties supérieures renferment d'anciens feux donnant beaucoup d'acide carbonique, l'aérage étant montant refoulera ce gaz ; mais en été, il tendra à le rabattre, en ayant pour cela l'aide de la densité de ce produit délétère qui infectera les étages inférieurs. Ces considérations montrent que l'aérage artificiel, avec ou sans machines, présente des chances de régularité et d'efficacité plus satisfaisantes que la ventilation naturelle. La statistique des accidents s'est montrée favorable à cette manière de voir, là où des moyens artificiels ont été substitués à l'aérage naturel.

On a essayé d'activer l'aérage naturel en développant sa cause essentielle, qui est la différence de niveau des débouchés; il suffit pour cela de surmonter le puits le plus élevé d'une *cheminée d'aérage* qui en reporte l'orifice à une plus grande hauteur; il est clair que ce moyen présente l'inconvénient de condamner absolument le puits à ne servir que de voie d'air, sans qu'il soit possible d'y installer aucun service.

L'aérage naturel étant fondé sur une différence de température, on s'est trouvé amené à le produire d'une manière artificielle à l'aide d'un *foyer d'aérage*; en effet, si l'on dispose un foyer dans un des puits, ce foyer, devant puiser à l'intérieur l'air nécessaire à sa combustion, produira un appel de l'air vers le point où il sera placé; en outre l'échauffement de la colonne d'air qui traversera ou touchera le foyer ajoutera encore à ce mouvement d'appel et le courant déterminé sera d'autant plus énergique que le foyer sera plus puissant. Ces foyers peuvent donc être combinés de manière à venir en aide à l'aérage spontané, on peut à volonté les activer ou les ralentir et même ne les faire fonctionner que dans les saisons défavorables; les frais d'installation sont peu élevés et l'on peut dans les mines de houille consacrer à leur entretien des combustibles de rebut.

On appelait autrefois *toque-feu* une corbeille métallique remplie de charbon incandescent et suspendue, à l'aide d'un treuil et d'une chaîne, dans le puits de retour d'air. Quand le combustible était à peu près consumé, on remontait cette corbeille pour la recharger et la descendre en place; la nécessité de ces manœuvres répétées empêchait d'installer le toque-feu à une grande profondeur et, outre que cette disposition présente un danger inacceptable dans les mines grisouteuses, elle est irrationnelle, car la vraie place du foyer est au fond du puits de retour d'air afin que le mouvement se produise dans toute la hauteur du puits comme dans une cheminée. On adapte au contraire fort bien les foyers d'aérage aux mines larges, ils permettent d'obtenir des dépressions supérieures à celles que fournissent les ventilateurs dans les mêmes conditions ; le contraire a lieu pour les mines étroites. On peut en revanche reprocher aux foyers les inconvénients suivants : leur effet dépend dans une large mesure de l'hygrométricité de l'air, il est souvent entravé par l'humidité des puits d'aérage ; on peut toujours redouter des chances d'incendie, malgré la précaution qui ne doit jamais être omise de les établir dans le rocher, de les écarter de tout boisage et de les environner de doubles muraillements. Lorsque la dépression à produire pour faire circuler depuis l'orifice d'entrée jusqu'au foyer le volume d'air exigé par les travaux est égale au poids d'une colonne d'air à la température ordinaire ayant pour hauteur la profondeur du puits de sortie, les foyers cessent de produire aucun effet. Les foyers ne sont pas toujours possibles avec les mines grisouteuses, l'air nécessaire qui arrive pour alimenter la combustion pourrait être en certains cas tellement chargé de grisou qu'il fût explosible ; pourtant dans le Nord où les foyers d'aérage sont très répandus, on obvie à ce danger en alimentant le foyer de tirage, non pas avec l'air qui a parcouru les travaux, mais avec de l'air arrivant directement du dehors par une série de petits puits latéraux qui servent à la descente des ouvriers ; en Angleterre, on se contente généralement de choisir pour l'alimentation du foyer, parmi les branches du courant d'air revenant des divers quartiers des travaux, celle qui ramène le moins de grisou.

Malgré ces précautions, l'emploi des foyers dans les mines infectées n'est pas sans péril et, pour s'assurer complètement contre les chances d'inflammation du grisou, on a essayé l'emploi d'un *calorifère* où le feu ne se trouve plus en contact avec l'air revenant des travaux ; mais l'expérience n'a pas sanctionné cette tentative. On a essayé le *calorifère à vapeur* en faisant descendre et remonter dans des tuyaux non feutrés le produit de générateurs placés à la surface. On a obtenu un autre emploi de la *vapeur* en l'injectant au pied du puits de sortie, pour y déterminer un tirage ; la vapeur, produite dans de vastes chaudières établies à la surface, descend au fond du puits par de larges tuyaux. Ce principe déjà ancien n'a reçu de réelle efficacité que par l'introduction des appareils à ajutages, tel que l'injecteur Koerting. Le même principe peut être appliqué au moyen de *l'air comprimé*, si la mine est munie de compresseurs. On a employé pour les travaux préparatoires les cheminées extérieures des chaudières à vapeur en vue de déterminer un tirage dans la mine. On a essayé de profiter de l'influence du vent au moyen de *manches à vent* analogues à celles qui servent à ventiler la soute des navires ; ce moyen pourrait suffire pour un fonçage peu profond. La chute de l'eau en forme de *pluie* constitue un moyen efficace d'aérage ; l'injection de l'eau, dans les puits de mine placés en relation avec une galerie d'écoulement, était autrefois un procédé de ventilation assez répandu pour des travaux de faible développement. On doit aujourd'hui restreindre le rôle efficace de cette méthode au cas d'un sauvetage.

ASSAINISSEMENT SANS AÉRAGE. — Nous avons vu jusqu'ici qu'on arrivait par l'aérage à diminuer le degré de contamination de l'atmosphère souterraine ; on s'est proposé d'arriver au même but dans un ordre inverse, en réduisant le poids des impuretés produites dans un temps donné ; généralement les divers expédients employés se sont trouvés insuffisants dans la pratique, il est pourtant utile de les rappeler sommairement. La première idée qui vint aux exploitants fut de se débarrasser du gaz en laissant la liquidation s'opérer et en y mettant le feu en l'absence des ouvriers ; à cet effet, un ouvrier couvert de vêtements en cuir mouillé, le visage protégé par un masque à lunettes, s'avançait en rampant sur le ventre dans les galeries où le grisou existait, se faisant précéder par une longue perche au bout de laquelle était une torche enflammée ; il sondait ainsi les anfractuosités des plafonds, le front des tailles et mettait le feu au grisou. Cette méthode qui a disparu vers 1830 du bassin de la Loire a des inconvénients nombreux. L'ouvrier appelé *pénitent* était exposé à des dangers tels qu'il en périssait un assez grand nombre ; lorsque le gaz, au lieu d'être simplement inflammable, était détonant, la solidité de la mine était constamment compromise par ces explosions ; le feu attaquait la houille et les boisages, les gaz qui résultaient de la combustion stationnaient dans les travaux, enfin il fallait dans certaines mines répéter jusqu'à trois fois par jour cette périlleuse opération. Cette méthode était également en usage dans les mines de l'Angleterre ; seulement le pénitent ou *fireman*, au lieu de porter lui-même le feu, le faisait mouvoir au moyen d'un curseur placé sur une ligne de perches placées bout à bout et dirigé par un système de cordes et de poulies. Le fireman se tenait à l'abri d'une niche pratiquée dans une galerie voisine, le danger était moindre, mais les autres inconvénients restaient les mêmes. Le moyen dit des *lampes éternelles* était évidemment meilleur ; il consistait à placer vers le toit des tailles et dans tous les points où le grisou se rassemblait des lampes constamment allumées qui brûlaient le grisou à mesure qu'il se produisait ; il ne pouvait se former de grandes accumulations de gaz détonant, mais il y avait production d'acide carbonique ; de plus ce système suppose une grande tranquillité de l'atmosphère, sans quoi le grisou, au lieu de s'accumuler au toit, se noierait dans l'atmosphère d'où il ne se liquaterait plus ; on admet encore ce procédé en Saxe.

On a songé à mettre à profit la propriété que possède le *platine en éponge* ou le *palladium* de produire la combustion spontanée, on a essayé de l'étincelle électrique. Mais toutes ces tentatives, basées sur la combustion provoquée du grisou, n'étaient que des palliatifs dangereux qui substituaient à un grand péril une série d'autres dangers moins imminents, mais également funestes. M. Minary a proposé le *captage* du grisou, pour l'évacuer au dehors ; il trace au plafond un système de rigoles et de puisards renversés, formés par un plancher à claires-voies destiné à combattre la diffusion. Des tubes de zinc ouverts à la partie supérieure conduisent le gaz au jour par une canalisation spéciale ; mais la ventilation reste nécessaire avec ce procédé et elle produirait une agitation dans l'atmosphère empêchant le captage du grisou. M. Minary a également proposé de se servir de tuyaux de poterie poreux provoquant la condensation du grisou mélangé à l'air sur la surface externe.

On a essayé comme *absorbants* le chlorure de chaux qui n'a donné que de mauvais résultats ; on s'est servi contre l'acide carbonique d'injections de chaux en poudre, de lessives de potasse et de soude et d'eaux ammoniacales, dans le cas où il fallait rentrer d'urgence dans une cavité envahie par ce gaz délétère. On a mis en avant un autre procédé consistant à empêcher, par une *pression dans les galeries* de 30 à 40 centimètres d'eau, le grisou de se dégager ; mais bien souvent le grisou sort sous une pression de beaucoup supérieure et ce procédé ne saurait avoir grand intérêt.

CHAPITRE XV

SERVICES DIVERS

Éclairage des mines. — Dans les mines que n'infeste pas le redoutable grisou, la question de l'éclairage est très simple. Quelques mines du Nord étaient autrefois éclairées à l'aide de torches de sapin ; l'emploi de la *chandelle* de suif s'est perpétué pendant des siècles et on en trouve encore des exemples. La chandelle est implantée dans une boule d'argile molle que l'on colle où l'on veut, ou dans un grossier chandelier de fer muni d'un manche pointu qui peut se piquer dans les bois de soutènement ; parfois, les hommes la portent au front dans une gaine qu'une courroie de cuir attache autour de la tête. On brûle 15 à 20 grammes de suif par heure; mais ce mode de combustion, surtout dans les courants d'air, est extrêmement gênant. La *lampe*, plus propre et plus commode, est aujourd'hui presque partout adoptée ; on l'alimente d'huile dont la consommation varie de 10 à 15 grammes par heure ; la seule condition qu'on lui impose est d'être solide, facile à accrocher et de se renverser difficilement ; elle doit être pourvue d'une tige terminée en pointe ou en crochet. Divers modèles satisfont bien aux conditions de la pratique ; la lampe des houillères de Saint-Etienne est ovale, suspendue à un étrier de fer ; celle des mines du Hartz rappelle la forme des lampes antiques en terre cuite ; la lampe d'Anzin est en fer blanc et se porte au chapeau. Indépendamment des lampes portatives, on allume un certain nombre de *feux fixes* munis de réflecteurs et placés en des points importants ; dans certaines mines, on a réussi à capter le grisou pour l'utiliser en vue de l'éclairage de l'extérieur ; on a obtenu de meilleurs résultats de l'emploi de l'hydrogène bicarboné fabriqué dans des cornues installées au jour ou au fond.

On se servait, depuis 1760, dans les mines à grisou, du *rouet à silex* ; ce moyen d'éclairage est fondé sur cette propriété, plutôt admise que démontrée, que la simple incandescence de particules solides n'allume pas, en général, le grisou ; un ouvrier éclairait les tailles au moyen d'une roue d'acier qu'il faisait tourner contre un morceau de grès et les étincelles, ainsi produites d'une manière continue, suffisaient pour éclairer les mineurs ; il arriva bien quelquefois que ces étincelles mirent le feu au grisou, mais cette découverte, toute incomplète qu'elle était, ne fut pas moins déjà un bienfait réel. On a essayé de diverses *matières* phosphorescentes et surtout d'un mélange de farine et de chaux fabriquée avec des écailles d'huîtres, appelé phosphore de Canton, bien que la clarté éphémère et incertaine que produisaient ces matières fût d'une bien faible ressource. On a, dans des cas très rares, conduit jusque dans les travaux la lumière du soleil à l'aide de puissants *réflecteurs* ; un grand nombre d'inventeurs ont mis en avant le principe de la canalisation de l'air extérieur que l'on enverrait sur des feux fixes renfermés dans des globes fermés. Enfin, l'emploi de la *lumière électrique* a trouvé des partisans ; on peut cependant reprocher à ce moyen d'éclairage une trop grande intensité qui éblouit la vue et la rend incapable de distinguer les détails dans des ombres absolument noires ; de plus, on n'est pas assuré contre le danger de l'explosion en cas de rupture du globe en verre qui renferme la lampe. La lumière électrique a cependant rendu déjà de grands services dans plusieurs mines où elle est installée. La lampe Trouvé (fig. 64 et 65) a reçu de nombreuses applications pour les recherches dans les milieux explosifs.

La seule solution qui puisse encore aujourd'hui être considérée comme pratique, pour l'éclairage des mines à grisou, est la lampe à *treillis métallique* ; sa construction est basée sur la mémorable découverte de Davy, en 1815, relative à l'obstacle qu'un diamètre très réduit oppose à la propagation de la flamme dans des tubes étroits. Or, le passage à travers une toile métallique à mailles serrées peut être assimilé à l'ensemble d'un grand nombre de tubes de ce genre, très courts dans le sens de la normale ; le refroidissement des gaz en ignition est tel, en effet, que la flamme ne peut franchir la toile. Si donc on environne le porte-mèche d'un tube en treillis fermé au sommet par un toit semblable, la combustion du mélange gazeux autour de la mèche ne s'effectuera que dans l'intérieur de ce tamis, et la flamme ne pourra se propager à l'extérieur. La toile ne doit pas avoir de mailles trop larges qui laisseraient passer la flamme, ni trop fines qui ne refroidiraient pas assez complètement ; en France, on donne cent quarante-quatre

Fig. 64. — Lampe Trouvé

mailles au centimètre carré, bien que l'on ait été, dans le Gard, jusqu'à deux cent vingt-cinq mailles. Il faut toujours éviter qu'un courant d'air trop violent ne rejette la flamme hors du treillis sans lui donner le temps nécessaire pour se refroidir par le contact de la toile ; aussi, doit-on interdire de balancer les lampes ou de les suspendre au collier des chevaux. L'effet inévitable du treillis est une très grande déperdition de lumière ; on a remédié à cet inconvénient en ne faisant régner le treillis que sur une portion seulement de la hauteur et entourant la flamme d'un tube de verre pour en transmettre directement l'éclat (fig. 66). M. Mueseler a encore ajouté au tamis et à l'enveloppe de verre un troisième organe très important, c'est une cheminée métallique intérieure qui a pour but de forcer l'air, entré à travers les mailles du tamis, au-dessus du verre, à descendre jusque sur la flamme afin d'alimenter la combustion, pour remonter ensuite dans le cône, en raison du tirage qui s'y établit. La lampe Mueseler présente une grande facilité d'extinction, qui se manifeste dans trois circonstances différentes ; en premier lieu, l'appareil avertit de lui-même de la présence du grisou, en s'éteignant ; le même résultat se produit lorsqu'on incline la lampe ou lorsqu'on la pose brusquement, ou encore lorsqu'on descend vivement les échelles. Cette facilité d'extinction, avantageuse dans le premier cas, est un inconvénient dans les autres circonstances.

Fig. 65. — Lampe Trouvé

L'une des questions qui préoccupent le plus justement les constructeurs est le mode de *fermeture* ; il doit être, d'une part, très commode pour les lampistes et, de l'autre, impraticable pour le mineur auquel on remet sa lampe pleine, allumée et fermée. M. Villiers a introduit un mode très ingénieux de fermeture au moyen de pistons de fer doux à ressort, noyés dans le corps de la lampe, de manière à rendre impossible de les saisir ; ils empêchent le dévissage du culot, à moins qu'on ne les extraie préalablement, non avec les doigts ni aucun instrument, en raison de la précision du joint, mais à l'aide de forts électro-aimants mis en jeu par le lampiste, par une pédale et une machine Gramme. D'autres modes très nombreux de fermeture sont employés ; certaines lampes sont combinées de telle sorte que le seul fait de l'ouverture détermine préalablement l'extinction. Enfin, on cherche encore une garantie contre les tentations imprudentes d'ouverture dans une forte amende imposée par les règlements.

Nous n'entreprendrons pas de décrire les types spéciaux de lampes de sûreté qui ont été variés à l'infini, nous nous contenterons de parler des lampes Davy, Mueseler, Marsaut et Lechien. La *lampe de Davy*, qui a formé le point de départ de l'éclairage de sûreté, est encore employée dans beaucoup de mines ; elle se compose d'un culot en fer-blanc, sur lequel se

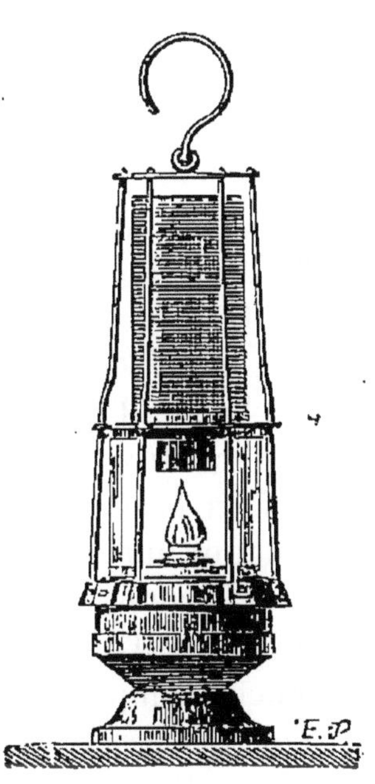

Fig. 66. — Lampe Davy

visse le tamis, monté sur une baguette filetée. Le chapeau est formé d'une toile redoublée pour diminuer l'action destructive de la flamme ; une armature formée de trois tiges seulement la protège contre les chocs. Le porte-mèche se visse sur le réservoir et la mèche est réglée avec une mouchette. La hauteur du tamis est de 0^{m}20, son diamètre de 0^{m}06 et le poids à vide de 0 kil. 50 ; elle contient 0 kil. 12 d'huile. La *lampe Mueseler* renferme le tamis et le diaphragme, la cheminée, l'enveloppe de verre, le réservoir avec son porte-mèche et sa mouchette et une armature de six montants. L'air descend entre le tamis et la cheminée, traverse le diaphragme, passe sur la mèche et remonte dans la cheminée ; le diaphragme suffit ordinairement pour contenir la flamme et l'empêcher de rougir le tamis ; cette lampe est lourde, elle pèse vide près de 1 kilog. et contient 0 kilog. 114 d'huile. La lampe Mueseler a été longtemps en possession du privilège d'inspirer aux ingénieurs une confiance absolue ; mais des doutes se sont récemment élevés sur la valeur de cette innocuité. Les expériences exécutées par MM. Mallard et Lechatelier ont constaté que cet appareil peut allumer le gaz extérieur, si on l'incline en le présentant au courant d'air ou s'il est soumis, dans une position verticale, à un vent plongeant. M. *Marsaut* a modifié la lampe Mueseler de manière à constituer un appareil entièrement nouveau, qui s'est vite répandu dans les houillères ; il supprime le diaphragme qu'il remplace par un second tamis concentrique au premier; en même temps il restreint la facilité d'extinction spontanée due à l'inclinaison de la lampe, en développant les facilités d'accès de l'air ; il environne la lampe d'une armure métallique pleine pour défendre le tamis contre l'influence directe du vent. Des fenêtres placées à sa base, au-dessus du cylindre de verre, servent à l'introduction indirecte de l'air et sont elles-mêmes garanties par une couronne pleine. L'enveloppe est facilement démontable, afin que l'ouvrier puisse vérifier l'état du treillis. Des expériences comparatives ont montré la supériorité marquée de la lampe Marsaut sur celle de Mueseler.

La lampe Mueseler ne s'ouvre ni ne se ferme assez rapidement et l'ouvrier, qui a dix lampes, par exemple, à rallumer, ne refermera la sienne qu'après avoir rallumé les dix autres. M. Lechien apporte, à cet égard, une modification à la lampe Mueseler ; ce changement permet de l'ouvrir et de la fermer en un instant, tout en lui laissant à l'ordinaire le caractère de lampe de sûreté (fig. 67). La partie supérieure de la lampe Lechien est obtenue en faisant, par le milieu du réservoir à l'huile d'un appareil Mueseler normal, une section horizontale; on enlève la partie supérieure qui s'unit à l'autre au moyen d'un joint hydraulique à eau ou à huile ou même d'un joint de sable. Cette portion supérieure se pose dans le bain qui forme fermeture étanche. Pour effectuer le rallumage, il suffit de soulever toute cette partie qui ne fait qu'une seule pièce. L'appareil conserve, d'ailleurs, les proportions qui constituent

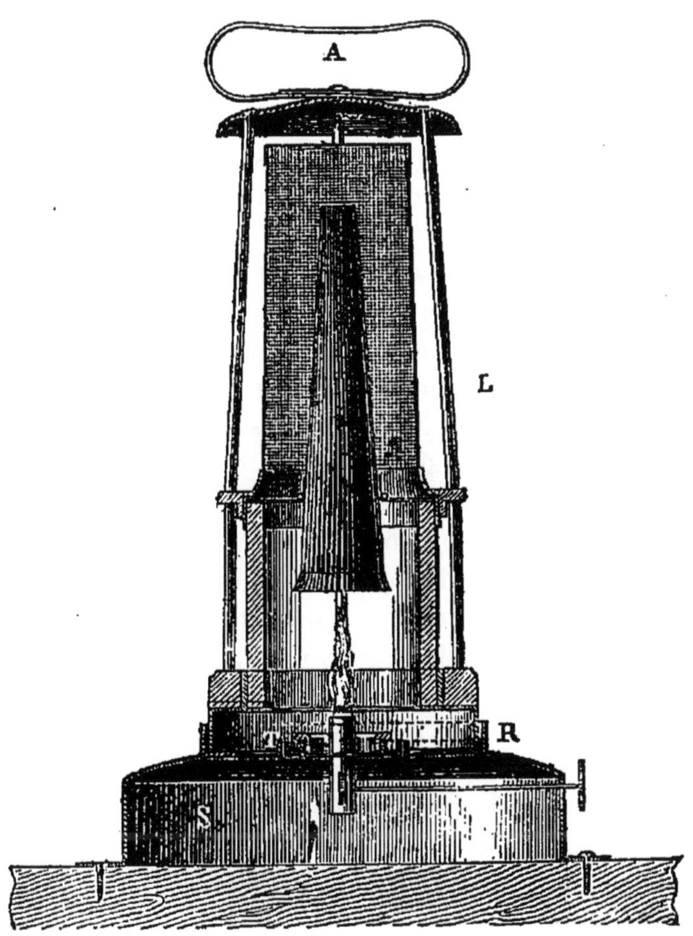

Fig. 67. — Lampe Lechien

A, est l'anneau-anse ; S, le socle-réservoir d'huile à poste fixe ; R, la rondelle en matière souple, cuir-caoutchouc : T, les tubes saillants pour le trop-plein du joint à l'huile ; L, les armatures de la lampe.

la lampe de sûreté. On peut compter, dès lors, qu'il s'éteindra de lui-même par l'approche d'effluves grisouteux inopinés, tandis qu'un feu en provoquerait l'explosion. Pour agir sur la mèche, le mineur se sert d'une mouchette ; elle consiste en un fil de fer qui est passé à travers un trou ménagé dans le culot. En montant ou descendant et tournant sur elle-même cette petite tringle, on peut nettoyer et effilocher la mèche.

RECHERCHE DU GRISOU. — Nous avons vu au chapitre de l'aérage que l'étude de la *flamme d'une lampe de sûreté* constitue le moyen le plus ancien et le plus employé pour la recherche du grisou dans les chantiers ; certains autres moyens ont été proposés pour faciliter les observations. On a conseillé d'adapter à la lampe un verre bleu de cobalt pour modifier l'aspect de la flamme, mais cette adjonction a été reconnue plus nuisible qu'utile. On a proposé d'installer des lampes fixes destinées à être examinées au spectroscope par des agents spéciaux appelés *chercheurs de gaz* ; enfin, divers appareils ont été imaginés pour recueillir l'air des mines et en effectuer dans le laboratoire l'analyse chimique plus ou moins complète. M. Coquillon a proposé, sous le nom de *grisoumètres*, deux appareils dont l'un est destiné aux essais de laboratoire, tandis que l'autre est portatif pour doser le grisou sur place dans les chantiers. Le principe employé fournit une analyse eudiométrique sans explosion ; un fil de palladium porté à la température blanche dans un milieu grisouteux, avec un excès d'oxygène, provoque la combinaison des deux gaz accompagnée de la disparition d'un volume double de celui du grisou ; la diminution est appréciée à l'aide d'une graduation dont la lecture fournit directement la proportion de gaz. D'autres appareils ont été proposés, mais, en général, ils manquent de certitude et réclament des manœuvres trop délicates pour le milieu auquel ils sont destinés.

ACCIDENTS DIVERS. — Les *coups de grisou* dans les mines de houille sont les accidents qui frappent le plus l'attention publique et font le plus grand nombre de victimes ; mais il est juste de dire qu'en raison des perfectionnements apportés dans l'exploitation, en ce qui concerne la sécurité, le rapport du chiffre des victimes à celui de l'extraction diminue chaque année. Les causes déterminantes de l'inflammation peuvent être une irrégularité dans le fonctionnement du foyer d'aérage, le tirage d'un coup de mine, l'emploi des lampes à feu nu dans les travaux ordinairement exempts de grisou, l'explosion d'une chaudière intérieure, le dévissage d'une lampe de sûreté, la sortie de la flamme produite par un courant d'air, la déchirure d'un tamis, une allumette enflammée au mépris des règlements, la présence d'un feu extérieur embrasant le gaz. Les hommes sont brûlés, projetés et brisés contre les parois, ou asphyxiés ; l'intérieur des poumons est désorganisé ; les boisages sont renversés, l'éboulement en est la conséquence, par suite l'obstruction des chemins d'air et des galeries par lesquelles pourrait s'effectuer le sauvetage.

Les *coups de poussière* sont la cause indubitable de certains accidents de mines, car on a vu directement la poussière s'enflammer là où le grisou n'avait jamais été observé ; la flamme était rouge et les ouvriers étaient brûlés dans la partie inférieure du corps. Il arrive plus fréquemment que les poussières viennent mêler leur action à celle du grisou dans les explosions dues principalement à ce gaz ; on en trouve la preuve dans les dépôts de coke friable qui tapissent souvent les boisages et qui indiquent que les pulvérins ont subi une distillation et une agglomération. Il est nécessaire d'assainir les mines au point de vue des poussières produites soit par les coups de mines, soit par toutes les manipulations que subissent les combustibles depuis leur extraction jusqu'au jour et qui s'accumulent rapidement ; le balayage des voies de roulage pratiqué tous les trois mois supprimerait une quantité considérable de pulvérin ; l'arrosage paralyse momentanément les propriétés des poussières. On a essayé l'addition de chlorure de calcium très hygroscopique en vue de résister à la dessiccation due au courant d'air et de dispenser même de l'arrosage, dans un air suffisamment humide ; ces essais ne paraissent pas avoir donné grand résultat; cependant, à Leycett, dans une mine très poudreuse, on a obtenu de bons résultats de l'emploi du sel marin ; on a, par là, purifié l'atmosphère incessamment chargée de pulvérin et rendu le séjour de la mine plus salubre pour les ouvriers. Il sera nécessaire, dans les houillères, d'éviter tout ce qui peut donner naissance au pulvérin, transbordements, traînages par paniers, descente des charbons dans des cheminées ; on cherchera de même à écarter toute cause d'inflammation, par-dessus tout on réglementera le tirage des coups de mine en proscrivant les coups de mine à la sole des galeries ; s'ils sont indispensables, il faudra balayer en avant sur 3 à 4 mètres de longueur et faire retirer les hommes à 50 mètres, distance que le feu des poussières, en l'absence du grisou, n'a jamais franchie jusqu'ici.

Une mine sujette au grisou doit être pourvue d'appareils pour le sauvetage des ouvriers asphyxiés et permettant de pénétrer dans les milieux impropres à la respiration. En France, les appareils les plus usités sont l'*aérophore* Rouquairol-Denairouze reposant sur l'emploi de l'air comprimé ; l'appareil portatif *Fayol* comprenant un soufflet carré, qui renferme 180 litres d'air ; l'appareil *Regnard*, dont la partie essentielle est un sac de caoutchouc rempli d'oxygène, qui vient revivifier indéfiniment l'air respirable qui a perdu ses propriétés en passant par les poumons et agit sur les produits de la respiration au moyen de réactifs très simples dont l'approvisionnement assure le fonctionnement pendant un temps assez notable.

Les *incendies* sont peu à craindre dans les mines métallifères où les seules substances combustibles sont les boisages; les houillères seules souffrent fréquemment de cet accident, qui peut provenir de la chute d'une lampe ou d'une flammèche sur la paille de l'écurie, d'un coup de mine débourré, d'un soufflard allumé par une explosion de grisou. Mais une des causes les plus fréquentes d'incendie réside dans le combustible lui-même quand il est, par sa constitution, susceptible de fermenter ; l'oxydation des pyrites en est souvent l'origine ; la dissociation de divers carbures qui donnent naissance à du grisou peuvent également y avoir une part. Quelques incendies souterrains ont une durée séculaire ; au-dessus du foyer, la terre est calcinée, des vapeurs chaudes s'en élèvent. Aujourd'hui, quand l'incendie est déclaré, on lutte directement contre lui par la méthode de l'*arrachage* ; on emprunte le secours de lances d'eau sous pression et on avance peu à peu en procédant par des barrages successifs et autant que possible par recoupes étroites plus faciles à barrer ; si le feu gagne en **hauteur, on l'attaque de préférence par-dessous. Si le feu prend** beaucoup de développement et marche plus vite que l'arrachage, on n'a d'autre ressource que de chercher à étouffer l'incendie ; il faut pour cela cerner le foyer par des *barrages* étanches en moellons ou en briques en aveuglant les fissures. Lorsque la lutte devient trop difficile, on peut encore tenter de faire la part du feu en déhouillant, à une distance suffisante, une tranche horizontale, ou une masse verticale et les remplaçant par un remblai argileux et étanche. Quand l'exploitant se voit vaincu dans la lutte qu'il a engagée contre le feu, il ne lui reste plus qu'à abandonner la mine pour procéder à l'extinction en grand de l'incendie ; un premier moyen est celui du calfeutrage complet ; une seconde méthode est l'emploi de l'acide carbonique ou de la vapeur d'eau. Enfin, un moyen radical consiste à noyer la mine si l'affluence des eaux est suffisante ou à détourner tout exprès des cours d'eau pour les faire entrer dans la mine.

L'invasion subite des eaux, accident connu sous le nom de *coups d'eau*, constitue un danger redoutable ; parfois, il est arrivé que les eaux de la surface ou des réservoirs souterrains inconnus ont fait tout à coup irruption dans les travaux, on a vu des torrents se déverser par la bouche des puits, des rivières débordées descendre par les fendues. Pour prévenir les coups d'eau, quand on redoute la présence de vieux travaux ou de failles aquifères, on doit éclairer sa marche en faisant précéder l'avancement de coups de sonde qui, s'ils viennent à rencontrer la masse d'eau, la feront sortir d'une manière moins irrésistible que si un coup de mine déterminait l'écroulement de la paroi. On prépare aussi à loisir dans les mines menacées des serrements que l'on pourra opposer rapidement à des invasions subites.

Les accidents les plus fréquents dans les mines sont les *éboulements* ; on peut, à cet égard, distinguer deux degrés de gravité, à savoir : l'éboulement local, circonscrit à un point en particulier, ou l'effondrement total d'une mine. Parfois, dans les tailles ou les galeries, le toit, mal soutenu, s'effondre, ou la paroi ébranlée d'un front d'attaque s'écroule subitement ; si la chute n'écrase personne au passage, l'accident est de peu de conséquence. Mais quand l'éboulement se produit dans le puits, les suites sont beaucoup plus graves ; les débris accumulés forment voûte, obstruent le puits parfois sur une grande hauteur, ou comblent le fond, murent l'issue des galeries inférieures. Quand un homme est pris dans l'éboulement, on cherche de préférence à parvenir au-dessus de lui, en se boisant dans le solide et pratiquant un grillage au-dessus de la partie disloquée, de manière à pouvoir la vider.

La statistique des accidents pour les mines de houille donne les résultats suivants rapportés à un total abstrait de cent victimes : éboulements, 42,32 ; chutes dans les puits, 16,92 ; coups de grisou, 8,46 ; asphyxie, 9,39 ; câbles rompus, 3,82; explosifs, 2,55 ; inondations, 1,27 ; causes diverses, 15,27.

Circulation des ouvriers. — Le moyen le meilleur et le plus sûr de descente dans les mines a été pendant longtemps l'emploi des *échelles* ; si d'autres procédés tendent aujourd'hui à prévaloir, rien ne dispense, en aucun cas, d'établir, dans un certain nombre de puits, des répétitions d'échelles pour assurer la sortie du personnel dans l'hypothèse où les moyens mécaniques viendraient à être désorganisés. Ces échelles sont ou appliquées verticalement contre la paroi du puits, ou, ce qui vaut mieux, placées obliquement avec une inclinaison de 70°; à chaque hauteur de 6 à 10 mètres se trouve un plancher à claires-voies percé d'un trou rectangulaire pour le passage de l'homme. Les échelles peuvent être d'une travée à l'autre parallèles ou croisées ; le premier dispositif présente plus de sécurité en ce que l'échelle recouvre en projection l'ouverture du plancher inférieur. Les échelons sont en bois avec un diamètre de 0^m04 à 0^m05 ou en fer avec un diamètre de 0^m025 à 0^m032 ; les échelles en fer, d'une durée indéfinie, ont l'inconvénient, en hiver, d'être très froides au contact.

Pour monter de la voie de fond dans les tailles, on emploie des bures de petit calibre boisées en carré ; on y monte en s'arc-boutant du dos et des pieds contre les parois opposées ; on emploie aussi de courtes échelles de cordes ou mieux de bois. On préférera ordinairement les galeries inclinées ou *fendues* lorsque la profondeur et la configuration topographique le permettent ; on est arrivé ainsi à racheter de grandes différences de niveau. Quand la pente de la galerie devient trop marquée, on assure le pied des hommes en garnissant la sole de rondins placés en travers.

Les moyens d'ascension sans machine, et à l'aide de la seule force musculaire, occasionnent une grande perte de temps, ainsi qu'une fatigue considérable ; l'emploi des moyens mécaniques pour la descente et la remonte des ouvriers s'impose donc dès que la profondeur dépasse un certain chiffre. Les moyens mécaniques seront les cages dans les puits d'extraction ordinaires ; des cages spéciales dans un puits spécial desservant plusieurs centres d'extraction ; des appareils à tiges oscillantes pour les profondeurs supérieures à 600 mètres, ou la circulation d'ouvriers très nombreux. Depuis longtemps on a commencé à employer le *câble* pour descendre les hommes dans les conditions les plus diverses ; le mineur pénètre encore aujourd'hui dans certains puits assis sur un bâton ou dans une boucle du câble. On a aussi employé en Angleterre des étriers sur lesquels le mineur se tient debout en serrant le câble dans ses mains ; mais un moyen moins primitif consiste à se placer dans la *benne* ; il convient dans ce cas que la vitesse des bennes non guidées ne dépasse jamais un mètre par seconde. Le procédé de descente le plus commode est l'emploi des *cages guidées* qui procurent plus de sécurité, en supprimant la possibilité des rencontres et permettant l'usage du parachute ; on ne doit pas dépasser une vitesse de 6 mètres par seconde.

Pour les exploitations très actives, la circulation des ouvriers par les appareils d'extraction les plus perfectionnés n'est pas encore sans inconvénient et les *échelles mécaniques* doivent être adoptées, même pour les mines métalliques à faible production, toutes les fois que la profondeur dépasse 600 mètres, parce qu'en général, dans ces mines, l'appareil d'extraction n'est pas établi de manière à permettre la circulation régulière des ouvriers ; dans les houillères, elles s'imposeront, lorsque la machine d'extraction devra donner tout son temps à l'extraction de l'eau et de la houille. Les échelles mécaniques, souvent appelées *fahrkunst*, se composent de deux longuerines de bois régnant sur toute la hauteur du puits et recevant des mouvements inverses de la part d'un moteur placé à la surface ; elles portent des poignées pour les mains, et pour les pieds des échelons en mât de perroquet. Lorsqu'elles s'arrêtent après chaque oscillation, le mineur saisit d'une main et d'un pied la tige qui arrive à sa rencontre et qui, en renversant son mouvement, le transportera dans le même sens que le parcours précédent effectué avec la première tringle, qu'il **abandonne** alors de l'autre main et de l'autre pied. De cette manière, l'ouvrier progresse d'une manière continue en montant ou en descendant, suivant qu'il se place pour profiter de toutes les ascensions ou de toutes les descentes des longuerines ; des paliers fixes lui permettent de se reposer de temps en temps. En vue de diminuer pour les hommes le danger d'être laminés entre les deux longuerines, on a employé des tiroirs dans lesquels s'insère le corps de l'homme protégé par cette armure. Mais c'est sous la direction de M. Warocquié que ces appareils, souvent appelés *Warocquières*, ont pris leur forme définitive ; au lieu de simples échelons, on établit de véritables paliers, environnés d'un garde-corps en fer ; il est facile de passer de l'un sur l'autre. Quant à la machine motrice destinée à communiquer aux tiges le mouvement

Fig. 68. — Descente des chevaux

oscillatoire, elle peut être à mouvement intermittent avec intervalle de repos entre chaque oscillation produit par une cataracte ; elle peut être aussi à mouvement continu et appartenir au type sinusoïdal, c'est-à-dire reproduisant, sauf l'influence de l'obliquité de la bielle, la loi cinématique de la projection d'un point qui parcourt uniformément un cercle.

La *descente des chevaux* s'opère dans la cage guidée si ses dimensions le permettent, sans quoi on emploie un fort filet de sangles (fig. 68) ; on bande les yeux aux chevaux, on les enveloppe du filet et on les fait manquer des quatre pieds sur un lit de paille ; le filet est attaché au câble et l'on descend l'animal dans une situation verticale, assis sur sa croupe, et les jambes repliées.

PERSONNEL. — Les mines appartiennent, soit à un concessionnaire unique, soit, le plus souvent, à des sociétés établies sur les diverses bases que comporte la législation, et représentées par une gérance, ou un conseil l'administration en rapports constants avec le directeur ou l'administrateur délégué. La conduite technique des travaux est confiée à un *ingénieur* principal ayant, suivant l'importance de l'exploitation, pour le seconder, un certain nombre d'ingénieurs divisionnaires et de sous-ingénieurs. Chaque ingénieur a pour le service de sa division plusieurs *maîtres-mineurs* qui passent toute la durée de leur poste sur les travaux et qui ont sous leurs ordres des *chefs de poste* qui ne quittent pas leurs hommes et restent avec eux dans le fond, circulant pour exercer leur surveillance. La *direction* d'une mine a le devoir de faire fructifier les capitaux engagés dans l'affaire et de procurer les moyens d'existence, le bien-être matériel aux ouvriers qu'elle occupe. Parmi les *ouvriers*, on distingue ceux du fond et de l'extérieur ; depuis la promulgation de la loi du 19 mai 1874, les femmes, les filles et fillettes ne peuvent être employées à l'intérieur ; les gamins peuvent être employés dès l'âge de douze ans, mais pendant une durée qui est limitée à huit heures, coupées par un repos de une heure au moins. Dans certaines exploitations, on ne travaille que le jour ; dans d'autres, on arrive à une continuité rigoureuse ; d'autres fois encore, on divise les ouvriers en deux postes, qui ne remplissent pas exactement les vingt-quatre heures. Les figures 69 et 70 représentent un mineur d'Anzin avec ses outils et une laveuse de charbon du Creuzot.

La *durée du poste*, qui peut atteindre douze heures, est plus rationnellement de huit heures, laps de temps qui suffira à un ouvrier actif pour développer l'activité dont il est capable chaque jour. On relève les postes souvent à six heures du matin et à six heures du soir ; dans le nord de la France, le

travail dure de cinq heures du matin à trois heures du soir et
reprend de ce même moment jusqu'à onze heures du soir.
Dans quelques exploitations, la nature des travaux se répar-

Fig. 69. — Mineur d'Anzin

tit en deux séries que l'on appelle poste de piqueurs et poste
de remblayeurs ; dans le premier poste, on fait l'abatage, le
boutage, le roulage ; dans le second, le remblayage, le boisage, les réparations. L'ouvrier payé à la *journée* produit peu ;

Fig. 70. — Laveuse de charbon du Creuzot

de plus, le zèle et la capacité demeurent sans récompense ; aussi le travail se fait-il en général à la *tâche;* tantôt le mineur est payé d'après le vide produit, tantôt, et c'est préférable, au wagon produit. Mais le meilleur système est de donner le travail à prix débattu pour un emplacement et une durée compatibles avec la constance de ses conditions ; les mineurs syndiqués en petites sociétés sont représentés vis-à-vis de la direction par un chef ouvrier qui traite en leur nom. La surveillance générale se trouve par là simplifiée dans une certaine mesure et secondée par celle que le chef d'atelier est intéressé à exercer sur ses compagnons et ces derniers les uns sur les autres.

Le fonctionnement d'un organisme aussi compliqué que celui d'une mine ne saurait s'effectuer qu'à l'aide d'une *réglementation* nette et précise ; quelques règlements de mines ont été soumis à l'homologation préfectorale, formalité qui les assimile aux actes de l'autorité publique et leur assure la sanction des tribunaux. Le règlement ne doit rien omettre d'essentiel, il doit être clairement rédigé, affiché dans les principaux lieux de passage ; beaucoup de compagnies le font imprimer sous forme de livrets distribués à tous les employés.

CHAPITRE XVI

PRÉPARATION MÉCANIQUE DES MINERAIS

Toutes les substances minérales exploitées ne sont pas livrables au commerce aussitôt après leur extraction ; elles doivent subir préalablement certaines opérations destinées à en séparer aussi parfaitement que possible les matières stériles et à les amener à des conditions marchandes. Ces opérations préliminaires, qu'on désigne sous le nom de préparation mécanique, varient suivant la nature du minerai et celle des substances avec lesquelles il est mélangé. Le but essentiel de la préparation est la purification des matières de consommation directe, telles que la houille, et l'enrichissement des minerais destinés à être fondus ; elle détermine un départ de la substance utile et d'une certaine quantité de matériaux étrangers que l'extraction n'a pu éviter de fournir pêle-mêle avec elle ; il est donc convenable, à moins de motifs particuliers, d'effectuer cette opération avant que la partie de nulle valeur ait été grevée des mêmes frais de transport que les matériaux utiles. Pour la houille, par exemple, qui représente des masses énormes, chaque centième rejeté représente un tonnage important, tandis que pour les minerais métalliques les quantités sont moindres, mais les distances s'accroissent d'autant plus entre le lieu de production et les points de concentration où s'opère la fusion. De plus, les minerais renferment presque toujours des substances nuisibles, ce qui augmente d'autant l'intérêt de leur épuration ; c'est au métallurgiste à indiquer à l'exploitant de mines ses propres desiderata pour diriger celui-ci dans le sortissage de ses produits.

TRAVAIL A LA MAIN. — On distingue, dans la préparation mécanique, deux divisions distinctes : la préparation à la main et le travail mécanique. Le travail manuel comprend lui-même deux parties ; la première se fait au chantier, dans l'intérieur de la mine; la seconde, plus importante, s'effectue au jour. La première ne peut être que sommaire ; les conditions d'emplacement, le peu de clarté, la grosseur des morceaux empêchent pour beaucoup de minerais que l'on puisse juger convenablement de leur contenu.

Le travail à la main qui s'exécute à la surface exige de bons yeux et une certaine vivacité d'appréciation ; on y affecte les femmes et les gamins plutôt que les ouvriers âgés. Le travail qui s'exécute dans l'atelier comprend le *klaubage* et le *scheidage*; le klaubage est un simple triage effectué en maniant et inspectant les fragments dont le volume le comporte, et qui a pour but de séparer les matières en trois catégories : le fini ou bon à fondre ; le stérile ou déchet immédiatement rejeté, et enfin une classe intermédiaire réservée pour les opérations ultérieures. En même temps que ces trois types, il peut arriver que l'on sépare les uns des autres sur un même appareil plusieurs bons à fondre distincts, en plusieurs mixtes destinés à des traitements différents. Le klaubage se prête bien à ces modes de travail puisque le triage est fait par un agent doué d'intelligence et d'attention. L'opération se pratique sur des *tables fixes* ou des *tables mobiles*. Parmi les tables fixes, on distingue les tables rondes et les tables rectilignes ; pour des minerais métalliques un peu complexes, les klaubeurs, femmes et gamins assis autour d'une table ronde partagée en stalles, s'attribuent la quantité convenable de minerai qui leur est distribuée par une trémie centrale. Pour des matières simples telles que la houille, on se sert de couloirs en tôle pleine ou à grilles présentant une inclinaison telle que les fragments s'y tiennent en équilibre, mais avec une très grande facilité à glisser sous l'action de la pesanteur lorsqu'on les y sollicite à la main ou à l'aide de secousses ; des nettoyeuses se trouvent sur les deux bords, attentives aux matières qui descendent sous leurs yeux et que des culbuteurs renouvellent incessamment à la partie supérieure des couloirs ; elles saisissent les pierres qu'elles aperçoivent et en remplissent des corbeilles.

Les tables mobiles se partagent aussi en tables *rectilignes* et en tables *rondes*. Avec ces dernières, les klaubeurs sont assis tout autour de la table tournante. Le tout venant est déversé par une trémie sur un point de la circonférence, et passe sous les yeux de chacun des ouvriers, puis il rencontre, en revenant au point de départ, un racloir fixe disposé en biais qui arrête et en déverse le résidu hors de la table. Le reproche qu'on peut faire à ces tables, c'est une sorte de sensation de vertige pour les trieurs, obligés de porter leur attention sur des objets mobiles qui se dérobent incessamment en passant d'un côté à l'autre. Les tables rectilignes s'établissent sur la largeur exactement convenable avec une longueur quelconque et s'installent facilement dans des directions parallèles en utilisant tout l'espace ; elles sont formées de chaines de Gall sans fin dont tous les maillons portent des plaques de tôle indépendantes ; on emploie aussi des sparteries. Les matières se trouvent entraînées en passant sous les yeux de trieuses assises sur deux files parallèles ; à l'extrémité, la toile de nettoyage se dérobe et le minerai épuré tombe dans le wagonnet disposé pour le recevoir.

Le *scheidage* est un triage au marteau dans lequel la classification s'accompagne d'une fragmentation à la main. Les outils du scheideur comprennent : des massettes en fer de 1 kilogr. 50 à 2 kilogr. dont le manche en frêne a 0^m10 de longueur ; des marteaux aciérés de 1 kilogr. qui, selon la nature du minerai, présentent une panne carrée, un tranchant, ou une pointe ; des raclettes destinées à gratter les morceaux pour en détacher les mouches riches à l'état de menu. Aujourd'hui les ateliers de scheidage sont clos et chauffés en hiver ; ils sont clairs et chaque ouvrier a un espace suffisant pour l'emplacement de ses divers paniers. Les scheideurs sont assis devant des tables épaisses portant de petites enclumes placées au centre de grilles sur lesquelles passe un courant d'eau dans l'épaisseur du bois et qui entraine les parties riches souvent concentrées dans les menus. Quant aux fragments, le scheideur les classe comme le klaubeur. Le scheidage a, sur le broyage, l'avantage d'être fait avec intelligence, ne séparant les blocs qu'au degré nécessaire et déterminant moins de perte ; aussi dans les anciennes usines, cette opération à la main était-elle effectuée aussi loin que possible, tandis que, dans les installations actuelles, en raison du renchérissement de la main-d'œuvre, la tendance prononcée est de se servir dans une large mesure du travail mécanique.

TRAVAIL MÉCANIQUE. — Le travail mécanique consiste à soumettre la substance proposée à une action déterminée qui, en sollicitant diversement les fragments de différentes natures, les classe en trois catégories suivant le type fondamental. Une pratique fâcheuse consistait autrefois à insister longuement dans une voie identique en repassant plusieurs fois de suite la matière sur le même appareil ; mais aujourd'hui on change aussi complètement que possible de principe classificateur pour retraiter les résidus d'une précédente opération, et le travail se réduit à une série d'opérations dérivant d'un double type : classifications et broyages. Nous étudierons le broyage en premier lieu ; quant à la classification ou séparation, on peut la rattacher, comme nous le verrons, à plusieurs principes essentiels.

L'opération du *broyage* s'exécute dans deux circonstances distinctes : soit pour dissocier les minéraux dissemblables qui se trouvent juxtaposés, soit simplement pour diminuer le calibre des fragments d'une matière homogène. On distingue trois sortes d'appareils : les *dégrossisseurs*, les *concasseurs* et les *pulvérisateurs*. Le dégrossisseur s'attaque aux plus gros morceaux ; on peut indiquer comme type de cette catégorie la machine américaine. Les concasseurs agissent en général sur une matière déjà calibrée qu'ils doivent réduire à des dimensions moindres ; avec les cylindres, on obtient du gros et de fortes grenailles ; avec les bocards, de petites grenailles ou de gros sables. La pulvérisation est destinée à réduire au dernier degré de petitesse, en vue de certaines réactions, ou encore à mettre le degré de subdivision en harmonie avec celui de l'extrême dissémination de la substance utile ; on la réalise à l'aide de meules ou de diverses sortes de désintégrateurs ; les premières agissent par pression continue, les seconds par chocs brisants. La machine américaine ou *concasseur Blake* fonctionne, ainsi que l'indique son nom, comme une mâchoire ; les matières sont comprimées sur un plateau fixe par un plateau mobile actionné par une machine à vapeur à l'aide d'un genou et de courtes bielles munies d'articulations libres. Une tige à ressort est destinée à rappeler la mâchoire en arrière quand elle n'est plus repoussée par le genou ; l'ouverture de la trémie à la base règle la dimension maximum des fragments qui seront fournis par l'appareil ; elle est déterminée par un coin à vis qui déplace le point d'appui du genou et par suite l'extrémité de l'excursion de la mâchoire. Certains appareils, avec une

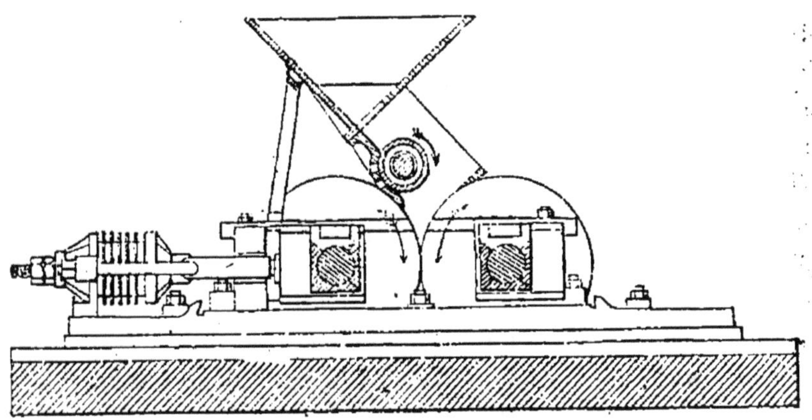

Fig. 71. — Cylindre broyeur

force de 10 chevaux et 150 tours par minute, cassent 80 tonnes par jour et ont l'avantage de faire peu de menu. Dans le broyeur Huet et Geyler, construit par MM. Jacomety et Lenique, la mâchoire mobile roule et glisse à la fois sur la mâchoire fixe ; l'une des bielles est formée de feuilles de forte tôle susceptibles de plier et de céder s'il survient pour un instant une trop forte résistance.

Les *cylindres broyeurs* (fig. 74), autrefois cannelés, ont aujourd'hui une surface lisse, formée d'un bandage d'acier assemblé à un noyau de fonte ; on les fait aussi entièrement en fonte avec surface trempée en coquille. Les deux cylindres se commandent mutuellement par l'intermédiaire du minerai lui-même ; l'un d'eux tourne autour d'une droite fixe, l'autre est mobile sur un axe porté par un châssis susceptible de s'éloigner plus ou moins du premier. La distance à laquelle on le maintient, à l'aide d'un butoir réglé à volonté, détermine le calibre maximum de la sorte produite ; cette facilité d'écartement est nécessaire pour le passage de morceaux trop durs qui, en refusant de se briser, détermineraient une rupture de l'appareil. La vitesse varie en sens inverse de la dureté, sans quoi les morceaux dansent au lieu de s'engager entre eux. La trémie distribue les matières entre les rouleaux et des raclettes nettoient la surface remontante en abattant les boues qui ont pu y rester adhérentes. La longueur des cylindres ne dépasse par 0^{m}40, le diamètre se trouve en relation avec le résultat à produire.

Le *bocard* est constitué par une batterie de pilons qui sont successivement soulevés et abandonnés par les cames d'un arbre tournant, agissant sur leurs mentonnets. Il est nécessaire que les parties exposées à la destruction la plus rapide soient distinctes du reste de l'appareil ; le fond de l'auge où s'effectue le broyage est, à cet effet, formé d'une plaque de fonte ou d'enclumes séparées et les faces latérales ou quelquefois la face antérieure sont constituées par une toile métallique ou par une tôle perforée, inclinée de 70 à 75°, destinée à laisser échapper les grenailles dès qu'elles arrivent à un calibre en rapport avec l'écartement des mailles. Le pilon est toujours en fonte, il est assemblé à une tige longue qui est la flèche du bocard. L'intensité du choc est en raison à la fois du poids de la flèche et de sa levée ; un pilon léger, tombant de plus haut, donne un coup plus sec qui éclate le morceau en donnant moins de poussière ; au contraire, un pilon lourd, soulevé moins haut, broie et pulvérise davantage. On arrive dans cette voie au bocardage à mort. On emploie en général des poids de 100 à 150 kilogr., dans le total desquels la flèche et le sabot figurent par moitié ; ils sont soulevés 40 à 70 fois par minute, à une hauteur de 0^{m}20 à 0^{m}30. Le distributeur est une roue à ailettes tournant au-dessous de la trémie de chargement ; un homme égalise la distribution et remue les minerais à la pelle pour faire sortir les grenailles dans le bocardage avec grille ; avec le bocardage à sec qui est moins employé, l'ouvrier enlève de temps en temps les sables à la pelle. Les fondations de l'appareil doivent être très soignées et on cherche, pour éviter les mouvements vibratoires, à interférer les effets, en brisant les séries par une succession convenable des levées ; si par exemple on imagine un bocard de 15 flèches, on le répartira en 3 séries de 5 pilons et dans chaque série on lèvera successivement les flèches impaires, puis les flèches paires. La production peut aller de 50 kilogr. à l'heure pour un minerai tendre, jusqu'à 100 kilogr. suivant que la grille est de 1 à 12 millimètres.

Les bocards ont reçu divers perfectionnements, surtout dans l'Amérique du Nord, pou les rendre transportables à dos de mulets, et pour les réparer facilement en cas d'accidents tels que ruptures de cames, de sabots, etc. Le bocard dit « the Elephant » ne présente plus ni tiges, ni dispositions où le frottement et l'usure ont si beau jeu. Deux sabots de forme ordinaire et frappant sur leurs dés respectifs sont attachés à deux leviers massifs reliés par des articulations à un demi-cercle et à un axe fixé au sol ; l'articulation supérieure est faite au centre de la corde d'un arc constitué de ressorts d'acier qui restituent une partie notable de la force emmagasinée lors du choc du sabot contre le minerai. L'arc est lui-même accouplé sur une bielle attachée à une manivelle d'un arbre moteur muni d'un volant. Cette machine, avec de 6 à 10 chevaux-vapeur, produit 20 tonnes par vingt-quatre heures avec deux sabots, et pour des minerais ayant la dureté du quartz ordinaire. La machine appelée bocard à berceau rotatoire se compose d'une auge formée d'un fond en fer forgé très solide, faisant fonction de dé et de parois cylindriques, garnie d'écrans en toile métallique ; elle tourne autour d'un fort axe central et reçoit pendant la rotation les coups d'un seul pilon vertical mû par une disposition analogue à celle qu'on emploie pour les marteaux-pilons. La rotation de la base de l'auge se fait autour de l'axe central incliné à 45° et sur un cône de friction placé sur un arbre horizontal qui reçoit le mouvement d'une vis sans fin mise en rotation à l'aide d'un petit cylindre oscillant.

Les *meules* appartiennent à deux types différents : vertical ou horizontal. On distingue, dans le dispositif horizontal, la meule gisante qui est immobile et la meule tournante qui se meut au-dessus d'elle. Dans le mode vertical, la meule peut être unique et tourne avec son essieu autour d'un axe vertical ; le plus souvent on lui adjoint une autre meule diamétralement opposée qui accomplit sa révolution dans la même auge. Si l'on veut opérer l'écrasement par roulement simple en

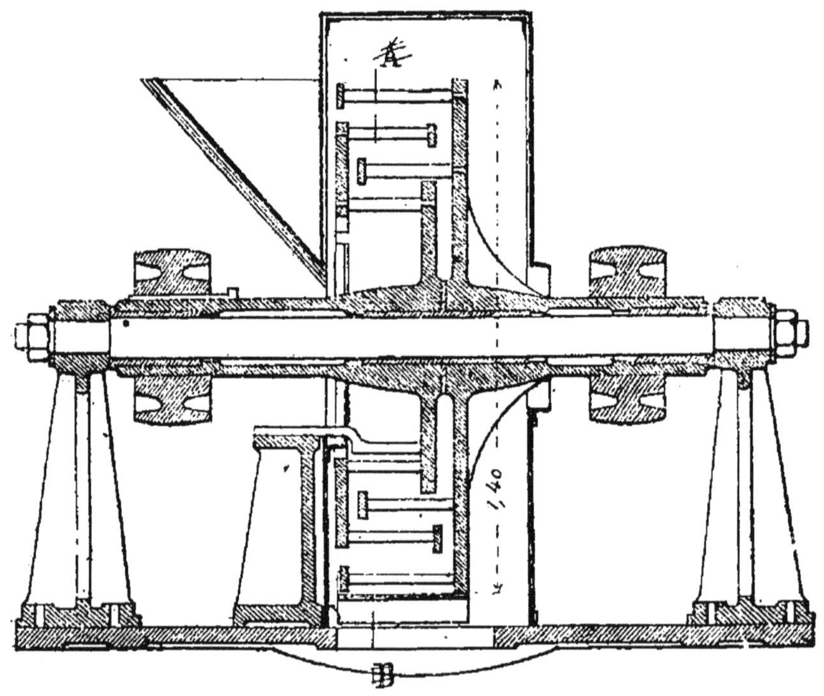

Fig. 72. — Broyeur Carr

appuyant normalement sur les matières, on emploiera des troncs de cône ayant leur sommet sur l'axe de rotation.

Le *désintégrateur Carr* (fig. 72) se compose de deux arbres horizontaux tournant en face l'un de l'autre et dont chacun porte un plateau sur lequel s'implantent des broches en grand nombre disposées suivant des cercles concentriques. Les cylindres, dont elles dessinent les génératrices pour l'un des plateaux, s'intercalent entre ceux du second pour permettre

des rotations de sens contraire des deux systèmes. La matière
à pulvériser est admise par une trémie dans la région centrale ; les grains sollicités par la pesanteur se mettent en
marche vers le bas, mais ils rencontrent les broches qui les
envoient de l'une à l'autre ; il s'ensuit des chocs multipliés qui
fendent les morceaux et les réduisent en farine. L'appareil est
entouré d'une enveloppe de tôle ; il pulvérise par heure 12 à
15 tonnes de charbon à raison de 100 à 300 tours par minute,
avec 10 à 12 chevaux-vapeur et des diamètres variant de 0^{m}90
à 1^{m}90.

Le *désintégrateur Vapart* est fondé sur un principe analogue au précédent ; un arbre vertical porte des tourteaux
échelonnés supportant des plateaux d'un diamètre sensiblement moindre que celui de l'enveloppe cylindrique de l'appareil ; on y dispose suivant huit rayons espacés à 45° des saillies
en forme de cornières dont la longueur s'étend au delà du
plateau lui-même, au-dessus du vide qui règne entre lui et
l'enveloppe. On communique à cet arbre un mouvement rapide
de rotation. La matière, arrivant par une trémie en contact
avec le premier plateau, reçoit une action horizontale tangen-
tielle qui l'éloigne du centre et la projette violemment contre
l'enveloppe, munie de cannelures disposées suivant les angles
convenables pour recevoir normalement les grains ; ceux-ci se
brisent et tombent sur des troncs de cône, le long desquels
ils glissent vers le plateau inférieur pour y reproduire les
mêmes effets. L'appareil marche de 400 à 1,000 tours par
minute ; avec un mètre de diamètre et une force de 15 à
20 chevaux-vapeur, on broie par heure 15 tonnes de pyrites
concassées à 6 centimètres.

Nous avons dit que la *classification* des matières se ratta-
chait à plusieurs principes essentiels ; nous en comptons six :
1° le *classement de volume* qui a pour but final d'amener le
minerai à une grosseur uniforme indispensable aux méthodes
délicates de séparation ; 2° le *débourbage* qui fait intervenir la
force brutale d'un courant pour dissocier les grains agglutinés
par l'argile, entraîner les boues et décaper les surfaces
solides ; 3° le *criblage à la cuve* dans lequel on profite de l'influence exercée par la résistance d'un milieu liquide en mou-

vement ; 4° le *lavage sur les tables* où on réalise un antagonisme entre l'action d'un courant devenue motrice pour le grain et résistance opposée par le frottement qu'il éprouve de la part d'un surface solide ; 5° *l'emploi des secousses* au sein du liquide, lesquelles apportent une profonde modification aux résultats des procédés précédents ; 6° le *classement magnétique* qui sépare de tous les autres corps ceux qui sont attirables à l'aimant.

Débourbage. — Le débourbage est employé pour les minerais imprégnés de matières boueuses ; lorsqu'il se fait à bras d'hommes, on se sert de *caisses* ou *lavoirs* dans lesquels on agite le minerai à l'aide de rables en bois; les caisses sont disposées en contre-bas les unes des autres. On emploie aussi des canaux dallés légèrement inclinés, de plusieurs mètres de longueur ; les matières sont chargées en amont et un fort courant d'eau les traverse. Le minerai pelleté finit par atteindre l'extrémité et on l'en retire convenablement nettoyé. Mais l'engin le plus simple est une *grille* sur laquelle on verse le tout-venant en l'arrosant avec un fort courant d'eau qui entraîne les parties fines et légères qu'on recueille pour les repasser dans des lavoirs ou dans des trommels débourbeurs. Le *patouillet* qui est destiné aux minerais de fer consiste en une auge en bois ou en fonte dont le fond est courbe, et dans l'intérieur de laquelle se meuvent des bras de fer fixés à l'arbre d'une roue hydraulique ; le courant d'eau que l'on y fait arriver entraîne les terres détachées du minerai par le frottement des bras de la machine. Le *trommel-débourbeur* est formé d'un prisme ou d'un cylindre de 1 mètre à 1^{m}50 de diamètre, quelquefois évasé en forme de tronc de pyramide ou de cône ; sa surface est formée de tôles perforées dont les trous présentent 10 à 12 millimètres de diamètre. Le système tourne sur son axe qui est légèrement incliné. Pour des matières très argileuses on arme les parois de poignards qui les tranchent et facilitent le délayage; elles vont ensuite dans un trommel à trous fins qui laisse passer les troubles et le refus se déverse à l'extrémité sur un couloir préparé pour le recevoir. On peut traiter 25 à 30 tonnes par jour, avec une consommation de 6 à 10 mètres cubes d'eau et une force de 1 à 3 chevaux.

CLASSEMENT DE VOLUME. — Pour certaines matières, les houilles par exemple, le classement de volume n'a d'autre raison d'être que les convenances du commerce ; ce mode de classification constitue en outre un élément essentiel du bon fonctionnement des procédés d'enrichissement. Le principe de l'opération consiste à déposer les matières sur une surface à claire-voie ; la grandeur des vides détermine le calibre maximum de la sorte qui les traverse et qui ne pourra présenter un seul grain plus gros ; malheureusement l'inverse n'existe pas, c'est-à-dire que le refus de l'appareil ne renfermera pas de fragment moindre que la section des orifices. L'organe du triage est ou une grille ou un tissu métallique, ou enfin une tôle perforée ; la *grille* est formée de barreaux parallèles dont l'écartement détermine le calibre des grains quand la nature peu clivable des minéraux donne aux fragments une forme arrondie ; mais s'ils peuvent prendre l'aspect de plaques minces, ce mode de classement devient défectueux, car une plaquette de dimensions quelconques, sauf pour l'épaisseur, pourra tomber entre les barreaux. Le *tissu métallique* est formé de fils de laiton croisés dans deux sens rectangulaires ; le triage est meilleur en principe, mais les *tôles perforées* de trous ronds fournissent une solution parfaite ; le diamètre est alors un élément invariable. Les dispositifs d'ensemble se rattachent à deux types fondamentaux : les *tamis* et les *trommels ;* les tamis sont des surfaces planes inclinées pour faciliter la descente des matières, et que l'on étage les unes au-dessous des autres, de manière à obtenir des classements successifs en plusieurs sortes. Le trommel concentre sur une petite longueur un assez long parcours au contact de la surface filtrante qui, pour être effectué en ligne droite, exigerait des cribles d'un développement inadmissible. Le trommel est constitué par une série de zones dont les parois sont formées de tôles à trous de diamètres croissants ou décroissants.

CRIBLAGE A LA CUVE. — Ce criblage, qui sert de base à un grand nombre de procédés d'enrichissement, repose essentiellement sur l'antagonisme établi entre l'accélération que la pesanteur tend à imprimer au grain de minerai pendant sa chute à l'intérieur d'un milieu résistant et la réaction que ce liquide développe, dans une proportion qui croît avec la vitesse. Le classement de volume se présente comme un préliminaire indispensable du criblage à la cuve ; cependant on se trouvera toujours en présence de difficultés très variables suivant les poids spécifiques des substances à séparer. S'il existe entre les densités de grandes disproportions, avec un petit nombre de cribles on passera des plus gros aux plus fins ; mais s'il s'agit de séparer deux substances de densités presque égales, il faudrait un nombre inacceptable de criblages.

Le criblage à la cuve a été exécuté à la mine de plomb de Carnoulès (Gard) en précipitant les matières à travers des colonnes d'eau de 30 mètres de hauteur ; on a conservé le même principe pour certains lavoirs à houille, mais en réduisant la hauteur à 2 mètres et répétant deux fois l'opération au moyen d'un relevage. Nous trouvons un exemple de la chute unique en eau profonde dans la cuve ou kieve, qui est d'un grand usage en Angleterre pour le finissage des matières fines ; c'est un tronc de cône de 1 mètre de hauteur dans lequel des palettes tournent autour d'un arbre vertical. Ce récipient étant rempli d'eau à moitié, on y verse des matières ténues, mais médiocrement classées ; on fait tourner l'agitateur et les schlamms mis en suspension, on arrête la rotation ; le dépôt s'effectue suivant les règles de l'équivalence. On décante le liquide avec un siphon et, à l'aide de raclettes, on retire les couches successives qui se sont accumulées au fond. M. Gervais a imaginé de répéter un grand nombre de fois une chute réduite à une très courte amplitude, et cette réitération, en remettant fréquemment les matières en mouvement, modifie indéfiniment les circonstances fortuites dont l'influence vient se mêler à l'action principale, pour l'empêcher de réaliser du premier coup tous ces effets. Cette dernière notion se dégage déjà dans un appareil bien antérieur, cité déjà par Agricola (1), le jig anglais manœuvré à la main ; il se compose d'une cuve ou panier dont le fond est formé d'une grille serrée et qui plonge dans une cuve remplie d'eau ; une charge de minerai

---

(1) *De Re metallica* (édition de 1621).

bocardé étant placée dans le panier, on lui imprime soit directement à la main en le tenant par deux anses, soit au moyen d'un balancier avec contrepoids, un mouvement alternatif de haut en bas et de bas en haut ; les parties les plus fines passent d'abord à travers le panier et vont se déposer au fond de la cuve ; quant aux gros sables, le mouvement de l'eau qui entre par le fond et monte dans le panier à chaque oscillation soulève les grains d'autant plus facilement que leur densité est moindre ; les plus légers montent à la surface, tandis que les plus denses gagnent le fond. Quand la charge est classée, le laveur l'enlève par couches à l'aide d'une raclette. Cet appareil rudimentaire fait de bonne besogne quand l'ouvrier possède le tour de main nécessaire et quand on opère sur de petites quantités de minerai et jamais sur les combustibles.

M. Marsaut, reprenant pour la houille l'idée au point où nous l'avons vue amenée dans le lavoir Gervais, lui a fait faire un nouveau pas en avant ; au lieu de relever successivement la claie pour qu'elle se dérobe sous la charge dans une eau stagnante en principe, il reprend pour la cuve une profondeur de 3 à 4 mètres avec une couche de houille de 1^m20 d'épaisseur et il communique à cette dernière un mouvement intermittent et progressif.

Dans l'industrie, tous les appareils dont nous venons de dire quelques mots ne représentent qu'une faible fraction du matériel employé pour le criblage à la cuve ; les solutions les plus courantes sont empruntées à une donnée différente dérivée de la précédente par la considération du mouvement relatif. On est parti de cette idée que si, au lieu de se donner les embarras nécessaires pour agir sur la charge et la mettre en liberté dans une eau stagnante, on actionnait directement le liquide de manière à le pousser de bas en haut sous le minerai, le mouvement relatif serait le même que lorsque ce dernier y descend de haut en bas, de telle sorte que l'on pourrait attendre de cette combinaison des résultats analogues. Cette idée a donné naissance aux *bacs à piston* qui se divisent en lavoirs *continus* ou *discontinus*. Ces derniers, qui sont les plus anciens, exécutent des opérations successives et distinctes ; on y verse une charge, on lui imprime un nombre suffisant de coups de piston, et arrêtant le jeu de cet organe, on fait couler l'eau et l'on partage avec des raclettes les diverses couches de minerai. Dans les lavoirs continus, l'action ne s'arrête pas ; les matières y sont déversées en un point à l'état de courant continu alimenté par un distributeur ; elles se classent et se stratifient en recevant un certain nombre de coups de piston pendant le passage de l'appareil. La sorte la plus légère franchit un déversoir immergé sous le plan d'eau et se rend dans le compartiment qui lui est réservé ; la catégorie la plus lourde glisse sur le fond, passe sous un seuil et arrive dans un autre récipient. La continuité présente de grands avantages qui ont procuré à ces appareils une grande extension ; il n'en est pas moins vrai que l'on obtient des résultats plus nets avec le lavoir discontinu dans lequel on n'abandonne une charge qu'après avoir poussé son traitement jusqu'au point le plus favorable, sans troubler cette opération par l'arrivée incessante de nouveaux matériaux. On a établi un grand nombre de bacs à piston ; ceux qu'on rencontre le plus dans l'industrie sont les lavoirs Bérard, Graffin, Sheppard, Evrard, Moresnet, le crible du Harz, appareils dont la description nous entraînerait trop loin.

On emploie un appareil de lavage consistant en une auge barrée de distance en distance par une planche au pied de laquelle sourd un courant de fond qui aide les matières à sauter par-dessus ce barrage. Le *berceau* en est le type rudimentaire ; à la tête se trouve un crible sur lequel on jette les matières et qui retient les plus gros morceaux ; une toile inclinée dirige les sables fins vers le sommet de la table où commence l'écoulement. L'ensemble de l'appareil est susceptible d'un balancement transversal qui sert à brasser les matières pour dégager les parties lourdes de celles qu'elles ne doivent pas retenir. Le long-tom est un organe analogue mais plus puissant, très employé pour le lavage de l'or.

Dans les *classeurs à vent*, l'action de l'eau a été remplacée par celle d'un courant d'air ; le principe de ces appareils peu répandus est analogue au vannage. Cette donnée a été appliquée à l'aide d'un mouvement continu pour des schlamms tellement fins que le contact de l'eau les convertirait en une pâte, pour des lamelles excessivement minces, pour des charbons qu'on veut éviter de mouiller. Ce moyen a été recommandé pour les pays chauds où l'eau manque, tandis que les poussières sont naturellement sèches ; en dehors de ce cas, il faudra préalablement dessécher les matières.

Il nous reste à dire quelques mots des appareils dans lesquels à la pesanteur et à la résistance du milieu vient s'adjoindre la *force centrifuge*, en raison de la rotation uniforme qu'on imprime à l'ensemble, autour d'un axe vertical. M. Bazin a construit, pour le traitement des sables aurifères, des appareils fondés sur ce principe. Le laveur hydraulique centrifuge se compose d'une cuve immobile pleine d'eau, munie d'un robinet de vidange à la partie inférieure ; elle contient une coupe en forme de calotte sphérique, susceptible de tourner autour d'un diamètre vertical. On y verse le sable à traiter ; quelques oscillations de l'appareil à droite et à gauche servent à le tasser dans l'eau ; on commence alors la rotation régulière et progressive. Les matières fines grimpent les premières sur les parois de la coupe par le fait de la force centrifuge et se déversent dans la cuve ; on accélère peu à peu pour chasser des matières plus lourdes ; l'or se trouve alors concentré dans une petite quantité de sable au fond de la coupe. Cet appareil simple fait un travail bien plus considérable que l'ancienne batée encore si employée et dont notre fig. 74, représentant l'extraction de l'or à la Nouvelle-Grenade, peut donner une idée.

Lavage sur les tables. — On a recours, depuis quelque temps déjà, pour les matières très fines qui ne sauraient bien se traiter par le criblage à la cuve, aux appareils appelés tables fixes ou tournantes ; on fait intervenir le frottement exercé par une surface solide, les grains sont mis en suspension dans l'eau au moyen d'un agitateur et le liquide appelé lavée s'écoule en lame mince sur une surface légèrement inclinée. L'eau y acquiert, en un temps très court, une vitesse constante telle que le frottement, qui dépend pour les liquides de la vitesse, arrive à compenser exactement l'action de la pesanteur ; l'action du courant sera insuffisante pour ébranler des blocs trop importants par leur volume et leur densité, tandis qu'au contraire, il existera des matières assez fines pour être entraînées au fil de l'eau. Il y a donc, comme limite, une catégorie précise de grains sur lesquels se font équilibre l'impulsion du courant et le frottement sur la table ; ces corpuscules ne s'ébranleront pas d'eux-mêmes, mais ils obéiront à la plus légère influence de nature à leur imprimer une vitesse qu'ils conserveront alors d'une manière uniforme. La longueur des tables étant très limitée, en général, et les grains se gênant mutuellement, on ne peut, dans un aussi faible trajet, espérer une netteté suffisante pour le classement ; on supplée à cet inconvénient en profitant, d'une part, de l'élimination partielle effectuée par le courant sur ce premier parcours et remettant, en outre, tout en question, un grand nombre de fois de suite, pour le dépôt qui vient de se former ; c'est ce qu'on réalise au moyen du râblage, qui se fait à la main ou mécaniquement.

La *table dormante* a la forme d'un rectangle légèrement incliné ; à la tête se trouve un chevet en forme de triangle qui reçoit la lavée et la répartit en nappe uniforme par l'influence d'une série de brisants constitués par des prismes triangulaires. Au-dessus du chevet se trouve le distributeur dans lequel se meut un agitateur qui met les matières en suspension. On cherche, par une allure modérée, à éliminer d'abord le stérile et le résidu repris sur une seconde table et classé de nouveau. Le travail du râblage est peu développé ; quand la table est suffisamment chargée d'une matière bien classée, on arrête l'écoulement et on nettoie la surface en enlevant à la pelle les couches successives.

Le *caisson allemand* ou caisse à tombeau, très employé autrefois, est plutôt un dégrossisseur qu'un finisseur ; c'est une caisse rectangulaire dont l'inclinaison est variable avec la nature des minerais ; l'extrémité de la caisse est fermée par une cloison percée à diverses hauteurs d'orifices longitudinaux. L'eau arrivant par un conduit à la partie supérieure de la caisse peut être écoulée à des niveaux plus ou moins élevés ; le minerai est placé sur une aire au-dessus de l'arrivée de l'eau. L'ouvrier, après avoir fait tomber dans la caisse pleine d'eau une certaine quantité du minerai à laver, l'agite avec un

·câble de manière à faire descendre les parties denses vers le fond ; puis il débouche le niveau supérieur situé, par exemple, à 0ᵐ30 de hauteur et, pendant qu'il ne cesse d'agiter la masse, l'eau enlève les parties les moins denses. Bientôt il débouche un second niveau à 0ᵐ20 de hauteur et les parties d'une densité moyenne, qui avaient résisté jusque-là, sont entraînées ; enfin, lorsque le dernier niveau situé, par exemple, à 0ᵐ10 de hauteur, est débouché, le bon schlick commence à s'isoler. L'eau sortant des caissons est recueillie dans un labyrinthe en tête duquel se déposent les parties les plus denses, de sorte que l'ouvrier recueille à la fois du bon schlick dans la caisse et en tête du labyrinthe.

Fig. 73. — Round-buddle, appareil pour le lavage des menus

La *table à toile fixe* est une sorte de table dormante sur la surface de laquelle on a plaqué une grosse toile adhérente, destinée à retenir dans son tissu les pépites susceptibles de s'y accrocher. La table de Brunton consiste en une toile sans fin sur laquelle s'écoule la lavée et qui remonte sa propre pente sous l'empire de rouleaux tenseurs animés d'un mouvement de rotation.

Les *tables circulaires* ou *round-buddle* sont fondées sur la substitution du tronc de cône à la forme plate pour constituer l'aire de lavage. Dans le round-buddle convexe (fig. 73), la

Fig. 74. — Extraction de l'or à la Nouvelle-Grenade

lavée est amenée par un conduit à une auge centrale qui la distribue circulairement sur un chevet conique, d'où elle s'étale sur le tronc de cône en se classant comme sur la table dormante, sauf les effets de la variation de vitesse ; un renvoi de roues d'angle met en rotation deux bras portant des brosses que l'on peut remonter à l'aide de manivelles à mesure que le dépôt s'élève lui-même. Ces brosses sont destinées à effleurer légèrement la surface pour mettre les matières en suspension et à égaliser incessamment cette superficie pour éviter qu'elle soit ravinée. L'eau et les troubles s'échappent par des trous pratiqués sur le pourtour du bassin.

On fait aussi des *tables tournantes* qui traitent des matières plus fines que les round-buddles, elles peuvent être convexes ou concaves, recevant la lavée par le centre ou par la circonférence. La lavée dans la table convexe, qui est la plus employée, descend jusqu'en bas en se classant et la rotation lente de la table n'influence pas sensiblement ce mouvement, suivant les génératrices. Cette circulation a seulement pour effet d'amener toutes les portions de l'appareil à passer successivement sous le livreur, sous une gouttière donnant de l'eau pure pour laver les dépôts, devant un système de trois tuyères qui dardent leurs jets multiples de manière à balayer tout ce qui se trouve sur la table. Le diamètre de la table augmente avec la pauvreté et la complexité des minerais que l'on veut y traiter, afin d'accorder plus de temps à leur classement. L'inclinaison dépend de la nature des schlamms et elle est, en général, de 5° ; la rotation ne dépasse pas un tour par minute ; la quantité d'eau varie de 100 à 500 litres par minute ; la production très inégale peut atteindre 20 tonnes sur les plus grandes tables de 5 mètres de diamètre.

TABLES A SECOUSSES. — Ce sont des tables en bois suspendues à quatre poteaux au moyen de chaînes. Deux de ces chaînes sont inclinées et appliquent la table dans sa position normale contre un heurtoir, de telle sorte qu'un arbre à cames étant disposé pour pousser cette table au moyen d'un système de leviers, elle revient elle-même frapper sur le heurtoir et secoue fortement les sables déposés à sa surface. Au sommet de la table est un chenal recevant de l'eau et un distributeur composé d'une aire triangulaire ou chevet qui répartit uniformément cette eau sur toute la surface de la table. On peut, à volonté, amener sur la table de l'eau seule ou de l'eau entraînant les sables, de telle sorte que la table, une fois réglée, s'alimente d'elle-même. Les sables étant, ainsi que l'eau, distribués d'une manière uniforme et continue sur la surface de la table, le mouvement de celle-ci n'empêche pas l'eau d'entraîner les parties légères et ténues, tandis que les parties métalliques plus denses restent sur la table et sont ramenées à chaque secousse vers le chevet. Les tables à secousses ont de 3 à 4 mètres de longueur et 1^m30 de largeur. Les éléments variables y sont : l'inclinaison de la table qui est de $\frac{1}{20}$ à $\frac{1}{25}$; son avancement, c'est-à-dire la quantité dont elle est poussée à chaque oscillation, qui est en moyenne de 0^m20 ; sa tension, c'est-à-dire l'inclinaison des chaînes ramenant la table à sa première position, qui détermine l'intensité du choc ; enfin, le nombre de ces chocs, qui est de trente par minute et peut aller, dans certaines circonstances, à cent. La table à secousses fait un vacarme qui tend, de plus en plus, à l'éloigner des ateliers ; on peut aussi lui reprocher un classement par équivalence. Cette imperfection a été écartée dans un appareil tous les jours plus employé et dont nous dirons quelques mots.

L'appareil Rittinger est un excellent finisseur, on y traite des schlamms très fins à l'aide d'un grand nombre de secousses pouvant aller jusqu'à trois cents par minute et sur une amplitude qui n'excède pas 1 centimètre. Dans cette table, la lavée est donnée sur une petite largeur horizontale voisine de l'un des angles supérieurs de la table, dont un courant d'eau balaie toute la largeur. L'inclinaison de la surface entretient jusqu'à la partie inférieure cet écoulement qui influence les matières; les secousses sont données dans le sens transversal et la séparation des grains s'accuse de bonne heure par des traînées paraboliques d'aspects caractéristiques que l'on dirige vers diverses auges à l'aide de raclettes mobiles qui permettent de choisir avec précision les limites de chacune des catégories que l'on veut isoler dans ces divers compartiments. Les tables ont 2^m50 à 3 mètres de long sur 1^m50 à 1^m70 de large et 3 à 6° d'inclinaison ; la consommation d'eau est de 10 à 20 litres

par minute, suivant la finesse des schlamms, et la production
varie de 3 à 6 tonnes.

CLASSEMENT MAGNÉTIQUE. — Le principe du classement fondé
sur l'attraction par les aimants reste naturellement très limité ;
on ne peut agir que sur certains composés de fer, le fer et les
divers alliages qu'il forme avec les autres métaux, le protoxyde
de fer, les oxydes ferroso-ferriques, le pyrite magnétique,
enfin un petit nombre de silicates ferreux. La trieuse Varrin
comprend deux cylindres tournants étagés l'un au-dessus de
l'autre ; leur surface est formée d'anneaux alternatifs de fer
doux et de cuivre. Les premiers sont en contact avec des barreaux aimantés disposés suivant les rayons ; les anneaux de
cuivre ou du fer du second cylindre correspondent inversement à ceux du premier. Les parties attirables adhèrent au fer
en glissant sur le cuivre, les autres tombant dans un récipient
inférieur. Des brosses fixes nettoient les surfaces remontantes
chargées de particules ferreuses.

On pourrait appliquer pour les lavées l'appareil construit par
la maison Bréguet et qui comprend une machine dynamo-élec-
trique actionnée par transmission et envoyant le courant dans
les électro-aimants entre lesquels les particules de fer sont
polarisées ; la lavée entrerait dans une cuve par des canaux et
se trouverait enlevée par une pompe.

ORGANISATION D'UN ATELIER. — Les formules de traitement se
sont bien modifiées depuis cinquante ans ; on applique, de plus
en plus, certaines tendances bien tranchées : c'est en premier
lieu la concentration ; on réunit en exploitations importantes,
sur des points choisis attentivement, les minerais et l'eau
nécessaire à leur traitement, au lieu de disposer comme anciennement les ateliers autour des puits. En second lieu, on
emploie, sur une vaste échelle, tous les moyens de transport
automatiques, courants d'eau rapides, chaînes sans fin de Gall,
vis sans fin, cordages de chanvre, norias et roues à godets,
suivant les circonstances. On diminue la part laissée au travail
de l'homme en perfectionnant les appareils et on économise
par là la main-d'œuvre qui prend tous les jours plus de pré-
pondérance. La tôle est, dans une large mesure, substituée au
bois plus sujet aux réparations et qui donne des assemblages

moins soignés. Par-dessus tout, on simplifie les programmes ; la simplicité du minerai doit motiver celle du traitement ; cette simplification s'impose pour la houille qui, en raison des énormes masses sur lesquelles on opère et de la faible marge laissée, en général, au bénéfice par les conditions commerciales, ne permet pas les repassages et exige des procédés simples et directs. Quant aux minerais métalliques, en général, de nature complexe, une certaine complication reste dans la nature des choses ; pourtant, on a beaucoup fait dans cette voie de simplification ; on attaque avec des dégrossisseurs, on perfectionne avec des finisseurs sans perdre comme autrefois du temps, de l'emplacement et de la main-d'œuvre. Comme l'écrivait notre regretté maître Burat : « Si l'on examine les nouveaux ateliers allemands, on reconnaît que le matériel y est composé d'appareils connus et tombés depuis longtemps dans le domaine public ; et l'on voit qu'il n'y a qu'un seul élément qui puisse expliquer les excellents résultats obtenus : la méthode. C'est, en effet, la succession précise et méthodique des procédés de classification et de lavage qui a déterminé le succès. »

On a opposé l'un à l'autre le *type allemand* et le *type anglais;* le premier domine sur tout le continent et il se distingue par le fini des détails et la coordination complète de l'ensemble. Avec la méthode anglaise, on va droit au but par des moyens simples, mais imparfaits, perdant beaucoup, mais traitant un grand tonnage à l'aide d'un matériel restreint. Il est, du reste, un point fort essentiel à noter, c'est que les progrès de l'installation de l'atelier de préparation doivent être corrélatifs de ceux de l'exploitation ; le prix de la main-d'œuvre, dans la localité, fera incliner vers le travail à la main ou vers le travail mécanique ; l'abondance de l'eau fera choisir tels ou tels appareils ; enfin et par-dessus tout, la composition et la nature du minerai à traiter fourniront les lumières les plus directes pour instituer la formule définitive de préparation.

TABLE DES MATIÈRES

4140. — TOURS, IMPRIMERIE E. ARRAULT ET Cⁱᵉ.

1901
*

LIBRAIRIE
J.-B. BAILLIÈRE et Fils

Bibliothèque Industrielle

et Technologique

Encyclopédie industrielle

Bibliothèque des Connaissances utiles

Bibliothèque scientifique contemporaine

19, RUE HAUTEFEUILLE, 19
PARIS

LIBRAIRIE J.-B. BAILLIÈRE et FILS

Rue Hautefeuille, 19, près du Boulevard Saint Germain, PARIS

Dictionnaire de l'Industrie

Illustré de nombreuses figures intercalées dans le texte

Matières premières — Machines et Appareils
Méthodes de fabrication — Procédés mécaniques — Opérations chimiques
Produits manufacturés

Par JULIEN LEFÈVRE

DOCTEUR ÈS SCIENCES, AGRÉGÉ DES SCIENCES PHYSIQUES
PROFESSEUR AU LYCÉE DE NANTES

1899, 1 vol. gr. in-8 de 924 pages à 2 colonnes, avec 817 figures.

Broché sous couverture en simili-japon gaufré.............. **25 fr.**
Relié demi-maroquin.. **30 fr.**

L'industrie s'est profondément modifiée depuis 25 ans, grâce aux efforts constants et soutenus d'une élite d'hommes instruits, entreprenants et toujours à la recherche de perfectionnements nouveaux. La France, l'Allemagne et l'Angleterre se sont partagé jusqu'à présent les différents marchés du monde. Mais d'autres peuples, les États-Unis et la Russie, commencent à entrer en lice et, grâce à leurs richesses naturelles immenses, sont appelés à prendre une place prépondérante.

Pour assurer la vitalité de notre industrie nationale, il faut que les industriels se tiennent de plus en plus au courant de la science et spécialement de ses applications chimiques, mécaniques et électriques.

Ce Dictionnaire contient, sous une forme claire et concise, tout ce qui se rapporte à l'industrie : *matières premières* qu'elle utilise, *machines et appareils* qu'elle emploie pour les transformer, *méthodes de fabrication, procédés mécaniques* ou *opérations chimiques* auxquels elle doit avoir recours, enfin *produits manufacturés* que le commerçant lui demande pour la consommation nationale aussi bien que pour l'exportation.

L'industrie embrasse aujourd'hui un champ si vaste que l'auteur a dû compulser un grand nombre de traités et de journaux techniques, français et étrangers, souvent même recourir aux industriels pour obtenir les renseignements spéciaux sur chaque industrie.

M. J. Lefèvre était bien préparé à cette lourde tâche par les nombreux ouvrages scientifiques et industriels qu'il a déjà publiés.

Précis d'Hygiène industrielle, comprenant des notions

de chimie et de mécanique, par le Dr FÉLIX BRÉMOND, inspecteur départemental du travail, membre de la Commission des logements insalubres. 1893, 1 vol. in-18 jésus de 384 pages, avec 122 fig. 5 fr.

ENVOI FRANCO CONTRE MANDAT POSTAL

LIBRAIRIE J.-B. BAILLIÈRE et FILS
Rue Hautefeuille, 19, près du boulevard Saint-Germain, PARIS

Encyclopédie Industrielle

Collection de volumes in-16 illustrés de figures

à 5 et 6 francs le volume cartonné

L'Industrie chimique en Allemagne, son organisation scientifique, commerciale, économique, par A. TRILLAT.
1900. 1 vol. in-16 de 500 pages, avec fig., cartonné.......... 5 fr.

La situation générale de l'Allemagne, au point de vue commercial, économique et géographique, *description* et situation présente *des Industries chimiques,* charbon, métallurgie et salines, la grande industrie chimique : acides, alcalis et dérivés, acide sulfurique, soude, potasse, etc. ; l'industrie des produits chimiques de la pharmacie et de la droguerie ; l'industrie des couleurs organiques et minérales ; engrais, sels ammoniacaux, explosifs, industries sucrières, gélatine, céramique, porcelaine, verrerie, etc. ; industries électrochimiques et électrométallurgiques. *L'organisation économique* et institutions patronales. *L'organisation scientifique* et l'enseignement de la chimie appliquée; causes qui ont contribué au progrès des industries en Allemagne, rôle des chambres de commerce et des associations professionnelles, protection des brevets, etc.

L'Industrie chimique, par A. HALLER, professeur à la
Faculté *des* Sciences de Paris, correspondant de l'Institut. 1895, 1 vol. in-16 de 324 pages, avec figures, cartonné............ 5 fr.

L'industrie et l'enseignement chimique en France et à l'étranger, les produits de la grande industrie chimique, les fabriques et les perfectionnements récents, les produits chimiques et pharmaceutiques, les fabriques de produits nouveaux ou peu connus, les matières colorantes artificielles, les matières premières pour la parfumerie.

Précis de Chimie industrielle, *Notation atomique,*
par P. GUICHARD, 1894, 1 vol. in-16 de 422 pages, avec 68 figures, cartonné.. 5 fr.

M. Guichard a adopté la *notation atomique* et a indiqué les noms des corps d'après les principes de la *nomenclature chimique internationale.* Il s'est attaché exclusivement aux applications pratiques. Embrassant à la fois la *Chimie minérale et organique,* il a passé en revue les différents éléments et leurs dérivés, en suivant méthodiquement la classification atomique, et en insistant sur les questions industrielles.

Cours de Marchandises, *Les Matières premières, commerciales et industrielles,* par GIRARD, professeur à l'École pratique
de commerce et d'industrie de Nîmes. 1900. 1 vol. in-16 de 412 pages, avec 216 figures, cartonné................................... 5 fr.

Tous les produits sont étudiés au point de vue de leur origine, de leurs caractères distinctifs, de leurs qualités, de leurs variétés.

Métaux produits chimiques, matériaux de construction, produits de la dépouille, aliments et médicaments, textiles, papier, matières colorantes.

ENVOI FRANCO CONTRE UN MANDAT POSTAL

L'Industrie agricole, par F. CONVERT, professeur à

l'Institut agronomique. 1901. 1 vol. in-16 de 443 pages, cart.. 5 fr.

Climat, sol, population de la France.

Les céréales et la pomme de terre. — Le blé. — Pays exportateurs. — Législation.
— La farine, le pain, le son. — *Le seigle, l'avoine, l'orge, le maïs.* — La pomme de
terre, les légumineuses alimentaires.

Les plantes industrielles. — Les betteraves à sucre et l'industrie de la sucrerie. —
La betterave de distillation et l'alcool. — Les plantes oléagineuses et textiles. — Le
houblon, la chicorée à café, le tabac. — La viticulture. — Les vins étrangers, les vins
de raisins secs. — L'olivier.

Le bétail et ses produits. — Les espèces chevaline, bovine, ovine, porcine. — Le lait,
le beurre et le fromage. — La viande de boucherie. — Le commerce extérieur du
bétail. — La laine et la soie. — La production agricole de la France.

Précis de Chimie agricole, par Edouard GAIN, maître

de conférences à la Faculté des Sciences de Nancy, 1895, 1 vol. in-16
de 436 pages, avec 93 figures, cartonné...................... 5 fr.

Après avoir étudié le principe général de la nutrition des végétaux, l'auteur trace
rapidement l'historique des différentes doctrines relatives à l'alimentation des plantes.
Abordant ensuite la physiologie générale de la nutrition, il passe en revue les rapports
de la plante avec le sol et l'atmosphère, les fonctions de nutrition, le chimisme dyna-
mique et le développement des végétaux. La deuxième partie traite de la composition
chimique des plantes. La troisième est consacrée à la fertilisation du sol par les engrais
et les amendements. La quatrième comprend la chimie des produits agricoles.

Analyse et Essais des Matières agricoles,

par A. VIVIER, directeur de la Station agronomique et du Laboratoire départemental de Melun. 1897, 1 vol. in-16 de 470 pages, avec
88 figures, cartonné... 5 fr.

L'auteur indique les *méthodes générales de séparation et de dosage des éléments
les plus importants dans les engrais, dans les sols et dans les plantes.*

Il étudie l'*analyse des engrais* et des *amendements*, et à propos des *engrais commerciaux*, des exigences des plantes, ainsi que des conditions d'emploi des engrais dans
les différents sols et pour les différentes cultures. Vient ensuite l'*analyse du sol* et
celle des *roches. L'analyse des eaux*, les méthodes générales applicables à l'analyse des
matières végétales et animales. Enfin, M. Vivier indique l'*application de ces méthodes
aux cas particuliers, fourrages, matières premières végétales des industries agricoles,
produits et sous-produits de ces industries*, etc.

Le Pain et la Panification, *chimie et technologie de*

la boulangerie et de la meunerie, par L. BOUTROUX, professeur de
chimie à la Faculté des Sciences de Besançon, 1897, 1 vol. in-16 de
358 pages, avec 57 figures, cartonné....................... 5 fr.

Dans une première partie, M. Boutroux étudie la farine. La seconde partie est
consacrée à la transformation de la farine en pain. Etude théorique de la fermentation
panaire, opérations pratiques de la panification usuelle, procédés de panification employés en France ou à l'étranger. Composition chimique du pain et opérations par
lesquelles le chimiste peut en apprécier la qualité ou y déceler les fraudes. Au point
de vue de l'hygiène, valeur nutritive du pain en général et des diverses sortes de pain.

Le Tabac, culture et industrie, par Émile BOUANT, agrégé des

Sciences physiques. 1901, 1 vol. in-16, 347 pages, avec 104 figures,
cartonné... 5 fr.

Historique. — Culture. — Technologie. — Matières premières. —Fabrication des sca-
ferlatis. — Cigarettes. — Cigares. — De la poudre. — Des tabacs à mâcher.— Econo-
mie politique et hygiène.

J.-B. BAILLIÈRE ET FILS, 19, RUE HAUTEFEUILLE A PARIS

Les Produits chimiques employés en médecine, *chimie analytique et fabrication industrielle*, par A. TRILLAT. Introduction par P. SCHUTZENBERGER, de l'Institut, 1894, 1 vol. in-16 de 415 pages, avec 67 figures, cartonné....................... 5 fr.

Quatre chapitres sont consacrés à la classification des *antiseptiques*, à leur constitution chimique, à leurs procédés de préparation et à la détermination de la valeur d'un produit médicinal. Vient ensuite une classification rationnelle des produits médicaux, dérivés de la *série grasse* et de la *série aromatique*. Pour chaque substance on trouve : la constitution chimique, les procédés de préparation, les propriétés physiques, chimiques et physiologiques et la forme sous laquelle elle est employée.

L'Acétylène, par J. LEFÈVRE, professeur à l'École des sciences de Nantes, 1897, 1 vol. in-16 de 400 pages, avec figures, cartonné... 5 fr.

Le carbure de calcium, préparation et fabrication industrielle, propriétés, rendement. Préparation de l'acétylène. Générateurs divers. Acétylène liquide, dissous. Impuretés et purification. Propriétés chimiques. Éclairage : brûleurs, lampes, etc. Chauffage et force motrice. Applications chimiques. Inconvénients : toxicité, explosibilité. Règlements.

Le Pétrole, exploitation, raffinage, éclairage, chauffage, force motrice, par A. RICHE, directeur des essais à la Monnaie et G. HALPHEN, chimiste du Ministère du commerce, 1896, 1 vol. in-16 de 484 pages, avec 114 figures, cartonné....................... 5 fr.

Gisements et méthode d'extraction de raffinage, procédés suivis en Amérique, en Russie, en France et en Autriche-Hongrie, pour la séparation et la purification des essences, huiles lampantes, huiles lourdes, parafines et vaselines.

Applications : éclairage et chauffage ; production d'énergie mécanique ; lubrification. Qualités des différentes huiles et méthodes d'essai.

Verres et Émaux, par L. COFFIGNAL, ingénieur des Arts et Manufactures. 1 vol. in-16 de 332 pages, avec 129 figures, cartonné... 5 fr.

La première partie du livre de M. Coffignal est consacrée aux *Verres*. Composition, propriétés physiques et chimiques et analyse des verres, des fours de fusion, produits réfractaires et préparation des pâtes, procédés de façonnage du verre, produits spéciaux et compositions vitrifiables : verres solubles, verres de Bohème, cristal, verres d'optique, décoration du verre.

La deuxième partie consacrée aux *Emaux et glaçures*. Composition, matières premières et propriétés des glaçures, fabrication et pose des glaçures, emploi des émaux.

La Céramique, par E.-S. AUSCHER, ingénieur des Arts et Manufactures, 1901, 1 vol. in-16 de 400 pages, avec fig., cart. 5 fr.

Grès, Faïences, Porcelaines, par E.-S. AUSCHER, 1901. 1 vol. in-16 de 400 pages, cartonné..................... 5 fr.

Histoire de la céramique. — Poteries non vernissées poreuses. — Terres cuites. — Briques. — Tuiles. — Tuyaux. — Jarres. — Cuviers. — Alcarazzas. — Pots à fleurs. — Pipes en terre. — Filtres. — Carreaux. — Poteries vernissées à pâte poreuse. — Poteries lustrées. — Faïences stannifères. — Majoliques. — Faïences à vernis transparents. — Couvertes. — Faïences fines. — Poteries vernissées à pâte non poreuse. — Grès. — Porcelaines. — Porcelaines dures. — Porcelaines de Sèvres. — Porcelaines ordinaires. — Porcelaines orientales. — Porcelaines tendres. — Poteries non vernissées à pâte non poreuses. — Biscuits.

La Bière et l'Industrie de la Brasserie,

par Paul PETIT, professeur à la Faculté des Sciences, directeur de l'École de brasserie de Nancy, 1895, 1 vol. in-16 de 420 pages, avec 74 figures, cartonné..................................... 5 fr.

Matières premières : Maltage. — Étude de l'eau, du houblon, de la poix — Brassage: Cuisson et houblonnage, refroidissement et oxygénation des moûts. — Fermentation · Maladies de la bière. — Contrôle de fabrication. — Consommation et valeur alimentaire de la bière. — Installation d'une brasserie. — Enseignement technique.

Chimie du Distillateur, *matières premières et produits de fabrication*, par P. GUICHARD, ancien chimiste de distillerie, 1895, 1 vol. in-16 de 408 pages, avec 75 figures, cartonné.... 5 fr.

Ce volume a pour objet l'étude chimique des matières premières, et des produits de fabrication de la distillerie. M. Guichard étudie successivement les éléments chimiques de la distillerie, leur composition et leur essai industriel.

Microbiologie du Distillateur, *ferments et fermentations*, par P. GUICHARD, 1895, 1 vol. in-16, de 392 pages, avec 106 figures et 28 tableaux, cartonné........................... 5 fr.

Historique des fermentations; matières albuminoïdes; ferments solubles, diastases, zymases ou enzymes; ferments figurés et levures; fermentations; composition et analyse industrielle des matières fermentées, malt, moûts, drèches, etc. Tableaux de la force réelle, des spiritueux, du poids réel d'alcool pur, des richesses alcooliques, etc.

L'Industrie de la Distillation, *levures et alcools*, par P. GUICHARD, 1897, 1 vol. in-16 de 415 pages, avec 138 figures, cartonné.. 5 fr.

Fabrication des liquides sucrés par le malt et par les acides. — Fermentation de grains, pommes de terre, mélasses, etc. — Industrie de la levûre de brasserie, de distillerie et levure pure. — Fabrication de l'alcool ; grains, pommes de terre, mélasses. — Distillation et purification de l'alcool. — Applications : levûres, alcools, résidus.

Placé pendant longtemps à la tête du laboratoire d'une fabrique de levure, M. Guichard a pu apprécier les besoins de cette grande industrie, et le traité qu'il publie aujourd'hui y donne satisfaction, en mettant à la portée des industriels, sous une forme simple, quoique complète, les travaux les plus récents des savants français et étrangers.

Le Sucre et l'Industrie sucrière, par Paul HORSIN-DÉON, ingénieur-chimiste, 1895, 1 vol. in-16 de 495 pages, avec 83 figures, cartonné... 5 fr.

Ce livre passe en revue tout le travail de la sucrerie, tant au point de vue pratique de l'usine, qu'au point de vue purement chimique du laboratoire ; c'est un exposé au courant des plus récents perfectionnements. Voici le titre des différents chapitres :

La betterave et sa culture. — Travail de la betterave et extraction du jus par pression et par diffusion, travail du jus, des écumes et des jus troubles, filtration, évaporation cuite. — Appareils d'évaporation à effets multiples. — Turbinage. — Extraction du sucre de la mélasse. — Analyses. — Sucre de canne ou saccharose. — Glucose, levulose et sucre interverti. — Analyse de la betterave, des jus, des écumes, des sucres, des mélasses, etc. — Le sucre de canne, culture et fabrication. — Raffinages des sucres.

Savons et Bougies, par Julien LEFÈVRE, agrégé des sciences physiques, professeur à l'École des sciences de Nantes, 1894, 1 vol. in-16 de 424 pages, avec 116 figures, cartonné .... 5 fr.

M. Lefèvre expose d'abord les notions générales sur les corps gras neutres.

Il traite ensuite de la savonnerie et décrit les matières premières, les procédés de fabrication, les falsifications et les modes d'essai. La seconde partie contient la fabrication des chandelles, (moulage des bougies stéariques, fabrication des bougies colorées, creuses, enroulées, allumettes bougies, etc.), fabrication de la glycérine.

Dans les deux industries, l'auteur s'est appliqué à faire connaitre les méthodes et les appareils les plus récents et les plus perfectionnés.

Couleurs et Vernis, par G. HALPHEN, chimiste au Ministère du commerce, 1894, 1 vol. in-16 de 388 pages, avec 29 figures, cartonné.. 5 fr.

Ce livre présente l'ensemble des connaissances générales relatives à la fabrication des couleurs et vernis, tant au point de vue technique que dans leurs rapports avec l'art, l'industrie et l'hygiène.

On trouvera réunis dans ce volume tous les renseignements qui peuvent guider l'artiste ou l'artisan dans le choix des substances qu'il veut employer et le fabricant dans les manipulations qu'entraine leur préparation. Il a été suivi une marche uniforme à propos de chaque couleur : la synonymie, la composition chimique, la fabrication, les propriétés et les usages. L'auteur a pu recueillir auprès des industries un grand nombre de renseignements pratiques sur les procédés les plus employés.

Les Parfums artificiels, par Eug. CHARABOT, chimiste industriel, professeur d'analyse chimique à l'École commerciale de Paris, 1899, 1 vol. in-16 de 300 pages, avec 25 figures, cartonné 5 fr.

Les parfums synthétiques qui, incontestablement, présentent le plus d'intérêt au point de vue de leurs applications sont : le terpinéol, la vanilline, l'héliotropine, l'ionone, le musc artificiel. Ce sont eux qui ont droit au plus grand développement.

Toutefois l'auteur étudie en outre plusieurs principes naturels à composition définie (linalol, bornéol, safrol) qui servent de matières premières pour la préparation de substances odorantes.

Ce livre rendra service aux chimistes, aux industriels, aux experts.

Cuirs et Peaux, par H. VOINESSON DE LAVELINES, chimiste au Laboratoire municipal, 1894, 1 vol. in-16 de 451 pages, avec 88 figures, cartonné.. 5 fr.

M. Voinesson de Lavelines passe d'abord en revue les peaux employées dans l'industrie des cuirs et peaux, puis les produits chimiques usités en hongroirie et mégisserie, les végétaux tannants et les matières tinctoriales pour les peaux et la maroquinerie. Vient ensuite la préparation des peaux brutes pour cuirs forts, le tannage des cuirs forts et la fabrication des cuirs mous. Les chapitres suivants sont consacrés à l'industrie du corroyeur, qui donne aux peaux les qualités spéciales, nécessaires suivant les industries qui les emploient : cordonniers, bourreliers, selliers, carrossiers, relieurs, etc. L'art de vernir les cuirs, est décrit très complètement. Viennent ensuite la hongroirie, la mégisserie, la chamoiserie et la buffletterie. L'ouvrage se termine par la maroquinerie, l'impression et la teinture sur cuir, la parcheminerie et la ganterie.

L'industrie et le Commerce des Tissus, en France et dans les différents pays, par G. JOULIN, chimiste au Laboratoire municipal, 1895, 1 vol. in-16 de 346 pages, avec 76 fig., cartonné.. 5 fr.

Après avoir décrit les opérations préliminaires du tissage et les opérations spéciales pour étoffes façonnées, M. Joulin consacre des chapitres distincts au coton (filature et tissus de coton, tissus unis, croisés, façonnés, velours, bonneterie, etc.) au lin, au jute, au chanvre, à la ramie, et à la laine (filature, travail de la laine à cardes et à peigne, draperie, reps, étamine, alpaga, barège, mérinos, velours, peluche, tapis, passementerie, vêtement, etc.).

ENVOI FRANCO CONTRE UN MANDAT POSTAL

L'Eau dans l'Industrie, par P. GUICHARD, 1894, 1 vol. in-16 de 417 pages, avec 80 figures, cartonné.............. 5 fr.

M. Guichard s'occupe d'abord de l'analyse chimique, microscopique et bactériologique de l'eau, puis de la purification des eaux naturelles, par les procédés physiques ou chimiques. Il passe en revue les différentes espèces d'eaux employées ; puis il étudie la fabrication et l'emploi de la glace, et l'emploi de l'eau à l'état liquide dans les industries alimentaires, dans la teinturerie, la papeterie, *les industries chimiques, etc.* Il traite ensuite des eaux résiduaires et de leur purification.

L'Eau potable, par F. COREIL, directeur du laboratoire municipal de Toulon, 1896, 1 vol. in-16 de 359 pages, avec 136 figures, cartonné... 5 fr.

Éléments et caractères de l'eau potable. Analyse chimique, prise d'échantillon, analyse qualitative et quantitative. Examen microscopique. Analyse bactériologique. Amélioration et stérilisation des eaux.

Les Eaux d'Alimentation, épuration, filtration, stérilisation, par ÉD. GUINOCHET, pharmacien en chef de l'hôpital de la Charité, 1894, 1 vol. in-16 de 370 pages, avec 52 fig., cart. 5 fr.

I. *Filtration centrale :* Galeries filtrantes, filtres à sable, puits Lefort, procédés industriels. — II. *Filtration domestique: Épuration par les substances chimiques, filtres domestiques. Nettoyage et stérilisation des filtres* (Nettoyeur André, Expériences de M. Guinochet, stérilisation des bougies filtrantes). — III. *Stérilisation par la chaleur : Action de la chaleur, appareils stérilisateurs.*

L'Industrie du Blanchissage et les blanchisseries, par A. BAILLY, 1895, 1 vol. in-16 de 383 p., avec 106 fig., cart. 5 fr.

Ce livre est divisé en trois parties : *1° le blanchiment des tissus neufs, des fils et des cotons ; 2° le blanchissage domestique du linge dans les familles ; 3° le blanchissage industriel.* L'ouvrage débute par une étude des matières premières employées dans cette industrie. A la fin sont groupés les renseignements sur les installations et l'exploitation moderne des usines de blanchisseries : on y trouvera décrite : *1° l'installation et l'organisation des lavoirs publics ; 2° les blanchisseries spéciales du linge des hôpitaux, des restaurants, des hôtels à voyageurs, des établissements civils et militaires ; 3° la manière d'établir la comptabilité du linge à blanchir; 4° les relations entre la direction des usines, leur personnel et leur clientèle.*

L'industrie de la Soude, par G. HALPHEN, 1895, 1 vol. in-16 de 368 pages, avec 91 figures, cartonné................ 5 fr.

Cet ouvrage renferme; 1° L'exposé des propriétés et des modes d'extraction des matières premières; 2° L'étude des anciennes méthodes de fabrication de la soude ; 3° Un examen détaillé des procédés actuellement en usage dans les soudières, ce qui a nécessité les études spéciales de la fabrication du sulfate de soude, de la condensation de l'acide chlorhydrique, de la régénération de l'ammoniaque et du chlore dans le procédé à l'ammoniaque, de celle du soufre dans les marcs ou charrées de soude Leblanc; 4° Les notions relatives à la fabrication de la soude caustique ; 5° Les principes généraux de fabrication de la soude par la cryolithe et les sulfures doubles.

J.-B. BAILLIÈRE ET FILS, 19, RUE HAUTEFEUILLE A PARIS

L'Or, propriétés physiques et chimiques, gisements, **extraction,** applications, dosage, par L. WEILL, ingénieur des mines. Introduction par U. LE VERRIER, professeur de métallurgie au Conservatoire des Arts et Métiers et à l'Ecole des mines, 1896, 1 vol. in-16 de 420 pages, avec 67 figures, cartonné...................... 5 fr.

Propriétés physiques et chimiques ; dosage. Géologie ; minerais, gisement. Métallurgie; voie sèche, amalgamation et lixiviation. Elaboration : alliages, frappe des monnaies. Orfèvrerie : argenture. Rôle économique : commerce, statistique, avenir.

L'Argent, géologie, métallurgie, rôle économique, par Louis DE LAUNAY, professeur à l'École des mines, 1896, 1 vol. in-16 de 382 pages, avec 80 figures, cartonné...................... 5 fr.

Propriétés physiques et chimiques. — Gisements : Gisements filoniens ; Gisements sédimentaires. — Alluvions aurifères. — Extraction. — Applications. — Orfèvrerie. — Médailles. — Monnaies. — Dosage. — Essai des minerais. — Essai des alliages.

Le Cuivre, par PAUL WEISS, 1893, 1 vol. in-16 de 344 pages, avec 86 figures, cartonné...................... 5 fr.

M. P. Weiss résume en un volume portatif toutes les données actuelles sur les gisements, la métallurgie et les applications du cuivre.

Dans une première partie, M. Weiss passe en revue l'origine, les gisements, les propriétés et les alliages du cuivre. Dans la deuxième partie, il passe en revue le grillage des minerais. la fabrication de la matte bronze, la transformation de la matte bronze en cuivre noir, l'affinage du cuivre brut et le traitement des minerais de cuivre par la voie humide.

La troisième partie traite des applications du cuivre, de son marché, de son emploi, de la fabrication et de l'emploi des planches de cuivre (chaudronnerie, etc.), de l'emploi du cuivre en électricité (tréfilerie, etc.), de la fonderie du cuivre et de ses alliages, enfin des bronzes et laitons.

L'Aluminium, par A. LEJEAL. Introduction par U. LE VERRIER, professeur à l'École des mines, 1894, 1 vol. in-16 de 357 pages, avec 36 figures, cartonné...................... 5 fr.

Le volume débute par un exposé historique et économique. Vient ensuite l'étude des propriétés physiques et chimiques de l'aluminium et de ses sels, l'étude des minerais et de la fabrication des produits aluminiques. Les chapitres suivants sont consacrés à la métallurgie (procédés chimiques, électrothermiques et électrolytiques), aux alliages, aux emplois de l'aluminium, à l'analyse et à l'essai des produits aluminiques, enfin au mode de travail et aux usages de l'aluminium.

Le volume se termine par l'histoire des autres métaux terreux et alcalino-terreux : manganèse, baryum et strontium, calcium et magnésium.

Les Minéraux utiles et l'Exploitation des Mines, par KNAB, répétiteur à l'École centrale, 1894, 1 vol. in-16 de 392 pages, avec 76 figures, cartonné................ 5 fr.

Dans une première partie, *Gîte des minéraux utiles*, M. Knab expose les faits géologiques qui mènent à la connaissance du gisement des minéraux. Il décrit les gîtes minéraux, les combustibles minéraux, le sel gemme, les minerais, les mines de la France et des colonies et expose les principes qui doivent guider pour la reconnaissance des mines.

La seconde partie, *Exploitation des minéraux utiles*, traite de l'attaque de la masse terrestre (*abatage, voies de communication, exploitation*), et des transports de toute nature effectués dans le sein de la terre (*épuisement, aérage, extraction*). L'éclairage, la *descente des hommes*, les *accidents des mines* forment sous le titre de *Services divers* un groupe à part. Enfin, sous le nom de *Préparation mécanique des minerais*, l'auteur suit les minerais au-delà de l'instant où ils ont été amenés au jour, en vue de les livrer aux usines dans un état mieux approprié aux opérations à subir.

ENVOI FRANCO CONTRE UN MANDAT POSTAL

Précis de Physique industrielle, par H. PÉCHEUX,

professeur à l'Ecole pratique de commerce et d'industrie de Limoges. Introduction par M. Paul JACQUEMART, inspecteur général de l'enseignement technique, 1899, 1 vol. in-16 de 570 pages, avec 646 figures, cartonné.. 6 fr.

Le livre de M. Pécheux, répondant exactement au programme de physique des Écoles pratiques de commerce et d'industrie, est appelé à rendre d'utiles services aux élèves des Ecoles pratiques et à tous les jeunes gens qui se destinent à l'industrie et qui doivent se familiariser avec les grands phénomènes physiques qu'ils sont exposés à rencontrer, dans tous les ateliers, en même temps qu'à toute une catégorie de jeunes gens mis dans l'impossibilité de suivre leur enseignement.

Traité d'Électricité industrielle, par R. BUS-

QUET, professeur à l'Ecole industrielle de Lyon, 1900, 2 vol. in-16 de 500 pages chacun, avec 400 figures, cartonné............... 12 fr.

Il n'existait pas encore un véritable livre d'initiation qui permît d'aborder les questions d'électricité industrielle sans avoir fait au préalable des études spéciales. C'est cette lacune que l'auteur s'est proposé de combler voulant exposer simplement et sans le secours des hautes mathématiques les phénomènes électriques, sans rien sacrifier toutefois des principes exacts qui servent de base à l'électricité industrielle.

Le Monteur électricien, par E. BARNI, ingénieur-élec-

tricien et A. MONTPELLIER, rédacteur en chef de *l'Electricien*. 1900, 1 vol. in-16 de 500 pages, avec 120 figures, cartonné.......... 5 fr.

Dynamos. — Lampes à arc et à incandescence. — Appareils auxiliaires. — Lignes aériennes et souterraines. — Canalisations intérieures. — Calculs et essais des conducteurs. — Accumulateurs. — Courant alternatif et courants polyphasés. — Distribution de l'énergie électrique. — Moteurs.

La Galvanoplastie, *le nickelage, l'argenture, la dorure,*

l'électrométallurgie et les applications chimiques de l'électrolyse, par E. BOUANT, agrégé des sciences physiques, 1894, 1 vol. in-16 de 400 pages, avec 52 figures, cartonné............................... 5 fr.

I. *Notions générales sur l'électrolyse :* Unités pratiques de mesure. Sources d'électricité employées dans les opérations électrolytiques. Piles, accumulateurs, machines électrolytiques.—II. *Galvanoplastie.* Moulage. Disposition des bains, formation du dépôt, électrotypie. — III. *Electrochimie :* Décapage, cuivrage, argenture, dorure. Dépôt de divers métaux, coloration et ornementation par les dépôts métalliques. — IV. *Electrométallurgie.* — V. *Applications chimiques de l'électrolyse :* Épuration des eaux, désinfection, blanchiment, fabrication du chlore, tannage, préparation de l'oxygène, etc.

La Traction mécanique et les Voitures

automobiles, par G. LEROUX et A. REVEL, ingénieurs du

service de la traction mécanique à la Compagnie générale des Omnibus. 1900, 1 vol. in-16 de 394 pages, avec 108 figures, cartonné. 5 fr.

Les auteurs ont d'abord consacré un chapitre spécial à l'examen des organes qui sont communs à tous les systèmes. Puis ils passent en revue les TRAMWAYS A VAPEUR, A AIR COMPRIMÉ et A GAZ, les TRAMWAYS ÉLECTRIQUES et les TRAMWAYS FUNICULAIRES. Les trois derniers chapitres sont consacrés aux VOITURES AUTOMOBILES, *voitures à vapeur, voitures à essence de pétrole et voitures électriques,* et à la description des principaux *types d'automobiles.*

J.-B. BAILLIÈRE ET FILS, 19, RUE HAUTEFEUILLE, A PARIS

LIBRAIRIE J.-B. BAILLIÈRE ET FILS
19, rue Hautefeuille, à Paris

La Traction Mécanique

et les Voitures Automobiles

PAR

G. LEROUX	**A. REVEL**
INGÉNIEUR CHEF DU SERVICE	INGÉNIEUR
DE LA TRACTION MÉCANIQUE C. G. O.	A LA COMPAGNIE GÉNÉRALE
RÉPÉTITEUR A L'ÉCOLE CENTRALE	DES OMNIBUS

1 vol. in 18 de 394 pages, avec 108 figures, cartonné .... **5 fr.**

La traction mécanique des véhicules a pris depuis quelques années une importance considérable.

Le public, voyant en elle une source d'amélioration dans l'industrie des transports, s'est passionné pour cette question et des sociétés puissantes ont pris naissance soit pour créer le matériel nécessaire, soit pour l'exploiter.

En raison de l'actualité et de l'attrait de ce mode de traction, il est naturel que chacun cherche à se rendre compte du fonctionnement et des avantages particuliers des divers systèmes de traction mécanique.

Il était d'abord nécessaire d'appeler l'attention sur le *développement et les avantages des tramways mécaniques*. On a ensuite indiqué les *conditions générales d'installation d'une ligne de tramways* de ce genre.

Les voitures automotrices présentant des dispositions indépendantes de la nature même de l'agent moteur, les auteurs ont consacré un chapitre spécial à l'examen des organes qui sont communs à tous les systèmes.

Puis ils passent en revue les TRAMWAYS A VAPEUR, A AIR COMPRIMÉ et A GAZ, les TRAMWAYS ÉLECTRIQUES et les TRAMWAYS FUNICULAIRES. Ils décrivent trois modes de *traction par la vapeur*, puis ils examinent les divers systèmes de *traction électrique, fil aérien, caniveau, contacts superficiels* et *accumulateurs*. Pour l'air comprimé et pour l'électricité, ils étudient *la production* et *le transport de l'énergie* sous chacune de ces deux formes.

Les trois derniers chapitres sont consacrés aux VOITURES AUTOMOBILES. Après avoir exposé les divers systèmes employés : *voitures à vapeur, voitures à essence de pétrole et voitures électriques*, ils décrivent les principaux *types d'automobiles* des divers systèmes.

Pour terminer, ils ont rappelé les résultats des derniers *concours de fiacres et de poids lourds*. Enfin, ils ont reproduit en appendice quelques documents : l'ordonnance de police du 31 août 1897 relative aux tramways mécaniques, le décret du 10 mars et la circulaire ministérielle du 10 avril 1899 fixant les conditions d'emploi des voitures automobiles, enfin le rapport de M. Léon Colin concernant la vitesse des automobiles.

ENVOI FRANCO CONTRE UN MANDAT POSTAL

Dictionnaire
d'Électricité

COMPRENANT

les Applications aux Sciences, aux Arts et à l'Industrie
Par JULIEN LEFÈVRE

DOCTEUR ÈS SCIENCES, AGRÉGÉ DES SCIENCES PHYSIQUES
PROFESSEUR AU LYCÉE DE NANTES

DEUXIÈME ÉDITION MISE AU COURANT DES NOUVEAUTÉS ÉLECTRIQUES
Introduction par E. BOUTY
PROFESSEUR A LA FACULTÉ DES SCIENCES DE PARIS

1895. 1 vol. gr. in-8 de 1150 pages à 2 colonnes avec 1250 fig. 30 fr.

Le *Dictionnaire d'Électricité* de M. J. LEFÈVRE est une véritable encyclopédie électrique où le lecteur trouvera un exposé complet des principes et des méthodes en usage aujourd'hui, ainsi que la description de toutes les applications scientifiques et industrielles.

Le *Dictionnaire d'Électricité* présente sous une forme claire et concise des renseignements sur la terminologie électrique, comme aussi l'exposé des connaissances actuelles en électricité.

C'est le seul ouvrage de ce genre qui soit au courant des découvertes les plus nouvelles et qui fasse connaître les appareils et les applications qui se sont produits récemment, tant en France qu'à l'Étranger.

On y trouvera, en fait de nouveautés, au point de vue théorique, l'étude des ondulations électromagnétiques, celle des courants de haute fréquence, et l'exposé de la découverte des champs tournants et des courants polyphasés. Au point de vue des applications, on trouvera dans cette nouvelle édition toutes les nouveautés relatives au chauffage électrique, à la traction et aux locomotives électriques, à l'éclairage, au théâtrophone, etc.

Pour faire un bon dictionnaire d'électricité, il ne suffisait pas d'être un *électricien :* il fallait avant tout faire œuvre de professeur et savoir trouver dans chaque article la matière d'une petite monographie, claire, concise, et le plus possible indépendante des autres. M. Julien LEFÈVRE, bien connu comme un chercheur consciencieux et un professeur intelligent, offrait à cet égard des garanties sérieuses, et se trouvait désigné, d'autre part, par son habitude de l'enseignement technique. Il a parfaitement réussi.

Toute la partie technique du *Dictionnaire* est traitée avec un soin scrupuleux et un grand luxe d'informations.

La multiplicité des gravures, leur choix, leur parfaite exécution contribueront pour une bonne part au succès de cet ouvrage, tant auprès du grand public que chez les hommes spéciaux auxquels il sera plus particulièrement indispensable.

LIBRAIRIE J.-B. BAILLIÈRE ET FILS.

Dictionnaire de *Chimie*

COMPRENANT :

les applications aux Sciences, aux Arts, a l'Agriculture et à l'Industrie,
à l'usage des Chimistes, des Industriels,
des Fabricants de produits Chimiques, des Laboratoires municipaux,
de l'École Centrale, de l'École des Mines, des Écoles de Chimie, etc.

Par E. BOUANT

AGRÉGÉ DES SCIENCES PHYSIQUES

Introduction par **M. TROOST**, Membre de l'Institut

1 vol. gr. in-8 de 1220 pages, avec 400 figures .... **25 fr.**

Sous des dimensions relativement restreintes, le *Dictionnaire de Chimie* de M. Bouant contient tous les faits de nature à intéresser les chimistes, les industriels, les fabricants de produits chimiques, les médecins, les pharmaciens, les étudiants.

Parmi les corps si nombreux que l'on sait aujourd'hui obtenir et que l'on étudie dans les laboratoires, on a insisté tout particulièrement sur ceux qui présentent des applications. Sans négliger l'exposition des théories générales, dont on ne saurait se passer pour comprendre et coordonner les faits, on s'est restreint cependant à rester le plus possible sur le terrain de la chimie pratique. Les préparations, les propriétés, l'analyse des corps usuels sont indiquées avec tous les développements nécessaires. Les fabrications industrielles sont décrites de façon à donner une idée précise des méthodes et des appareils.

A la fin de l'étude de chaque corps, une large place est accordée à l'examen de ses applications. On ne s'est pas contenté, sur ce point, d'une rapide énumération. On a donné des indications précises, et fréquemment même des recettes pratiques qu'on ne rencontre ordinairement que dans les ouvrages spéciaux.

Ainsi conçu, ce dictionnaire a sa place marquée dans les laboratoires de chimie appliquée, les laboratoires municipaux, les laboratoires agricoles. Il rendra également de grands services à tous ceux qui, sans être chimistes, ne peuvent cependant rester complètement étrangers à la chimie.

LIBRAIRIE J.-B. BAILLIÈRE ET FILS.

COMMERCE — INDUSTRIE

COURS

LES MATIÈRES PREMIÈRES
COMMERCIALES ET INDUSTRIELLES

DE MARCHANDISES

A L'USAGE
de l'Enseignement Commercial
Par L. GIRARD
DIRECTEUR DE L'ÉCOLE DE COMMERCE ET D'INDUSTRIE DE NARBONNE

1899, 1 vol. in-16 de 400 pages avec figures, cartonné. 5 fr.

De nombreuses écoles, répondant aux besoins multiples et variés de l'enseignement technique, se sont élevées en France, au cours de ces dernières années. Parmi les plus intéressantes de ces créations, on remarque les écoles pratiques de commerce et d'industrie qui, fondées par les départements ou par les communes, relèvent du ministère du commerce et de l'industrie.

Pour ces écoles nouvelles, créées en vue de former des jeunes gens habiles et instruits, capables de gagner immédiatement un salaire rémunérateur soit comme ouvriers, soit comme employés de commerce, des programmes nouveaux, répondant au but poursuivi, ont dû être adoptés. Jusqu'à présent le développement de ces programmes ne se trouvait reproduit dans aucun livre; cette lacune est en voie d'être comblée; après plusieurs années d'expérience qui leur permirent de bien connaître la nature de ces programmes et l'esprit dans lequel ils doivent être compris, quelques professeurs d'écoles pratiques ont pensé rendre service à leurs élèves en publiant leurs leçons. C'est ainsi que M. Girard, professeur à l'école de Nîmes, vient de publier un *Cours de Marchandises*. On y trouvera un exposé clair et complet de toutes les notions indispensables sur les matières premières commerciales et industrielles : tous les produits sont étudiés au point de vue de leur origine, de leurs caractères distinctifs, de leurs qualités, de leurs variétés.

Précis d'Hygiène industrielle, comprenant des notions

de chimie et de mécanique, par le Dr **Félix Brémond**, inspecteur départemental du travail, membre de la Commission des logements insalubres. 1893, 1 vol. in-18 jésus de 384 pages, avec 122 fig. **5 fr.**

Le *Précis d'hygiène industrielle* a été rédigé pour répandre la connaissance des prescriptions nouvelles de la loi du 2 novembre 1892 et pour faciliter son exécution. Voici l'énumération des principales divisions de cet ouvrage : Usines, chantiers et ateliers : atmosphère du travail : gaz, vapeurs et poussières. Hygiène du milieu industriel . froid, chaleur, humidité. Maladies professionnelles : matières irritantes, toxiques et infectieuses. Outillage industriel : moteurs divers, organes dangereux et appareils protecteurs. Accidents des machines et des outils. Premiers secours. Documents législatifs et administratifs.

ENVOI FRANCO CONTRE UN MANDAT POSTAL.

PHYSIQUE — CHIMIE

PRÉCIS

DE

Physique Industrielle

Par H. PÉCHEUX

PROFESSEUR A L'ÉCOLE PRATIQUE DE COMMERCE ET D'INDUSTRIE DE LIMOGES

AVEC UNE PRÉFACE

de **M. Paul JACQUEMART**, Inspecteur général de l'Enseignement technique.

1899. 1 volume in-16 de 570 pages, avec 464 figures, cartonné : **6 fr.**

M. Pécheux vient de publier un ouvrage qui répond à ce besoin nouveau de l'enseignement créé pour donner à la nouvelle génération des notions industrielles, de jour en jour plus indispensables.

C'est la reproduction du cours professé par l'auteur à l'École pratique du commerce et d'industrie de Limoges. Son objet est d'ailleurs nettement exposé dans la préface, écrite par M. Jacquemard, inspecteur général de l'enseignement technique.

L'ouvrage est divisé en deux parties. Dans la première l'auteur expose, en se servant exclusivement de la méthode expérimentale, les connaissances fondamentales des diverses branches de la physique. Dans la seconde, plus développée, il traite des grandes applications industrielles de la physique.

L'électricité occupe la plus grande partie du livre (400 pages environ sur 570). Les notions élémentaires de la science électrique, exposées dans la première partie, sont groupées de manière à permettre de comprendre aisément l'électricité appliquée, étudiée dans la seconde partie. Ces notions nous ont paru présentées sous une forme suffisamment élémentaire et avec assez de clarté pour pouvoir être comprises des lecteurs auxquels elles s'adressent. Quant aux applications de l'électricité, dont l'exposé est précédé d'une description des principaux moteurs thermiques et hydrauliques employés dans l'industrie, elles occupent dans le livre une place en rapport avec leur développement actuel.

En somme, cet ouvrage constitue une excellente préparation a l'entrée dans l'industrie des jeunes gens ayant une bonne instruction primaire.

Ce volume fait partie de l'*Encyclopédie industrielle*, dans laquelle M. GUICHARD a précédemment publié un *Précis de chimie indus- trielle* (5 fr.) répondant aux mêmes besoins.

Précis de Chimie industrielle, *notation atomique.*

par **P. Guichard.** 1894, 1 vol. in-18 jésus de 422 pages, avec 68 figures, cartonné... **5 fr.**

LIBRAIRIE J.-B. BAILLIÈRE ET FILS.

LE MONTEUR ÉLECTRICIEN

PAR

E. BARNI
INGÉNIEUR-ÉLECTRICIEN

A. MONTPELLIER
RÉDACTEUR EN CHEF DE *l'Électricien*

DYNAMOS, LAMPES à ARC, LAMPES à INCANDESCENCE
APPAREILS AUXILIAIRES, LIGNES AÉRIENNES,
LIGNES SOUTERRAINES, CANALISATIONS INTÉRIEURES, CALCUL ET ESSAI
DES CONDUCTEURS, ACCUMULATEURS, COURANT ALTERNATIF
ET COURANTS POLYPHASÉS,
DISTRIBUTION DE L'ÉNERGIE ÉLECTRIQUE, MOTEURS.

1899. 1 vol. in-16 de 438 pages, avec 210 figures, cartonné. .... **5 fr.**

L'ouvrage de l'ingénieur E. Barni a obtenu en Italie un très légitime succès, parfaitement justifié par le nombre de renseignements pratiques que l'on y trouve et par la clarté d'exposition des notions élémentaires d'électrotechnique indispensables.

M. Montpellier, le savant rédacteur en chef du journal l'*Électricien*, a pensé qu'une édition française de cet intéressant manuel pourrait rendre des services à tous ceux qui s'occupent des applications si nombreuses de l'électricité.

Tout en conservant le plan de l'ouvrage original, il a complété certaines notions générales insuffisamment développées.

C'est ainsi que le premier chapitre, consacré aux notions préliminaires, a presque entièrement été rédigé à nouveau, de façon à préciser certaines définitions et à présenter les principes des phénomènes électriques dans un langage qui fût en même temps accessible à tous et rigoureusement exact au point de vue scientifique.

Dans les chapitres relatifs aux dynamos à courant continu, M. Montpellier a également modifié en certains endroits le texte original, afin de présenter plus clairement au lecteur le fonctionnement de ces machines.

En ce qui concerne le reste de l'ouvrage, il n'a eu qu'à suivre fidèlement le texte italien. Les nombreuses données pratiquées sur les lampes à arc et à incandescence, sur les appareils accessoires de toute installation, sur la construction, l'établissement et les essais des canalisations aériennes et souterraines, extérieures et intérieures; sur les alternateurs mono et polyphasés; sur les moteurs électriques; sur les systèmes de distribution, etc., constituent autant de monographies où le praticien pourra trouver facilement les renseignements dont il peut avoir besoin pour l'exécution des installations, leur mise en service et leur entretien.

Cette édition française sera aussi bien accueillie que l'ont été les quatre éditions successives publiées en Italie.

ENVOI FRANCO CONTRE UN MANDAT POSTAL

Traité élémentaire de Physique, par A. Imbert,

professeur de physique à la Faculté de Montpellier, et **H. Bertin-Sans**, chef des travaux de physique à la Faculté de Montpellier. 1896, 2 vol. in-8 de 1124 pages, avec 464 figures et 6 planches coloriées .... **16 fr.**

En écrivant ce nouveau *Traité de Physique*, MM. Imbert et Bertin-Sans ont eu la double préoccupation de satisfaire à une bonne instruction scientifique générale et de donner aux élèves toutes les notions théoriques dont ils auront besoin plus tard pour comprendre et utiliser les applications de la physique. C'est un traité complet, suffisamment développé, pour permettre de préparer tous les examens dans les programmes desquels entre la physique. L'ouvrage, écrit avec clarté et précision, est illustré de très nombreuses figures intercalées dans le texte et même de planches coloriées hors texte, pour l'optique : c'est là une innovation qui sera particulièrement appréciée.

Manipulations de Physique. Cours de travaux pratiques, par

A. Leduc, maître de conférences à la Faculté des sciences de Paris. 1895, 1 vol. in-8 de 384 pages, avec 144 figures .... **6 fr.**

Chargé par M. Bouty, professeur à la Faculté des sciences de Paris, de réorganiser le service des manipulations du laboratoire d'enseignement de la physique, M. Leduc s'est trouvé à même de faire une étude critique approfondie des manipulations les plus usuelles.

M. Leduc a introduit, au commencement de chaque série de manipulations, les notions que l'on doit avoir bien présentes à l'esprit au moment de les mettre en pratique, afin de tirer le meilleur profit de l'exercice entrepris. D'autre part, il a insisté sur le *mode opératoire*, sur les précautions à prendre dans les diverses mesures pour mener l'opération à bonne fin et trouver des résultats exacts.

Voici la liste des principaux sujets traités : Instruments de mesure. Balances. Densités. Pression atmosphérique. Thermomètres. Calorimétrie. Densité des vapeurs. Hygrométrie. Miroirs et lentilles. Photographie. Microscope composé. Prisme. Indices de réaction. Spectroscopie. Photométrie. Polarisation chromatique et rotatoire. Charges et densités électriques. Balance de Coulomb. Machines électriques. Électromagnétisme. Galvanomètres et appareils de mesures électromagnétiques. Enregistrement des vibrations.

Manipulations de Physique, Cours de travaux pratiques,

par **H. Buignet**, professeur à l'École de pharmacie de Paris. 1877, 1 vol. gr. in-8 de 788 p., avec 265 figures et pl. col., cart... **16 fr.**

Citons parmi les sujets traités : poids spécifiques, aréométrie, mesure de volume des gaz, thermométrie, changement de volume et changement d'état, calorimétrie, hygrométrie, transmission de la chaleur rayonnante, pouvoir conducteur, électrolyse, galvanoplastie, application des électro-aimants, photométrie, gonométrie, observations microscopiques, lumière polarisée, analyse spectrale, photographie.

Traité élémentaire de Chimie, par R. Engel, Professeur à

l'Ecole Centrale des arts et manufactures. 1895, 1 vol. in-8 de 700 p.
avec 165 figures.. **8 fr.**

Le *Traité de Chimie* de M. Engel est le premier ouvrage qui ait été spécialement rédigé conformément aux programmes du certificat d'études physiques, chimiques et naturelles, et des examens d'entrée à l'Ecole centrale des arts et manufactures.

L'auteur s'est proposé, dans ce livre, de présenter un exposé méthodique de la science et de coordonner l'étude spéciale de chaque corps suivant un plan uniforme, de manière à faciliter la mémoire des faits si nombreux en chimie. Il s'est efforcé, d'autre part, de rattacher les notions spéciales à des idées générales et de porter ainsi le lecteur à des rapprochements qui facilitent la compréhension des phénomènes et celle du mécanisme des réactions.

Dans ce but, il a apporté à la disposition habituellement adoptée des matières diverses modifications auxquelles l'a amené l'expérience acquise depuis vingt années d'enseignement. C'est ainsi que : 1° Les propriétés générales des sels sont exposées dans la première partie de l'ouvrage. — 2° Les genres de sels sont décrits immédiatement après l'acide dont ils dérivent et dont l'histoire se trouve ainsi complétée. — 3° Les caractères analytiques des sels, qui se confondent avec ceux de l'acide, figurent à la suite de la description de chaque genre de sel et non dans une partie spéciale du livre. — 4° La plupart des équations chimiques qui ne sont pas des phénomènes de double décomposition sont complétées par l'indication du phénomène thermique qui les accompagne.

Manipulations de Chimie, Préparations et Analyses, par L. Etaix,

chef des travaux chimiques à la Faculté des sciences de Paris. Préface de M. Joannis, Professeur à la Faculté des sciences de Paris. 1897, 1 vol. in-8 de 276 pages avec 150 figures.................... . **5 fr.**

Ce livre aidera tous ceux qui débutent dans les laboratoires de chimie pour la préparation des principaux corps étudiés dans les cours, la répétition des expériences importantes et surtout les recherches analytiques, qualitatives, et quantitatives.

La connaissance des instruments dont on aura à se servir, la description détaillée et rendue plus claire par des figures des opérations simples que l'on a à effectuer pour monter un appareil, leur montage et leur vérification avant l'expérience forment l'*introduction*. Une suite de vingt manipulations comprend les *préparations des principaux corps* et les précautions à prendre pour que celles-ci soient bien faites et pour éviter tout danger dans le maniement de produits souvent dangereux et dans la conduite de réactions parfois sujettes à se produire trop vivement.

La partie relative à la *chimie analytique*, si particulièrement riche en applications, est divisée en deux parties. La première, consacrée à l'*analyse qualitative*, comprend la préparation des dissolutions employées comme réactifs, les caractères analytiques des principaux métaux et des acides les plus importants et la marche systématique à suivre pour reconnaitre ces corps dans une dissolution ou dans un mélange de plusieurs sels dissous ou solides. Dans la deuxième partie, après un exposé rapide des *procédés volumétriques*, l'auteur aborde l'alcalimétrie, les essais par le permanganate de potassium, l'iodométrie, la sulfhydrométrie, puis les essais d'argent par la voie humide et la voie sèche. L'*analyse organique* et l'*analyse des gaz* terminent cet ouvrage.

Manipulations de Chimie, par E. Jungfleisch, Professeur au Conser-

vatoire des Arts et Métiers. *Deuxième édition*, 1893, 1 vol. gr. in-8 de 1180 pages, avec 374 figures, cartonné.................... **25 fr.**

Cet ouvrage fournit à ceux qui commencent l'étude pratique de la chimie les renseignements techniques nécessaires à l'exécution des opérations les plus importantes. Il expose les conditions dans lesquelles chaque expérience doit être faite, les difficultés et les accidents auxquels elle peut donner lieu, les causes d'insuccès qu'on y rencontre, les moyens à mettre en œuvre pour en assurer le résultat. Il servira de guide dans toutes les écoles où s'organisent des manipulations.

ENVOI FRANCO CONTRE UN MANDAT POSTAL.

Précis de Chimie atomique, tableaux schematiques coloriés,

par **J. Debionne**, professeur à l'École de médecine d'Amiens. 1896,
1 vol. in-16 de 192 pages, avec 43 planches, comprenant 175 figures
en 5 couleurs, cartonné.................................... **5 fr.**

Les progrès réalisés par la chimie moderne et l'innombrable variété de corps nouveaux auxquels l'application des nouvelles méthodes a donné naissance, n'ont pas été sans rendre l'étude de cette science plus aride et plus difficile. Aussi, combien de jeunes gens, effrayés par une suite interminable de mots barbares, qui semblent ôter à la science chimique tout son attrait, n'ont pas persévéré dans l'étude de cette science, faute d'avoir été aidés dès leurs premiers pas.

Dans toutes les sciences cependant on s'ingénie de plus en plus à donner de plus grandes facilités pour apprendre. L'enseignement par les yeux est certes un de ceux qui apprennent le plus vite et gravent le mieux dans la mémoire. Rien de semblable n'avait été tenté jusqu'ici pour la chimie.

L'idée de ce précis a été suggérée à l'auteur par les difficultés qu'ont les débutants à se reconnaître dans les ouvrages théoriques trop abstraits. Parler aux yeux, telle a été la préoccupation de M. Debionne. L'originalité de ce précis de chimie atomique, c'est que les composés chimiques les plus importants y sont représentés schématiquement par des couleurs et des signes conventionnels.

Les Théories et les Notations de la Chimie moderne, par **A. de Saporta**. Introduction par C. Friedel, de l'Institut, 1889.

1 vol. in-16, de 336 pages.......................... **3 fr. 50**

Ce volume débute par une introduction de M. Friedel, en faveur de l'emploi de la notation atomique, aujourd'hui usitée dans le monde entier. Cet ouvrage sera d'un grand secours aux jeunes chimistes qui ont besoin de se mettre, dès le principe, au courant de la notation chimique et de la constitution des corps.

Les Nouveautés chimiques pour 1900,

par C. Poullenc, docteur ès-sciences, 1 vol. in-8 de 248 pages, avec
127 figures........................ .... **4 fr.**
Années 1896, 1897, 1898, 1899. Chaque.................... **4 fr.**

La Mécanique générale Américaine,

par **G. Richard**. 1896, 1 vol. gr. in-8 de 630 pages, avec 1441 figures... .... **8 fr.**
Chaudières. — Machines à vapeur. — Moulins à vent. — Turbines et roues hydrauliques. — Pompes à vapeur. — Appareils de levage (ascenseurs, grues, monte-charges, treuils, etc.). — Mécanismes (embrayages, câbles, courroies, engrenages, paliers, poulies).

Les Machines à Bois Américaines,

par **Vautier**. 1896, 1 vol. gr. in-8 de 144 pages, avec 107 figures.. **3 fr. 50**
Scies et machines à scier. — Machines à mortaiser et à raboter. — Machines à découper, moulurer et sculpter.

ENVOI FRANCO CONTRE UN MANDAT POSTAL.

Les Substances alimentaires étudiées au microscope, surtout au point de vue de leurs altérations et de leurs falsifications, par **E. Macé**, professeur à la Faculté de Nancy. 1891, 1 vol. in-8 de 500 pages, avec 402 figures et 24 pl. coloriées.............. **14 fr.**

Les questions d'altération et de falsification des substances alimentaires prennent une importance et un intérêt croissants. Il est du devoir des pouvoirs publics de veiller à la qualité de l'alimentation. Les trois grandes catégories de substances alimentaires, *d'origine minérale, animale, végétale*, et les *boissons*, sont successivement étudiées avec leurs altérations et falsifications.

Précis d'Analyse microscopique des Denrées alimentaires. Caractères. Procédés d'examen. Altérations et falsifications, par **V. Bonnet**, expert du Laboratoire municipal, préface de L. Guignard, professeur à l'Ecole de pharmacie de Paris. 1890, 1 vol. in-18 de 200 p., avec 163 fig. et 28 pl. en chromolithog., cartonné..................................... **6 fr.**

Dictionnaire des Falsifications. Étude des altérations des aliments, des médicaments et des produits employés dans les arts, l'industrie et l'économie domestique. Exposé des moyens scientifiques et pratiques d'en reconnaître le degré de pureté, l'état de conservation, de constater les fraudes dont ils sont l'objet, par **J.-L. Soubeiran**, professeur à l'Ecole de pharmacie de Montpellier. 1 vol. gr. in-8 de 640 pages, avec 218 figures.......... **14 fr.**

Les Conserves alimentaires, par **J. de Brevans**, chimiste principal au Laboratoire municipal de Paris. 1896, 1 vol. in-16 de 396 pages, avec 71 fig., cartonné............................... **4 fr.**

M. de Brevans étudie tout d'abord les procédés généraux de conservation des matières alimentaires : par la concentration, par la dessiccation, par le froid, par la stérilisation et par les antiseptiques.

Il examine ensuite les procédés spéciaux à chaque aliment. A propos de la viande, il traite de la conservation par dessiccation, des extraits de viande, des peptones, des conserves de soupes, de la conservation par le froid, des enrobages, de la conservation par la chaleur et l'élimination de l'air, par le salage et les antiseptiques. Vient ensuite l'étude des conserves de poissons, de crustacés et de mollusques. La conservation et la pasteurisation du lait, les laits concentrés ; la conservation du beurre et des œufs terminent les aliments d'origine animale. Il passe ensuite à l'étude de la conservation des aliments d'origine végétale : légumes, fruits, confitures, etc. L'ouvrage se termine par l'étude des altérations et des falsifications et par l'analyse des conserves alimentaires, enfin par les conditions à remplir par les vases destinés à contenir les conserves.

Le Cuivre et le Plomb, dans l'alimentation et l'industrie, au point de vue de l'hygiène, par le professeur **A. Gautier**, membre de l'Institut, 1 vol. in-16, de 310 p........................ **3 fr. 50**

Deux métaux toxiques nous accompagnent partout : le cuivre et le plomb. Ils nous fournissent nos ustensiles usuels, amènent l'eau dans nos villes, etc.

Quelle est l'influence, sur la santé publique, de l'absorption continue, à petite dose, de ces deux métaux ? Le cuivre, contrairement à l'opinion admise, semble, sinon inoffensif, du moins incapable d'entraîner des accidents graves ou mortels. Il en est tout autrement du plomb. Industriels et chimistes consulteront utilement cet ensemble de recherches qui touchent à la fois aux questions techniques les plus variées et aux intérêts les plus puissants de l'hygiène et de l'alimentation publique.

ENVOI FRANCO CONTRE UN MANDAT POSTAL.

L'art de faire le cidre et les eaux-de-vie de cidre
au point de vue agricole et industriel, par Paul HUBERT, 1895,
1 vol. in-16, de 172 pages, avec 22 figures................... 2 fr.

M. Hubert a condensé en un petit volume tout ce qu'il est intéressant pour le cultiva-
teur et le distillateur de savoir sur la culture du pommier et la fabrication du cidre.
Voici le titre des principaux chapitres de son livre :
Culture du pommier; variétés de pommes, récolte et achat. Fabrication du cidre :
diffusion, pression, fermentation, soutirage, logement, transport. Cidre doux. Cidre
mousseux. Maladies et falsifications. Composition et dosage du cidre. Distillation, rectification, conservation des eaux-de vie. Emploi des résidus.

Procédés pratiques pour l'essai des farines,
caractères, altérations, falsifications, moyens de découvrir les fraudes, par D. CAUVET, professeur à la Faculté de
Lyon, 1888, 1 vol. in-16, de 95 pages, avec 74 figures........ 2 fr.

M. Cauvet, pharmacien principal de l'armée, a été appelé en maintes circonstances à
déterminer la qualité des farines destinées à l'alimentation des troupes. Il avait donc une
compétence et une expérience toutes spéciales pour écrire ce livre où il fait connaitre :
1º les caractères de la farine de blé; 2º les causes qui peuvent l'avarier ; 3º les matières
inorganiques ou organiques qui peuvent s'y trouver mélangées, soit accidentellement,
soit frauduleusement. Ce petit guide se termine par la méthode d'examen de la farine,
pour déterminer ses falsifications et le dosage de cendres, du gluten et de l'amidon.

Le thé, Botanique et culture, falsifications et richesses en caféine,
par BIÉTRIX, 1892, 1 vol. in-16, 160 pages, avec 27 figures.. 2 fr.

Ce volume est divisé en quatre parties : la première est consacrée à l'étude botanique
et culturale des diverses espèces de thé et à la fabrication des thés noirs et des thés
verts; la deuxième partie a trait aux falsifications du thé les plus communes; la troisième renferme l'exposé des méthodes préconisées pour le dosage de la caféine. La
quatrième partie est consacrée à l'application de la meilleure méthode de dosage de la
caféine aux différents thés.

Le lait et le régime lacté, par le Dr Gaston MALA-
PERT DU PEUX, 1891, 1 vol. in-16, de 160 pages............ 2 fr.

Ce petit manuel comprend deux parties : dans la première l'auteur étudie la sécrétion
lactée, les caractères physico-chimiques du lait, les influences physiologiques et patho-
logiques qui font varier sa composition et sa quantité : le passage des médicaments dans
le lait, la transmission des maladies par son intermédiaire, les altérations spontanées et
les falsifications du lait, les différents procédés de stérilisation, etc. Dans la seconde
partie, l'auteur étudie les principales indications du régime lacté, dans l'enfance, à l'âge
adulte, dans la vieillesse. On voit que les questions traitées dans ce manuel sont nombreuses et intéressent autant l'hygiène générale que l'hygiène thérapeutique.

La margarine et le beurre artificiel, par
Ch. GIRARD, directeur du Laboratoire municipal de la préfecture
de police et de J. DE BREVANS, chimiste au Laboratoire, 1889,
1 vol. in-16 de 172 pages, avec figures .... 2 fr.

Préparation du beurre artificiel. — La margarine et le beurre artificiel au point de vue
de l'hygiène. — Méthodes proposées pour distinguer la margarine et le beurre artificiel
du beurre naturel. — Méthodes d'expertises. — Procédés rapides d'essai des beurres. —
Documents législatifs et administratifs.

Les boissons hygiéniques, par ZABOROWSKI, 1889,

1 vol. in-16, 156 pages, avec 24 figures.......................... **2 fr.**

De l'eau comme boisson. — Le filtrage de l'eau. — L'eau glacée. — Les eaux minérales naturelles. — Les eaux gazeuses artificielles. — L'eau aromatisée. — L s infusions. — Les tisanes. — Le lait. — Les fruits. — Les boissons de fruits. — Le cidre. — Les boissons de raisius secs. — La bière.

La vigne et le vin dans le midi de la France, par A. de SAPORTA, 1894, 1 vol. in-16, de 160 pages

avec figures.......................... **2 fr.**

Les vignobles du midi. — Le phylloxéra. — La submersion. — Les vignes américaines. — Les plantations de sable. — L'installation des caves et des celliers du midi.

La chimie des vins, les vins naturels, les vins manipulés et falsifiés, par A. de SAPORTA, 1889, 1 vol. in-16, de 160 pages, avec 14 figures.......................... **2 fr.**

Les vins naturels. — Composition. — Méthode d'analyse. — Diversité de composition. *Les vins manipulés et falsifiés.* — Plâtrage des vins. — Emploi du sucre et de l'alcool pour améliorer les vins. — Mouillage et vinage. — Falsifications de nature complexe.

Les vins sophistiqués, procédés simples pour reconnaitre les sophistications les plus usuelles, par ÉTIENNE BASTIDE, 1889, 1 vol. in-16, de 152 pages, avec figures................ **2 fr.**

Coloration artificielle. — Réactifs. — Matières colorantes (fuchsine, caramel, dérivés de la houille, indigo, couperose, cochenille, baies de sureau, rose tremière, phytolaque, troène, etc.). — Essai de teinture des étoffes par le vin. — Examen microscopique. — Action des vins colorés artificiellement sur l'homme. — Vinage ou alcoolisation et mouillage. — Addition d'acide sulfurique. — Salicylage. — Addition d'acide oxalique. et d'acide tartrique. — Plâtrage. — Alunage et salage.

La coloration artificielle des vins, par MARIUS MONAVON, pharmacien de première classe, 1890, 1 vol. in-16, de 160 pages, avec figures .... **2 fr.**

La coloration artificielle des vins est devenue un art si complexe que ce n'est pas trop de tout un volume pour exposer les procédés d'analyse permettant de la découvrir. Tous les chimistes ont apporté leur contingent à ces procédés, chacun a imaginé le sien et, comme l'ingéniosité des fraudeurs croissait avec l'habileté de leurs adversaires, il fallait tous les trois mois changer de méthode, trouver d'autres réactifs pour déjouer leurs artifices. De là est résulté un véritable encombrement de la chimie analytique appliquée aux vins, et un nouveau venu dans la science se fût trouvé fort embarrassé de trouver sa voie dans ce labyrinthe. M. Monavon s'est proposé de contrôler et de comparer toutes les méthodes et d'indiquer celles qui permettent d'arriver à un résultat hors de toute contestation.

Ce livre est écrit avec méthode et clarté, au courant des actualités, et rendra des services très appréciés aux chimistes spéciaux.

ŒNOLOGIE

Sophistication et analyse des vins, par Armand Gautier, membre
de l'Institut et de l'Académie de médecine, professeur de chimie à la
Faculté de médecine de Paris. 4ᵉ *édition entièrement refondue*. 1 vol.
in-18 de 356 p., avec fig. et 4 pl. noires et color., cart...... **6 fr.**

L'ouvrage est divisé en deux parties : dans la première, l'auteur s'occupe du dosage
de divers éléments du vin. Dans la seconde partie, M. A. Gautier s'occupe de la recherche des diverses sophistications : mouillage et vinage, addition de vins de raisins
secs, coloration artificielle, plâtrage et déplâtrage, phosphatage et tartrage des moûts.
Dans la partie si importante de la coloration artificielle, les procédés de recherches
de M. Ch. Girard, directeur du Laboratoire municipal, sont minutieusement exposés.

La coloration artificielle des vins, par Marius Monavon, pharmacien de 1ʳᵉ classe. 1 vol. in-16 de 68 pages, avec fig....... **2 fr.**

L'essai commercial des vins et des vinaigres, par J. Dujardin.
1 vol. in-16 de 368 pages, avec 366 fig., cartonné........... **4 fr.**

Cet ouvrage s'adresse à tous ceux qui ont besoin de savoir essayer les moûts, doser
l'alcool, l'extrait sec, les cendres, le sucre, le tannin, la glycérine, etc. : — rechercher
la présence des raisins secs, du plâtre, de l'acide sulfurique, de l'acide azotique, de
l'acide chlorhydrique, de l'acide borique, de l'acide salicylique, de la saccharine, des
colorants, etc., — connaître enfin les principales maladies du vin. L'ouvrage est complété par la fabrication, l'analyse et l'essai des vinaigres.

La chimie des vins, les vins naturels, les vins manipulés et falsifiés,
par A. de Saporta. 1 vol. in-16 de 160 p., avec figures........ **2 fr.**

Les vins sophistiqués, procédés simples pour reconnaître les
sophistications les plus usuelles, par Etienne Bastide, pharmacien de
1ʳᵉ classe. 1 vol. in-16 de 160 pages, avec figures........... **2 fr.**

Coloration artificielle. — Réactifs. — Matières colorantes (fuchsine, caramel, dérivés
de la houille, couperose, indigo, cochenille, baies de sureau, rose trémière, phylolaque,
troène, etc.). — Essai des teintures des étoffes par le vin. — Examen microscopique. —
Action des vins colorés artificiellement sur l'homme. — Vinage ou alcoolisation et
mouillage. — Addition sulfurique. — Salicylage. — Addition d'acide oxalique et d'acide
tartrique. — Plâtrage. — Alunage et salage.

Le vin et la pratique de la vinification, par V. Cambon, président
de la Société de viticulture de Lyon. 1892, 1 vol. in-16 de 358 p.,
avec 100 figures, cartonné.................................... **4 fr.**

La coloration des vins, par les couleurs de la houille, par
P. Cazeneuve, professeur à la Faculté de Lyon. 1 vol. in-16 de
316 pages... **3 fr. 50**

Traité de distillerie, par Guichard. 1896, 3 vol. in-18 jésus de
400 pages, avec figures, cartonné............................. **15 fr.**

I. Chimie du distillateur : matières premières et produits de fabrication.... 5 fr.
II. Microbiologie du distillateur : ferments et fermentation................. 5 fr.
III. Industrie de la distillation : levures et alcools.......................... 5 fr.

L'alcool au point de vue chimique, agricole, industriel, hygiénique
et fiscal, par Larbalétrier, 1 vol. in-16 de 312 p., et 62 fig. **3 fr. 50**

Les eaux-de-vie et la fabrication du cognac, par A. Baudoin,
directeur du Laboratoire de Cognac. 1893, 1 vol. in-16 de 278 pages,
avec 89 figures, cartonné.................................... **4 fr.**

La fabrication des liqueurs, par J. de Brévans, chimiste principal
au Laboratoire municipal de Paris. 2ᵉ *édition*. 1898, 1 vol. in-18, de
384 pages, avec 93 figures, cartonné.......................... **4 fr.**

L'art de faire le cidre et les eaux-de-vie de cidre, par Hubert.
1895, 1 vol. in-16 de 172 pages, avec 22 figures................ **2 fr.**

ENVOI FRANCO CONTRE UN MANDAT POSTAL.

LIBRAIRIE J.-B. BAILLIÈRE et FILS

Rue Hautefeuille, 19, près du Boulevard Saint-Germain, PARIS

Bibliothèque Médicale Variée

à 3 fr. 50 le volume

Nouvelle Collection de Volumes in-16, comprenant 300 à 400 pages.

Azam. Hypnotisme.
Baillière. Maladies évitables.
Barthélemy (A.). Vision.
Barthélemy (F.). Syphilis.
Beaunis. Somnambulisme.
— Système nerveux.
Bergeret. Alcoolisme.
Bonnejoy. Végétarisme.
Bouchard. Microbes.
Bouchut. Hygiène de l'enfance.
— La vie et ses attributs.
— Signes de la mort.
Bourru et Burot. Suggestion.
—Variations de la personnalité
Brouardel. Secret médical.
Caillault. Maladies de la peau.
Castan. Hygiène de l'âge de Retour.
Collineau. Hygiène à l'école.
Coriveaud. Hyg. de la jeune fille.
— Lendemain du mariage.
— Hygiène des familles.
— Santé de nos enfants.
Cornaro. Sobriété.
Couvreur. Corps humain.
— Exercices du corps.
Cullerre. Magnétisme.
— Thérapeutique suggestive.
— Nervosisme.
— Frontières de la folie.
Cyr. Scènes de la vie médicale.
Debierre. Vices de conformation.
Donné. Hyg. des gens du monde.
Duclaux. Le lait.
Du Mesnil. Hygiène à Paris.
Dupouy. Méd. de l'Anc. Rome.
Duval. Technique microscop.
Eloy. Méthode Brown-Séquard.
Foville. Instit. de bienfaisance.
Francotte. Anthrop. criminelle.

Frédault. Passions.
Galezowski. Hygiène de la vue.
Garnier (L.). Fermentations.
Garnier (P.). Folie à Paris.
Gautier. Cuivre et plomb.
Gréhant. Poisons de l'air.
Griesselich. Méd. homéopath.
Guérin. Pansements.
Guimbail. Morphinomanes.
Herzen. Le cerveau.
Hufeland. Art de prolonger la vie.
Imbert. Anomalies de la vision.
Jousset. Maladies de l'enfance.
Jullien. Blennorragie et mariage.
Lélut. Génie, raison et folie
Luys. Hypnotisme.
Mahé. Hygiène navale.
Mandl. Hygiène de la voix.
Monteuuis. Déséquilibrés du ventre.
Moreau. Fous et bouffons.
— Folie chez les enfants.
Olivier. Hyg. de la grossesse.
Oriard. Homéopathie.
Ravenez. Hygiène du soldat.
Réveillé-Parise. Goutte.
— Hygiène de l'esprit.
Riant. Hygiène des orateurs.
— Surmenage intellectuel.
— Irresponsables.
Richard (D.). Rapports conjugaux.
Richard (E.). Prostitution.
Ricord. Syphilis.
Rouvier. Le lait.
Schmitt. Microbes.
Sicard. Évolution sexuelle.
Simon. Monde des Rêves.
— Maladies de l'esprit.
Teste. Homœopathie.

ENVOI FRANCO CONTRE UN MANDAT POSTAL

LIBRAIRIE J.-B. BAILLIÈRE ET FILS

Rue Hautefeuille, 19, près du Boulevard Saint-Germain, PARIS

Petite Bibliothèque
Scientifique et Médicale

Collection de volumes in-16, de 160 à 200 pages, illustrés

à 2 francs le volume

Angerstein. Gymnast. à la maison.
— Gymnast. des demoiselles.
Ball. Folie érotique.
Bastide. Vins sophistiqués.
Bel. La rose.
Bergeret. Fraudes conjugales.
Bernard. Secours aux blessés.
Bernhard. Médicaments oubliés.
Biétrix. Le thé.
Binet. Hyg. de la jeune mère.
— Médecine maternelle.
Boery. Plantes oléagineuses.
Bramsen. Les dents de nos enfants.
Brémond. Préjugés en médecine.
— Les passions et la santé.
Cauvet. Essai des farines.
Claude. Homœopathie.
Corfield. Maisons d'habitation.
Corlieu. Prostitution.
Corre. Chirurgie d'urgence.
Coste. L'inconscient.
Debierre. L'hermaphrodisme.
Dechaux. La Femme stérile.
Degoix. Maladies à la mode.
— Hygiène de la toilette.
— Hygiène de la table.
Faivre. Notions élémentaires d'hygiène.
Fournier. Onanisme.
Galopeau. Manuel du pédicure.
Garnier (Paul). Les Fétichistes.

Gautier. Fécondation artificielle.
Gensse. La femme.
Girard (Ch.). Margarine.
Gros. Mémoires d'un estomac.
Hoffmann. Homœopathie.
Hubert. Le Cidre.
Jacquemet. Mal. de la 1re enfance.
Jolly. Tabac et absinthe.
Lecanu. Géologie.
Magne. Hygiène de la vue.
Malapert du Peux. Le lait.
Monavon. Coloration des vins.
Monteuuis. Bains de mer.
— Guide de la garde-malade.
Nogier. Éducation des facultés.
O'Followell. Bicyclette et organes génitaux.
Osborn. Premiers secours
Passy. Arboriculture fruitière, 3 vol.
Périer. Première enfance.
— Seconde enfance.
— Hygiène de l'adolescence.
— L'art de soigner les enfants.
Reclu. Manuel de l'herboriste.
Saporta. Chimie des vins.
— La vigne et le vin.
Siebold. Art des accouchements.
Sylvius. Santé, formes, beauté.
Weber. La goutte.
Zaborowski. Boissons hygiéniques.

ENVOI FRANCO CONTRE UN MANDAT POSTAL

DICTIONNAIRE

Dr Paul BONAMI
Médecin en chef de l'hospice de la Bienfaisance, Lauréat de l'Académie de Médecine

COMPRENANT
LA MÉDECINE USUELLE
L'HYGIÈNE JOURNALIÈRE

de *Médecine domestique*

LA PHARMACIE DOMESTIQUE ET LES APPLICATIONS DES NOUVELLES CONQUÊTES DE LA SCIENCE A L'ART DE GUÉRIR

1 vol. gr. in-8 de 950 pages à 2 colonnes avec 700 figures intercalées dans le texte

Broché...... **16 fr.** | Relié en toile rouge, fers spéciaux. **18 fr.**

L'attention et la curiosité des gens du monde se portent de plus en plus vers tout ce qui concerne les moyens de prévenir ou de guérir les maladies ; c'est à ce public soucieux de santé et désireux de connaître les plus récents progrès réalisés par l'hygiène, la médecine et la chirurgie, que s'adresse le *Dictionnaire de médecine domestique.*

~Voulez-vous savoir ce que vous devez manger et boire, comment il faut vous vêtir, l'exercice que vous devez prendre, la façon d'user avec profit et sans danger des bains, douches et autres pratiques d'hydrothérapie, la manière d'orienter, de distribuer, d'aménager, de chauffer, d'éclairer, de ventiler votre habitation, de faire servir à la prolongation de votre existence tous les agents du monde extérieur et de fuir tout ce qui peut vous nuire ? Ouvrez le *Dictionnaire de médecine domestique·* La *maladie* a-t-elle fait son apparition ? Un *accident* s'est-il produit ? Êtes-vous en présence d'un *empoisonné*, d'un *asphyxié*, d'un *noyé*, d'un *blessé* ? Consultez encore le *Dictionnaire de médecine domestique*, Il vous indiquera les *causes, les signes et le traitement des maladies.*

Ce livre sera le guide de la famille, le compagnon du foyer que chacun, bien portant ou malade consultera.

DICTIONNAIRE

Par le professeur A. HÉRAUD
Pharmacien en chef de la Marine

DESCRIPTION
HABITAT ET CULTURE
RÉCOLTE — CONSERVATION
PARTIES USITÉES

des *Plantes médicinales*

COMPOSITIONS CHIMIQUES — FORMES PHARMACEUTIQUES ET DOSES ACTION PHYSIOLOGIQUE, USAGES DANS LE TRAITEMENT DES MALADIES, ETUDE SUR DES PLANTES MÉDICALES AU POINT DE VUE BOTANIQUE, PHARMACEUTIQUE ET MÉDICAL — CLEF DICHOTOMIQUE ET TABLEAU DES PROPRIÉTÉS MÉDICINALES

Troisième édition revue et augmentée

1 volume in-18 jésus de 652 pages avec 294 figures, cartonné... **7 fr.**

ENVOI FRANCO CONTRE UN MANDAT POSTAL.

LIBRAIRIE J.-B. BAILLIÈRE et FILS

Rue Hautefeuille, 19, près du Boulevard Saint-Germain, PARIS

BIBLIOTHÈQUE SCIENTIFIQUE CONTEMPORAINE

A 3 FR. 50 LE VOLUME

Collection de 125 volumes in-16, comprenant 300 à 400 pages et illustrés

---

Principes de philosophie positive, par
AUGUSTE COMTE et ÉMILE LITTRÉ (de l'Institut), 1891, 1 vol.
in-16. 3 fr. 50

Tableau synoptique de l'ensemble du cours de philosophie positive. — Exposition du but de ce cours. — Considérations sur la nature et l'importance de la philosophie positive. — Considérations générales sur la hiérarchie des sciences positives. — Etudes sur les progrès du positivisme.

La science expérimentale, par CL. BERNARD,
membre de l'Institut, 3e *édition*, 1890, 1 vol. in-16, de 448 pages,
avec 18 figures. . . . . 3 fr. 50

Claude Bernard par J. B. Dumas et Paul Bert. — Du progrès dans les sciences physiologiques. — Les problèmes de la physiologie générale. — Définition de la vie, les theories anciennes et la science moderne. — La chaleur animale. — La sensibilité dans le règne animal et dans le règne végétal. — Etudes sur le curare. — Physiologie du cœur. — Des fonctions du cerveau. — Discours à l'Institut.

Les sciences naturelles et l'éducation,
par TH. HUXLEY, membre de la Société royale de Londres, correspondant de l'Institut, 1891, 1 vol. in-16 de 360 pages. 3 fr 50

M. Huxley a longtemps combattu pour que les sciences naturelles entrent dans les programmes de l'enseignement ; il a eu gain de cause, mais il ne se dissimule pas qu'il reste encore beaucoup à faire pour que son rève se réalise tout entier. C'est ce qu'il dit, sous une forme simple et élevée, dans cet ouvrage, qui traite de l'éducation scientifique, de l'éducation universitaire, de l'éducation libérale, de l'éducation médicale, de l'éducation technique ; il sera lu avec profit par ceux qui s'intéressent au développement de notre culture intellectuelle. *(Revue scientifique.)*

Science et religion, par TH. HUXLEY, 1893, 1 vol.
in-16 de 394 pages . . . . 3 fr. 50

Les interprètes de la genèse et les interprètes de la nature. — Science et morale. — Réalisme scientifique et pseudo-scientifique. — Science et pseudo-science. — La valeur du témoignage dans le miraculeux. — L'agnosticisme. — Agnosticisme et catholicisme. — Les lumières de l'Église et les lumières de la science.

Les problèmes de la biologie, par le professeur TH. HUXLEY, 1892, 1 vol. in-16 de 316 pages . 3 fr. 50

L'étude de la biologie et de la zoologie. — L'enseignement élémentaire de la physiologie. — La base physique de la vie. — Biogénie et Abiogénie. — La métaphysique de la sensation. — L'alimentation et l'unité de structure des organes sensitifs. — Les animaux sont-ils des automates ? — La découverte de de la circulation du sang. — Rapport des sciences biologiques avec la médecine.

ENVOI FRANCO CONTRE UN MANDAT POSTAL

Les sciences occultes, divination, calcul des probabilités, oracles et sorts, songe, graphologie, chiromancie, phrénologie, physiognomonie, cryptographie, magie, kabbale, etc., par G. PLYTOFF, 1891. 1 vol. in-16 de 329 p., avec 174 fig. 3 fr. 50

La magie, les lois occultes, la théosophie, l'initiation, le magnétisme, le spiritisme, la sorcellerie, le sabbat, l'alchimie, le kabbale, l'astrologie, par G. PLYTOFF, 1892, 1 vol. in-16. de 312 pages, avec 71 figures . . . . 3 fr. 50

Il semble téméraire de présenter, sans faire sourire, au seuil du xx⁰ siècle un livre sur la magie. Les sciences occultes, lorsqu'on les considère à leur véritable point de vue, ne sont pas toutefois aussi bizarres qu'on le croit généralement ; elles rentrent, au contraire, dans le cadre des sciences modernes gouvernées par un principe général de méthode analytique, et la *Bibliothèque scientifique contemporaine* a tenu à honneur de faire connaître au public éclairé, les sciences occultes dont tout le monde parle sans trop savoir en quoi elles consistent. Un courant d'idées entraine en ce moment tous les esprits vers ces sciences et toutes ces *vieilles* nouveautés ont un regain d'actualité. On ne peut nier qu'il n'y ait parfois là des vérités troublantes. « La science a dit un savant anglais, est tenue par l'éternelle loi de l'honneur à regarder en face et sans crainte tout problème qui peut franchement se présenter à elle. » Tous ceux qui voudront bien lire ces 2 volumes sans parti pris y trouveront la clef de bien des mystères restés inexpliqués, de problèmes encore indéterminés.

Les merveilles du ciel, par G. DALLET, 1 vol. in-16 de 372 pages, avec 74 figures . . . . 3 fr. 50

L'astronomie à travers les siècles. — L'astronomie mathématique. — L'astronomie pratique. — L'astronomie physique. — Constitution physique du Soleil. — Constitution physique des planètes inférieures. — Le satellite de Vénus. — La terre. — La lune. — Constitution physique des planètes supérieures. — Histoire du ciel et des étoiles. — Les nébuleuses. — Les comètes. — Les étoiles filantes. — Observations à tenter en dehors des observatoires publics.

La prévision du temps et les prédictions météorologiques, par G. DALLET, 1 vol. in-16 de 336 pages, avec 39 figures . . . . 3 fr. 50

Qui n'est curieux de connaître d'avance les variations de la température ? Qui n'a besoin, au point de vue de ses intérêts matériels, de savoir le temps qu'il fera demain ? Agriculteurs, marins, industriels, médecins, gens du monde, tous ont un intérêt capital à savoir quand il viendra de la chaleur ou du froid, de la neige ou de la pluie. L'ouvrage de M. Dallet intéressera non pas seulement ceux qui font de la météorologie une étude spéciale, mais aussi ceux moins savants et tout aussi curieux qui désirent simplement connaître les indications utiles que donne cette science attrayante et pratique.

La navigation aérienne et les ballons dirigeables, par H. de GRAFFIGNY, 1 vol. in-16 de 343 pages avec figures . . . . 3 fr. 50

Histoire de la navigation aérienne. — Histoire des ballons — Les ascensions scientifiques. — Les ballons militaires. — Constructions des ballons. — Gonflement et conduite des aérostats. — Les ballons dirigeables à vapeur. — Les ballons électriques. — Les hommes volants. — L'aviation. — Les aéroplanes.

Le microscope et ses applications à l'étude des végétaux

et des animaux, par EDMOND COUVREUR, chef des travaux de physiologie à la Faculté des sciences de Lyon, 1 vol. in-16, de 350 pages, avec 112 figures. . . . . 3 fr. 50

Les études microscopiques ont fait de tels progrès, le matériel et les procédés d'observation se sont tellement perfectionnés que le volume de M. Couvreur, au courant de toutes les découvertes récentes, rendra de grands services aux travailleurs en leur épargnant de longs et pénibles tâtonnements. *(Cosmos.)*

La technique microscopique et histologique,

par MATHIAS DUVAL, professeur à la Faculté de médecine de Paris, 1 vol. in-16, de 315 pages, avec 43 figures . . 3 fr. 50

L'anatomie générale est complètement modifiée par l'emploi du microscope : de là est née l'histologie. Mais cette science nouvelle exige des procédés d'investigation, des instruments particuliers, une technique toute spéciale. Ce précis de technique histologique sera un guide sûr, qui permettra à ceux qui débutent dans ces ordres d'études, de voir nettement le but vers lequel elles conduisent, et quelles sont les voies les plus courtes pour acquérir des connaissances aujourd'hui indispensables à la pratique de la médecine. *(La Tribune médicale.)*

La cellule animale, sa structure et sa vie, par J. CHA-

TIN, professeur-adjoint d'histologie à la Faculté des sciences de Paris. 1892, 1 vol. in-16 de 304 pages, avec 149 figures. 3 fr. 50

Ce livre, rempli de considérations intéressantes pour tous ceux que passionnent les hauts problèmes d'histologie et de biologie générales, s'adresse cependant d'une façon spéciale aux élèves des Facultés des sciences, qui préparent la licence et l'agrégation, il est appelé à leur faciliter beaucoup les épreuves en les initiant aux principales manipulations de technique histologique.

Les anomalies chez l'homme et chez les ani-

maux, par L. BLANC, chef des travaux anatomiques à l'École vétérinaire de Lyon. Introduction par le professeur DARESTE, 1893, 1 vol. in-16, de 328 pages, avec 127 figures . . . 3 fr. 50

Les anomalies envisagées comme phénomènes biologiques. Les anciennes croyances sur l'origine des anomalies. Origine des anomalies et des monstruosités, tératogénie. Les nains et les géants. Les anomalies de la peau, des viscères, des membres et du tronc, de la tête. Les organes génito-urinaires et l'hermaphrodisme. Les monstres doubles, leur mode de formation, leur condition d'existence. Fréquence, viabilité, puissance héréditaire des êtres anormaux. Les anomalies et la société civile et religieuse.

L'évolution sexuelle dans l'espèce hu-

maine, par le Dr SICARD, doyen de la Faculté des sciences de Lyon, 1892, 1 vol. in-16 de 320 pages, avec 94 fig. . 3 fr. 50

Il existe entre l'homme et la femme des différences physiques et morales considérables. Ces différences portent sur la plupart des organes du corps dont elles modifient en même temps l'allure, la taille, etc.; elles sont toutes aussi nombreuses et importantes dans le domaine de la vie psychique. Enfin, à côté de ces différences innées, il en est d'autres que la civilisation et l'éducation ont créées. M. Sicard s'est proposé d'en rechercher l'évolution dans l'espèce humaine et d'en trouver l'origine et l'explication en les étudiant, d'abord chez les animaux, puis dans les races humaines les plus inférieures pour s'élever enfin jusqu'à l'homme civilisé.

Les théories et les notations de la chimie moderne, par A. de SAPORTA. Introduction par C. FRIEDEL, de l'Institut, 1 vol. in-16, de 336 pages.   3 fr. 50

Ce volume débute par une introduction de M. Friedel, en faveur de l'emploi de la notation atomique, aujourd'hui usitée dans le monde entier. Cet ouvrage sera d'un grand secours aux jeunes chimistes qui ont besoin de se mettre, dès le principe, au courant de la notation chimique et de la constitution des corps.

Le lait, études chimiques et microbiologiques, par EMILE DUCLAUX, de l'Institut, professeur à la Faculté des Sciences, 1894, 1 vol. in-16, de 376 pages, avec figures . . . . . . 3 fr. 50

M. Duclaux considère le lait suivant les diverses formes qu'il revêt avant d'entrer dans la consommation : *lait, beurre* et *fromage.*

Constitution physique du lait, analyse du beurre, action de la lumière et des microbes sur la matière grasse du lait. La caséine, la présure et les éléments du lait, exposé des méthodes d'analyse du lait. La coagulation du lait par la prématuration des fromages, analyse des fromages, composition des divers fromages (Cantal, Brie, Roquefort, Gruyère, Parme et Hollande).

Le cuivre et le plomb, dans l'alimentation et l'industrie, au point de vue de l'hygiène, par le professeur ARMAND GAUTIER, membre de l'Institut, 1 vol. in-16, de 310 p.   3 fr. 50

Deux métaux toxiques nous accompagnent partout : le cuivre et le plomb. Ils nous fournissent nos ustensiles usuels, amènent l'eau dans nos villes, etc.

Quelle est l'influence, sur la santé publique, de l'absorption continue à petite dose, de ces deux métaux ? Le cuivre, contrairement à l'opinion admise, semble, sinon inoffensif, du moins incapable d'entraîner des accidents graves ou mortels. Il en est tout autrement du plomb. Industriels, chimistes, médecins, gens du monde, etc., chacun consultera utilement, cet ensemble de recherches qui touchent à la fois aux questions techniques les plus variées et aux intérêts les plus puissants de l'hygiène et de l'alimentation publique. *(Journal de pharmacie.)*

L'alcool au point de vue chimique, agricole, industriel, hygiénique et fiscal, par A. LARBALETRIER, professeur à l'Ecole pratique d'agriculture du Pas-de-Calais, 1 vol. in-16, de 312 pages, avec 62 figures. . . . . 3 fr. 50

Propriétés physiques. Caractères chimiques. Dérivés. Matières alcoolisables. Fermentation alcoolique. Distillation. Alcools d'industrie. Purification et rectification. Spiritueux et liqueurs alcooliques. Altérations et falsifications. Action sur la santé. Usages, Impôts

La coloration des vins par les couleurs de la houille, par P. CAZENEUVE, professeur de chimie à la Faculté de Lyon, 1 vol. in-16, de 318 pages, avec 1 planche . . . . . 3 fr. 50

M. Cazeneuve a réuni tous les documents relatifs à l'emploi, pour la coloration des vins, des matières colorantes extraites de la houille.

La première partie est consacrée à l'étude toxicologique de ces composés.

La deuxième partie, consacrée à la recherche chimique des couleurs de la houille dans les vins, énumère les caractères généraux du vin naturel, des vins fuchsinés, sulfofuchsinés, colorés par la safranine, les rouges azoïques, etc.

La troisième partie, la plus importante, est intitulée : *Marche systématique pour reconnaître dans un vin les couleurs de la houille.*

La métallurgie en France, par U. LE VERRIER,

professeur à l'École nationale des Mines et au Conservatoire des arts et métiers, 1894, 1 vol. in-16 de 333 p , avec 66 fig.   3 fr. 50

Le premier chapitre est consacré à l'exposé des nouveaux procédés d'étude des métaux, examen microscopique et étude des propriétés physiques à l'aide du pyromètre.

Dans les chapitres suivants, M. Le Verrier passe en revue l'état actuel des principales industries métallurgiques. Il étudie la fabrication et l'affinage de la fonte, l'utilisation des fontes impures, puis les procédés de travail mécanique des aciers moulés et du fer forgé, le travail des forges, les appareils servant au travail des métaux, les procédés de trempe, enfin les constructions métalliques dont les progrès ont été si considérables.

Vient ensuite la métallurgie du nickel et de ses alliages, du cobalt, du chrome et du manganèse, de l'aluminium, du cuivre et de ses alliages, du zinc, du plomb, de l'étain, de l'antimoine, du platine.

L'ouvrage se termine par l'étude du travail des métaux dans les industries d'art.

La photographie, et ses applications aux sciences, aux

arts et à l'industrie par J. LEFEVRE, professeur à l'École des sciences de Nantes, 1 vol. in-16, de 382 pages, avec 95 figures . . . . 3 fr. 50

Méthodes et appareils photographiques. Principe de la photographie. Positifs aux sels d'argent. Retouche. Négatifs sur collodion sec, au gélatino-bromure d'argent, au charbon. Objectifs simples et composés. Mise au point. Chambres noires d'atelier. Appareils de voyage et de poche. Photographie sans objectif et sans appareil. Temps de pose. Obturateurs. Atelier et éclairage. Laboratoire.

Applications de la photographie. Gravure photographique Photolithographie et phototypie Phototypographie. Photographie des couleurs. Photographie instantanée. Stéréoscope. Vues panoramiques. Agrandissements. Photographie microscopique. Photomicrographe Photographie astronomique.

La télégraphie actuelle, par MONTILLOT, 1 vol.

in-16, de 320 pages, avec 80 figures . . . . 3 fr. 50

M. Montillot a réuni, avec une remarquable compétence les données et les enseignements complexes de la télégraphie actuelle.

Il montre d'abord comment on construit une ligne, il introduit le lecteur dans un bureau télégraphique, décrit en détails les piles et fait connaître le moyen d'entretenir en bon état les sources d'électricité. Il passe ensuite en revue tous les organes essentiels des télégraphes Hugues, Wheatstone, Meyer, Baudot.

Un chapitre spécial a été réservé aux appareils affectés aux transmissions sur les lignes sous-marines; puis aux différentes installations en *duplex* et en *quadruplex.* Enfin, l'ouvrage se complète par la description des principaux téléphones en usage, leur installation et leur mode d'emploi à la téléphonie à grande distance et les transmissions téléphoniques et télégraphiques simultanées par le même fil, appelées à un si grand avenir.   (*Le Génie Civil.*)

Phénomènes électriques de l'atmos-

phère, par GASTON PLANTÉ, lauréat de l'Institut, 1 vol. in-16, de 324 pages, avec 46 figures . . . . 3 fr. 50

L'auteur cherche à expliquer les éclairs, cette forme extraordinaire de la foudre; il est arrivé à trouver la solution du problème : il a obtenu *l'agrégation globulaire* d'un liquide électrisé, puis le *globule de feu,* et enfin la *foudre globulaire,* il s'est ensuite occupé de la *grêle,* des *trombes* et des *aurores polaires;* ces expériences jettent un grand jour sur la théorie de ces phénomènes naturels.

Bateaux et navires, progrès de la construction navale

à tous les âges et dans tous les pays, par le marquis de FOLIN, ancien officier de marine, 1892, 1 vol. in-16, de 328 pages, avec 132 figures . . . . 3 fr. 50

Radeaux et *pirogues; embarcations de pêche* sur les côtes de France, des mers du Nord, d'Espagne, de Portugal, d'Italie, de l'archipel Grec, de l'Egypte, du Maroc, du Japon, de la Chine et des deux Amériques ; *flotteurs de transport*, bricks, goélettes, caboteurs. *bâtiments de servitude*, pontons, dragues, docks flottants, brûlots, ponts de bateaux, etc.

Bâtiments de commerce, trois mâts, paquebots, *bâtiments de guerre*, lougres, corvettes, frégates, vaisseaux à deux et à trois ponts, cuirassés, torpilleurs.

Flotteurs de plaisance, flotteurs sous-marins.

Les chemins de fer, par A. SCHŒLLER, ingénieur

des arts et manufactures, inspecteur de l'exploitation du chemin de fer du Nord, 1892, 1 vol. in-16, de 368 p., avec 90 fig. 3 fr. 50

Construction, exploitation, traction. La voie, les gares, les signaux, les appareils de sécurité, la marche des trains, la locomotive, les véhicules, les chemins de fer métropolitains de montagne à voie étroite. Les tramways et les chemins de fer électriques.

La poste, le télégraphe et le téléphone.

Histoire des moyens de communication à travers les siècles par E. GALLOIS, ingénieur civil, 1894, 1 volume in-16, de 382 pages, avec 136 figures . . . . 3 fr. 50

Moyens de communication des peuples de l'antiquité. Moyen âge. Organisation des postes sous Louis XI. Moyens de correspondance au XVIᵉ siècle. Les postes et les moyens de transport du XVIIᵉ et XIXᵉ siècle. Les postes modernes : installation et moyens de communication. Les postes modernes chez les différents peuples. Le timbre-poste. Histoire du télégraphe. La télégraphie électrique. Le téléphone. L'Union postale universelle.

L'artillerie actuelle, canons, poudres, fusils et projectiles, par le colonel GUN, 1 vol. in-16, de 315 pages, avec 96 figures . . . . 3 fr. 50

Cet ouvrage donne la description des divers systèmes de canons, fusils et projectiles employés actuellement en France et à l'étranger. Après quelques renseignements sur les métaux à canon et sur la fabrication des pièces à feu, l'auteur passe en revue le matériel en service (canons et affûts), les projectiles, les poudres en service, etc. Il consacre un chapitre à l'organisation et au service de l'artillerie de l'armée française, et un autre au matériel d'artillerie créé par l'ingénieur Canet et construit par la Société des Forges et Chantiers de la Méditerranée. Le chapitre suivant est consacré au pointage et au tir des bouches à feu. Enfin, le dernier chapitre est une revue rapide des armes portatives et des canons en service chez les diverses puissances. *(Le Génie Civil.)*

L'électricité appliquée à l'art militaire,

par le colonel GUN, 1 vol. in-16, de 384 pages, avec 140 figures . . . . 3 fr. 50

Electricité et explosions de guerre. Procédés de mise de feu usités en guerre. Les explosifs actuels. Destructions de guerre. Télégraphie militaire. Organisation en France et à l'étranger. Matériel de la télégraphie militaire française. Installation des postes militaires en France et à l'étranger. Télégraphe optique militaire signaux de guerre sémaphoriques et optiques. Torpilles électriques automobiles et dirigeables. Artillerie. Aérostation militaire.

LIBRAIRIE J.-B. BAILLIÈRE et FILS

Rue Hautefeuille, 19, près du Boulevard Saint-Germain. PARIS

Bibliothèque Médicale Variée

à 3 fr. 50 le volume

Nouvelle Collection de Volumes in=16, comprenant 300 à 400 pages.

Azam. Hypnotisme.
Baillière. Maladies évitables.
Barthélemy (A.). Vision.
Barthélemy (F.). Syphilis.
Beaunis. Somnambulisme.
— Système nerveux.
Bergeret. Alcoolisme.
Bonnejoy. Végétarisme.
Bouchard. Microbes.
Bouchut. Hygiène de l'enfance.
— La vie et ses attributs.
— Signes de la mort.
Bourru et Burot. Suggestion.
—Variations de la personnalité.
Brouardel. Secret médical.
Caillault. Maladies de la peau.
Castan. Hygiène de l'âge de Retour.
Collineau. Hygiène à l'école.
Coriveaud. Hyg. de la jeune fille.
— Lendemain du mariage.
— Hygiène des familles.
— Santé de nos enfants.
Cornaro. Sobriété.
Couvreur. Corps humain.
— Exercices du corps.
Cullerre. Magnétisme.
— Thérapeutique suggestive.
— Nervosisme.
— Frontières de la folie.
Cyr. Scènes de la vie médicale.
Debierre. Vices de conformation.
Donné. Hyg. des gens du monde.
Duclaux. Le lait.
Du Mesnil. Hygiène à Paris.
Dupouy. Méd. de l'Anc. Rome.
Duval. Technique microscop.
Eloy. Méthode Brown-Séquard.
Foville. Instit. de bienfaisance.
Francotte. Anthrop. criminelle.

Frédault. Passions.
Galezowski. Hygiène de la vue.
Garnier (L.). Fermentations.
Garnier (P.). Folie à Paris.
Gautier. Cuivre et plomb.
Gréhant. Poisons de l'air.
Griesselich. Méd. homéopath.
Guérin. Pansements.
Guimbail. Morphinomanes.
Herzen. Le cerveau.
Hufeland. Art de prolonger la vie.
Imbert. Anomalies de la vision.
Jousset. Maladies de l'enfance.
Jullien. Blennorragie et mariage.
Lélut. Génie, raison et folie.
Luys. Hypnotisme.
Mahé. Hygiène navale.
Mandl. Hygiène de la voix.
Monteuuis. Déséquilibrés du ventre.
Moreau. Fous et bouffons.
— Folie chez les enfants.
Olivier. Hyg. de la grossesse.
Oriard. Homéopathie.
Ravenez. Hygiène du soldat.
Réveillé-Parise. Goutte.
— Hygiène de l'esprit.
Riant. Hygiène des orateurs.
— Surmenage intellectuel.
— Irresponsables.
Richard (D.). Rapports conjugaux.
Richard (E.). Prostitution.
Ricord. Syphilis.
Rouvier. Le lait.
Schmitt. Microbes.
Sicard. Évolution sexuelle.
Simon. Monde des Rêves.
— Maladies de l'esprit.
Teste. Homœopathie.

ENVOI FRANCO CONTRE UN MANDAT POSTAL

LIBRAIRIE J.-B. BAILLIÈRE ET FILS

Rue Hautefeuille, 19, près du Boulevard Saint-Germain, PARIS

Petite Bibliothèque
Scientifique et Médicale

Collection de volumes in-16, de 160 à 200 pages, illustrés

à 2 francs le volume

Angerstein. Gymnast. à la maison.
— Gymnast. des demoiselles.
Ball. Folie érotique.
Bastide. Vins sophistiqués.
Bel. La rose.
Bergeret. Fraudes conjugales.
Bernard. Secours aux blessés.
Bernhard. Médicaments oubliés.
Biétrix. Le thé.
Binet. Hyg. de la jeune mère.
— Médecine maternelle.
Boery. Plantes oléagineuses.
Bramsen. Les dents de nos enfants.
Brémond. Préjugés en médecine.
— Les passions et la santé.
Cauvet. Essai des farines.
Claude. Homœopathie.
Corfield. Maisons d'habitation.
Corlieu. Prostitution.
Corre. Chirurgie d'urgence.
Coste. L'inconscient.
Debierre. L'hermaphrodisme.
Dechaux. La Femme stérile.
Degoix. Maladies à la mode.
— Hygiène de la toilette.
— Hygiène de la table.
Faivre. Notions élémentaires d'hygiène.
Fournier. Onanisme.
Galopeau. Manuel du pédicure.
Garnier (Paul). Les Fétichistes.

Gautier. Fécondation artificielle.
Gensse. La femme.
Girard (Ch.). Margarine.
Gres. Mémoires d'un estomac.
Hoffmann. Homœopathie.
Hubert. Le Cidre.
Jacquemet. Mal. de la 1re enfance.
Jolly. Tabac et absinthe.
Lecanu. Géologie.
Magne. Hygiène de la vue.
Malapert du Peux. Le lait.
Monavon. Coloration des vins.
Monteuuis. Bains de mer.
— Guide de la garde-malade.
Nogier. Éducation des facultés.
O'Followell. Bicyclette et organes génitaux.
Osborn. Premiers secours.
Passy. Arboriculture fruitière, 3 vol.
Périer. Première enfance.
— Seconde enfance.
— Hygiène de l'adolescence.
— L'art de soigner les enfants.
Reclu. Manuel de l'herboriste.
Saporta. Chimie des vins.
— La vigne et le vin.
Siebold. Art des accouchements.
Sylvius. Santé, formes, beauté.
Weber. La goutte.
Zaborowski. Boissons hygiéniques.

ENVOI FRANCO CONTRE UN MANDAT POSTAL

LIBRAIRIE J.-B. BAILLIÈRE ET FILS, 19, RUE HAUTEFEUILLE, PARIS

Dictionnaire de l'Industrie

Illustré de nombreuses figures intercalées dans le texte

*Matières premières — Machines et Appareils — Méthodes de fabrication
Procédés mécaniques — Opérations chimiques
Produits manufacturés*

Par JULIEN LEFÈVRE

DOCTEUR ÈS SCIENCES, AGRÉGÉ DES SCIENCES PHYSIQUES,
PROFESSEUR AU LYCÉE DE NANTES

1899. 1 vol. gr. in-8 de 900 à 950 pages à 2 colonnes, avec environ
800 figures... **25 fr.**

Dictionnaire d'Électricité

COMPRENANT

Les Applications aux Sciences, aux Arts et à l'Industrie

Par JULIEN LEFÈVRE

DOCTEUR ÈS SCIENCES, AGRÉGÉ DES SCIENCES PHYSIQUES,
PROFESSEUR AU LYCÉE DE NANTES

DEUXIÈME ÉDITION MISE AU COURANT DES NOUVEAUTÉS ÉLECTRIQUES

Introduction par E. BOUTY

PROFESSEUR A LA FACULTÉ DES SCIENCES DE PARIS

1895. 1 vol. gr. in-8 de 1150 p. à 2 colonnes, avec 1250 fig.. **25 fr.**

Dictionnaire de Chimie

Par E. BOUANT, Agrégé des sciences physiques.

COMPRENANT

Les Applications aux Sciences, aux Arts, à l'Agriculture et à l'Industrie

A L'USAGE DES CHIMISTES, DES INDUSTRIELS,
DES FABRICANTS DE PRODUITS CHIMIQUES, DES LABORATOIRES MUNICIPAUX,
DE L'ÉCOLE CENTRALE, DE L'ÉCOLE DES MINES, DES ÉCOLES DE CHIMIE, ETC.

Introduction par M. TROOST, Membre de l'Institut

1 vol. gr. in-8 de 1220 pages, avec 400 figures........... **25 fr.**

Ouvrage recommandé par le Ministère de l'Instruction publique pour les bibliothèques des lycées.

ENVOI FRANCO CONTRE UN MANDAT SUR LA POSTE.

BIBLIOTHEQUE NATIONALE DE FRANCE

3 7531 02763372 7

www.ingramcontent.com/pod-product-compliance
Ingram Content Group UK Ltd.
Pitfield, Milton Keynes, MK11 3LW, UK
UKHW021004140726
13695UKWH00001B/78